"十二五"国家重点图书出版规划项目

典型生态脆弱区退化生态系统恢复技术与模式丛书

世界自然遗产地
——九寨与黄龙的生态环境与可持续发展

吴 宁 包维楷 吴 彦 等著

科学出版社

北京

内 容 简 介

本书以世界自然遗产地——九寨与黄龙地区的生态环境与可持续发展问题为出发点，详细阐述九寨—黄龙的生态环境与保护概况、区域的气候特点以及最近几十年的气候变化情况；从核心景区森林植被的水源调节功能与湖泊水量的关系角度，论述森林生态系统在维系核心景区水循环过程中的作用；通过分析旅游干扰对核心景区生物多样性的影响，揭示生物多样性保护与水体质量变化的关系，并对生物监测的关键物种选择提出了建议；在对核心景区生态环境承载力与容量进行定量评估的基础上，提出了缓解旅游压力的时空分流体系，以及生态保护和旅游可持续发展的管理措施与对策。

本书可供生态学、环境科学、林学等领域的科技人员和高校师生，以及生态环境建设、自然保护区管理、生态旅游等领域的管理人员参考。

图书在版编目(CIP)数据

世界自然遗产地——九寨与黄龙的生态环境与可持续发展 / 吴宁等著. —北京：科学出版社，2012

（典型生态脆弱区退化生态系统恢复技术与模式丛书）

"十二五"国家重点图书出版规划项目

ISBN 978-7-03-033960-7

Ⅰ. 世… Ⅱ. 吴… Ⅲ. 风景区 - 生态环境 - 可持续发展 - 研究 - 四川省 Ⅳ. X321.271

中国版本图书馆 CIP 数据核字（2012）第 058967 号

责任编辑：李 敏 张 菊 / 责任校对：林青梅
责任印制：徐晓晨 / 封面设计：王 浩

科学出版社 出版
北京东黄城根北街 16 号
邮政编码：100717
http://www.sciencep.com

北京京华虎彩印刷有限公司 印刷
科学出版社发行 各地新华书店经销

*

2012 年 5 月第 一 版　开本：787×1092 1/16
2017 年 4 月第二次印刷　印张：18 3/4
字数：440 000

定价：150.00元

如有印装质量问题，我社负责调换

《典型生态脆弱区退化生态系统恢复技术与模式丛书》
编委会

主　　编　傅伯杰　欧阳志云
副 主 编　蔡运龙　王　磊　李秀彬
委　　员　（以姓氏笔画为序）
　　　　　于洪波　王开运　王顺兵　方江平
　　　　　吕昌河　刘刚才　刘国华　刘晓冰
　　　　　李生宝　吴　宁　张　健　张书军
　　　　　张巧显　陆兆华　陈亚宁　金昌杰
　　　　　郑　华　赵同谦　赵新全　高吉喜
　　　　　蒋忠诚　谢世友　熊康宁

《世界自然遗产地——九寨与黄龙的生态环境与可持续发展》
撰 写 成 员

主　　笔　吴　宁　包维楷　吴　彦

成　　员　（以姓氏笔画为序）

　　　　　于苏俊　马　捷　王乐辉　王成璋　王金锡
　　　　　王　乾　王跃招　王　晶　石福孙　田　宏
　　　　　台永东　朱万泽　朱成科　朱　单　朱　珠
　　　　　刘宏鲲　闫晓丽　李　川　李玉武　李　成
　　　　　李跃清　余小英　张　林　张　勇　陈文秀
　　　　　罗　鹏　金　辉　周长艳　周　晓　庞学勇
　　　　　郝云庆　段雪梅　姜　凌　高信芬　彭玉兰
　　　　　彭　俊　覃蓉芳　傅　浩　蔡永寿　戴　强

总　　序

　　我国是世界上生态环境比较脆弱的国家之一，由于气候、地貌等地理条件的影响，形成了西北干旱荒漠区、青藏高原高寒区、黄土高原区、西南岩溶区、西南山地区、西南干热河谷区、北方农牧交错区等不同类型的生态脆弱区。在长期高强度的人类活动影响下，这些区域的生态系统破坏和退化十分严重，导致水土流失、草地沙化、石漠化、泥石流等一系列生态问题，人与自然的矛盾非常突出，许多地区形成了生态退化与经济贫困化的恶性循环，严重制约了区域经济和社会发展，威胁国家生态安全与社会和谐发展。因此，在对我国生态脆弱区基本特征以及生态系统退化机理进行研究的基础上，系统研发生态脆弱区退化生态系统恢复与重建及生态综合治理技术和模式，不仅是我国目前正在实施的天然林保护、退耕还林还草、退牧还草、京津风沙源治理、三江源区综合整治以及石漠化地区综合整治等重大生态工程的需要，更是保障我国广大生态脆弱地区社会经济发展和全国生态安全的迫切需要。

　　面向国家重大战略需求，科学技术部自"十五"以来组织有关科研单位和高校科研人员，开展了我国典型生态脆弱区退化生态系统恢复重建及生态综合治理研究，开发了生态脆弱区退化生态系统恢复重建与生态综合治理的关键技术和模式，筛选集成了典型退化生态系统类型综合整治技术体系和生态系统可持续管理方法，建立了我国生态脆弱区退化生态系统综合整治的技术应用和推广机制，旨在为促进区域经济开发与生态环境保护的协调发展、提高退化生态系统综合整治成效、推进退化生态系统的恢复和生态脆弱区的生态综合治理提供系统的技术支撑和科学基础。

　　在过去10年中，参与项目的科研人员针对我国青藏高寒区、西南岩溶地区、黄土高原区、干旱荒漠区、干热河谷区、西南山地区、北方沙化草地区、典型海岸带区等生态脆弱区退化生态系统恢复和生态综合治理的关键技术、整治模式与产业化机制，开展试验示范，重点开展了以下三个方面的研究。

　　一是退化生态系统恢复的关键技术与示范。重点针对我国典型生态脆弱区的退化生态系统，开展退化生态系统恢复重建的关键技术研究。主要包括：耐寒/耐高温、耐旱、耐盐、耐瘠薄植物资源调查、引进、评价、培育和改良技术，极端环境条件下植被恢复关键技术，低效人工林改造技术、外来入侵物种防治技术、虫鼠害及毒杂草生物防治技术，多层次立体植被种植技术和林农果木等多形式配置经营模式、坡地农林复合经营技术，以及受损生态系统的自然修复和人工加速恢复技术。

二是典型生态脆弱区的生态综合治理集成技术与示范。在广泛收集现有生态综合治理技术、进行筛选评价的基础上，针对不同生态脆弱区退化生态系统特征和恢复重建目标以及存在的区域生态问题，研究典型脆弱区的生态综合治理技术集成与模式，并开展试验示范。主要包括：黄土高原地区水土流失防治集成技术，干旱半干旱地区沙漠化防治集成技术，石漠化综合治理集成技术，东北盐碱地综合改良技术，内陆河流域水资源调控机制和水资源高效综合利用技术等。

三是生态脆弱区生态系统管理模式与示范。生态环境脆弱、经济社会发展落后、管理方法不合理是造成我国生态脆弱区生态系统退化的根本原因，生态系统管理方法不当已经或正在导致脆弱生态系统的持续退化。根据生态系统演化规律，结合不同地区社会经济发展特点，开展了生态脆弱区典型生态系统综合管理模式研究与示范。主要包括：高寒草地和典型草原可持续管理模式，可持续农—林—牧系统调控模式，新农村建设与农村生态环境管理模式，生态重建与扶贫式开发模式，全民参与退化生态系统综合整治模式，生态移民与生态环境保护模式。

围绕上述研究目标与内容，在"十五"和"十一五"期间，典型生态脆弱区的生态综合治理和退化生态系统恢复重建研究项目分别设置了11个和15个研究课题，项目研究单位81个，参加研究人员463人。经过科研人员10年的努力，项目取得了一系列原创性成果：开发了一系列关键技术、技术体系和模式；揭示了我国生态脆弱区的空间格局与形成机制，完成了全国生态脆弱区区划，分析了不同生态脆弱区面临的生态环境问题，提出了生态恢复的目标与策略；评价了具有应用潜力的植物物种500多种，开发关键技术数百项，集成了生态恢复技术体系100多项，试验和示范了生态恢复模式近百个，建立了39个典型退化生态系统恢复与综合整治试验示范区。同时，通过本项目的实施，培养和锻炼了一大批生态环境治理的科技人员，建立了一批生态恢复研究试验示范基地。

为了系统总结项目研究成果，服务于国家与地方生态恢复技术需求，项目专家组组织编撰了《典型生态脆弱区退化生态系统恢复技术与模式丛书》。本丛书共16卷，包括《中国生态脆弱特征及生态恢复对策》、《中国生态区划研究》、《三江源区退化草地生态系统恢复与可持续管理》、《中国半干旱草原的恢复治理与可持续利用》、《半干旱黄土丘陵区退化生态系统恢复技术与模式》、《黄土丘陵沟壑区生态综合整治技术与模式》、《贵州喀斯特高原山区土地变化研究》、《喀斯特高原石漠化综合治理模式与技术集成》、《广西岩溶山区石漠化及其综合治理研究》、《重庆岩溶环境与石漠化综合治理研究》、《西南山地退化生态系统评估与恢复重建技术》、《干热河谷退化生态系统典型恢复模式的生态响应与评价》、《基于生态承载力的空间决策支持系统开发与应用：上海市崇明岛案例》、《黄河三角洲退化湿地生态恢复——理论、方法与实践》、《青藏高原土地退化整治技术与模式》、《世界自然遗产地——九寨与黄龙的生态环境与可持续发展》。内容涵盖了我国三江源地区、黄土高原区、青藏高寒区、西南岩溶石漠化区、内蒙古退化草原区、黄河河口退化湿地等典型生态脆弱区退化生态系统的特征、变化趋势、生态恢复目标、关键技术和模式。我们希望通过本丛书的出版全面反映我国在退化生态系统恢复与重建及生态综合治理技术和模式方面的最新成果与进展。

典型生态脆弱区的生态综合治理和典型脆弱区退化生态系统恢复重建研究得到"十五"和"十一五"国家科技支撑计划重点项目的支持。科学技术部中国21世纪议程管理中心负责项目的组织和管理，对本项目的顺利执行和一系列创新成果的取得发挥了重要作用。在项目组织和执行过程中，中国科学院资源环境科学与技术局、青海、新疆、宁夏、甘肃、四川、广西、贵州、云南、上海、重庆、山东、内蒙古、黑龙江、西藏等省、自治区和直辖市科技厅做了大量卓有成效的协调工作。在本丛书出版之际，一并表示衷心的感谢。

科学出版社李敏、张菊编辑在本丛书的组织、编辑等方面做了大量工作，对本丛书的顺利出版发挥了关键作用，借此表示衷心的感谢。

由于本丛书涉及范围广、专业技术领域多，难免存在问题和错误，希望读者不吝指教，以共同促进我国的生态恢复与科技创新。

丛书编委会
2011年5月

前　言

20 世纪 70 年代，中国科学院的科学家们对九寨沟进行生物综合考察之后，向国家提出建立自然保护区的建议。后来，时任国务院副总理的陈永贵同志签署批准了此建议，1978 年九寨沟与四川省的其他几个生物多样性关键区域一起被列为国家级自然保护区，随后，九寨沟地区的保护事业迅速发展。1982 年九寨沟与黄龙被列为国家重点风景名胜区，1992 年作为世界自然遗产被联合国教育、科学及文化组织（UNESCO）所属世界遗产委员会列入《世界遗产名录》。1997 年，由于该地区在促进人与自然协调发展方面所具有的高度代表性，进一步被 UNESCO 人与生物圈（MAB）计划列为"人与生物圈保护区"，从而使九寨与黄龙的自然保护与发展工作具有了国际影响和世界意义。随着声誉的提升和旅游交通条件的改善（1998 年九寨环线修通、2003 年九寨黄龙机场启用），九寨沟与黄龙风景区也迅速成为我国乃至世界的一个旅游热点地区，游客人数急剧上升，目前每年的游客量均超过百万，其中包括相当数量的海外游客。这有力地推动了该地区的社会经济发展，但同时也使九寨—黄龙自然遗产地面临着前所未有的保护压力。在全球变化与人为活动的双重影响下，九寨—黄龙自然遗产地的保护受到了极大的关注。因此，如何在科学研究的基础上，促进九寨—黄龙区域的生态保护和旅游业的可持续发展，对于四川乃至全国的遗产地保护和旅游经济发展都具有示范与带动作用。

在全球变化背景下，九寨沟和黄龙地区表现出明显的局地响应特征。对九寨沟县和松潘县气象站温度、降水的近 50 年变化的研究发现，九寨—黄龙地区及周边区域近几十年来气温变暖现象明显，降水也明显减少。降水减少与夏季风的异常进退和低纬水汽向北输送强弱程度变化有关，九寨—黄龙区域表现出的"暖干化"气候趋势有可能影响甚至破坏九寨—黄龙风景区的自然遗产。如何应对全球气候变化，就成为所有自然遗产地面临的新挑战。由于九寨沟与黄龙景区均是以水为灵魂的，水的变化将在极大程度上影响到景观的变化，从而影响到该区域的保护价值。因此，对于水的研究就可以从一个侧面真实地反映区域的变化现状与趋势。

近 10 年来，随着我国国民经济的飞速发展，特别是交通、通信等基础设施条件的不断改善，景区与周边地区的旅游设施建设规模显著增大，游客数量剧增，旅游开发对九寨—黄龙世界自然遗产核心区的保护压力已达到历史最高水平，在保护与发展方面也出现了因旅游迅猛发展而引起的一些亟待解决的问题。例如，九寨—黄龙核心景区湖泊的演变加速；一些小型湖泊水位降低，水生群落的沼泽化趋势加快；"盆景"边缘钙华层出现退化，直接影响景观的原始风貌与观赏价值。而这些变化在多大程度上与自然生态系统的水循环变化相关？又在多大程度上与旅游业的迅猛发展（人为干扰）相关？对于这些问题的回答，不仅关系到与全球变化相关的科学问题的解答，也关系到景区的有效管理策略与旅游业的可持续发展。

旅游业的快速发展，以及"景区游、沟外住"的旅游管理模式使得沟外成为游客的主要生活区，给周边地区的生态环境带来了一定的压力，而周边地区的自然景观退化必然影响到景区保护的整体形象和效果。其实，核心景区与外围服务区域是一个旅游功能整体，但目前割裂二者的管理模式实际上是以牺牲外围区域的环境为代价的，这也不可避免地造成核心景区与周边社区、保护事业与经济发展的矛盾甚至冲突。九寨—黄龙的周边地区是山区人口相对密集的地带，经济发展相对滞后，农业生产效率低下，生产生活方式没有因巨大的游客市场拉动而发生根本性的改变，仍然主要依靠土地、牛羊生产维系生计，生活水平与生活质量没有得到相应的提高。而一个不可回避的事实却是，局部的贫困往往是生态退化的直接驱动因素。因此，从生态系统持续管理的角度来看，将核心景区与外围服务功能区作为一个整体系统来看待，并对其进行可持续的管理与生态建设，将对维持和保护自然遗产地发挥重要的保障作用。

近20年来对于九寨—黄龙景区的研究不少，包括地质环境、旅游管理、动植物资源、社会风情等，但大多是零散的，有关自然保护与生态管理的系统研究还不多。2004～2006年四川省设立了重大科技攻关课题"人类活动对九寨—黄龙核心景区生态环境的影响和水资源生态保护关键技术"，开始以水为切入点对九寨—黄龙的生态问题进行研究。之后，"十一五"国家科技支撑计划中设立了"生态脆弱区世界自然遗产地的生态保育和管理模式"研究，首次从遗产地保护与管理的角度进行多学科的交叉研究。本著作就是在上述研究基础上形成的，其主要研究内容紧密围绕与"水"和"旅游"相关的主题，覆盖大气降水及其对九寨—黄龙水循环系统的影响、生物多样性变化与水体质量保护的关系、陆地森林植被的水源调节功能与湖泊水量的关系、核心景区生态环境承载力与容量评估等方面的内容，旨在为自然遗产地的系统保护、长期监测和可持续管理提供必要的科学基础和技术支撑。

本著作的完成仅仅标志着九寨—黄龙世界自然遗产地研究的阶段性成果，对于保护与管理中的许多问题，还有待于今后的深入研究。由于2008年汶川大地震的影响，周边地区生态恢复和社区发展的相关研究受到影响，许多工作不得不延迟下来，因此，在本著作中没有包括这部分内容。目前，九寨—黄龙核心景区的管理服务已逐步与国际接轨，但不可否认的是，在核心景区一些地段仍然存在严重的人为干扰现象，不断改善管理措施、合理调配游客流量依然是今后长期面临的任务。此外，对于自然遗产地的有效保护来说，建立长期的监测体系也是当务之急。监测范围应该涉及动植物生长、湿地与森林动态、水体与土壤污染及山地灾害情况等，但这些工作对于我国的每一个自然遗产地目前都还是十分缺乏的。同时，应该加强严重干扰地段的植被恢复（包括周边地区），在增加生物多样性的同时，改善景区及周边地区的植被景观。并且，要加强对游客的生态保护宣传和教育，这也是实现真正生态旅游的重要环节。对此，不仅是景区管理部门，所有政府部门、非政府组织以及科技工作者都应该把普及科学知识作为保护事业的中心议题，而不是把门票收入看成是旅游业发展的唯一指标。只有这样，才能使名录中的遗产成为惠及子孙万代的真正遗产。

到2012年《保护世界文化和自然遗产公约》刚好履行了40年。目前全世界已有150多个国家和地区加入了该公约，这个数目仅次于加入《生物多样性公约》的国家和地区数目，位居第二。例如，美国的黄石公园和厄瓜多尔的加拉帕戈斯国家公园等许多第一批列入《世界遗产名录》的遗产地，已经成为全球保护成就的象征。目前列入《世界遗产名录》的遗产地已经有800余处，但这些分散于世界各地的遗产地至今还面临着不同类型和程度的威胁，这清楚地表明仅仅列入名录是不够的，我们以及后代还将为世界遗产地的保护继续奋斗。

本著作的完成是针对世界自然遗产地跨学科研究的尝试，由中国科学院成都生物研究所牵头，多家研究机构协同完成。其中，中国气象局成都高原气象研究所负责完成有关大气降水的相关研究，中国科学院成都生物研究所负责完成生物多样性方面的研究，四川省林业科学研究院和中国科学院水利部成都山地灾害与环境研究所负责完成森林生态系统方面的研究，西南交通大学负责完成生态环境承载力与旅游管理方面的研究。同时，九寨沟管理局和黄龙管理局的相关人员、当地政府的有关部门以及众多的学生和自愿者也参与了纷繁的野外调查工作，在此一并致谢。本书由吴宁、包维楷和吴彦策划并制订撰写大纲，在编写过程中采取由具体完成课题的科研人员分章负责的办法，具体分工如下。第1章，吴宁、吴彦；第2章，李跃清、张勇、田宏、周长艳、彭俊、陈文秀、李川、王乾、石福孙；第3章，包维楷、庞学勇、朱珠、闫晓丽、王晶、李玉武；第4章，彭玉兰、高信芬、周晓、包维楷、朱成科、李成、王跃招、戴强；第5章，王金锡、朱万泽、王乐辉、郝云庆、石福孙、段雪梅、张林、王乾；第6章，王成璋、于苏俊、傅浩、覃蓉芳、马捷、余小英、姜凌、刘宏鲲、朱单。最后全书的统稿工作由吴宁和吴彦负责完成。由于本书涉及面广、学科多样、数据庞杂,其中的疏漏在所难免,希望读者予以指正。本书仅是从一个侧面反映了过去几年中在九寨—黄龙地区开展的众多科学研究工作,作者希望这只是一个开始,并能为今后更加深入而广泛的研究提供参考。

本书的完成和出版得到了国家科技支撑计划课题(2006BAC01A15,2011BAC09B04)和四川省科学技术厅项目(2011HH0011)的资助。在此一并向为本书出版付出过辛勤劳动的科研人员、工作人员和编辑出版人员表示衷心的感谢!

吴 宁

2011 年 12 月 6 日

目 录

总序
前言

第1章 九寨—黄龙的生态环境与保护概况 ·· 1
 1.1 生态保育与世界自然遗产 ··· 1
 1.2 九寨—黄龙保护与旅游事业的发展 ······································ 2
 1.3 九寨—黄龙景区的自然地理特征 ·· 5
 1.4 九寨—黄龙景观特征及其地质水文条件 ································ 7
 1.5 九寨—黄龙的生态状况及其变化 ·· 9

第2章 气候变化对九寨—黄龙核心景区水循环（降水）的影响 ················· 11
 2.1 九寨—黄龙核心景区气候变化特征 ····································· 11
 2.2 九寨—黄龙景区气候变化与其他地区的比较 ·························· 16
 2.3 九寨—黄龙景区水循环要素的变化特征及气候变化的影响 ·········· 18
 2.4 九寨—黄龙景区水循环的基本过程与异常机理 ······················· 23

第3章 旅游干扰对九寨—黄龙核心景区沿湖陆地生态系统结构与功能的影响 ·········· 29
 3.1 旅游干扰对沿湖植被结构与多样性的影响 ····························· 30
 3.2 旅游干扰对九寨—黄龙景区沿湖土壤的影响 ·························· 88
 3.3 旅游干扰对九寨沟景区湖岸林下地表径流、侵蚀量与水质的影响 ·· 99

第4章 九寨—黄龙核心景区生物多样性与湿地植物 ································· 110
 4.1 九寨沟水生植物群落及其与水环境的关系 ···························· 110
 4.2 九寨沟水质与浮游植物的动态监测 ····································· 123
 4.3 生物监测方法的建立 ·· 135
 4.4 九寨—黄龙珍稀植物及外来植物 ·· 139
 4.5 干扰对九寨—黄龙自然保护区的动物多样性的影响 ·················· 143

第5章 九寨—黄龙森林生态系统在水循环中的作用 ································ 162
 5.1 森林植被对水分传输与转化过程的调节机理 ·························· 163
 5.2 森林水文过程的模拟研究 ·· 170
 5.3 九寨—黄龙景区森林生态系统水源涵养效益评价 ···················· 187

第6章　九寨—黄龙核心景区旅游的环境容量研究 ……………………………… 194
- 6.1　九寨—黄龙核心景区现状诊断 ………………………………………… 194
- 6.2　九寨—黄龙核心景区生态环境容量研究 ……………………………… 198
- 6.3　九寨—黄龙核心景区服务管理容量研究 ……………………………… 231
- 6.4　九寨—黄龙核心景区空间环境容量研究 ……………………………… 250
- 6.5　九寨—黄龙核心景区环境容量模型 …………………………………… 258
- 6.6　九寨—黄龙核心景区分流体系设计 …………………………………… 269
- 6.7　九寨—黄龙核心景区生态保护及旅游发展的对策建议 ……………… 271

参考文献 …………………………………………………………………………… 276

第1章 九寨—黄龙的生态环境与保护概况

1.1 生态保育与世界自然遗产

随着全球经济的飞速发展以及社会物质文明的空前进步，人类的生态觉醒在过去40年间也迅速爆发。1972年11月16日，联合国教育、科学及文化组织（UNESCO）第17次大会在巴黎通过了《保护世界文化和自然遗产公约》（简称《世纪遗产公约》，Convention Concerning the Protection of the World Cultural and Natural Heritage），并于1975年12月17日生效。该公约的诞生标志着全球文化和自然遗产保护事业进入了一个新的历史阶段。《世界遗产公约》的宗旨是依据现代科学方法，建立一个永久性的有效制度，共同保护具有突出的普遍价值的自然和文化遗产。目前，全世界共有150多个国家和地区为缔约成员，列入名录的遗产地800余处。世界遗产委员会要求各缔约方对自然、文化遗产的辨明、保护和养育作出承诺并保证其世代传承。1985年中国加入《世界遗产公约》，1999年10月，中国当选为世界遗产委员会成员。目前中国拥有的遗产地数量居世界第三位。

> 世界自然遗产的定义：①从美学和科学角度看，具有突出、普遍价值的由地质和生物结构或这类结构群组成的自然面貌；②从科学或保护的角度看，具有突出、普遍价值的地质和自然地理结构，以及明确划定的濒危动植物种群生态区；③从科学、保护或美学角度看，具有突出、普遍价值的天然名胜或明确划定的自然地带。

《保护世界文化和自然遗产公约》为人类保护具有突出而普遍价值的共同遗产提供了一个具有约束力的通行标准。其要点可归纳为：世界自然和文化遗产的日渐损坏和消失，造成全球各国遗产破坏和丢失，自然文化遗产具有突出的重要性，因此部分需要作为全人类遗产共同保护；新的重大威胁不断产生，参与对具突出普遍价值的自然文化遗产的保护，就成为全体国际社会不可推卸的责任；各缔约国有责任确认、保护和养育这些遗产，以完美地传承给下一代；在UNESCO建立保护具突出普遍价值自然文化遗产的世界遗产委员会；该委员会将对有必要保护的遗产建立名录；各缔约国可以要求世界遗产委员会对该国内的具突出普遍价值的遗产保护提供帮助（赵汀和赵逊，2005）。截至2008年，全世界共有自然遗产174项，文化与自然双重遗产25项。中国拥有九寨沟、黄龙、武陵源、三江并流、南方喀斯特、江西三清山、大熊猫栖息地等世界自然遗产和泰山、黄山、峨眉山-乐山大佛、武夷山等世界文化和自然遗产。

在世界范围内来看，绝大多数的自然遗产地要么是生物多样性保护的核心和关键地带，要么是独特的地质和自然地理单元，需要加以特别的保护与管理。例如，我国的自然遗产地九寨和黄龙地区位于青藏高原向四川盆地陡跌的生态交错带，地处《中国生物多样性保护战略与行动计划》所确定的 17 个生物多样性保护关键地区之一的岷山山脉南段，具有自然景观独特、生物多样性丰富、生态环境脆弱等特点（印开蒲和鄢和琳，2003）。滇西北的世界自然遗产"三江并流"自然景观地处东亚、南亚和青藏高原三大生物地理区域的交汇处和动植物基因交流的南北通道，是世界上生物物种最丰富的地区之一，也是世界上罕见的高山地貌及其演化的代表地区。但该区域同时面临着新构造运动活跃导致的地质灾害频发，全球变化导致的冰川退缩、雪线上升、湖泊收缩，以及岩漠化和荒漠化等生态环境问题（王嘉学等，2005）。南方喀斯特和大熊猫栖息地等自然遗产地也同样属于中国西部典型生态脆弱区。

通常情况下，位于世界遗产地行政管辖和总体规划范围内的核心区因受到当地的法律保护，生态环境的可持续管理和生态保育的力度相对较大。为了缓解、减少或削弱外围对遗产地的不利影响或干预，往往在核心景区以外设定出于对遗产资源管理和保护目的而限制其用途的缓冲地带；缓冲区外围还存在较大尺度空间范围和地域纵深的世界自然遗产地周边区域。从核心保护区逐渐向外扩展，对于遗产地外围和周边区域的保护力度会有所减弱，这也是生态脆弱区自然遗产地生态保育的困难地段。事实上，世界自然遗产地缓冲区及其周边地区属于遗产地景观地貌的延伸，是遗产地生物栖息地、物种生存迁徙的走廊和通道，在维护世界自然遗产地的生物地理过程和地貌特征的完整性、维持整个生态系统功能中发挥着重要作用（于贵瑞，2001）。

值得注意的是，一方面，我国的自然遗产地（包括双遗产地）多位于我国中西部的生态脆弱区。近年来，自然遗产地所在区域逐渐增强的社会经济活动（如大型工程建设和区域开发），以及全球变化与区域气候波动等自然因素，为世界自然遗产地的保护带来了巨大的挑战。另一方面，列入《世界遗产名录》的区域大多是旅游业等人为活动影响比较剧烈的地区，世界自然遗产的光环也在一定程度上促进了旅游业的发展，从而导致环境压力的剧增（李文华等，2006）。因而，世界范围内的自然遗产地几乎无一例外地面临着旅游开发与生态保育的两难选择。在我国，旅游产业的持续升温，使得自然遗产地保护与旅游业的可持续发展越来越受到社会各界的广泛关注。同时，在过去 10 年的西部生态建设中，生态恢复工程多集中于严重退化的区域（程国栋等，2000），使自然遗产地仿佛成为"绿色的孤岛"，点缀在退化的群山峻岭之间，开发的力度远远大于保护。

1.2 九寨—黄龙保护与旅游事业的发展

九寨沟和黄龙景区位于青藏高原向四川盆地过渡的生态交错区内，生态环境脆弱，生物多样性丰富，自然植被类型与高山湖泊众多，为世界上最独特的自然景区之一。九寨沟和黄龙风景名胜区于 1992 年被列入《世界遗产名录》；1997 年被纳入世界"人与生物圈保护区"，是我国境内较早得到确认的世界自然遗产保护地之一。另外，九寨—黄龙也是我国最著名的旅游胜地和全国优秀风景名胜区。九寨沟风景区 2000 年被评为中国首批 AAAA 级景区，2001 年 2 月获得"绿色环球 21"证书。近 10 年来，九寨—黄龙景区在保护与开发中取得了一系列突出的成绩，位列四川省三大旅游精品之首，是四川省自然风景旅游业的一张名片，并逐渐成为国际国内不可缺少的自然风光旅游目的地（印开蒲和鄢和琳，2003）。

九寨沟景区被誉为"童话世界"，位于东经 103°46′~104°4′和北纬 32°54′~33°19′，行政区划属四川省阿坝藏族羌族自治州（简称阿坝州）九寨沟县，因沟中原有荷叶、盘亚、亚拉、尖盘、黑果、树正、则查洼、热西、郭都 9 个藏族村寨（藏寨）而得名。游览区海拔 2000~3100 m，气候宜人，冬无严寒，夏季凉爽，四季美丽。九寨沟集翠海、叠瀑、彩林、雪山和藏族民俗文化于一体，原始和天然是她的个性和特征。在呈"丫"字形分布的树正沟、日则沟和则查洼沟三沟内，分布着 114 个翠海、47 眼泉水、17 群瀑布、11 段激流、5 处钙华滩流和 9 个藏寨。景区总面积 1320 km²。水是九寨沟的灵魂，因其清纯洁净、晶莹剔透、色彩丰富，故有"九寨沟归来不看水"之说。水、倒影、石磨、藏寨、经幡和藏羌歌舞等，构成了九寨沟独特的旅游文化。

黄龙景区被誉为"人间瑶池"，位于四川省松潘县境内，与九寨沟毗邻，距成都仅 391km，地理坐标为东经 103°46′~104°4′和北纬 32°54′~33°19′，面积 18.5 km²。该景区属古冰川谷地貌，地表钙华堆积形成绵延 3.6 km 的乳黄色长坡，分布在海拔 3145~3578 m，坡上钙华堤层层嵌砌，形成了千百块似鱼鳞状又好似梯田状的池塘，宛如一条黄龙。各梯湖彩池，面积大小不一，数量众多，如蹄、如掌、如菱角、如宝莲，千姿百态；水流沿沟谷漫游，越堤、滚滩、穿林，水声叮咚；阳光照射下，波光粼粼、晶莹透亮、五彩缤纷。景区以其奇、绝、秀、幽的自然风光闻名中外。

从 1984 年正式对外接待游客到现在，黄龙和九寨沟知名度不断提升。尤其是近年来交通等基础设施的完善，使得九寨—黄龙景区的旅游事业得到迅猛发展。进入九寨—黄龙景区的最主要交通线是九寨沟环形公路线（九环线）。由成都出发，可经都江堰、汶川、茂县、松潘至九寨沟和黄龙；也可经广汉、绵阳、江油、平武、九寨沟县和松潘县到达这两个景区。另外，由 213 国道上的甘肃文县、宝成铁路上的广元或江油均可转道进入景区。尤其是 2003 年 9 月九寨黄龙机场的通航，以及川主寺至九寨沟新城区口的公路扩建、改建工程的实施，更是在很大程度上解决了一直阻碍九寨—黄龙景区旅游业发展的交通瓶颈，游客量尤其是高端游客大大增加。在景区建设方面，九寨沟完成了诺日朗旅游服务中心建设，景区内公路整治、景区综合整治与绿化系列工程建设，使得景区可进入性、旅游容纳能力得到了进一步提升。通过建立移动通信机站、安装程控电话、接入宽带网，景区通信实现无缝覆盖；架设高架电线，实现电网并网；对景区栈道进行改扩建，修建了集餐饮、商贸、休闲、科普、娱乐于一体的游客服务中心，极大地提高了游客接待能力。据统计，九寨—黄龙景区所在的阿坝藏族羌族自治州在 2001~2004 年的 4 年间共引进外资 27.6 亿元，参与景区开发和旅游接待设施建设，旅游资源开发的深度和广度都得到了前所未有的发展。

目前，九寨沟和黄龙景区的游客由最初的每年几万人次增加到现在的上百万人次。从 1996 年起游客数量连年迅猛增长，2007 年九寨和黄龙两地接待游客 416.56 万人次，门票收入 76 826.40 万元。游客大量涌入景区带动了当地旅游经济的快速发展，九寨沟县和松潘县县级经济结构中第一、第二产业比例急速下降，以旅游业为主的第三产业成为带动当地经济发展的主要动力。其中，九寨沟县自 1999 年以来第三产业在经济发展中所占的比例一直超过60%，在2005年第三产业的比例甚至达到71%。旅游业对于地方经济发展的贡献，还可以从旅游业对GDP的贡献程度中得到很好的反映。1998年旅游业对九寨沟县GDP的贡献率为23%，2002年为42%，2004年高达55%。据相关标准，旅游业对GDP的贡献率达到8%以上就可以称为支柱产业。因此，九寨沟的旅游业从1997年以来一直为该县的支柱产业。

九寨—黄龙核心景区地处生态环境脆弱区。随着旅游业发展带来的游客数量不断上升，九寨—黄龙的核心景区及其周边地区面临着旅游开发与生态保育的两难选择。自1984年旅游开发以来，九寨—黄龙景区在环境保护方面投入了大量的人力物力。九寨沟和黄龙自然保护区管理局、当地政府，以及科研院所和民间组织等多年来定期针对自然遗产地核心景区及周边地区的群众，组织各种形式的生态环境保护知识的宣传培训工作。另外，在核心景区及其周边区域开展天然林保护和退耕还林工程、居民外迁与生态移民工程等，建立了生物多样性监测网络、核心景区水质在线监测体系。在环保设施方面，九寨—黄龙景区和旅游集镇实施了清洁能源工程，建成了日处理能力38 000 t的九寨沟彭丰火地坝和黄龙景区污水处理厂，以及日处理能力400 t的九寨沟县和松潘县垃圾处理厂，并完成了九寨沟县永乐和漳扎自来水厂以及黄龙景区自来水厂的建设。尽管这些工作的开展在很大程度上促进了九寨—黄龙区域的生态环境保护工作，但是，对于九寨沟和黄龙这样的生态脆弱区世界自然遗产地及周边地区，其旅游开发过程中的生态保育工作仍然存在一些需要深入思考的问题。

1）在旅游业迅猛发展的背景下，九寨—黄龙地区在核心区生态退化和周边地区景观片断化、水土流失以及农业面源污染等方面的问题并没有得到遏制，有些问题还日益突出，而这些问题在我国中西部生态脆弱区的自然遗产地中具有很高的代表性和典型性。随着旅游业的逐步发展和游客人数的不断增加，旅游压力造成的生态环境问题越来越突出，给自然遗产地的管理带来了新的挑战。例如，随着旅游人数的不断增加以及不适当的"绿化"，外来物种和广布型物种改变了当地生物区系，开始影响到核心景区的生物多样性。据统计，九寨—黄龙地区有外来动植物物种50余种，其中，植物有30余种，动物有20种左右。如果对这些问题不加以足够的重视，这些外来物种有可能在不久的将来对当地生态系统造成严重冲击。另外，周边民族社区的相对贫困与核心景区旅游经济的蓬勃发展形成了鲜明的对比。在巨大的旅游市场面前，周边民族社区发展相对边缘化，经济发展也相对滞后，造成保护与发展的矛盾日益突出。

2）九寨—黄龙核心景区与世界自然遗产地保护区存在重叠。尽管重叠区域的面积相对狭小，但核心景区在地理位置上处于保护区的重要集水区和汇水部位，集中了自然保护区的绝大部分水体，极大地影响或支配着自然保护区各类生境的空间分布、动物栖息地和活动范围。在人类活动的长期影响下，核心区的保护往往被旅游需求冲淡，生态敏感地带的环境可能被破坏，并由此引发整个自然保护区生态系统的损伤。

3）九寨—黄龙世界自然遗产地生态系统的特点主要体现在以森林植被为主导的丰富的生物多样性，以及以湖泊水体为中心的水生生态系统和旅游景观资源。九寨—黄龙景区生态资源和旅游资源的构成是以水为中心的，水量和水质扮演着"生态水"和"旅游水"的重要角色。该景区的地表水体既浅又窄，流量不大，流速平缓，自净能力有限，旅游活动的开展对其干扰较为直接。从近十几年的生态变化趋势看，水环境的变异度居于首位，九寨—黄龙景区生态系统中水环境为最脆弱的部分。水资源的变化既与旅游经济及其相关产业引起的下垫面改变所导致的水文循环改变有关，又与游客污染源等对水资源造成的污染破坏有关。一旦发生人类活动与水环境的不协调，对九寨—黄龙景区生态资源和旅游资源的毁坏将是灾难性的。水环境承载容量是旅游开发活动的限制因子，也是生态保护的重中之重。正因为如此，以水为核心和灵魂的九寨沟风景名胜区，如何在旅游开发过程中保护水资源的质量和年际动态节律不受影响和破坏，既是旅游业可持续发展的关键所在，也是保护九寨—黄龙世界自然遗产地生态安全的关键所在。

1.3 九寨—黄龙景区的自然地理特征

九寨沟风景名胜区地处岷山山脉南段尕尔纳峰北麓，景区内地质结构复杂、地形高低悬殊、气候多样，一半以上的面积为原始森林所覆盖。九寨沟的自然景观以举世罕见的高寒区岩溶地质地貌景观为特色，在特殊的地质和水文背景条件下，形成了以绚丽多姿的岩溶堰塞湖群、钙华滩流、钙华瀑布、钙华彩池等为主，包括古生物化石景观、地质剖面景观、地质构造景观、洞穴与洼地景观、第四纪冰川遗迹景观、地质灾害遗迹景观、山岳地貌景观、矿物岩石景观、奇特与象形山石景观、峡谷地貌景观等的景观组合，具有无可替代的保护价值和极高的观赏价值。黄龙风景区四周地势险峻，海拔5000 m以上的山峰就达10余座。黄龙风景区内形成了3000余个碧透斑斓的钙华彩池，为当今世界上规模最大、结构最完整、造型最奇特的高山喀斯特景观。黄龙钙华遍布景区沟底，总面积63.5 hm^2，规模宏大。其主要钙华景观分为钙华边石坝彩池、钙华滩流、钙华瀑布和钙华塌陷洞等自然景观。除此之外，黄龙风景区内地质结构、冰川遗址、江源地貌均保护完好，动植物资源丰富，与钙华池一起形成了核心景区风光。

九寨—黄龙景区地处我国北亚热带秦巴湿润区与青藏高原波密－川西湿润区的过渡地带。气候上隶属于大陆性季风气候类型，雨热同季，寒暑分明。其东南受龙门山的阻挡，来自太平洋的暖湿气流多停留在龙门山东坡，西南受邛崃山阻挡，来自印度洋的西南季风也较难达到，故降水偏少。另外，九寨沟北部有高大的秦岭山脉屏护，大大削弱了冬季从蒙古高原南下的冷高压寒流对该区域的影响。因此，在气候上表现出冷凉而干燥的季风气候特征。九寨沟1月为最冷月，平均温度－3.3℃，极端最低气温－20.2℃；7月为最热月，平均温度17.9℃，极端最高气温32.6℃。九寨沟年均降水量为675 mm，降水主要集中在4~10月。沟内以地形风和山谷风为主，全年风向以西北风为主。在早春季节风速较大，平均风速1.4 m/s，平均风速较小值主要出现在夏末秋初，平均风速1.0 m/s。黄龙海拔比九寨沟景区平均高约1000 m，按照温度递减率，其平均温度比九寨沟要低6℃左右。

九寨沟自然保护区内现共有维管植物（包括栽培种）151科636属2061种（包括变种、亚种或变型），其中，有蕨类植物19科32属73种；裸子植物6科13属37种；被子植物126科591属1951种。栽培植物和部分外来植物共89种（隶属于39科70属）。该区原生种子植物分别占中国种子植物总科数的38.28%、总属数的17.41%和总种数的6.98%；占四川种子植物总科数的67.54%、总属数的36.64%和总种数的22.26%。该区种子植物中，所含种数在10种以下的科有84个，占总科数的65.12%；种数在10种以上的科为41个，如毛茛科（Ranunculaceae）、小檗科（Berberidaceae）、杨柳科（Salicaceae）、蔷薇科（Rosaceae）、豆科（Leguminosae）、杜鹃花科（Ericaceae）、忍冬科（Caprifoliaceae）、伞形科（Umbelliferae）、龙胆科（Gentianaceae）、唇形科（Labiatae）、菊科（Compositae）、禾本科（Gramineae）、莎草科（Cyperaceae）等，只占总科数的31.78%，但这41科所含种数却达706种，占该区种子植物总种数的37.08%，优势科十分明显。该区植物科以泛热带分布（37.2%）、温带分布（27.9%）和世界分布（22.5%）类型为主，占总科数的91%，而东亚分布科仅占总科数的4.6%。在属的区系层次上，温带分布属占总属数的68.8%，表明该区域植物具有显著的温带特征。

九寨—黄龙景区在动物区系上处于古北界和东洋界的分界线附近，包括浮游动物71种，昆虫539种，其他无脊椎动物83种，鱼类2种，两栖动物6种，爬行动物4种，鸟类141种，哺乳动物76种。

该区域的自然植被和土壤类型垂直带谱分异明显。九寨沟与黄龙两个景区均分布在岷山主峰以北，两地相距约50 km，其中黄龙景区海拔为3200~3700 m，位于阴坡的冷云杉林位置。相比之下，处于北部的九寨沟地形起伏更为剧烈，相对高差较大，生物气候条件垂直变化明显，土壤垂直带谱结构完整。在海拔2200 m以下属于暖温带半湿润气候类型，主要植被以油松（*Pinus tabulaeformis* Carr.）林为主，土壤类型为山地褐色土；在海拔2300~2800 m局部地段镶嵌有冰川退缩形成的黄土，构成阶坎状地貌；而在同海拔区域范围内其他地段分布着山地棕壤土，植被类型为桦木（*Betula* Linn.）和松杉植物构成的针阔混交林；海拔2800~3800 m属于温带湿润气候类型，植被以冷云杉、箭竹和杜鹃林为主，土壤类型为山地暗棕壤。高山草甸土主要分布在3800~4200 m的平缓坡地上，植被是以嵩草属（*Kobresia* Willd.）为主的高寒草甸；海拔4300 m以上为高山寒漠土和流石滩。

气候、土壤、生物三者交互作用形成当地植被特定的空间分布格局。在九寨—黄龙地区，一方面，山地系统在温度上的垂直递减，造成了以山地垂直带谱为表现形式的植被格局，并主导着生态系统的空间格局。另一方面，土壤、水文以及各类干扰事件等常造成同一带谱内植被处于不同的演替阶段，或者出现隐域性分布，表现为各类植被的镶嵌分布。九寨—黄龙景区植被以亚高山针叶林为主体，在低海拔区域以及沟谷地段受农耕和砍伐影响较重，人工植被和次生植被类型较多。而高海拔区域因地势陡峭，滑坡、泥石流等干扰事件较多。

青扦（*Picea wilsonii* Mast.）、黄果冷杉（*Abies ernestii* Rehd.）、巴山冷杉（*Abies fargesii* Franch.）、岷江冷杉（*Abies faxoniana* Rehd. & Wils.）、铁杉（*Tsuga chinensis* (Franch.) Pritz.）、红杉（*Larix potaninii* Batal.）等构成的针叶林分布在海拔2600~3800 m。海拔2600 m以下为油松林，人工更新的粗枝云杉（*Picea asperata* Mast.）林主要分布在海拔3000 m以下的地区。阔叶林除了分布在低海拔区域外，还向上进入针叶林分布区，形成针阔混交林或作为先锋植被。主要的阔叶树种有山杨（*Populus davidiana* Dode）、白桦（*Betula platyphylla* Suk.）、红桦（*Betula albo-sinensis* Burk.）、辽东栎（*Quercus liaotungensis* Koidz.）等。灌丛较之于乔木植被有更大的适应幅度，分布高度可从河谷到海拔4200 m。河谷地带

以种类繁多的柳树（*Salix* Linn.）为主，高海拔地带以杜鹃（*Rhododendron* Linn.）为主，而针叶林区受干扰地段则以悬钩子（*Rubus* Linn.）等灌木为主。在高山草甸区则主要以各类嵩草（*Kobresia* Willd.）、薹草（*Carex* Linn.）、珠芽蓼（*Polygonum viviparum* Linn.）、委陵菜（*Potentilla* Linn.）、银莲花（*Anemone* Linn.）等植物为主。

除了显域植被外，由山地湖泊、溪流等构成的隐域性植被也很普遍。湖泊溪流中的挺水植物主要以芦苇（*Phragmites australis* (Cav.) Trin. ex Steud.）、水甜茅（*Glyceria aquatica* R. Br.）、沿沟草（*Catabrosa aquatica* Beauv.）、水木贼（*Equisetum heleocharis* Ehrh.）、宽叶香蒲（*Typha latifolia* Linn.）等群落构成；沉水植物则以各类眼子菜（*Potamogeton* Linn.）、狐尾藻（*Myriophyllum* Linn.）、水毛茛（*Batrachium bungei* L. Liou）等为主。湖泊藻类植物是构成景区植物多样性的一个重要组成部分，浮游藻类、固着藻类、丝状藻类和分枝藻类类型多样，种类繁多，其中硅藻门植物最丰富。藻类作为湿地生物链中的底层营养级，其动态特征不仅反映了水体理化性质的变化，而且受控于上层营养级的反馈调节，对水生生态系统的稳定有重要的意义。藻类种类、密度和分布的变化影响水体颜色，是影响景区景观的重要因素。

九寨—黄龙景区处于降水与潜在蒸发散相等的等值线附近，可利用水资源受大气环流路径影响显著。另外，巨大的高差使不同垂直带之间物质与能量相互调剂，特别是冰川融雪可一定程度上缓解中长期枯水造成的山地湖泊湿地的水位下降问题，保持湿地的生态平衡；而在丰水阶段，冰川又可以以固体水库的作用储存多余的水分。但是，全球性气温升高对这一平衡模式构成了新的挑战。

1.4 九寨—黄龙景观特征及其地质水文条件

九寨沟和黄龙在大地构造上处于西秦岭造山带与松潘－甘孜造山带两大构造单元的交接部位，属青藏高原东北段向四川盆地陡跌的过渡的峡谷地带。境内山峰高耸，平均海拔在 2300 m 以上，海拔 3500 m 以上的山岭有 143 座，最高山峰可达 5468 m（雪宝顶）。由于河流切割侵蚀强烈，以高山峡谷区地形为主，起伏较大，区内河谷纵横，发育树枝状水系，河网密度大于 0.8 km/km^2，其宽度大都小于 200 m。境内在喀斯特钙华堆积地貌背景下，由于高含钙泉水出露而形成的特有钙华景观和独特的峡谷湖泊及河滩湿地－森林景观是该区域特有的旅游景观资源。

在冰川作用下，高山上常发育角峰、冰斗、悬谷等冰川地貌，而在海拔较低地区常见冰川"U"形谷（如则查洼沟、日则沟、干海子沟等），而在海拔更低的冰缘，则堆积了大量的冰水黄土。在宽缓的 U 谷较陡处和支河中，崩塌作用和泥石流作用造成倒石堆，坡洪积扇堵截主河道，积水形成高山湖泊，从而形成五花海、五彩池、下季节海等自然景观。岩溶作用使得河谷中沉积了大量的钙华，如熊猫海钙华瀑布和黄龙池。

九寨沟景区位于松潘－甘孜造山带与西秦岭造山带摩天岭地块的结合部位，景区内广泛分布的碳酸盐岩石发育了高山高寒区岩溶地质地貌景观。出露的地层为中泥盆纪至中三叠纪的海相碳酸岩建造，主要为厚层的灰岩、白云质灰岩以及生物碎屑灰岩。随着青藏高原强烈上升，该区断裂网络形成，断块之间差异性抬升和水平错移也明显表现出来，形成区内南高北低的地形和沟内钙华台、高瀑布、诺日朗瀑布等多级台阶；沿北西向断裂产生水平错移，景区内多形成山脊和沟谷的迂回突起。

黄龙景区位于雪宝顶背斜北翼，东西走向。南部出露底层主要为石炭系、二叠系质灰岩、白云质灰岩、生物碎屑灰岩及少量板岩；中部为三叠系砂岩、板岩及灰岩，沟中则堆积大量第四纪冰碛物。其核心景区黄龙沟为冰川谷，区内构造线呈东西向展布，以铲状南倾的望乡台断裂为界，沟谷南段主要出露泥盆系至二叠系以结晶灰岩为主的碳酸盐岩，为区内主要岩溶含水层；其主要景区所在的北段出露三叠系西康群砂板岩，为区内隔水层。

九寨沟属于长江水系嘉陵江上游，位于白水江流域的西部。白水江发源于松潘县弓杠岭斗鸡台，在黑河桥与黑河汇合，全长 57 km，水流湍急，河床平均比降为 20‰。水系切割纵深，河网密度大，流域内地势总体上南高北低，地表水自南向北径流。九寨沟为白水江的一条大支沟，于羊峒处汇入白水江，其流域面积 651.35 km^2。由扎如沟、荷叶沟、黑果沟、丹祖沟、日则沟和则查洼沟 6 条主要沟谷组成，其中最大的一条为东支的则查洼沟，长约 31 km，流域面积 219.69 km^2，其次是西支的日则沟，长约 30 km，流域面积 166.00 km^2。两支沟与长约 14 km 的主沟段（沟口羊峒至诺日朗段）构成河流的主体。流域内主要沟道内分布着大量的、呈串珠状排列的高山湖泊（海子）。其中单湖规模以则查洼沟上游的长海为最，水域面积约 0.93 km^2，库容约 4673 m^3。

九寨沟流域的地表水总体上自南向北径流，河水补给来自大气降水和地下水。按河流流量大小的分配，大体上可以划分为枯水期（或低水位期），11 月至翌年 3 月；平水期，4～5 月和 10～11 月；丰水期，6～9 月（周长艳等，2007）。

黄龙沟地处我国北亚热带秦巴湿润区与青藏高原波密-川西湿润区的过渡地带，其北有高大的秦岭山脉屏护，大大削弱了冬季由蒙古高原南下的冷高压寒流对该区域的影响，东南受龙门山的阻挡，使得来自太平洋的暖湿气流多停留在龙门山东坡，故区内降水偏少。黄龙沟为玉翠峰北麓的涪江一级支沟，大体上呈南北向展布，已开发景段南起望乡台（海拔 3600 m），北至涪江边（海拔 3180 m），景段全长约 5 km，宽 30～600 m，呈带状。黄龙沟三道坪以南无地表水出露，三道坪坎前出露一泉，于二道坪形成地表径流，自南向北流入涪江。黄龙沟春涸秋盈，季节性强。

黄龙景区水循环系统由钙华源泉岩溶地下水系统、后沟地表水系统和黄龙前沟（核心景区）地表、地下水转化系统三部分组成。其中钙华源泉是钙华景观 CaCO$_3$ 物质的主要来源，由以转花泉为主的上升泉群构成。钙华源泉为深度循环的碳酸盐岩岩溶地下水，其水体中 HCO$_3^-$ 和 Ca 含量分别达 820.7 mg/L 和 219.9 mg/L，含量较高。黄龙后沟海拔高、气温低，冬季降水多以冰雪形式出现，水流动态变化大，1～2 月多数年份断流，6 月流量最大，可达 314.4 L/s。丰水期 5～10 月平均流量可占全年流量的 80% 以上。受此影响，后沟地表水虽冬季断流，但其流量较大，进入景区后与钙华源泉共同构成钙华景观的主要水源。

九寨沟和黄龙沟景区河水水化学类型均为 HCO$_3$ - Ca，HCO$_3$ - Ca、Mg 型水。受地下水补给之影响，河水矿化度较高；其主要阴离子为 HCO$_3^-$，其次为 SO$_4^{2-}$；主要阳离子为 Ca^{2+}，其次为 Mg^{2+}；pH 略偏碱性；水化学稳定系数为 0.26 左右，属弱沉积性河流。

1.5 九寨—黄龙的生态状况及其变化

九寨—黄龙生态环境的一个主要特点是以森林植被为主导的丰富的生物资源。依据《四川九寨沟国家级自然保护区综合科学考察报告》和《四川黄龙自然保护区综合科学考察报告》，九寨沟保护区的植被可分为针叶林、温性针阔混交林、落叶阔叶林、灌丛、草甸、沼泽植被、竹林、高山流石滩稀疏植被八大类型，黄龙保护区植被可分为针叶林、落叶阔叶林、灌丛、草甸、沼泽植被、高山流石滩稀疏植被六大类型。

水环境也是九寨—黄龙生态环境中最为脆弱的部分，水资源的变化与植被变化导致的蓄存能力改变密切相关。目前，九寨—黄龙核心区的湖泊演变正在加速，湖泊面积萎缩，水量减少，一些小型湖泊、湿地水位降低或干枯，水生群落的沼泽化趋势明显，带来一系列的自然景观退化或消失。例如，"盆景"中的流水景观水量明显减少，缺乏玲珑剔透的水流动感；"盆景"边缘钙华明显退化，直接影响景观的原始风貌与观赏价值。同时，森林衰退现象也十分明显，森林病虫害时有发生，林木的死亡规模加剧。从近50年的气候变化来看，九寨—黄龙地区的气候变暖现象明显，降水也明显减少。另外，随着旅游人数的不断增加，外来物种和广布型物种在一定程度上改变了当地的生物区系成分，影响到世界自然遗产地的生物多样性保育质量。导致该区域生态环境退化的主要原因包括以下两个方面。

1) 气候"暖干化"是九寨—黄龙的生态状况出现上述问题的自然原因之一。从九寨沟县和松潘县气象站近50年温度和降水的变化中可发现，九寨—黄龙风景区及周围区域近几十年来气温变暖现象明显，降水也明显减少。降水减少与夏季风的异常进退和低纬水汽向北输送强弱程度有关，九寨—黄龙地区表现出的"暖干化"气候趋势影响和破坏了九寨—黄龙的生态状况。

2) 人类干扰活动的影响也是导致九寨—黄龙地区生态环境退化的重要因素。具体表现为天然林禁伐以前的森工采伐、天然林资源保护工程实施后不适当的人工植被恢复，以及旅游活动的干扰。

1998年天然林禁伐以前，九寨—黄龙地区的森林资源作为川西北森林资源的重要组成部分，原生植被受到严重的破坏。由于森工采伐对象多是干型通直的云杉、冷杉等针叶树种，导致针叶林面积迅速下降。针叶树种被伐后，大量先锋阔叶树种如白桦、红桦、辽东栎、杨树（*Populus* Linn.）、槭树（*Acer* Linn.）等的入侵，使该区域大面积的原生植被演变为针阔混交林，一些采伐强度极大的皆伐迹地则退化为灌丛，另外，草地的面积也出现大幅度减少。原生植被遭受破坏，导致了九寨—黄龙生态景观的破坏和水资源的减少。例如，大量砍伐森林造成了九寨沟丹祖沟内发生泥石流，大量的泥沙物质流入镜海、犀牛海，降低了水的能见度；在则查洼沟，特别是其左壁，只要是林木稀少的部位就可能见到大小不等的崩塌（滑）体。这使得九寨—黄龙留下大量的次生低质低效景观类型，初步统计次生低质低效景观类型占景区面积的20%~40%。

天然林保护工程实施后，人们开始大面积造林，随着人工造林和森林十几年的恢复，九寨—黄龙区域裸地的比例下降了20%以上。由于植被覆盖比例的增加，植被在丰水期蓄积生态水量，从而减少了地表径流，延缓了洪峰的形成，保持了水土；枯水期生态水调剂补给溪流，使得九寨沟流域径流模数明显高于邻近流域径流模数。这对维持九寨沟"以水为生命"的景观的生存与稳定起了重要作用。但从植被演替的角度看，实施人工植被恢复也存在一些负面效应。例如，大面积营造的人工针叶林，树种单一，难以形成以云杉、冷杉为主的暗针叶林等地带性植被，生态效应较低。事实上，该区域的植被演变趋势仍存在退化的态势，植被保护的力度还应进一步加强。

　　旅游活动是导致九寨—黄龙生态状况进一步变化的又一主要原因。旅游活动对生态系统的干扰或破坏问题，可从生态系统的生物组分和非生物组分两个方面入手进行诊断。九寨—黄龙涉及的问题主要是生物多样性保护这一主题，主要包括人类活动对动物活动通道、迁徙、取食以及栖息地的影响；为满足旅游服务的需要和增加旅游收入，增加旅游设施建设，使生物生存空间减少并使生境条件改变；外来物种侵入问题；稀有或特有物种丧失问题；野生动物遭到捕猎或捕捉；植被破坏问题；不合理的开发行为危及植物生存；旅游路线两侧的林、灌、草植被常遭游人践踏、折损、采摘、摇曳、刻画损伤甚至砍伐。非生物组分有森林土壤、地表水体、大气环境等方面，主要包括森林土壤践踏压实导致壤中流路径改变，从而减少入湖水量；废物排放到水体，会加速水体的富营养化，破坏水质。

　　近年来，随着交通条件的不断完善，景区与外围地区旅游设施建设规模显著增大，游客数量剧增，旅游开发对九寨—黄龙世界自然遗产地核心区的保护压力已达到相当的程度，在保护与发展方面出现了一些亟待解决的问题。随着游客流量激增，景区生活设施与旅游设施显著增加，湖岸带生态系统显著退化，岸边（栈道 5~10 m）下层植被盖度降低，土壤水分和养分循环功能退化，水土流失加剧，显著增加了湖边养分、泥沙输入，而景区旅游道路的修建，也造成了水土流失，显著增加了对湖泊的输入；由于湖边水位变化剧烈，核心景区一些地段岸边水体受到污染，出现富营养化迹象。在旅游旺季，九寨—黄龙核心景区游客人数已达旅游承载力之极限，人类活动加剧了地质环境恶化。例如，游客在黄龙钙华滩流踩踏使钙华体上藻类大量死亡，导致钙华体的地质改造作用（溶蚀作用和重力作用）大于地质建造作用（钙华的沉淀作用），而不断造成瀑坎崩塌。

第2章 气候变化对九寨—黄龙核心景区水循环（降水）的影响

气候是人类最重要的自然资源之一。地球上的生命本身和人类的存在都依赖于一个适宜的气候环境。同时，气候变化又显著地影响着一个区域的降水和温度，进而影响其生态系统的波动甚至演化。九寨—黄龙地区（包括周边地区）的气象观测始于20世纪50年代末到60年代初，这些气象记录不仅可以提供局部地区的气候信息，而且可以使人们对不同地区的气候进行对比。但是，应该认识到，要用50~60年的记录全面系统地判断和预测该区域的气候变化规律还缺乏足够的基础。由于从50年尺度上来看，水循环受气候变化或者波动的影响是真实存在的，因此，本章利用该地区仅有的一些资料，分析区域气候变化及其对核心景区可能产生的影响。

2.1 九寨—黄龙核心景区气候变化特征

2.1.1 九寨—黄龙景区气候多尺度变化分析

利用多尺度数据滤波方法对九寨—黄龙景区的降水和温度的大尺度（$M=4$）和中小尺度（$M=3$）变化进行了分析。

2.1.1.1 九寨沟景区（则查洼）降水阶段性变化

大尺度变化（$M=4$）：20世纪（1959~2000年）偏多；21世纪初（2003年至今）开始进入偏少阶段（图2-1）。中小尺度变化（$M=3$）：20世纪90年代早期以前（1990~1992年）以偏多为主；90年代中期至今（1993年至今）偏少（图2-1）。

2.1.1.2 黄龙景区（松潘）降水阶段性变化

大尺度变化（$M=4$）：20世纪50年代至今，处于多年平均值（低于1971~2000年平均值）附近的平稳状态，有微弱的减少趋势，阶段性变化不明显（图2-2）。中小尺度变化（$M=3$）：20世纪50年代至70年代初（1957~1971年）偏少为主；70年代（1971~1979年）略偏多；80年代至今偏少（1980年至今）（图2-2）。

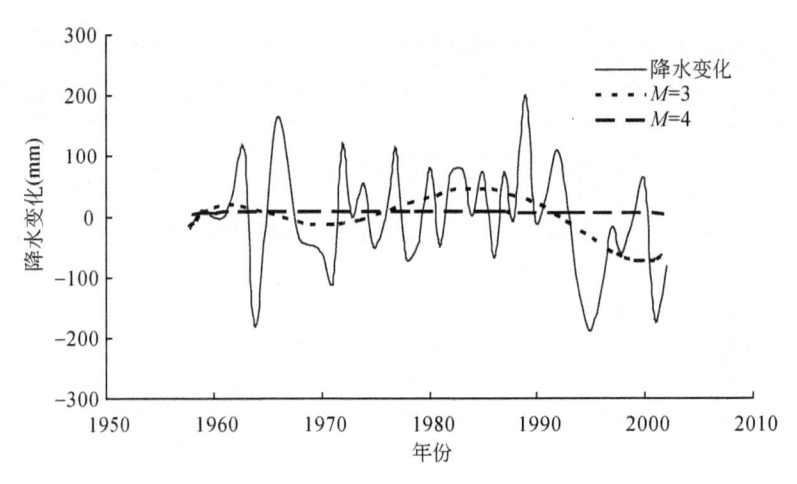

图 2-1 则查洼降水量中长期变化分析（$M=3$，$M=4$）

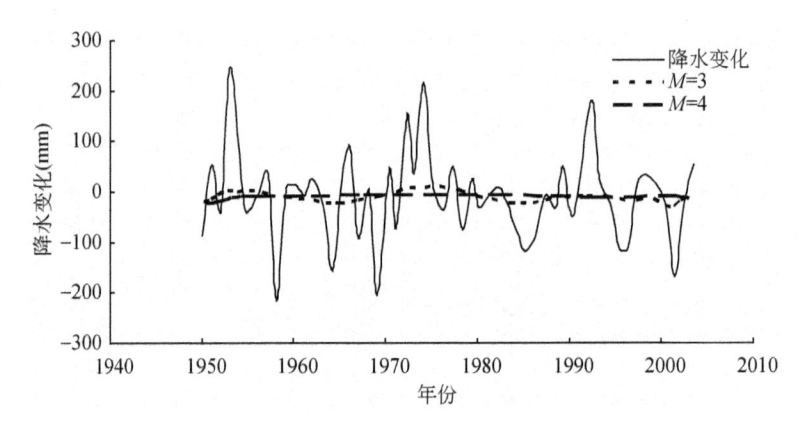

图 2-2 松潘降水量中长期变化分析（$M=3$，$M=4$）

2.1.1.3 九寨沟景区（则查洼）温度阶段性变化

大尺度变化（$M=4$）：20 世纪 50 年代末（1959～1960 年）偏高；60 年代早期至 80 年代末（1961～1990 年）偏低；90 年代至今（1991 年至今）偏高（图 2-3）。中小尺度变化（$M=3$）：20 世纪 50 年代末至 60 年代初（1959～1961 年）偏高；60 年代前期至 80 年代末（1962～1990 年）偏低；90 年代至 21 世纪初（1991～2003 年）偏高（图 2-3）。

2.1.1.4 黄龙景区（松潘）温度阶段性变化

大尺度变化（$M=4$）：20 世纪 50 年代初期（1951～1953 年）偏高；50 年代中后期至 80 年代中期（1954～1986 年）偏低；80 年代后期至今（1987 年至今）偏高（图 2-4）。中小尺度变化（$M=3$）：50 年代前期（1951～1954 年）偏高；50 年代中期至 80 年代中期（1955～1985 年）偏低；80 年代后期至今（1986 年至今）偏高（图 2-4）。

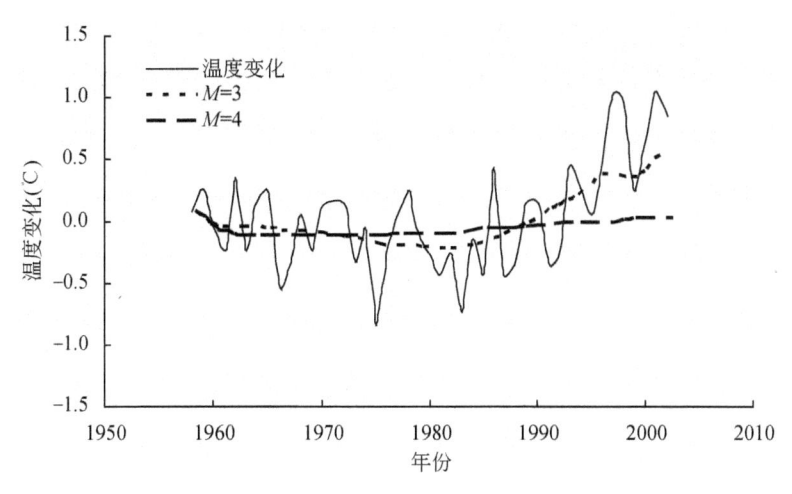

图 2-3　则查洼温度中长期变化分析

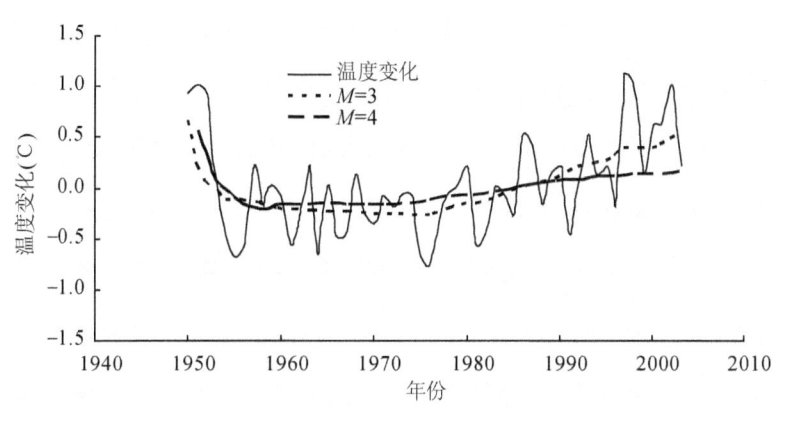

图 2-4　松潘温度中长期变化分析

2.1.1.5　结论

总体上，大尺度和中小尺度阶段性分析均表明，九寨—黄龙景区降水目前处于偏少阶段，而温度则处于偏高阶段。中小尺度滤波对阶段性变化的分析表明，20 世纪 90 年代初期，九寨沟景区气候变化明显，先是温度进入偏高阶段，随后降水进入偏少阶段；20 世纪 80 年代为黄龙景区气候变化的主要时期，即 80 年代初降水进入偏少阶段，80 年代中期温度进入偏高阶段。此外，无论大尺度还是中小尺度，九寨沟景区降水和温度的阶段性变化均存在较好的反向关系，而黄龙景区则不具备类似的特征。

2.1.2　九寨—黄龙景区气候趋势变化

2.1.2.1　九寨沟景区（则查洼）降水趋势变化

大尺度变化（$M=4$）：20 世纪 50 年代末至 80 年代前期，无明显的增减趋势；80 年代后期开始逐步减少，近 20 年减少速率为 -13.68 mm/20 a。中小尺度变化（$M=3$）：20

世纪 50 年代末至 70 年代前期无明显的增减趋势；70 年代后期至 80 年代前期为增加趋势；而 80 年代后期开始，降水减少趋势显著。

2.1.2.2 黄龙景区（松潘）降水趋势变化

大尺度变化（$M=4$）：20 世纪 50 年代末至 80 年代前期，无明显的增减趋势；80 年代后期开始逐步减少，近 20 年减少速率为 -5.53 mm/20 a。中小尺度变化（$M=3$）：20 世纪 50 年代末至 70 年代前期，无明显的增减趋势；70 年代后期至 80 年代中期增加；80 年代后期至 21 世纪初有减少趋势，近年有增加趋势。

2.1.2.3 九寨沟景区（则查洼）温度趋势变化

大尺度变化（$M=4$）：20 世纪 50 年代末至 60 年代前期降低；60 年代中期至 70 年代末，温度维持在一个较低水平；80 年代至今为增加趋势，近 20 年增温率为 0.11℃/20a。中小尺度变化（$M=3$）：20 世纪 50 年代末至 70 年代末为降低；80 年代前期温度维持在较低水平；80 年代后期至 21 世纪初增加，近几年有降低趋势。

2.1.2.4 黄龙景区（松潘）温度趋势变化

大尺度变化（$M=4$）：20 世纪 50 年代前期降低，50 年代后期至 60 年代后期，温度维持在一个较低水平，70 年代初至今为增加趋势，近 20 年增温率为 0.17℃/20a。中小尺度变化（$M=3$）：20 世纪 50 年代前期，温度迅速降低；50 年代后期至 70 年代中期为逐步降低趋势；70 年代后期至今，增加趋势明显，目前温度处于最高阶段。

2.1.2.5 结论

就降水大尺度变化趋势而言，九寨沟景区和黄龙景区均在 20 世纪 80 年代后期出现减少，且九寨沟景区近 20 年的减少速率是黄龙景区的 2 倍以上。而温度的大尺度变化趋势则是，20 世纪 70 年代末至 80 年代初，黄龙景区和九寨沟景区相继出现增高趋势并维持至今；两地近 20 年温度增高速率均较大，分别为 0.17℃/20 a 和 0.11℃/20 a。

中小尺度滤波分析显示，九寨沟景区和黄龙景区气候变化的趋势性具有较好的同步性特征，然而自 21 世纪以来出现了相反的变化趋势，即九寨沟景区降水继续减少而黄龙景区则转为增多，九寨沟景区温度持续降低而黄龙景区继续增高。

2.1.3 九寨—黄龙景区气候变化周期性与突变性

2.1.3.1 突变分析

利用 M-K 统计学方法对九寨—黄龙景区及临近气象站的年降水和年平均温度进行了突变分析。结果显示，自 1950 年以来九寨—黄龙景区及临近气象站的年降水和年平均温度不存在明显突变现象。

2.1.3.2 周期分析

利用非整数功率谱分析方法对九寨—黄龙景区及临近气象站的年降水和年平均温度进行周期分析，结果发现九寨沟景区（则查洼）降水存在 24 年的显著变化周期（图 2-5 和图 2-6），2004 年开始进入降水偏多时段。黄龙风景区（松潘）降水存在 19 年的显著变化周期（图 2-7 和图 2-8），2004 年尚处于少雨期。

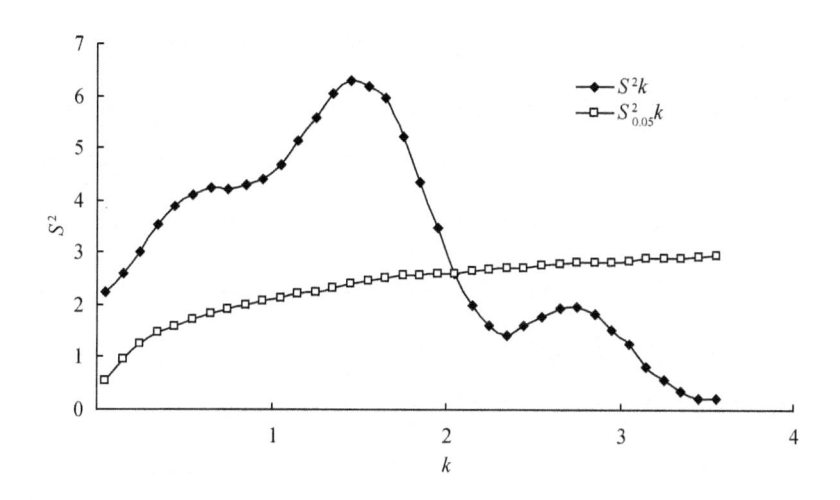

图 2-5 则查洼年降水量各谐波功率谱值分布图

k 为波数（年），$k=1.5$ 为统计显著性周期；S^2 为功率谱密度，$S_{0.05}^2$ 为概率等于 0.05 水平上的功率谱密度

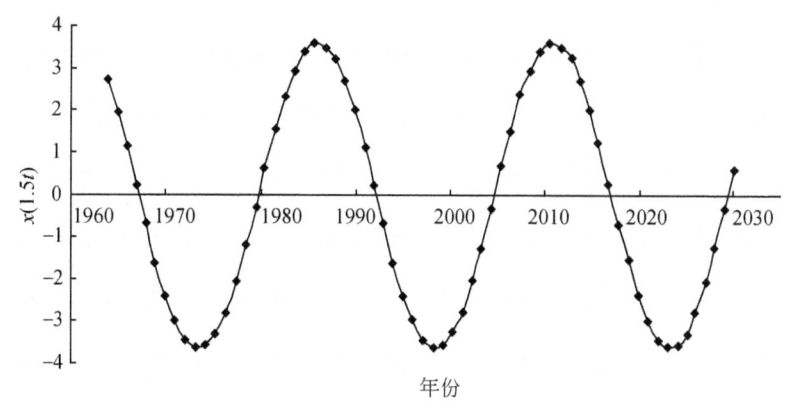

图 2-6 则查洼年降水量 NI 分析变化曲线图

纵坐标为相应波数下的周期变化值，周期为 36/1.5 = 24 年

九寨沟景区（则查洼）温度，变化周期为 51 年，1990 年以前气温偏低，1990～2010 年气温偏高。黄龙景区（松潘）温度，变化周期为 64 年，1985 年以前气温偏低，其低值点出现在 20 世纪 60 年代后期，1985 年以后气温偏高。

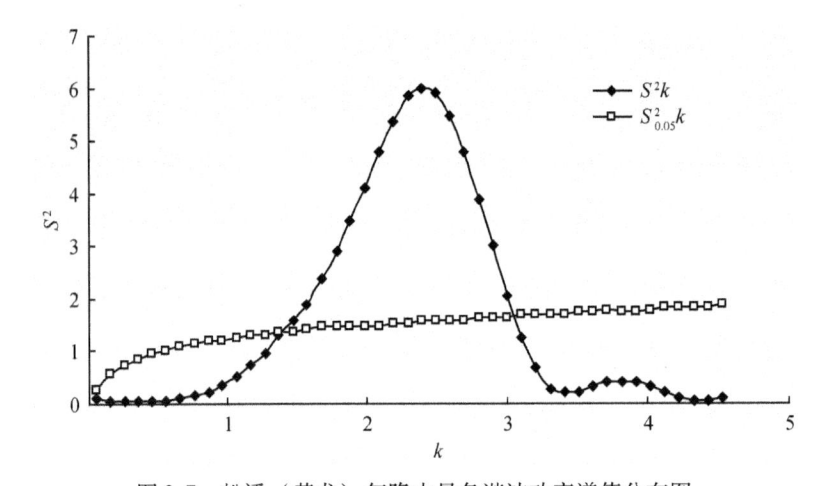

图 2-7　松潘（黄龙）年降水量各谐波功率谱值分布图

k 为波数（年），$k=2.4$ 为统计显著性周期；S^2 为功率谱密度，$S_{0.05}^2$ 为概率等于 0.05 水平上的功率谱密度

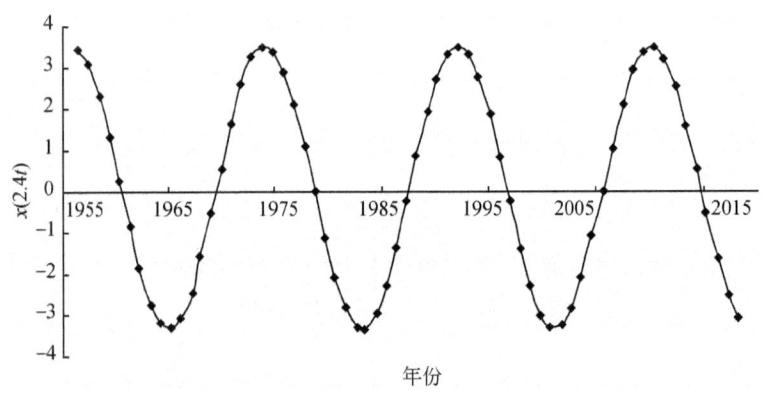

图 2-8　松潘（黄龙）年降水量 NI 分析变化曲线图

纵坐标为相应波数下的周期变化值，周期为 $45/2.4=19$ 年

2.2　九寨—黄龙景区气候变化与其他地区的比较

2.2.1　九寨—黄龙景区相邻地区的降水和气温的阶段性特征

近 10 年来，与九寨—黄龙景区邻近的阿坝州北部、四川盆地西北部降水均处于偏少阶段，而阿坝州南部地区则处于偏多阶段。就长期变化而言，在 20 世纪 80 年代，降水在上述区域的大部分地区发生了阶段性转变，阿坝州北部、四川盆地西北部降水由偏多到偏少，而阿坝州南部地区则由偏少转向偏多。就温度而言，与九寨—黄龙景区邻近的阿坝州北部、四川盆地西北部温度均处于偏高阶段，而阿坝州南部地区则处于标准 30 年均值附近。就长期变化而言，目前处于偏高阶段的阿坝州北部和四川盆地西北部地区都是在 80 年代后期发生了阶段性转变；而阿坝州中南部的马尔康、金川等地无明显的阶段性变化，小金县和理县则分别在 50 年代中期和 70 年代初期进入偏低阶段。因此，80 年代是处于阿

坝州北部的九寨—黄龙景区及邻近地区气候发生大尺度阶段性变化的重要时期。

2.2.2 九寨—黄龙景区相邻地区的降水和气温的趋势性特征

九寨—黄龙景区与邻近地区降水变化趋势不一。阿坝州北部的若尔盖，从20世纪60年代中期开始，年降水量减少；阿坝、红原则是从80年代初开始减少，且红原的减少速率较其他两地明显偏大。阿坝州中部的马尔康、壤塘分别从60年代中期和70年代初开始增加，而在21世纪初出现减少趋势。阿坝州南部的金川、小金、理县则从60年代开始至今一直保持增加趋势，其中，金川的增加速率明显高于小金和理县。与九寨—黄龙景区邻近的四川盆地西北部则多从60年代末年降水量开始出现明显的减少趋势并持续至今，其中，北川减少速率最大。从近20年九寨—黄龙景区及邻近地区降水变化速率分析来看，四川盆地西北部减少最大，在20 mm以上；阿坝州北部（含九寨沟景区）次之，在10 mm以上；阿坝州中部（含黄龙景区），有微弱减少；阿坝州南部则普遍增多，并以金川最明显，达20 mm以上。

就温度方面而言，九寨—黄龙景区与邻近地区均呈现一直增加的趋势。阿坝州北部的若尔盖、红原、阿坝从有气象观测资料以来，年平均温度一直保持增高趋势。与九寨—黄龙景区邻近的四川盆地西北部，20世纪80年代前多为降温趋势，从80年代初开始则多出现明显的增温趋势。阿坝州中部的壤塘、马尔康在70年代前为降温趋势，两地分别从70年代后期和80年代初期开始出现增温趋势并持续至今。阿坝州南部在80年代前多为降温趋势，此后陆续增温但幅度较小。80年代以后阿坝州地区温度均有不同程度的增加（图2-9），且呈从北向南递减的趋势。其中，阿坝州北部普遍在0.1℃以上，黄龙景区超过0.15℃；阿坝州南部增温不明显，多不足0.05℃。

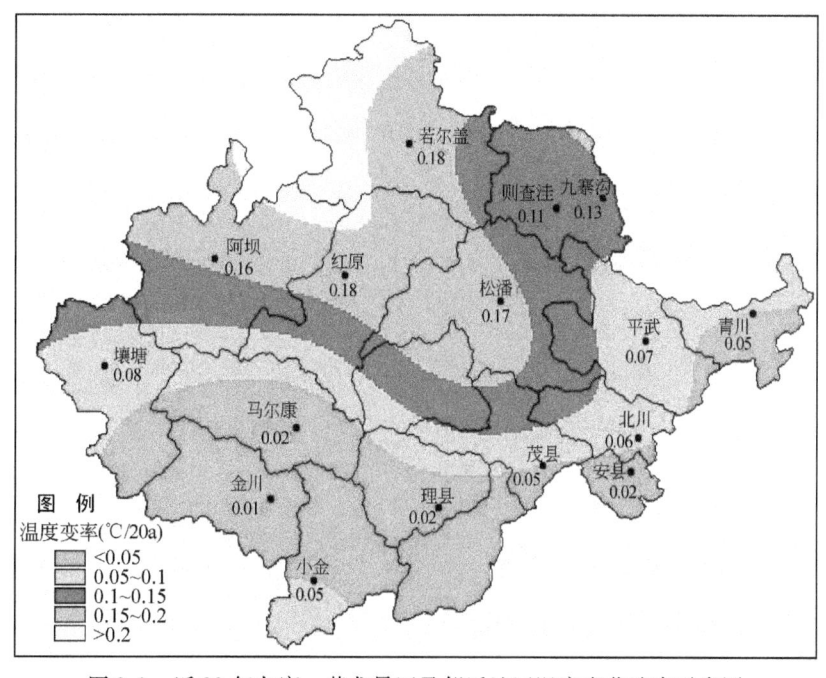

图2-9 近20年九寨—黄龙景区及邻近地区温度变化速率示意图

2.2.3 与其他地区气候变化的对比分析

为了从更大的空间尺度上了解九寨与黄龙景区的气候变化特点，选择成都和西昌两地的气候资料进行对比分析。就降水的阶段性变化来看，20世纪50年代以来，成都年降水量主要分为两个阶段：90年代以前偏多，90年代以后偏少。西昌年降水的阶段性特征与成都几乎相反：除50年代初期外，90年代以前偏少，90年代迄今偏多。九寨沟降水的阶段性特征与成都相近似，也主要存在两个主要阶段，只是由偏多到偏少的转变开始晚一些。显然，九寨—黄龙景区降水的趋势性特征与成都和西昌有明显不同。

从温度的阶段性变化来看，成都在20世纪50年代偏高，60年代至90年代前期偏低，90年代后期至今偏高。西昌温度50年代以偏高为主，60年代至80年代前期偏低，80年代后期至今偏高。九寨—黄龙地区温度变化的阶段性特征与成都、西昌相近似，九寨沟温度于60年代初进入偏低阶段；松潘（黄龙景区）则在50年代后期即进入偏低阶段。九寨—黄龙地区在80年代后期发生冷转暖变化，晚于西昌但早于成都。

九寨沟景区20世纪70年代后期以来的增温特征与成都、西昌相似，而松潘（黄龙景区）增暖的趋势始于70年代初，明显早于成都和西昌，且松潘增温的速率也明显偏大。

从全国和全球气温的阶段性变化与趋势来看，20世纪50年代初期中国温度偏高（龚道溢和王绍武，2002），50年代中期至80年代中期以偏低为主，80年代后期则偏高。在全球尺度上（Jones et al.，2003），50年代至70年代末温度以偏低为主，80年代以后偏高。九寨—黄龙地区温度变化的阶段性特征与全国相似，只是冷暖变化的发生时间略有滞后。中国和全球气温分别在20世纪70年代初期和中期出现增暖趋势。九寨沟和黄龙分别在70年代末和70年代初出现增暖。总体上，九寨—黄龙地区与中国乃至全球温度在70年代以来的增温趋势上是一致的。

在降水的阶段性变化趋势方面，由于目前尚缺乏公认的能代表20世纪全国降水变化的资料序列，因此，将九寨沟和黄龙地区与全国降水变化进行阶段性比较。但就全球尺度而言，根据Hulme等（1999）分析的资料，20世纪后期全球陆地降水变化的特征是50年代以偏多为主，60年代至70年代初偏少，70年代以偏多为主，80年代则偏少。显然，九寨—黄龙景区降水变化的阶段性特征与全球陆地降水存在较大差异。另外，Hulme等（1999）认为，20世纪后半叶陆地降水的趋势性一般10年左右即发生转换，其中，80年代后期为增加趋势。相反，九寨—黄龙地区降水在80年代后期出现减少的趋势。

2.3 九寨—黄龙景区水循环要素的变化特征及气候变化的影响

2.3.1 九寨沟主要景点流量、水位的月变化特征及其与降水的关系

2.3.1.1 景区溪沟的流量变化特征

景区各条溪沟的流量年内变化一致（图2-10）。以2005年为例，1~4月为枯水期，4

月流量通常达到年内最小值，5月流量明显增加；6~10月为丰水期，一般10月流量达到年内最大值，10月以后明显减少。

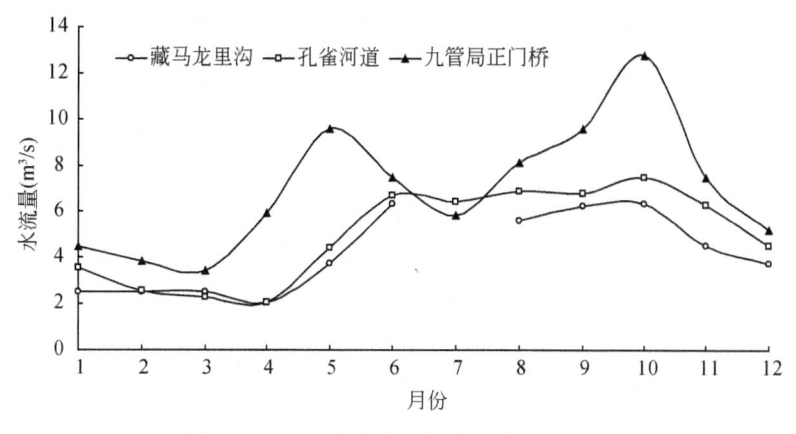

图 2-10　2005 年九寨沟部分河道流量曲线

2.3.1.2　景区湖泊水位变化特征

景区各湖泊水位的年内变化特征很相似（图2-11）。1~4月为枯水期，各个湖泊水位多在4月达到年内最小值，5月各湖泊水位明显升高；6~10月为丰水期，各个湖泊水位多在10月达到年内最大值，11月开始水位明显降低。

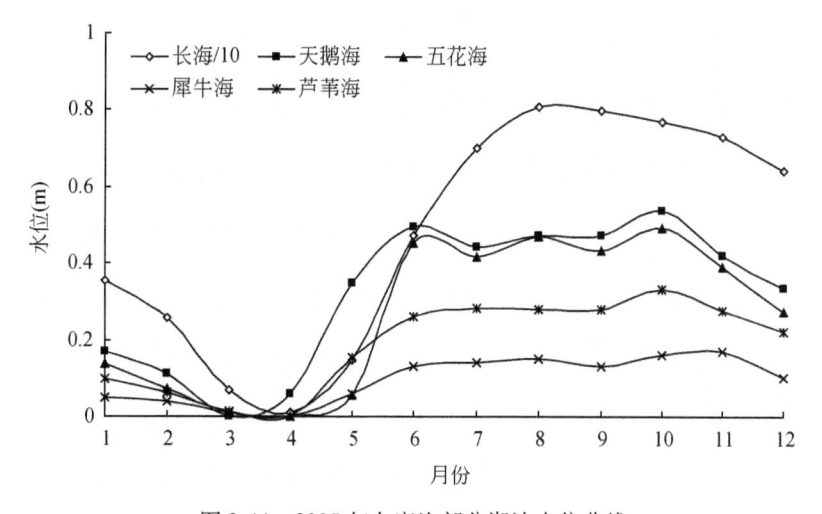

图 2-11　2005 年九寨沟部分湖泊水位曲线

2.3.1.3　景区年内流量、水位与降水的关系

大气降水对景区内溪沟的流量与湖泊的水位变化有重要影响（图2-12）。3~10月是景区湖泊的主要蓄水阶段。该段时期大气降水不仅对景区当年各溪沟、湖泊丰水期的流量、水位有重要影响，而且对其第二年枯水期的流量、水位也有显著的影响。

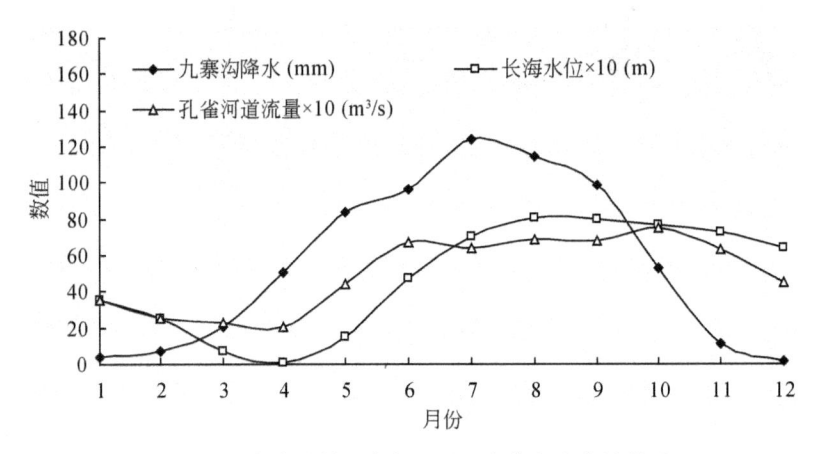

图 2-12 九寨沟景区内年流量、水位与降水的关系

1959~2004 年 46 年以来，3~10 月九寨沟的降水趋势是减少的（图 2-13），尤其是 20 世纪 90 年代以来，大气降水的变化必然影响景区内溪沟的流量与湖泊的水位变化，枯水期阶段（1998~2005 年）流量与水位的降低尤为明显（图 2-14）。

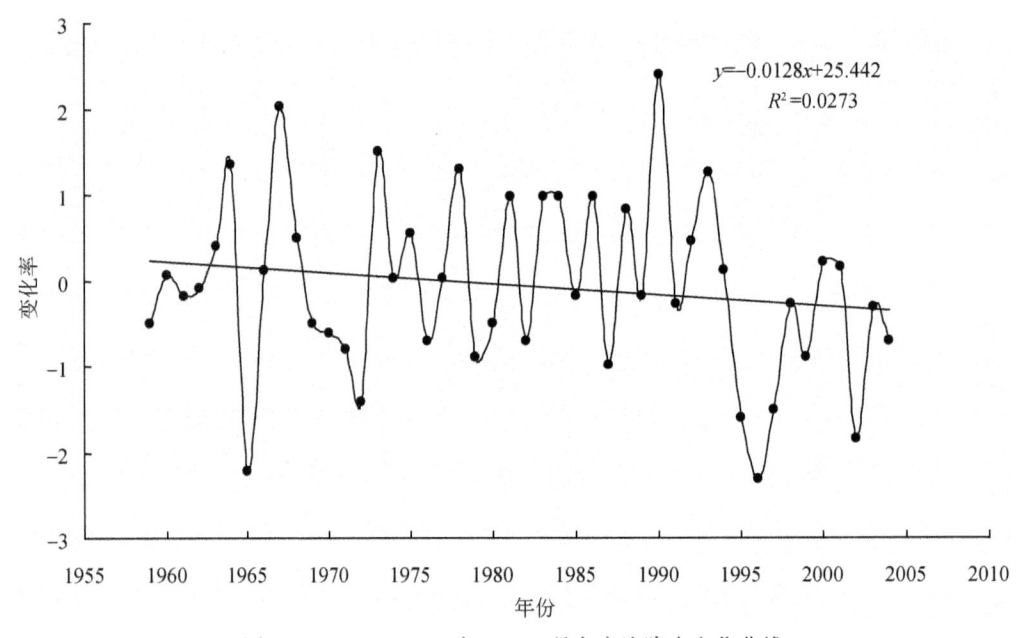

图 2-13 1959~2004 年 3~10 月九寨沟降水变化曲线

2.3.2 九寨—黄龙景区的水资源特征及气候变化的影响

九寨—黄龙景区以水为灵魂，水资源的变化直接影响到景区的存在和发展。一方面，近年来已经发现景区湖泊水位显著下降，形势值得关注；另一方面，九寨—黄龙景区气候变暖明显，这种变化对水资源平衡的影响程度还不清楚。因此，对该景区水资源的变化规律进行分析，有利于确定景区可持续发展对策，从而对该区域以水资源为核心的自然保

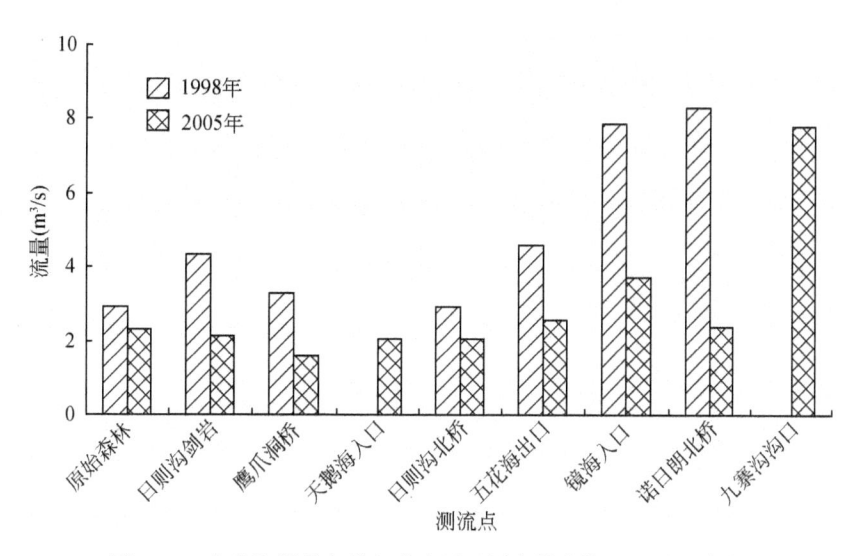

图 2-14 九寨沟部分年份部分流量监测点枯水期流量对比曲线

护、旅游业的可持续发展有重要意义。

实际情况下，影响蒸发的最主要物理因子是降水和温度，在气象资料较少的区域可以采用高桥浩一郎的经验公式来计算蒸发量。

$$E = \frac{3100P}{3100 + 1.8P^2 \exp\left(-\frac{34.4T}{235+T}\right)} \tag{3-1}$$

式中，E 为地面蒸发量（mm）；P 为月降水量（mm）；T 为月平均气温（℃）。

从气象的角度考虑，降水量与蒸发量之差是可以利用的降水，基本上能反映水资源的多寡，水资源 F 定义为 $F = P - E$，$\alpha = E/P$ 为蒸发系数；$\beta = 1 - \alpha = 1 - E/P$ 为可利用降水系数，也称为水资源系数。

图 2-15 是九寨—黄龙景区多年逐月水资源变化曲线。3~10 月是水资源最多的阶段，其中 7 月水资源量达到最大值。11 月至翌年 2 月是水资源最少的时期。

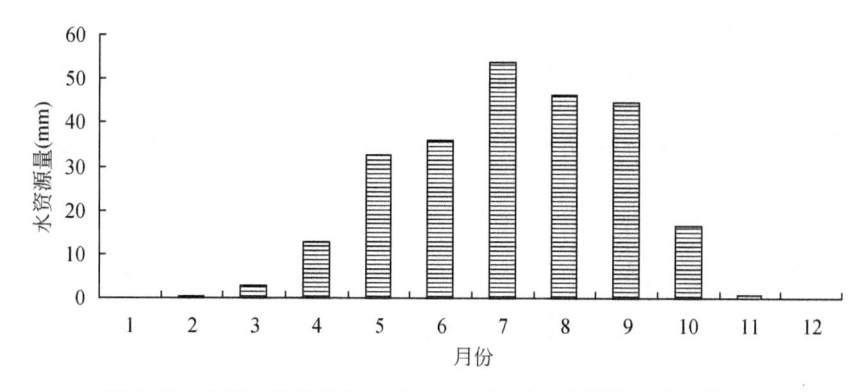

图 2-15 九寨—黄龙景区 1959~2004 年平均水资源 F 的逐月变化

该区的年水资源变化和降水的变化较为一致，总体呈减少趋势，1994 年以来水资源尤为偏少，2002 年达到 46 年来的最低值 91.8 mm（图 2-16）。

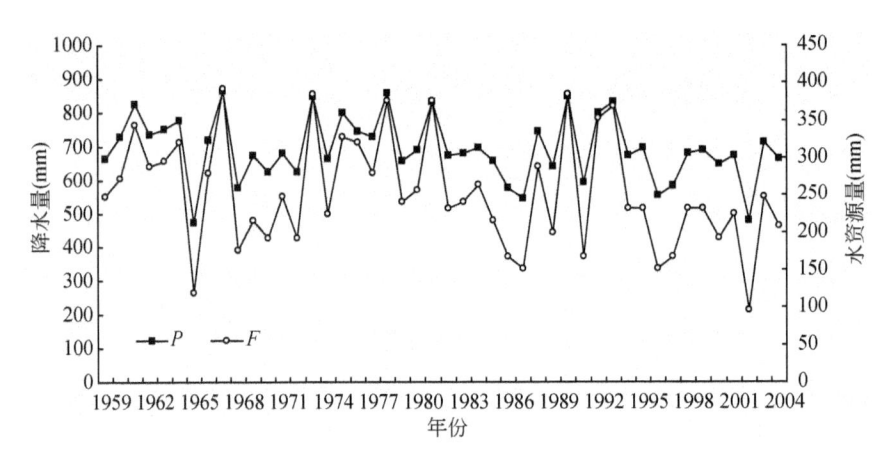

图 2-16　九寨—黄龙景区 1959～2004 年年降水量 P、年水资源 F 变化曲线

从年水资源的小波分析图（图 2-17）发现，水资源的年代际变化很显著，年际变化也比较明显。最主要的年代际变化周期是 15 年左右，最强的振荡发生在 20 世纪 70 年代中期至 80 年代中期。九寨—黄龙景区的水资源年代际变化周期比较稳定，这可以作为进行年代际气候预测的依据。从图上分析，当前景区正处于水资源偏多时期。

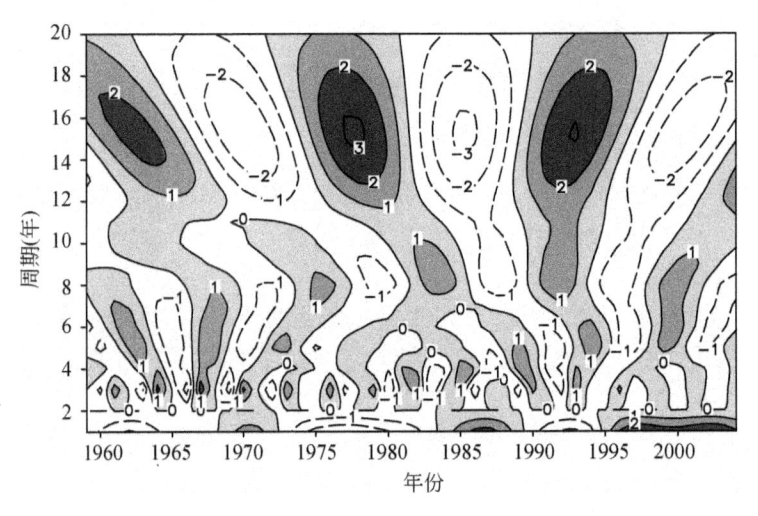

图 2-17　九寨—黄龙景区年水资源的 Morlet 小波实部分析图

九寨—黄龙景区年蒸发量在 20 世纪 80 年代末期以后有较明显的增加趋势，但同时降水在显著减少。因此，80 年代末期以来，水资源的减少趋势是很显著的，值得注意。

2.3.3　九寨—黄龙景区气候干旱初步分析与评估

中国国家气象局对干旱标准的定义是在某一时段内，降水量偏少 45% 为旱。根据九寨沟气候特点，一年分为干季和雨季，干季（11 月至翌年 3 月）30 天降水量小于 3 mm，雨季（4～10 月）30 天降水量小于 35 mm。主要根据上述的干旱指标确定干旱指数，考虑影响干旱评估的因子，确定以下干旱评估模型：

$$K = k1 \times dd + k2 \times (1/rr) + k3 \times (1/rd) + k4 \times \delta t + k5 \times ss - k6 \times uu \quad (3\text{-}2)$$

式中，K 为干旱评估指数；dd 为旱期持续时间，dd 越大，干旱越重；rr 为旱期日平均降水量，rr 越小，干旱越重；rd 为旱期降水日数，rd 越小，干旱越重；δt 为旱期气温距平；ss 为旱期日照时数距平百分率；uu 为空气相对湿度（%）；δt、ss 正值越大，蒸发失水越多，干旱越重；$k1 \sim k6$ 为各因子的权重系数，$k1 + k2 + k3 + k4 + k5 + k6 = 1$。

根据模型计算结果，九寨沟的气候干旱出现概率比黄龙大；九寨沟为季节性干旱，黄龙为间歇性干旱；干旱出现时段主要在冬季，其次是春季、秋季和夏季；从 1994 年以后景区有气温偏高、降水偏少趋势，冬季尤其明显，同时雨季和干季的干旱出现频繁（图 2-18 和图 2-19）。

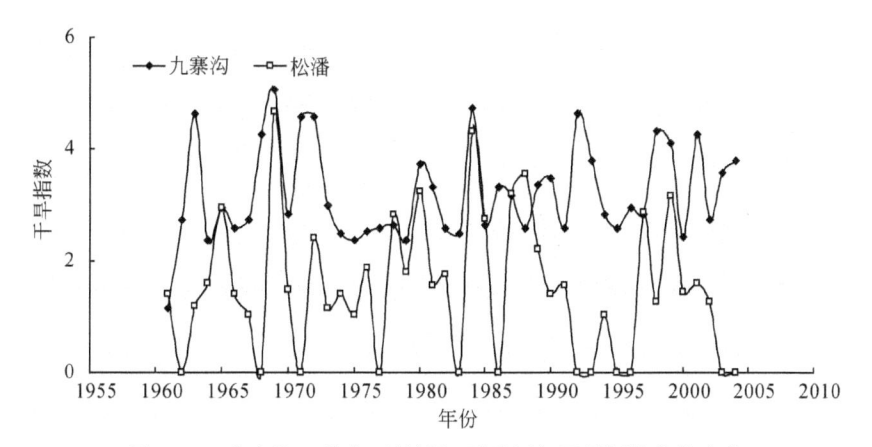

图 2-18　九寨沟、黄龙（松潘）干季历年干旱评估指数变化

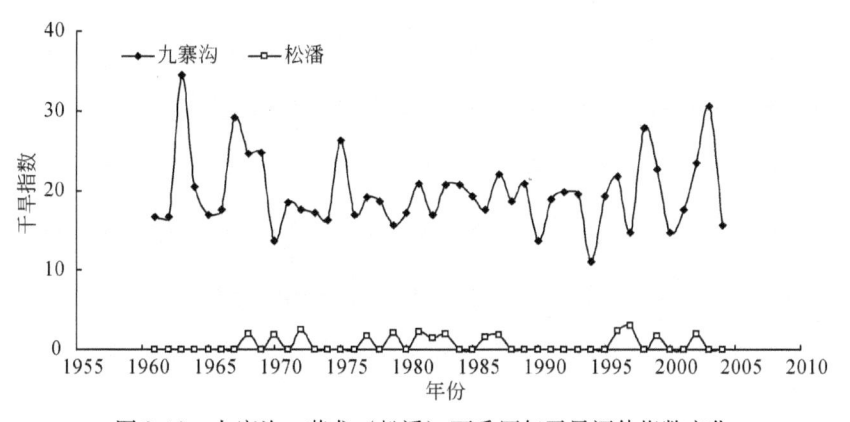

图 2-19　九寨沟、黄龙（松潘）雨季历年干旱评估指数变化

2.4　九寨—黄龙景区水循环的基本过程与异常机理

2.4.1　九寨—黄龙景区水汽输送的气候特征

九寨—黄龙景区身处内陆，远离水汽源地，受周围复杂地形影响，低层的气流难以直

接到达。因此，该区域水汽的来源、输送方式及其在降水区的积聚情况是进一步了解降水气候的重要问题。经研究发现，九寨—黄龙景区的水汽输送有着明显的季节变化，这种差异和季风环流演变有密切的关系。该区的水汽冬、春季主要来源于中纬度偏西风水汽输送，夏、秋季节主要来源于孟加拉湾和南海、西太平洋地区。

2.4.2 九寨—黄龙景区水资源异常的大气环流及水汽输送特征

九寨—黄龙景区的大气降水以及水资源主要集中在夏秋季节，46年来总体呈减少趋势，并且两者的减少主要发生在夏秋季节。

从表2-1可以看出，盛夏7月水资源的减少最显著，其减少趋势远远超过其他月份。另外，水资源的增多或减少与降水的变化方向一致，大气降水是地表水和地下水的最终补给来源，是水资源中最重要的一环。7月是九寨—黄龙景区降水最多的月份，同时7月九寨—黄龙景区降水的减少最显著（图2-20），因此，九寨—黄龙景区全年的降水变化主要是7月的变化导致的。如果对7月九寨—黄龙景区大气降水异常时的大气环流特征加以分析，有可能找到降水及水资源变化的原因。

表2-1 1959~2004年九寨—黄龙景区降水量和水资源的线性趋势系数

区域	1~12月	5月	6月	7月	8月	9月	10月
大气降水量	-0.018	0.002	-0.001	-0.034	-0.005	-0.010	-0.004
水资源	-0.022	0.001	-0.004	-0.032	-0.004	-0.010	-0.006

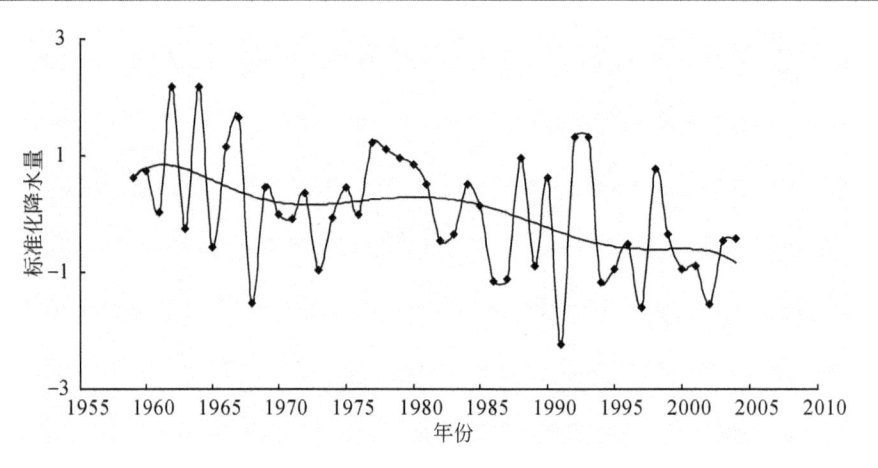

图2-20 九寨—黄龙景区1959~2004年7月年标准化降水量逐年变化曲线

2.4.3 影响九寨—黄龙景区降水及水资源异常的大气环流因子

2.4.3.1 巴尔喀什湖以东到贝加尔湖以南500 hPa高度场的变化

在九寨—黄龙景区的多雨年［图2-21（a），图2-22（a）］，乌拉尔山上空的脊偏强，巴尔喀什湖以东到贝加尔湖以南一线的槽偏强，有利于北方冷空气南下。同时，西太平洋副高压控制下的江淮和黄海上空高度场也偏强，利于南部和东部海洋上空的偏南气流沿副高压西部边缘北上，使冷暖气流在九寨—黄龙景区上空交汇抬升，造成该区降水偏多。而九寨—黄龙景区少雨年情况恰与之相反［图2-21（b），图2-22（b）］，巴尔喀什湖以东到贝加尔湖以南为正高度距平区，对应风场为反气旋环流距平区，同时江淮上空为气旋性距平环流区，不利于北方冷空气南下以及南方暖空气北上，并且这样的形势使得气流在九寨—黄龙景区上空辐散，不利于降水的发生。

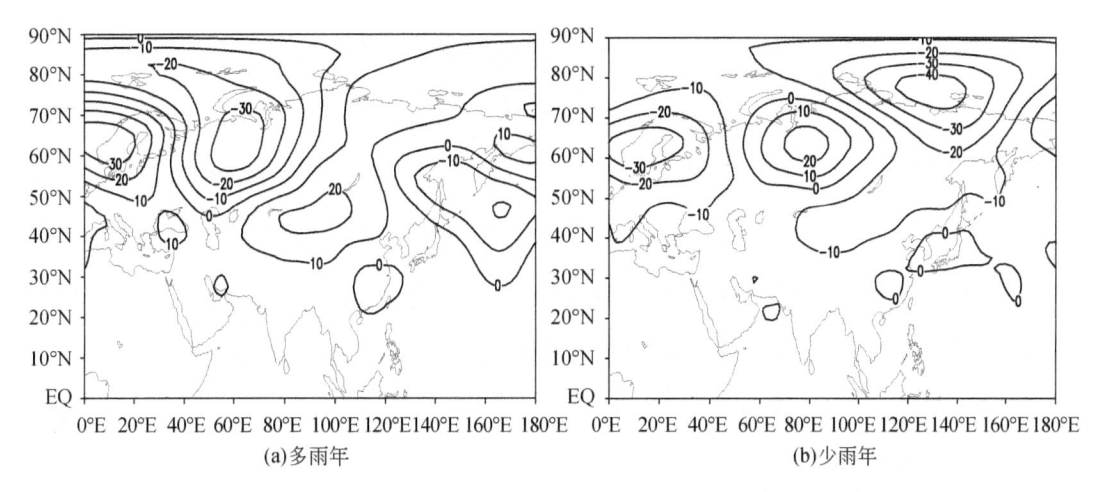

图2-21　九寨—黄龙景区7月多雨年与少雨年500 hPa高度距平合成场

横纵坐标分别为经纬度；等值线单位为m

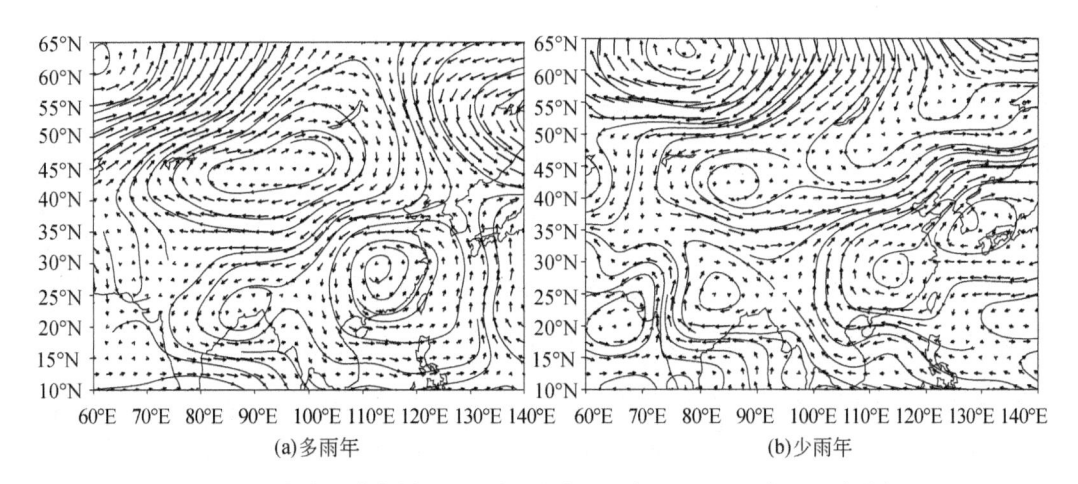

图2-22　九寨—黄龙景区7月多雨年与少雨年500 hPa风场距平合成场

2.4.3.2　来自南海、西太平洋地区的偏南风水汽输送

在多雨年，7月来自北方的偏北距平输送气流和源于南海、西太平洋以及孟加拉湾的偏南距平水汽输送气流在九寨—黄龙地区上空汇合（图2-23），表现为较强的辐合中心，为九寨—黄龙地区提供有利的降水条件。然而，在少雨年各支距平输送气流基本上反向，表现为较强的辐散中心，不利于降水。多（少）雨年来自南海、西太平洋地区的水汽输送

显著偏多（少）。

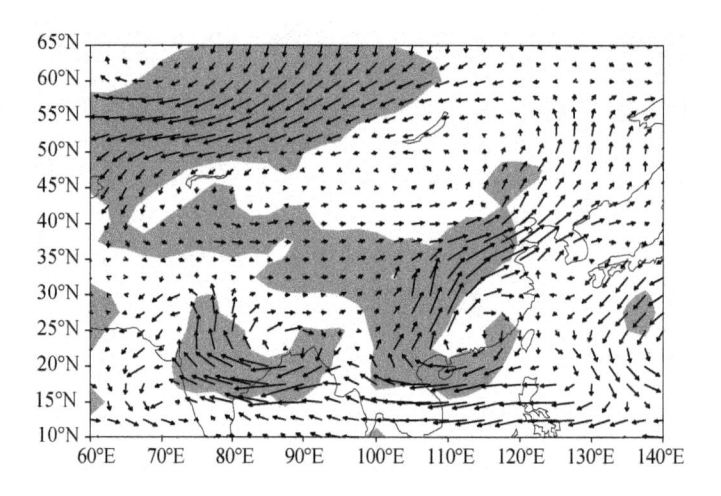

图 2-23　九寨—黄龙地区 7 月多雨年与少雨年水汽输送距平合成的差值场

多雨年 – 少雨年，单位为 kg/（m·s）；阴影区通过 95% 信度的 t 检验

2.4.4　九寨—黄龙景区降水和水资源变化原因分析

20 世纪 80 年代以来，巴尔喀什湖以东到贝加尔湖以南一线 500 hPa 高度场数值显著增加（图 2-24），造成降水发生的关键区（35°~50°N，80°~105°E）由槽区变成一脊区，整个分布形势很不利于 7 月降水的发生。

20 世纪 80 年代尤其是 1994 年以来，由于夏季风的异常变化，来自南海、西太平洋地区向西、向北输送到四川盆地西部，再进一步向北进入九寨—黄龙景区的偏南风水汽输送显著减少（图 2-25 和图 2-26），大量水汽只能在长江中下游地区以及四川盆地东部、南部辐合，不利于九寨—黄龙景区 7 月降水的发生。

总之，高度场以及南来水汽两个主要因子的变化导致 20 世纪 80 年代，尤其是 1994

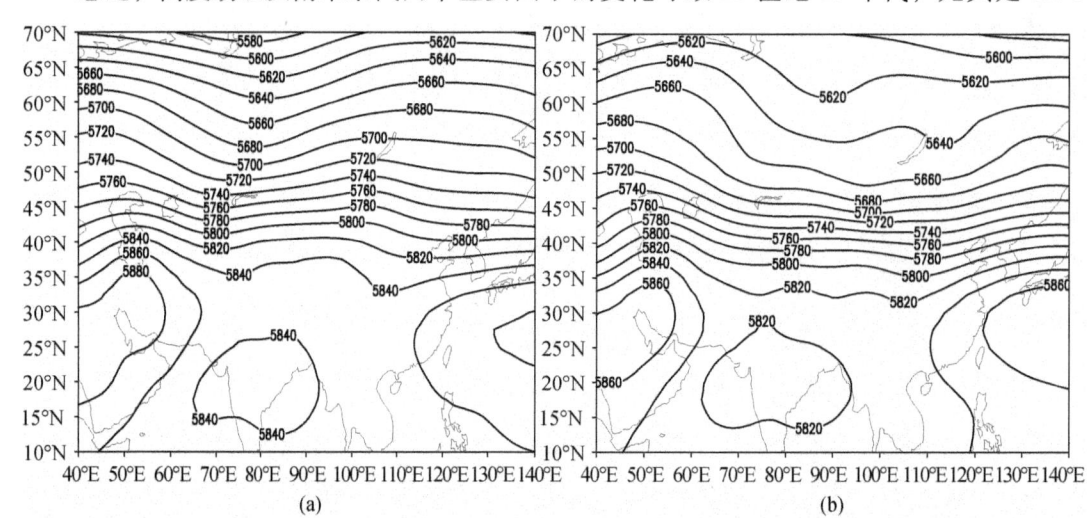

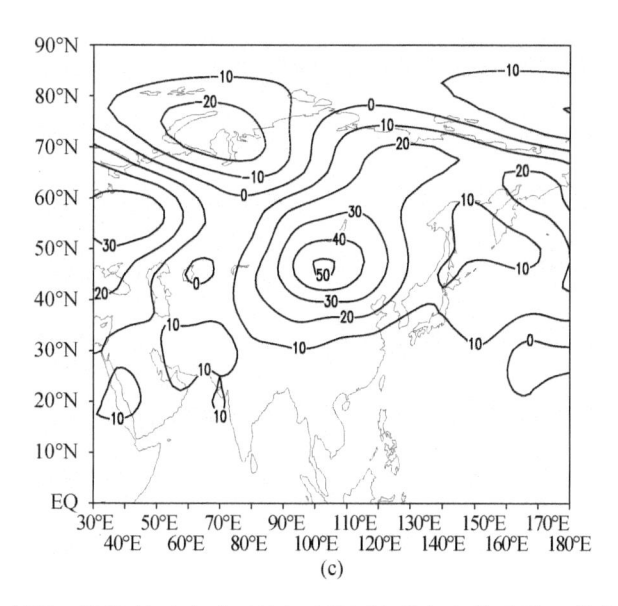

图 2-24　1959~1967 年（a）与 1994~2004 年（b）7 月 500hPa 的高度场以及
1994~2004 年与 1959~1993 年的 500hPa 高度差值场（c）

等值线单位为 m

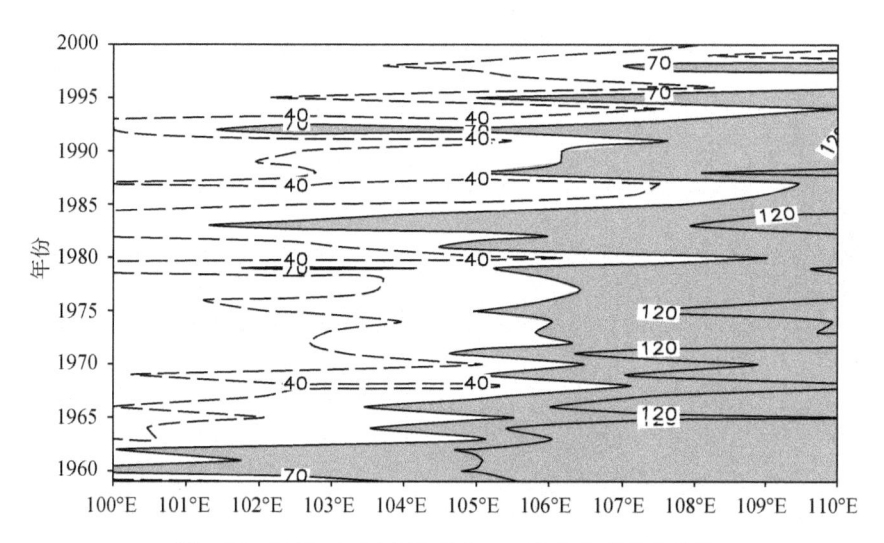

图 2-25　1959~2004 年 7 月 30°~35°N 纬度带上整层
水汽输送的时间 – 经度剖面图［单位：kg/（m·s）］

年以来九寨—黄龙景区 7 月降水显著减少，进而影响全年降水，使其也呈减少趋势。降水的异常变化进一步引起了九寨—黄龙景区水资源的减少。

总之，在全球气候变化背景下，九寨—黄龙景区自 20 世纪 80 年代以来，不仅大气降水明显减少，而且温度明显增加，蒸发量相应提高，造成水资源显著减少。同时，80 年代以来，九寨—黄龙景区旅游人数显著增加，道路、宾馆等基础设施建设增多，景区物质输入输出显著增大，对局地小气候与水资源也有一定的影响。

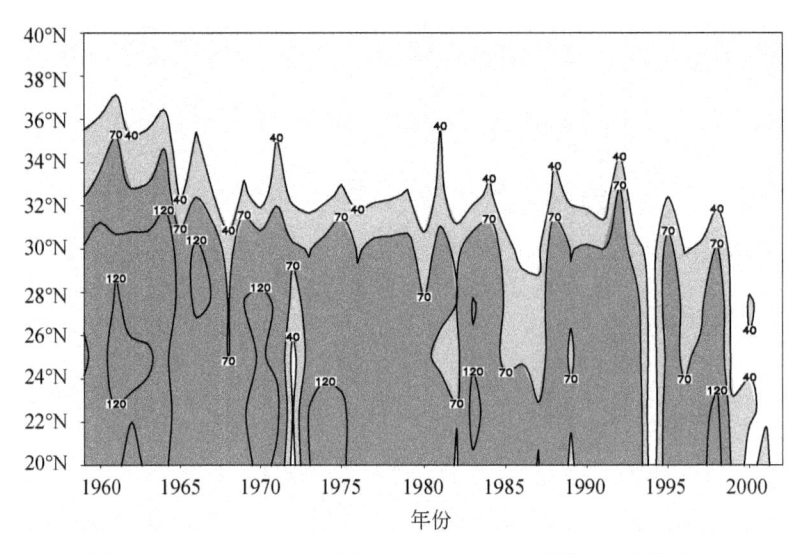

图 2-26　1959~2002 年夏季 100°~110°E 经度带上水汽输送的时间-纬度剖面图　[单位：kg/(m·s)]

第3章　旅游干扰对九寨—黄龙核心景区沿湖陆地生态系统结构与功能的影响

近年来，基于自然资源的旅游（nature-based tourism）发展迅速，已成为世界范围内最主要的旅游形式，并有效地促进了地区经济的发展与人们生活质量的提高（石强等，2004；Buultjens et al.，2005；刘巧玲和管东生，2005）。其根本原因在于生态系统为人们提供了多种服务功能，其中间接的生态服务功能价值远远高于直接的经济产品价值，而旅游无疑是自然生态系统巨大而多样的生态功能价值货币化，并转变为直接经济效益的一个最可靠实用的途径。基于自然资源的旅游大多发生在生物多样性丰富、生态环境良好的自然保护区和森林公园中，而旅游发展与这些重要的栖息地和生物多样性保护必然发生联系。因此，揭示旅游活动对生态系统与生物多样性的影响成为有效保护生态系统的必要前提（van der Duim and Caalders，2002）。日益增强的旅游活动正成为自然资源的有效保护与持续管理不可回避的挑战，已经成为当前区域经济发展与生态保护目标实现过程中需要重点关注的干扰活动之一（Tzung et al.，2004；谭周进等，2006）。

旅游活动对旅游目的地的环境带来了显著的负面影响（刘鸿雁和张金海，1997；王资荣和赫小波，1998；Gossling，1999；Burger，2000；包维楷等，2000；van der Duim and Caalders，2002；石强等，2002；Kelly et al.，2003；Mullner et al.，2004；Buultjens et al.，2005；刘巧玲和管东生，2005）。而植物与土壤所受的影响最为直接（Wang and Paul，1997；Sun and Walsh，1998；Lankford，2001；石强等，2004），所产生的效应也最为显著并易于观察（Cole and Trull，1992；刘鸿雁和张金海，1997；van Wyk et al.，2000；Jakes，2002；石强等，2004）。植物与土壤所受的影响程度与旅游干扰呈显著正相关，表现出明显的剂量效应（dose-effect relationship），但是如果旅游干扰轻而管理措施得当，也不会带来显著的负面生态影响（van der Duim and Caalders，2002）。

九寨沟世界自然遗产地位于青藏高原与四川盆地过渡的生态交错区内，生态环境脆弱，生物多样性丰富，自然植被类型与高山湖泊众多，是世界上最独特的自然保护区之一。水是九寨沟的灵魂，保护好水资源是九寨沟旅游可持续发展的根本。自1984年正式对外开放以来，九寨沟核心景区的旅游活动迅速发展，2004年已增加到191万人次，这种快速增长的趋势还在继续。大量增多的旅游活动以及旅游基础设施（包括栈道、公路、车辆、厕所等）建设对九寨沟自然保护区可能造成了影响，然而这种影响与程度是否与自然遗产和保护区建设目标冲突，对此一直缺乏必要的研究与科学的认识。九寨沟核心景区现有60余km的步行栈道，50余km的观光公路，旅游活动对栈道附近地表植物造成何种影响，公路修建对附近边坡植物有何种影响，对这些问题的了解也几乎是一个空白。因此，阐明旅游活动背景下，九寨沟栈道附近、公路边坡及退耕地地表植物组成及群落结构的情况对于九寨沟自然遗产的保护、旅游管理以及旅游可持续发展具有重要的意义。同时，九寨沟的湖泊不是一个孤立的生态系统，而是与相邻的陆地植被系统紧密联系，周边陆地生态系统地表径流所携带的泥沙和养分与地下径流携带养分输入到湖泊水体中，并与湖泊的水体环境相互作用，这就有可能导致水体富营养化，引起湖泊生态系统退化。如何减少养分与泥沙输入，减缓湖泊富营养化问题，是从生态的角度对景观资源进行管理的重要切入点之一。

本章选择九寨—黄龙核心景区中与旅游活动相关的景点、公路建设地段以及退耕还林地，详细调查干扰带的植被结构，物种组成与多样性，土壤结构与功能。以未干扰带为对照，分析相关旅游活动对物种多样性、土壤结构与功能的影响，同时选择九寨沟核心景区游客密集景点——原始森林和五花海湖岸植被干扰带，布置简易径流场监测地表径流，测定养分输入与泥沙流失状况，以未干扰地段为对照地进行同步监测，研究旅游干扰引起的地表径流与养分流失动态；用无界径流小区法在五花海和珍珠滩景点布置了10个无界径流小区测定地表径流，雨后同步采集小区邻近的湖边水进行分析，以期揭示环湖岸植被与水体水质的相互关系；并对核心景区湿地生物多样性进行了详细的调查研究。

3.1 旅游干扰对沿湖植被结构与多样性的影响

日益增强的旅游活动干扰正成为九寨—黄龙世界自然遗产有效保护与持续管理不可回避的挑战，已成为当前区域生态保护与经济发展的焦点问题之一。最近 Li 等（2005）采用痕迹（trail）方法开展了九寨沟旅游践踏活动的影响评价，发现游径显著增大，而栈道能有效消减对周边植被的影响，这些初步的调查工作为我们提供了对干扰及其后果的初步认识。在过去的几年中，我们选择九寨—黄龙核心景区中与旅游活动相关的9个景点、公路建设地段以及退耕地、还林地，详细调查林下植被结构、物种组成与多样性，比较相关旅游活动干扰与基本未受干扰地段的差异。目的是阐明旅游干扰条件下九寨沟核心景区植物多样性与群落结构及其特点，揭示旅游干扰与植被结构和生物多样性的相互关系，评估九寨沟旅游管理的有效性，探索减免旅游干扰影响的对策与措施。

3.1.1 旅游相关活动对九寨沟核心景区植物多样性与结构的影响

3.1.1.1 景区栈道附近旅游相关活动对林下植物多样性与层结构的影响

在九寨沟内，沿各景点修建了60余 km 的木制栈道，将所有景点连接在一起，构成景点网，栈道成了旅游相关活动的主要载体，为减少旅游活动直接导致的践踏，以及降低其对植物和土壤的影响程度起到了决定性的作用，但一些负面的环境效应还是有所显现（Li et al. ，2005；李玉武等，2006；朱珠等，2006）。栈道附近的干扰主要包括栈道修建以及修建后游人行为的影响。因此，我们研究的影响实际上是综合旅游相关干扰活动长期作用的结果。

对九寨沟游人空间活动状况进行评估，依据游人活动频率的高低选择9个代表地段作为研究对象,分别为长海及五彩池(记为长海,CH)、原始森林(YSSL)、草海(CAH)、五花海(WWH)、孔雀河道(KQHD)、珍珠滩瀑布(ZZT)、诺日朗瀑布(NRL)、树正群海(SZQH)和芦苇海(LWH)。除五花海景点有一段约10 m的石板游径外,9个景点均铺设2 m宽的木质栈道作为游览路径。各景点的旅游干扰主要包括游客践踏、栈道修建与维护以及因游人聚集产生的其他间接环境干扰等。各点基本信息见表3-1。

表3-1 九寨沟9个典型栈道地段基本特征

参数	CH	YSSL	CAH	WWH	KQHD	ZZT	NRL	SZQH	LWH
海拔(m)	3050	3060	2910	2472	2460	2433	2360	2240	2150
样方数(个)	20	28	20	15	15	15	15	16	20
活动频率	高	高	低	高	较低	高	高	较高	低
游人数(人/min)	31	34.7	0.4	30	10	35.3	24.8	12	0.9
优势树种	云杉	冷杉	冷杉	阔叶	阔叶	冷杉	阔叶	油松	油松
次要树种	阔叶	阔叶	阔叶	冷杉	冷杉	华山松	云杉	阔叶	阔叶
林龄(年)	25	>200	>200	20	17	>30	25	40	35
郁闭度	0.7	0.75	0.65	0.85	0.7	0.7	0.8	0.75	0.7
平均胸径(cm)	25	45	37	10	8	30	10	16	18
平均树高(cm)	15	>20	14.5	10	6	20	7.5	25	20

注:①CH、YSSL、CAH、WHH、KQHD、ZZT、NRL、SZQH和LWH分别代表长海、原始森林、草海、五花海、孔雀河道、珍珠滩瀑布、诺日朗瀑布、树正群海和芦苇海。②活动频率根据九寨沟管理局及西南交通大学调查数据综合而得,该数据通过对游客在各景点滞留时间的长短、对九寨沟各景点偏爱的程度以及各景点的拥挤度进行调查的结果综合而得,调查数据反映九寨沟各景点所处地段的游人活动频率。③各地段游人数(人/min)为调查各地段每分钟游客通过人数。调查方法为,选择2004年10月16日9点、11点、13点和15点4个时间点同时对9个研究地段进行15min通过游人总数的统计,然后将各景点4次计数进行平均计算得到该地段每分钟游客通过人数

基于已有研究表明,旅游干扰对植被乔木层的影响不大,其种类组成随着旅游干扰强度的增大仅出现细微的变化(管东生等,1999;于澎涛等,2002)。从九寨沟的旅游活动与管理状况来看,游客观赏目标是湖泊与原始林,游径分布于林下,旅游活动影响的主要对象是湖岸林下的环境与林下植被,而对乔木层基本上没有观察到明显的直接干扰和破坏。同时,调查过程中也充分考虑林木更新内容。在公路附近及退耕地调查时,因路缘旁及退耕地无高大乔木出现,故也仅调查灌木、草本和苔藓植物,但对调查样方内出现的所有乔木幼苗均做记录。

(1)长海栈道附近林下植物多样性和结构特征

该地段海拔2995~3102 m,附近森林为原始林或次生林。长海与五彩池是九寨沟内的特色景点,也是游客偏好度极高的景点。一般游客乘坐观光车直接到达长海观景后,顺栈道再观赏五彩池。通过对从长海到五彩池栈道的扰动地段与非显著干扰地段对比调查,可以发现其林下植物的一些显著差异性特征。

A. 物种组成及差异

在长海林下对照地段共出现物种 113 种，其中，灌木 21 种，草本 73 种，苔藓 19 种；栈道干扰地段中共出现物种 98 种，其中，灌木 12 种，草本 72 种，苔藓 14 种。干扰地段物种总数比对照减少 15 种，其中，灌木减少 9 种，草本减少 1 种，苔藓减少 5 种（表 3-2）。比较发现，有针刺悬钩子（*Rubus pungens* Camb.）、陇塞忍冬（*Lonicera tangutica* Maxim.）和红桦等 12 种灌木，膨囊薹草（*Carex lehmanii* Drej.）、灰背铁线蕨（*Adiantum myriosorum* Bak.）、野艾蒿（*Artemisia lavandulaefolia* DC.）、三脉紫菀（*Aster ageratoides* Turcz.）、长穗三毛草（*Trisetum clarkei* (Hook. f.) Stew.）、东方草莓（*Fragaria orientalis* Loz.）和圆叶小堇菜（*Viola rockiana* W. Beck.）等 49 种草本，大羽藓、曲尾藓、锦丝藓、塔藓和拟垂枝藓等 10 种苔藓同时出现在干扰与对照地段；有华西箭竹（*Fargesia nitida* (Mitford) P. C. Keng ex Yi）、冰川茶藨子（*Ribes glaciale* Wallich）和毛果铁线莲（*Clematis peterae* var. *trichocarpa* W. T. Wang）等 9 种灌木，升麻（*Cimicifuga foetida* Linn.）、川赤芍（*Paeonia anomala* subsp. *veitchii* (Lynch) D. Y. Hong & K. Y. Pan）、蕨（*Pteridium aquilinum* var. *latiusculum* (Desv.) Underw.）、肾叶金腰（*Chrysosplenium griffithii* Hook. f. & Thoms.）、三籽两型豆（*Amphicarpaea trisperma* Ell.）和鳞毛蕨（*Dryopteris aemula* (Aiton) O. Kuntze）等 24 种草本，疣拟垂枝藓、新船叶藓和树形疣灯藓等 9 种苔藓在干扰地段消失；有林地早熟禾（*Poa nemoralis* Linn.）、弹裂碎米荠（*Cardamine impatiens* Linn.）、掌叶橐吾（*Ligularia przewalskii* (Maxim.) Diels）、小花草玉梅（*Anemone rivularis* var. *floreminore* Buch. -Ham.）、葶苈（*Draba nemorosa* Linn.）、乱子草（*Muhlenbergia huegelii* Trin.）和首阳变豆菜（*Sanicula giraldii* H. Wolff）等 23 种草本，中华葫芦藓、美孔木灵藓和垂蒴真藓等 4 种苔藓仅在干扰地段出现。

表 3-2 旅游干扰对九寨沟长海林下植物种类组成及其重要值指数（%）的影响

种类	对照	干扰	种类	对照	干扰
灌木			微毛樱桃 *Cerasus clarofolia*	0.79	15.06
针刺悬钩子 *Rubus pungens*	21.38	19.94	高丛珍珠梅 *Sorbaria arborea*	1.78	—
陇塞忍冬 *Lonicera tangutica*	16.28	5.16	一种柳 *Salix* sp.	1.70	—
红桦 *Betula albosinensis*	13.66	6.14	大刺茶藨子 *Ribes alpestre* var. *giganteum*	1.51	
华西箭竹 *Fargesia nitida*	10.55	—			
红毛五加 *Eleutherococcus giraldii*	6.18	7.67	秦岭小檗 *Berberis circumserrata*	1.11	
一种铁线莲 *Clematis* sp.	4.65	4.24	淡红忍冬 *Lonicera acuminata*	1.00	
冰川茶藨子 *Ribes glaciale*	4.45	—	西康花楸 *Sorbus prattii*	0.79	7.2
毛齿藏南枫 *Acer erianthum*	3.84	4.81	一种忍冬 *Lonicera* sp.	0.82	—
金露梅 *Potentilla fruticosa*	3.28	3.97	紫果冷杉 *Abies recurvata*	0.77	1.35
毛果铁线莲 *Clematis peterae* var. *trichocarpa*	3.10	—	峨眉蔷薇 *Rosa omeiensis*	0.70	8
			草本		
粗枝云杉 *Picea asperata*	1.65	16.46	膨囊薹草 *Carex lehmanii*	9.57	3.65

第3章 旅游干扰对九寨—黄龙核心景区沿湖陆地生态系统结构与功能的影响

续表

种类	对照	干扰	种类	对照	干扰
灰背铁线蕨 Adiantum myriosorum	9.01	2.03	小叶对叶兰 Listera smithii	0.93	0.37
野艾蒿 Artemisia lavandulaefolia	5.94	0.63	三籽两型豆 Amphicarpaea trisperma	0.89	—
三脉紫菀 Aster ageratoides	5.37	1.75	多花黑麦草 Lolium multiflorum	0.80	0.28
长穗三毛草 Trisetum clarkei	4.33	3.93	龙胆 Gentiana sp.	0.72	
一种薹草1 Carex sp.	4.03	5.42	鳞毛蕨 Dryopteris sp.	0.72	
东方草莓 Fragaria orientalis	3.98	9.04	四川婆婆纳 Veronica szechuanica	0.68	1.98
圆叶小堇菜 Viola rockiana	3.97	3.97	展苞飞蓬 Erigeron patentisquamus	0.62	0.19
长柄唐松草 Thalictrum przewalskii	3.60	1.37	扭柄花 Streptopus obtusatus	0.61	0.85
沼生橐吾 Ligularia lamarum	3.10	1.55	独活 Heracleum sp.	0.60	—
荨麻 Urtica sp.	3.02	1.96	尖叶藁本 Ligusticum acuminatum	0.54	0.44
垂穗鹅观草 Roegneria nutans	2.50	—	羽裂蟹甲草 Cacalia tangutica	0.45	0.19
中国茜草 Rubia chinensis	2.36	0.65	卵叶韭 Allium ovalifolium	0.44	0.31
星叶草 Circaeaster agrestis	2.28	1.94	通泉草 Mazus japonicus	0.40	—
大火草 Anemone tomentosa	2.25	0.37	莛子藨 Triosteum pinnatifidum	0.38	0.55
血满草 Sambucus adnata	2.16	0.73	岩生千里光 Senecio wightii	0.37	
拉拉藤 Galium aparine var. echinospermum	2.12	0.52	陕甘金腰 Chrysosplenium qinlingense	0.34	
			弯曲碎米荠 Cardamine flexuosa	0.34	
旱雀麦 Bromus tectorum	2.00	0.22	刺儿菜 Cephalanoplos segetum	0.30	2.33
升麻 Cimicifuga foetida	1.99	—	打碗花 Calystegia sp.	0.29	0.16
高原露珠草 Circaea alpina subsp. imaicola	1.57	0.49	凤仙花2 Impatiens sp.	0.28	—
			黑蕊无心菜 Arenaria melanandra	0.27	1.25
甘青蒿 Artemisia tangutica	1.38	2.56	羽节蕨 Gymnocarpium remote Pinnatum	0.27	
川赤芍 Paeonia anomala subsp. veitchii	1.28		一种薹草2 Carex sp.	0.26	2.41
			疏花剪股颖 Agrostis hookeriana	0.25	0.67
灯笼草 Clinopodium polycephalum	1.27	1.24	垂果南芥 Arabis pendula	0.23	—
旋叶香青 Anaphalis contorta	1.24	2.68	老鹳草 Geranium sp.	0.22	1.43
凤仙花1 Impatiens sp.	1.14	0.53	烟管头草 Carpesium cernuum	0.22	0.91
蕨 Pteridium aquilinum var. latiusculum	1.01	—	窃衣 Torilis scabra	0.21	
			路边青 Geum aleppicum	0.21	0.84
肾叶金腰 Chrysosplenium griffithii	0.98	—	倒提壶 Cynoglossum amabile	0.20	
簇生卷耳 Cerastium fontanum subsp. triviale	0.96	0.78	夏枯草 Prunella vulgaris	0.18	—
			杓兰 Cypripedium sp.	0.18	

33

续表

种类	对照	干扰	种类	对照	干扰
矮茎囊瓣芹 Pternopetalum longicaule var. humile	0.18	0.29	假北紫堇 Corydalis psendoimpatiens	—	0.19
			鼠尾 Salvia sp.	—	0.65
轮叶八宝 Hylotelephium verticillatum	0.18	0.52	沙参 Adenophora sp.	—	0.16
翠雀 Delphinium sp.	0.18	0.18	鹪鸪山囊瓣芹 Pternopetalum trifoliatum	—	0.20
牛耳风毛菊 Saussurea woodiana	0.17	0.28			
秦艽 Gentiana macrophylla	0.17	0.42	扬子小连翘 Hypericum faberi	—	0.19
羽叶三七 Panax japonicus var. bipinnatifidus	0.17	—	蓝白龙胆 Gentiana leucomelaena	—	0.79
			银莲花 Anemone sp.	—	0.22
酢浆草 Oxalis sp.	0.17		苔藓		
柳兰 Chamerion angustifolium	0.17	0.84	大羽藓 Thuidium cymbifolium	33.98	38.90
七筋姑 Clintonia udensis	0.17		曲尾藓 Dicranum scoparium	12.01	10.95
毛连菜 Picris hieracioides	0.16	0.25	锦丝藓 Actinothuidium hookeri	7.24	4.83
黄精 Polygonatum sp.	0.16	—	塔藓 Hylocomium splendens	5.35	5.94
密花香薷 Elsholtzia densa	0.16	0.71	拟垂枝藓 Rhytidiadelphus squarrosus	4.69	3.66
平车前 Plantago depressa	0.16	6.61	疣拟垂枝藓 Rhytidiadelphus triquetrus	4.61	—
林地早熟禾 Poa nemoralis	—	18.42	新船叶藓 Neodolichomitra yunnanensis	4.14	
弹裂碎米荠 Cardamine impatiens	—	0.19	未知蘽	3.94	
掌叶橐吾 Ligularia przewalskii	—	0.16	曲背藓 Oncophorus wahlenbergii	3.07	4.25
小花草玉梅 Anemone rivularis var. floreminore	—	0.20	平肋提灯藓 Mnium laevinerve	2.83	5.11
			树形疣灯藓 Trachycystis ussuriensis	2.66	
葶苈 Draba nemorosa	—	0.41	鼠尾藓 Myuroclada maximowiczii	2.40	4.63
乱子草 Muhlenbergia huegelii	—	0.39	一种曲尾藓 Dicranum sp.	2.31	—
首阳变豆菜 Sanicula giraldii	—	0.61	一种提灯藓 Mnium sp.	2.23	
毛果婆婆纳 Veronica eriogyne	—	0.45	刺叶墙藓 Tortula desertorum	1.80	
毛茛 Ranunculus japonicus	—	0.24	中华白齿藓 Ceucodon sinensis	1.78	—
落新妇 Astilbe sp.	—	0.24	长蒴丝瓜藓 Pohlia elongata	1.75	7.13
卵萼花锚 Halenia elliptica	—	0.45	皱叶匍灯藓 Plagiomnium arbusculum	1.62	5.24
黄鹌菜 Youngia japonica	—	0.90	大叶藓 Rhodobryum sp.	1.58	—
小婆婆纳 Veronica serpyllifolia	—	0.23	中华葫芦藓 Funaria sinensis	—	3.08
福王草 Prenanthes tatarinowii	—	0.23	未知藓		2.36
高原毛茛 Ranunculus tanguticus	—	1.06	美孔木灵藓 Orthotrichum callistomum	—	2.31
川西无心菜 Arenaria delavayi	—	0.2	垂蒴真藓 Bryum uliginosum	—	1.63

注："—"为未出现种

如果分别以重要值大于10%、大于5%和大于10%分别作为灌木、草本和苔藓优势物种判定的标准（其余8个景点亦采用此标准），则不难看出干扰及对照地段优势物种组成的差异。在对照地段灌木优势种为针刺悬钩子、陇塞忍冬、红桦和华西箭竹，而干扰地段是以针刺悬钩子、粗枝云杉和微毛樱桃（*Cerasus clarofolia*（Schneid.）T. T. Yu & C. L. Li）为优势种。对照地段草本优势种为膨囊薹草（*Carex lehmanii* Drej.）、灰背铁线蕨（*Adiantum myriosorum* Bak.）、野艾蒿和三脉紫菀，而干扰地段草本优势种为林地早熟禾、平车前（*Plantago depressa* Willd.）、东方草莓和一种薹草。该观察地点优势苔藓植物组成相差较小，对照地段及干扰地段均以大羽藓、曲尾藓为优势种。另外，对照地段中重要值较高的苔藓植物还有锦丝藓、塔藓、拟垂枝藓等，干扰地段中重要值较高的苔藓植物还有长蒴丝瓜藓、皱叶匍灯藓、平肋提灯藓等。

B. 物种多样性及差异

由表3-3可见，旅游活动引起该点林下植物多样性降低。从样方水平来看，干扰地段灌木和苔藓植物的丰富度低于对照，且与对照存在显著差异（$P<0.05$），而草本与对照无显著差异；但从总体来看，干扰地段灌木、草本和苔藓植物的香威指数均低于对照；通过比较干扰与对照地段植物组成的相似性指数发现，苔藓植物相似度最低，草本其次，灌木最高。

表3-3　旅游干扰对九寨沟长海景点林下植物物种丰富度、香威指数及相似度指数的影响

长海	灌木		草本		苔藓	
	干扰	对照	干扰	对照	干扰	对照
丰富度	1.50 ± 0.33a	2.80 ± 0.40b	11.40 ± 1.04a	12.05 ± 0.87a	2.40 ± 0.46a	3.90 ± 0.58b
香威指数	2.2826	2.4891	3.4812	3.6779	2.1651	2.4257
相似度指数	0.7857		0.6759		0.6203	

注：同一类群小写字母不同指示统计差异显著（$P<0.05$）

C. 林下植物结构特征及差异原因

长海栈道附近林下植物结构特征（平均值±标准差，下同）及差异见表3-4。从林下各类植物在研究地段的频度来看，各干扰及对照样方均有草本植物出现，而干扰地段灌木及苔藓的频度低于对照；分别比较灌木、草本及苔藓植物的盖度、高度，灌木及草本的密度参数发现，与对照地段植物相比，干扰地段除草本植物部分结果参数外，多数植物的结构参数均低于对照且存在显著差异（$P<0.05$），这表明林下植被结构退化明显。

表3-4　旅游干扰对九寨沟长海景点林下植物结构参数的影响

长海	灌木		草本		苔藓	
	干扰	对照	干扰	对照	干扰	对照
频度（%）	60	85	100	100	85	100
盖度（%）	5.52 ± 2.62a	19.08 ± 5.18b	37.30 ± 5.41a	67.90 ± 5.84b	10.16 ± 3.30a	54.35 ± 6.63b
高度（cm）	16.45 ± 4.34a	45.75 ± 11.14b	11.67 ± 1.69a	23.27 ± 2.69b	1.69 ± 0.59a	2.69 ± 0.52b
密度（ind./m²）	1.71 ± 0.48a	7.68 ± 1.92b	193.25 ± 35.58a	192.15 ± 25.71a	—	—

注：同一类群小写字母不同指示统计差异显著（$P<0.05$）；ind./m² 表示每平方米植株个体数，下同

（2）原始森林栈道附近林下植物多样性和结构特征

原始森林景点海拔 3060 m，附近森林为原始的岷江冷杉林。作为九寨沟唯一一个以植物为主的景点，游客偏好度极高。多数游客均会乘坐观光车到达该景点并沿栈道进行游览，且有很多游客会离开栈道进入森林边缘进行拍照玩耍，故干扰较重。本节根据在原始森林栈道的扰动地段与非显著干扰地段 56 个样方调查的整理结果，分析旅游活动对其林下植物多样性与层结构的影响。

A. 物种组成及差异

原始森林林下植物物种组成及其重要值见表 3-5。该点对照地段中共出现物种 132 种，其中，灌木 27 种，草本 87 种，苔藓 18 种；干扰地段中共出现物种 115 种，其中，灌木 17 种，草本 82 种，苔藓 16 种。可见干扰地段出现物种总数比对照减少 17 种，其中，灌木减少 10 种，草本减少 5 种，苔藓减少 2 种。比较发现有陇塞忍冬、华西箭竹、红毛五加（*Eleutherococcus giraldii* (Harms) Nakai）、秀丽莓（*Rubus amabilis* Focke）和绣球藤（*Clematis montana* Buch.-Ham. ex DC.）等 15 种灌木，东方草莓、白鳞酢浆草（*Oxalis leucolepis* Diels）、血满草（*Sambucus adnata* Wall. ex DC.）、猪殃殃（*Galium aparine* var. *echinospermum*）、假冷蕨（*Pseudocystopteris spinulosa* (Maxim.) Ching）、圆叶小堇菜和高原露珠草（*Circaea alpina* subsp. *imaicola* (Asch. et Mag.) Kitam.）等 45 种草本，大羽藓、塔藓和锦丝藓等 13 种苔藓在干扰及对照地段均有出现；有华西蔷薇、淡红忍冬和蓝靛果（*Lonicera caerulea* var. *edulis* Turcz. ex Herd.）等 12 种灌木，大叶火烧兰（*Epipactis mairei* Schltr.）、紫花碎米荠（*Cardamine purpurascens* (O. E. Schulz) Al-Shehbaz & al.）、钝叶单侧花（*Orthilia obtusata* (Turcz.) Hara）、楼梯草（*Elatostema involucratum* Franch. & Sav.）、星叶草（*Circaeaster agrestis* Maxim.）、蔓茎报春（*Primula alsophila* Balf. & Farr.）、花叶对叶兰（*Listera maculata* (Tang & Wang) Langgrad.）、对叶兰（*Listera puberula* Maxim.）和独叶草（*Kingdonia uniflora* Balf. & W. W. Smith）等 42 种草本，圆枝青藓、树形疣灯藓等 5 种苔藓仅在对照地段出现；瑞香（*Daphne odora* Thunb.）和山杨（*Populus davidiana* Dode）这两种灌木，紫苜蓿（*Medicago sativa* Linn.）、早熟禾（*Poa* sp.）、云雾薹草（*Carex nubigena* D. Don.）、卵穗薹草（*Carex ovatispiculata* Y. L. Chang ex S. Y. Liang）、蒲公英（*Taraxacum* sp.）、巨穗剪股颖（*Agrostis gigantea* Roth）、长穗三毛草（*Trisetum clarkei* (Hook. f.) R. R. Stew.）、小米草（*Euphrasia pectinata* Ten.）等 37 种草本，墙藓、曲尾藓等 3 种苔藓仅在干扰地段出现。

比较干扰及对照地段优势物种组成的差异发现，该景点对照地段的灌木优势种为陇塞忍冬、华西箭竹和红毛五加，而干扰地段以陇塞忍冬、华西箭竹、秀丽莓和岷江冷杉幼苗为优势种；对照地段草本优势种为东方草莓、白鳞酢浆草、宝兴冷蕨（*Cystopteris moupinensis* Franch.）和血满草，而干扰地段草本优势种为多花黑麦草（*Lolium multiflorum* Lamarck）、大车前（*Plantago major* Linn.）、紫苜蓿、东方草莓；该景点对照地段的苔藓以大羽藓、塔藓和锦丝藓为优势种，干扰地段以大羽藓、锦丝藓和一种金发藓为优势种。

第3章 旅游干扰对九寨—黄龙核心景区沿湖陆地生态系统结构与功能的影响

表 3-5 旅游干扰对九寨沟原始森林林下植物种类组成及其重要值指数（%）的影响

种类	对照	干扰	种类	对照	干扰
灌木			猪殃殃 Galium aparine var. echinospermum	4.80	1.22
陇塞忍冬 Lonicera tangutica	18.20	16.72			
华西箭竹 Fargesia nitida	17.41	12.22	西藏鳞毛蕨 Dryopteris thibetica	4.49	—
红毛五加 Eleutherococcus giraldii	10.39	2.18	假冷蕨 Pseudocystopteris spinulosa	3.17	0.63
秀丽莓 Rubus amabilis	9.22	14.83	圆叶小堇菜 Viola rockiana	2.91	0.74
绣球藤 Clematis montana	7.12	4.45	高原露珠草 Circaea alpina subsp. imaicola	2.75	1.14
冰川茶藨子 Ribes glaciale	6.87	2.69			
华西蔷薇 Rosa moyesii	4.56	—	疏穗薹草 Carex remotiuscula	2.37	0.18
陕甘花楸 Sorbus koehneana	4.06	5.01	金挖耳 Carpesium divaricatum	2.32	1.17
岷江冷杉 Abies faxoniana	3.86	13.32	疏花剪股颖 Agrostis hookeriana	2.14	3.88
青扦 Picea wilsonii	3.14	3.64	贝加尔唐松草 Thalictrum baicalense	2.13	0.50
峨眉蔷薇 Rosa omeiensis	2.80	—	干生薹草 Carex aridula	1.93	1.92
樱草蔷薇 Rosa primula	1.86	1.96	灯笼草 Clinopodium polycephalum	1.81	1.35
淡红忍冬 Lonicera acuminata	1.85	—	中国茜草 Rubia chinensis	1.81	0.59
康定柳 Salix paraplesia	1.41	2.61	蛛毛蟹甲草 Parasenecio roborowskii	1.64	0.12
蓝靛果 Lonicera caerulea var. edulis	1.26		四川婆婆纳 Veronica szechuanica	1.54	1.35
小叶柳 Salix hypoleuca	0.99	3.96	未知禾本科 Gramineae	1.44	—
白桦 Betula platyphylla	0.88	6.78	鼠掌老鹳草 Geranium sibiricum	1.43	2.15
大黄檗 Berberis francisci-ferdinandi	0.68	—	大车前 Plantago major	1.40	8.88
陕西绣线菊 Spiraea wilsonii	0.47		贵州天名精 Carpesium faberi	1.35	0.13
细枝茶藨子 Ribes tenue	0.42	2.40	掌叶铁线蕨 Adiantum pedatum	1.27	—
南方六道木 Abelia dielsii	0.41	—	獐芽菜 Swertia sp.	1.25	0.36
栒子 Cotoneaster sp.	0.41		多花黑麦草 Lolium multiflorum	1.23	16.98
金露梅 Potentilla fruticosa	0.36		扭柄花 Streptopus obtusatus	1.14	0.11
杜鹃 Rhododendron sp.	0.36	—	鼠尾草 Salvia sp.	1.08	0.11
富蕴茶藨子 Ribes fuyunense	0.35	4.01	白苞蒿 Artemisia lactiflora	0.86	1.03
毛柱山梅花 Philadelphus subcanus	0.33	—	鹅掌草 Anemone flaccida	0.83	0.14
直穗小檗 Berberis dasytachya	0.33		荨麻 Urtica sp.	0.83	
瑞香 Daphne sp.	—	1.60	大叶火烧兰 Epipactis mairei	0.78	
山杨 Populus davidiana		1.60	毛茛 Ranunculus japonicus	0.75	1.33
草本			升麻 Cimicifuga foetida	0.70	
东方草莓 Fragaria orientalis	11.43	5.51	川西凤仙花 Impatiens apsotis	0.69	0.11
白鳞酢浆草 Oxalis leucolepis	9.56	0.92	路边青 Geum aleppicum	0.67	0.41
宝兴冷蕨 Cystopteris moupinensis	5.42	—	紫花碎米荠 Cardamine purpurascens	0.64	
血满草 Sambucus adnata	5.06	0.91	唐松草 Thalictrum sp.	0.63	—

续表

种类	对照	干扰	种类	对照	干扰
钝叶单侧花 Orthilia obtusata	0.61	—	小叶对叶兰 Listera smithii	0.14	0.17
楼梯草 Elatostema involucratum	0.60	—	长盖铁线蕨 Adiantum fimbriatum	0.14	—
尼泊尔天名精 Carpesium nepalense	0.57	—	狭穗八宝 Hylotelephium angustum	0.14	—
羽裂蟹甲草 Cacalia tangutica	0.55	1.54	龙牙草 Agrimonia pilosa	0.14	0.23
垂穗鹅观草 Roegneria nutans	0.54	0.36	火烧兰 Epipactis helleborine	0.14	—
陕甘金腰 Chrysosplenium qinlingense	0.53	0.26	高原毛茛 Ranunculus tanguticus	0.13	0.58
星叶草 Circaeaster agrestis	0.53	—	广布红门兰 Orchis chusua	0.13	—
柳兰 Chamerion angustifolium	0.51	0.14	珊瑚兰 Corallorrhiza trifida	0.13	—
珠芽蓼 Polygonum viviparum	0.50	0.64	毛果婆婆纳 Veronica eriogyne	0.13	—
椭圆叶花锚 Halenia elliptica	0.46	0.37	长瓣角盘兰 Herminium ophioglossoides	0.13	—
独活 Heracleum sp.	0.42	—	草木犀 Melilotus officinalis	0.13	2.30
簇生卷耳 Cerastium fontanum subsp. triviale	0.41	—	无距耧斗菜 Aquilegia ecalcarata	0.13	—
			宽翅香青 Anaphalis latialata	0.12	—
蔓茎报春 Primula alsophila	0.39	—	蒿属 Artemisia sp.	0.12	—
钟花龙胆 Gentiana nanobella	0.38	1.99	微孔草 Microula sikkimensis	0.12	—
花叶对叶兰 Listera maculata	0.36	—	龙胆 Gentiana sp.	0.12	—
毛连菜 Picris hieracioides	0.36	0.11	西藏杓兰 Cypripedium tibeticum	0.12	—
耳柄蒲儿根 Sinosenecio euosmus	0.33	—	七筋姑 Clintonia udensis	0.12	—
多脉掌叶报春 Primula polyneura	0.30	0.11	紫苜蓿 Medicago sativa	—	8.87
野棉花 Anemone vitifolia	0.30	0.12	早熟禾 Poa sp.	—	3.39
小花草玉梅 Anemone rivularis var. flore-minore	0.29	—	云雾薹草 Carex nubigena	—	2.92
			卵穗薹草 Carex ovatispiculata	—	2.54
旱雀麦 Bromus tectorum	0.28	—	蓟 Cirsium japonicum	—	2.52
鹿药 Smilacina japonica	0.26	—	马先蒿 Pedicularis sp.	—	1.98
山兰 Oreorchis patens	0.25	—	蒲公英 Taraxacum sp.	—	1.82
旋叶香青 Anaphalis contorta	0.24	0.12	巨穗剪股颖 Agrostis gigantea	—	1.66
车前草 Plantago asiatica	0.23	0.13	长穗三毛草 Trisetum clarkei	—	1.64
花葶乌头 Aconitum scaposum	0.21	—	未知毛茛 Ranunculus sp.	—	0.12
车前紫草 Sinojohnstonia plantaginea	0.21	—	小米草 Euphrasia pectinata	—	1.14
尼泊尔香青 Anaphalis nepalensis (Spreng.) Hand-Mazz.	0.20	0.24	委陵菜 Potentilla chinensis	—	0.88
			华丽龙胆 gentiana sino-ornnata	—	0.81
卵叶韭 Allium ovalifolium	0.16	—	广布野豌豆 Vicia cracca	—	0.75
对叶兰 Listera puberula	0.15	—	鸡眼草 Kummerowia striata	—	0.72
独叶草 Kingdonia uniflora	0.15	—	飞蓬 Erigeron acer	—	0.62
鹅鹋山囊瓣芹 Pternopetalum trifoliatum	0.14	—	岩生千里光 Senecio wightii	—	0.48

续表

种类	对照	干扰	种类	对照	干扰
牧地香豌豆 Lathyrus pratensis	—	0.39	塔藓 Hylocomium splendens	18.70	8.98
密花香薷 Elsholtzia densa	—	0.30	锦丝藓 Actinothuidium hookeri	11.31	13.21
夏枯草 Prunella vulgaris	—	0.28	圆枝青藓 Brachythecium garovaglioides	6.91	—
矮茎囊瓣芹 Pternopetalum longicaule var. humile	—	0.27	垂枝藓 Rhytidiadelphus sp.	6.61	4.24
宝兴糙苏 Phlomis paohsingensis	—	0.26	皱叶匐灯藓 Plagiomnium arbusculum	5.25	5.18
黄芪 Astragalus sp.	—	0.26	拟垂枝藓 Rhytidiadelphus squarrosus	5.10	6.88
直立茴芹 Pimpinella smithii	—	0.25	平肋提灯藓 Mnium laevinerve	4.77	4.79
福王草 Prenanthes tatarinowii	—	0.23	钙生灰藓 Hypnum calcicolum	3.95	3.03
芨芨草 Achnatherum sp.	—	0.22	偏叶白齿藓 Leucodon secundus	3.39	3.56
川续断 Dipsacus asperoides	—	0.22	曲背藓 Oncophorus wahlenbergii	2.78	1.46
倒提壶 Cynoglossum amabile	—	0.17	中华白齿藓 Ceucodon sinensis	2.27	6.20
莛子藨 Triosteum pinnatifidum	—	0.13	未知藓1	1.97	—
三脉梅花草 Parnassia trinervis	—	0.13	树形疣灯藓 Trachycystis ussuriensis	1.94	
沙参 Adenophora sp.	—	0.12	无齿红叶藓 Bryoerythrophyllum gymnostomum	1.67	0.85
突隔梅花草 Parnassia delavayi	—	0.12			
习见蓼 Polygonum plebeium	—	0.12	未知藓	1.35	—
蓝翠雀花 Delphinium caeruleum	—	0.11	未知藓2	1.12	
鞘柄菝葜 Smilax stans	—	0.11	一种金发藓 Polytrichum sp.	1.11	11.09
牛蒡 Arctium lappa	—	0.11	一种曲尾藓 Dicranum sp.	—	2.45
地榆 Sanguisorba officinalis	—	0.11	一种墙藓 Tortula sp.	—	2.44
苔藓			一种真藓 Bryum sp.		1.62
大羽藓 Thuidium cymbifolium	19.79	24.02			

注："—"为未出现种

B. 物种多样性及差异

如表3-6所示，旅游活动引起原始森林林下植物多样性降低。从样方水平来看，干扰地段灌木和苔藓植物的丰富度亦低于对照，且与对照存在显著差异（$P<0.05$），而草本与对照无显著差异（$P>0.05$）；但从总体来看，干扰地段灌木、草本和苔藓植物的香威指数均低于对照；比较干扰与对照地段植物组成的相似性发现，草本植物相似度指数最低，仅为0.5330，灌木其次，苔藓最高。可见，虽然从样方水平来看，原始森林林下草本植物丰富度与对照无明显差异，但旅游活动仍然降低了草本植物的多样性，且较为明显地改变了干扰地段草本的种类组成。

表3-6　旅游干扰对九寨沟原始森林景点林下植物物种丰富度、香威指数及相似度指数的影响

原始森林	灌木 干扰	灌木 对照	草本 干扰	草本 对照	苔藓 干扰	苔藓 对照
丰富度	1.14±0.39a	3.64±0.39b	12.57±1.07a	11.21±0.84a	3.14±0.48a	5.23±0.36b
香威指数	2.5308	2.6227	3.4994	3.6777	2.4351	2.5053
相似度指数	0.7190		0.5330		0.7674	

注：同一类群小写字母不同指示统计差异显著（$P<0.05$）

C. 结构特征及差异

原始森林栈道附近林下植物结构特征及差异见表3-7。从林下各类植物在研究地段的频度来看，各干扰及对照样方均出现有草本植物，而干扰地段灌木及苔藓的频度低于对照，尤其是灌木在干扰地段的频度仅有39.29%；分别比较林下植物盖度、高度和密度参数发现，与对照地段植物相比，干扰地段灌木盖度、高度和密度均低于对照且差异显著（$P<0.05$），干扰地段苔藓植物高度及盖度亦低于对照且差异显著（$P<0.05$），而干扰地段草本植物盖度、高度和密度与对照相比差异均不显著。可见，旅游活动对原始森林栈道附近林下植物群落结构的影响主要表现为降低了灌木及苔藓植物的高度、盖度和灌木的密度。

表3-7　旅游干扰对九寨沟原始森林景点林下植物结构参数的影响

原始森林	灌木 干扰	灌木 对照	草本 干扰	草本 对照	苔藓 干扰	苔藓 对照
频度（%）	39.29	89.29	100	100	89.29	100
盖度（%）	4.20±1.92a	42.32±6.50b	39.14±5.26a	53.82±6.24a	10.88±2.31a	80.21±5.52b
高度（cm）	4.92±2.26a	37.75±5.44b	17.61±2.93a	17.49±3.12a	1.17±0.29a	5.21±0.58b
密度（ind./m^2）	2.78±1.51a	18.90±4.21b	155.3±23.75a	181.5±17.76a	—	—

注：同一类群小写字母不同指示统计差异显著（$P<0.05$）

(3) 草海栈道附近林下植物多样性和结构特征

该地段海拔2910 m，附近森林为原始的岷江冷杉林。由于步行游览草海景点必须从原始森林景点走2390 m长的栈道到该点，距离较长，多数游客会选择乘坐观光车游览该景点，故该景点游人活动干扰较轻。根据在草海栈道的干扰地段与非显著干扰地段40个样方调查的整理结果，分析旅游活动对其林下植物多样性与层结构的影响。

A. 物种组成及差异

该景点对照地段中共出现物种108种，其中，灌木19种，草本65种，苔藓24种；干扰地段中共出现物种105种，其中，灌木21种，草本64种，苔藓20种（表3-8）。可见，草海干扰地段物种总数比对照少3种，其中灌木比对照多2种，草本及苔藓物种数略小于对照。该景点对照地段灌木优势种为华西箭竹、秀丽莓和陇塞忍冬，而干扰地段以秀丽莓、华西箭竹、陇塞忍冬、云杉和峨眉蔷薇（*Rosa omeiensis* Hayata）为优势种；对照地段草本优势种为疏穗薹草（*Carex remotiuscula* Walhb.）、干生薹草（*Carex aridula* V. Krecz.）、宝兴冷蕨和东方草莓，而干扰地段草本优势种为宝兴冷蕨、疏穗薹草、干生薹草、东方草莓和血满草；该景点对照及干扰地段苔藓优势种均为大羽藓、锦丝藓和塔藓。

表3-8 旅游干扰对九寨沟草海景点林下植物种类组成及其重要值指数（%）的影响

种类	对照	干扰	种类	对照	干扰
灌木			野艾蒿 Artemisia lavandulaefolia	2.88	1.48
华西箭竹 Fargesia nitida	24.86	13.46	铁角蕨 Asplenium sp.	2.68	0.75
秀丽莓 Rubus amabilis	21.41	20.71	椭圆叶花锚 Halenia elliptica	2.39	1.55
陇塞忍冬 Lonicera tangutica	10.36	18.96	黄鹌菜 Youngia japonica	2.28	2.37
岷江冷杉 Abies faxoniana	6.65	1.92	白鳞酢浆草 Oxalis leucolepis	1.72	0.99
美容杜鹃 Rhododendron calophytum	6.16	8.42	小花草玉梅 Anemone rivularis var. floreminore	1.40	0.84
峨眉蔷薇 Rosa omeiensis	5.39	10.60			
白桦 Betula platyphylla	5.28	1.20	高原毛茛 Ranunculus tanguticus	1.30	0.32
黄毛杜鹃 Rhododendron rufum	4.07	0.54	长柄唐松草 Thalictrum przewalskii	1.06	0.33
云杉 Picea asperata	3.47	10.84	钟花龙胆 Gentiana nanobella	1.05	0.19
直穗小檗 Berberis dasystachya	2.15	0.54	窃衣 Torilis japonica	0.98	0.92
刺柏 Juniperus fomosana	2.09	1.12	高原露珠草 Circaea alpina subsp. imaicola	0.96	0.81
小叶金露梅 Potentilla parvifolia	1.96	1.52			
小叶柳 Salix hypoleuca	1.66	0.50	鹅掌草 Anemone flaccida	0.92	0.72
西康花楸 Sorbus prattii	1.54	3.04	灯笼草 Clinopodium polycephalum	0.91	1.22
麻核枸子 Cotoneaster foveolatus	1.07	1.16	耳叶风毛菊 Saussurea neofranchetii	0.90	1.15
红脉忍冬 Lonicera lanceolata subsp. nervosa	0.49	—	三脉紫菀 Aster ageratoides	0.84	—
			荨麻 Urtica sp.	0.78	0.88
红毛五加 Eleutherococcus giraldii	0.49	1.72	中国茜草 Rubia chinensis	0.76	0.64
西南蔷薇 Rosa murielae	0.45	—	云雾薹草 Carex nubigena	0.67	3.32
冰川茶藨子 Ribes glaciale	0.44	0.58	鞘柄菝葜 Smilax stans	0.65	0.39
方枝柏 Sabina saltuaria	—	0.77	蒲公英1 Taraxacum sp.	0.50	
富蕴茶藨子 Ribes fuyunense	—	0.58	金挖耳 Carpesium divaricatum	0.50	0.62
扇叶槭 Acer flabellatum	—	1.09	掌叶铁线蕨 Adiantum pedatum	0.47	
微毛樱桃 Cerasus clarofolia	—	0.72	松潘黄堇 Corydalis laucheana	0.46	
草本			六叶葎 Galium asperuloides var. hoffmeisteri	0.45	0.41
疏穗薹草 Carex remotiuscula	13.99	13.48			
干生薹草 Carex aridula	9.86	10.10	圆叶小堇菜 Viola rockiana	0.43	0.81
宝兴冷蕨 Cystopteris moupinensis	9.62	13.95	柳叶菜 Epilobium hirsutum	0.42	0.78
华北剪股颖 Agrostis clavata	7.55	3.73	龙牙草 Agrimonia pilosa	0.41	—
东方草莓 Fragaria orientalis	6.12	8.38	羽叶三七 Panax japonicus var. bipinnatifidus	0.41	0.20
宽翅香青 Anaphalis latialata	4.74	2.43			
垂穗鹅观草 Roegneria nutans	4.01	3.96	鼠掌老鹳草 Geranium sibiricum	0.40	0.56
血满草 Sambucus adnata	3.99	5.08	羽裂蟹甲草 Cacalia tangutica	0.40	0.92
猪殃殃 Galium aparine var. tenerum	3.40	1.75	疏花剪股颖 Agrostis hookeriana	0.37	0.29

续表

种类	对照	干扰	种类	对照	干扰
木贼 Equisetum sp.	0.35	—	小斑叶兰 Goodyera repens	—	0.23
假冷蕨 Pseudocystopteris spinulosa	0.34	—	假北紫堇 Corydalis pseudoimpatiens	—	0.23
独活 Heracleum sp.	0.32	—	瓦韦 Lepisorus sp.	—	0.22
小花柳叶菜 Epilobium parviflorum	0.32	0.54	湿生美头火绒草 Leontopodium calocephalum var. ulignosum	—	0.20
鳞毛蕨2 Dryopteris sp.	0.29	—			
蒲公英2 Taraxacum sp.	0.29	—	蓝翠雀花 Delphinium caeruleum	—	0.20
紫花碎米荠 Cardamine purpurascens	0.27	—	凤仙花 Impatiens sp.	—	0.18
西南唐松草 Thalictrum fargesii	0.27	0.19	毛茛 Ranunculus japonicus	—	0.40
卵叶韭 Allium ovalifolium	0.27	—	扭柄花 Streptopus obtusatus	—	0.40
簇生卷耳 Cerastium fontanum subsp. Triviale	0.26	—	点地梅 Androsace sp.	—	0.36
			鳞毛蕨1 Dryopteris sp.	—	0.30
轮叶八宝 Hylotelephium verticillatum	0.26	—	疏花车前 Plantago erosa	—	0.96
贵州天名精 Carpesium faberi	0.26	0.20	路边青 Geum aleppicum	—	0.45
粟草 Milium effusum	0.26	0.56	牛耳风毛菊 Saussurea woodiana	—	0.23
四川婆婆纳 Veronica szechuanica	0.24	1.43	苔藓		
花葶乌头 Aconitum scaposum	0.24	—	大羽藓 Thuidium cymbifolium	16.07	17.71
陕甘金腰 Chrysosplenium qinlingense	0.24	0.19	锦丝藓 Actinothuidium hookeri	14.08	15.70
宝兴糙苏 Phlomis paohsingensis	0.23	0.43	塔藓 Hylocomium splendens	11.66	13.30
岩生千里光 Senecio wightii	0.23	—	曲背藓 Oncophorus wahlenbergii	9.81	7.63
多花黑麦草 Lolium multiflorum	0.23	0.54	疣拟垂枝藓 Rhytidiadelphus triquetrus	5.88	5.76
蛛毛蟹甲草 Parasenecio roborowskii	0.22	0.87	皱叶匐灯藓 Plagiomnium arbusculum	5.29	6.73
早熟禾 Poa sp.	0.22	1.28	偏叶白齿藓 Leucodon secundus	4.88	4.04
旱雀麦 Bromus tectorum	0.21	0.92	拟垂枝藓 Rhytidiadelphus squarrosus	4.22	3.91
小叶对叶兰 Listera smithii	0.20	—	钙生灰藓 Hypnum calcicolum	3.41	3.03
狭穗八宝 Hylotelephium angustum	0.20	—	新船叶藓 Neodolichomitra yunnanensis	3.15	2.02
珠芽蓼 Polygonum viviparum	0.19	0.24	大叶藓 Rhodobryum sp.	2.92	1.23
茅香 Hierochloë odorata	—	1.16	曲尾藓 Dicranum scoparium	2.78	3.18
异叶虎耳草 Saxifraga diversifolia	—	0.27	金发藓 Polytrichum sp.	2.56	2.14
枯灯心草 Juncus sphacelatus	—	0.25	未知藓1	1.99	2.69
川赤芍 Paeonia anomala subsp. veitchii	—	0.23	未知藓2	1.88	0.86
			真藓 Bryum sp.	1.63	1.62

续表

种类	对照	干扰	种类	对照	干扰
毛尖曲柄藓 *Campylopus pilifer*	1.56	—	无齿红叶藓 *Bryoerythrophyllum gymnostomum*	0.86	—
青藓 *Brachythecium* sp.	1.34	1.64
美孔木灵藓 *Orthotrichum callistomum*	1.24	—	黄色真藓 *Bryum pallescens*	0.48	
曲尾藓 *Dicranum* sp.	0.94	1.67	长蒴丝瓜藓 *Pohlia elongata*	0.43	1.02
万年藓 *Climacium dendroides*	0.92	4.11			

注："—"为未出现种

B. 物种多样性及差异

干扰地段灌木、草本和苔藓植物的香威指数均低于对照，但差异较小（表3-9）；比较干扰与对照地段植物组成的相似性发现，草本植物相似度指数最低，灌木其次，苔藓最高，达0.9167（表3-9）。

表3-9 旅游干扰对九寨沟草海景点林下植物物种丰富度、香威指数及相似度指数的影响

草海	灌木		草本		苔藓	
	干扰	对照	干扰	对照	干扰	对照
丰富度	3.85±0.46a	4.40±0.43a	10.05±0.86a	9.25±0.92a	5.60±0.54a	6.15±0.44a
香威指数	2.3345	2.3445	3.2096	3.3059	2.6139	2.7463
相似度指数	0.8521		0.7287		0.9167	

注：同一类群小写字母不同指示统计差异显著（$P<0.05$）

C. 结构特征及差异

分别比较林下植物盖度、高度和密度参数发现，与对照地段植物相比，除干扰地段苔藓盖度低于对照且与对照存在显著差异外，干扰地段其他结构参数与对照相比均不存在显著差异（表3-10）。

表3-10 旅游干扰对九寨沟草海景点林下植物结构参数的影响

草海	灌木		草本		苔藓	
	干扰	对照	干扰	对照	干扰	对照
频度（%）	100	100	100	100	100	100
盖度（%）	20.83a±3.69a	27.39±4.92a	49.75±6.44a	45.83±7.37a	40.50±6.22a	72.20±7.16b
高度（cm）	56.07±8.38a	3.65±6.93a	24.47±2.38a	23.50±2.30a	4.84±0.47a	5.29±0.47a
密度（ind./m²）	17.13±2.85a	25.88±4.79a	164.73±26.32a	163.93±28.27a	—	—

注：同一类群小写字母不同指示统计差异显著（$P<0.05$）

（4）五花海栈道附近林下植物多样性和结构特征

五花海海拔2472 m，附近森林为针阔混交林。作为九寨沟重点宣传的景点，五花海也是游客偏好度极高的景点。多数游客均会在该景点沿栈道观赏、拍照，在该景点的停留时间长，拥挤度高，干扰重。我们根据在五花海栈道的干扰地段与非显著干扰地段30个样

方调查的整理结果，分析旅游活动对其林下植物多样性与层结构的影响。

A. 物种组成及差异

该点对照地段中共出现物种 90 种，其中，灌木 23 种，草本 54 种，苔藓 13 种；干扰地段中共出现物种 53 种，其中，灌木 16 种，草本 28 种，苔藓 9 种。可见，五花海干扰地段林下植物种类总数比对照减少 37 种，其中，灌木减少 7 种，草本减少 26 种，苔藓减少 4 种（表 3-11）。该景点对照地段灌木优势种为悬钩子和川康栒子（Cotoneaster ambiguus Rehd. & Wils.），而干扰地段以松潘小檗（Berberis dictyoneura Schneid.）、悬钩子、云杉幼苗和粗齿铁线莲（Clematis argentilucida（Lévl. et Vant.）W. T. Wang）为优势种；对照地段草本优势种为大火草（Anemone tomentosa（Maxim.）Pei）、东方草莓、溪生薹草（Carex fluviatilis Boott）和多花黑麦草，而干扰地段草本优势种为溪生薹草、早熟禾、邻近风轮菜（Clinopodium confine（Hance）Kuntze.）、平车前、圆叶小堇菜；该景点对照地段苔藓以大羽藓和曲尾藓为优势种，干扰地段以大羽藓、万年藓为优势苔藓，其中大羽藓在干扰及对照地段优势地位均十分突出。

表 3-11　旅游干扰对九寨沟五花海林下植物种类组成及其重要值指数（％）的影响

种类	对照	干扰	种类	对照	干扰
灌木			毛背桂樱 Laurocerasus hypotricha	0.85	—
悬钩子 Rubus sp.	15.84	13.92	金山荚蒾 Viburnum chinshanense	0.72	—
川康栒子 Cotoneaster ambiguus	11.87	3.90	高丛珍珠梅 Sorbaria arborea	0.70	5.90
大黄檗 Berberis francisci-ferdinandi	9.56	—	沙棘 Hippophae rhamnoides	0.67	2.25
夏梗金花忍冬 Lonicera chrysantha var. longipes	8.16	—	松潘小檗 Berberis dictyoneura	—	20.26
			微毛樱桃 Cerasus clarofolia	—	4.17
云杉 Picea asperata	8.1	13.31	草本		
勾儿茶 Berchemia hirtella	6.74	—	大火草 Anemone tomentosa	14.19	0.75
来苏槭 Acer laisuense	6.43	1.53	东方草莓 Fragaria orientalis	10.07	2.96
柞栎 Quercus dentata	5.09	7.32	溪生薹草 Carex fluviatilis	10.04	21.24
瑞香 Daphne sp.	5.04	4.69	多花黑麦草 Lolium multiflorum	7.73	—
兴安胡枝子 Lespedeza daurica	4.20	1.53	龙牙草 Agrimonia pilosa	4.43	4.83
粗齿铁线莲 Clematis argentilucida	2.69	11.41	圆叶小堇菜 Viola rockiana	3.83	5.70
高山木姜子 Litsea chunii	2.52	—	蕨 Pteridium aquilinum var. latiusculum	3.73	—
油松 Pinus tabulaeformis	2.36	3.09	邻近风轮菜 Clinopodium confine	3.38	7.73
直角荚蒾 Viburnum foetidum var. rect-angulatum	2.03	2.52	路边青 Geum aleppicum	2.68	2.63
			卵萼花锚 Halenia elliptica	2.45	1.53
麦吊云杉 Picea brachytyla	1.99	—	鞘柄菝葜 Smilax stans	2.26	2.53
钝叶蔷薇 Rosa sertata	1.81	2.25	火绒草 Leontopodium sp.	2.05	—
刺五加 Eleutherococcus senticosus	0.89	1.97	粗茎秦艽 Gentiana crassicaulis	1.88	0.94
桦叶荚蒾 Viburnum betulifolium	0.89	—	蛇莓 Duchesnea indica	1.86	0.85
猕猴桃 Actinidia sp.	0.85	—	细叶芨芨草 Achnatherum chingii	1.66	—

第3章 旅游干扰对九寨—黄龙核心景区沿湖陆地生态系统结构与功能的影响

续表

种类	对照	干扰	种类	对照	干扰
高原天名精 *Carpesium lipskyi*	1.56	3.19	羽裂风毛菊 *Saussurea pinnatidenta*	0.28	—
羽叶三七 *Panax japonicusjaponicus* var. *bipinnatifidus*	1.43	—	卵叶韭 *Allium ovalifolium*	0.27	—
			柳叶菜 *Epilobium* sp.	0.26	—
岩生千里光 *Senecio wightii*	1.40	—	珠芽蓼 *Polygonum viviparum*	0.26	—
四川虾脊兰 *Calanthe whiteana*	1.31	—	弯曲碎米荠 *Cardamine flexuosa*	0.25	0.59
轮叶马先蒿 *Pedicularis verticillata*	1.30	1.69	小叶对叶兰 *Listera smithii*	0.23	—
马尾柴胡 *Bupleurum microcephalum*	1.30	—	泽漆 *Euphorbia helioscopia*	0.23	0.59
一种蒿 *Artemisia* sp.	1.26	—	长穗三毛草 *Trisetum clarkei*	—	1.94
瓦韦 *Lepisorus* sp.	1.21	—	独行菜 *Lepidium apetalum*	—	0.59
大花唐松草 *Thalictrum grandiflorum*	1.19	4.40	凤仙花 *Impatiens* sp.	—	0.84
三脉紫菀 *Aster ageratoides*	1.18	2.69	内弯繁缕 *Stellaria infracta*	—	1.10
丛枝囊瓣芹 *Pternopetalum botrychioides*	1.03	—	女娄菜 *Silene aprica*	—	0.59
茅香 *Hierochloë odorata*	1.00	—	天蓝苜蓿 *Medicago lupulina*	—	2.87
四川蔓龙胆 *Crawfurdia thibetica*	0.94	—	沿阶草 *Ophiopogon bodinieri*	—	1.78
小叶猪殃殃 *Galium trifidum*	0.91	—	早熟禾 *Poa* sp.	—	17.62
歪头菜 *Vicia unijuga*	0.84	—	高原露珠草 *Circaea alpina* subsp. *imaicola*	—	0.59
疏花粉条儿菜 *Aletris laxiflora*	0.84	—			
大叶茜草 *Rubia schumanniana*	0.78	1.1	苔藓		
高山冷蕨 *Cystopteris montana*	0.66	—	大羽藓 *Thuidium cymbifolium*	49.68	49.45
毛茛 *Ranunculus* sp.	0.65	—	曲尾藓 *Dicranum scoparium*	14.29	1.9
车前草 *Plantago asiatica*	0.53	—	锦丝藓 *Actinothuidium hookeri*	5.36	—
野豌豆 *Vicia sepium*	0.50	—	大叶藓 *Rhodobryum* sp.	4.59	7.10
长叶头蕊兰 *Cephalanthera longifolia*	0.49	—	平藓 *Neckera pennata*	4.53	5.64
尼泊尔天名精 *Carpesium nepalense*	0.49	—	脆枝青藓 *Brachythecium thraustum*	3.93	4.03
平车前 *Plantago depressa*	0.47	6.17	鼠尾藓 *Myuroclada maximowiczii*	2.93	5.49
甘菊 *Dendranthema lavandulifolium*	0.35	—	皱叶匐灯藓 *Plagiomnium arbusculum*	3.86	—
委陵菜 *Potentilla chinensis*	0.35	—	圆叶幼萼苔 *Wettsteinia rotundifolia*	3.71	—
钝叶单侧花 *Orthilia obtusata*	0.34	—	椭圆叶匐灯藓 *Plagiomnium ellipticum*	3.41	2.69
远志 *Polygala tenuiflia*	0.34	—	长尖扭口藓 *Barbula ditrichoides*	1.43	—
膜叶冷蕨 *Cystopteris pellucida*	0.34	—	未知苔	1.43	—
七叶一枝花 *Paris polyphylla*	0.34	—	剑叶大帽藓 *Encalypta spathulata*	0.85	—
川甘蒲公英 *Taraxacum lugubre*	0.33	—	万年藓 *Climacium dendroides*	—	18.80
丝裂沙参 *Adenophora capillaris*	0.31	—	丝瓜藓 *Pohlia* sp.	—	4.91

注:"—"为未出现种

B. 物种多样性及差异

干扰地段灌木、草本和苔藓植物的香威指数均低于对照（表3-12）；比较干扰与对照地段植物组成的相似性发现，草本植物相似度指数最低，仅为0.5152，苔藓其次，灌木最高（表3-12）。

表3-12　旅游干扰对九寨沟五花海景点林下植物物种丰富度、香威指数及相似度指数影响

五花海	灌木		草本		苔藓	
	干扰	对照	干扰	对照	干扰	对照
丰富度	2.00±0.46a	4.87±0.78b	5.47±0.61a	11.60±1.01b	2.07±0.32a	3.07±0.33b
香威指数	2.4508	2.7477	2.7460	3.3319	1.7183	1.9184
相似度指数	0.7418		0.5152		0.6581	

注：同一类群小写字母不同指示统计差异显著（$P<0.05$）

C. 结构特征及差异

分别比较灌木、草本及苔藓植物的盖度、高度和灌木及草本的密度参数发现，与对照地段植物相比，各类植物各结构参数均低于对照且存在显著差异（$P<0.05$）（表3-13）。

表3-13　旅游干扰对九寨沟五花海景点林下植物结构参数的影响

五花海	灌木		草本		苔藓	
	干扰	对照	干扰	对照	干扰	对照
频度（%）	86.67	100	100	100	73.33	100
盖度（%）	2.25±0.67a	23.47±4.58b	5.13±1.36a	33.07±5.97b	2.77±0.89a	21.53±5.37b
高度（cm）	31.62±13.06a	68.20±10.50b	15.97±3.50a	30.38±3.00b	1.88±0.52a	3.40±0.31b
密度（ind./m²）	1.70±0.57a	9.73±2.01b	13.07±2.81a	51.17±6.93b	—	—

注：同一类群小写字母不同指示统计差异显著（$P<0.05$）

(5) 孔雀河道栈道附近林下植物多样性和结构特征

孔雀河道海拔2460 m，附近森林为针阔混交林。该地段连接热门景点五花海与珍珠滩瀑布，栈道距离约1100 m，有少量游客游览完五花海景点后沿该地段走栈道前去珍珠滩瀑布，由于该段栈道边美景不多，游客一般不会在栈道久留，故该地段干扰程度相对较轻。本节根据在孔雀河道栈道的干扰地段与非显著干扰地段30个样方调查的整理结果，来分析旅游活动对其林下植物多样性与层结构的影响。

A. 物种组成及差异

该景点对照地段中共出现物种68种，其中，灌木22种，草本34种，苔藓12种；干扰地段中共出现物种77种，其中，灌木26种，草本41种，苔藓10种（表3-14）。可见，该景点干扰地段物种总数大于对照值，且灌木和草本物种数亦大于对照值。比较发现有小雀花（*Campylotropis polyantha* (Franch.) Schindl.）、华西箭竹、南方六道木（*Abelia dielsii* (Graebn.) Rehd.）和青荚叶（*Helwingia japonica* (Thunb.) F. Dietr.）等19种灌木，多花黑麦草、鞘柄菝葜（*Smilax stans* Maxim.）、羽节蕨（*Gymnocarpium remote-pinnatum*）、大火草、

大叶茜草（*Rubia schumanniana* Pritz.）、圆叶小堇菜和贝加尔唐松草（*Thalictrum baicalense* Turcz.）等21种草本，大羽藓、万年藓和鼠尾藓等9种苔藓在干扰及对照地段均有出现；有鹅耳枥（*Carpinus* sp.）和白蜡树（*Fraxinus chinensis* Roxb.）等3种灌木，沿阶草（*Ophiopogon* sp.）、长穗三毛草和小叶猪殃殃（*Galium trifidum* Linnaeus）等13种草本，新船叶藓和厚角绢藓等3种苔藓仅在对照地段出现；有柳、长梗金花忍冬（*Lonicera chrysantha* var. *longipes* Maxim.）等7种灌木，长毛风毛菊（*Saussurea hieracioides* Hook. f.）、车前草、甘菊（*Dendranthema lavandulifolium*（Fisch. ex Trautv.）Ling & Shih）、高原露珠草（*Circaea alpina* subsp. *imaicola*（Asch. & Mag.）Kitamura）和羽叶三七（*Panax japonicus* var. *bipinnatifidus*（Seem.）C. Y. Wu & Feng）等20种草本，长蒴粗枝藓1种苔藓仅在干扰地段出现。

表3-14 旅游干扰对九寨沟孔雀河道林下植物种类组成及其重要值指数（%）的影响

种类	对照	干扰	种类	对照	干扰
灌木			川滇小檗 *Berberis jamesiana*	—	0.58
小雀花 *Campylotropis polyantha*	18.25	6.74	川康栒子 *Cotoneaster ambiguus*	—	0.77
华西箭竹 *Fargesia nitida*	13.09	0.71	粗榧 *Cephalotaxus sinensis*	—	0.76
南方六道木 *Abelia dielsii*	8.76	10.77	柳 *Salix* sp.	—	2.95
柞栎 *Quercus dentata*	7.95	9.10	微毛樱桃 *Cerasus clarofolia*	—	0.91
冷杉 *Abies* sp.	7.54	12.76	长梗金花忍冬 *Lonicera chrysantha* var. *longipes*	—	1.98
青荚叶 *Helwingia japonica*	6.79	2.81			
五加 *Eleutherococcus* sp.	5.62	5.05	小叶金露梅 *Potentilla parvifolia*	—	0.49
鹅耳枥 *Carpinus* sp.	4.27	—	草本		
来苏械 *Acer laisuense*	3.78	8.69	未知薹草1 *Carex* sp.	12.76	11.84
粗齿铁线莲 *Clematis argentilucida*	3.72	4.49	多花黑麦草 *Lolium multiflorum*	12.28	11.95
瑞香 *Daphne* sp.	3.42	4.32	鞘柄菝葜 *Smilax stans*	8.85	16.53
直角荚蒾 *Viburnum foetidum* var. *rectangulatum*	2.71	0.76	羽节蕨 *Gymnocarpium remote-pinnatum*	6.80	0.91
			大火草 *Anemone tomentosa*	6.31	1.39
白蜡树 *Fraxinus chinensis*	2.47	—	大叶茜草 *Rubia schumanniana*	5.54	2.07
悬钩子 *Rubus* sp.	2.11	11.71	圆叶小堇菜 *Viola rockiana*	5.20	8.04
油松 *Pinus tabulaeformis*	1.68	1.08	贝加尔唐松草 *Thalictrum baicalense*	4.59	4.58
白桦 *Betula platyphylla*	1.63	0.64	沿阶草 *Ophiopogon bodinieri*	4.25	—
大果勾儿茶 *Berchemia hirtella*	1.47	3.23	长穗三毛草 *Trisetum clarkei*	3.30	
色木械 *Acer mono*	1.26	1.11	歪头菜 *Vicia unijuga*	3.03	2.75
毛果铁线莲 *Clematis peterae* var. *trichocarpa*	1.16	—	宝兴糙苏 *Phlomis paohsingensis*	2.15	0.92
			钝叶单侧花 *Orthilia obtusata*	2.06	1.64
云杉 *Picea* sp.	0.8	2.01	小叶猪殃殃 *Galium trifidum*	2.02	—
高山木姜子 *Litsea chunii*	0.79	4.91	羽裂风毛菊 *Saussurea pinnatidenta*	1.92	1.34
钝叶蔷薇 *Rosa sertata*	0.72	0.70	蜂斗菜 *Petasites japonicus*	1.89	1.67

续表

种类	对照	干扰	种类	对照	干扰
三脉紫菀 Aster ageratoides	1.86	4.66	三角叶假冷蕨 Pseudocystopteris subtriangularis	—	2.09
金挖耳 Carpesium divaricatum	1.8	1.86	蛇莓 Duchesnea indica	—	1.72
四川蔓龙胆 Crawfurdia tibetica	1.66	4.89	四川虾脊兰 Calanthe whiteana	—	0.54
疏花剪股颖 Agrostis perlaxa	1.62	—	天蓝苜蓿 Medicago lupulina	—	0.43
瓦韦 Lepisorus sp.	1.44	—	未知薹草2 Carex sp.	—	0.97
羊齿天门冬 Asparagus filicinus	1.29	0.62	香青 Anaphalis sp.	—	0.46
大落新妇 Astilbe grandis	1.28	—	野豌豆 Vicia sp.	—	0.71
卷叶黄精 Polygonatum cirrhifolium	0.86	—	一种蒿 Artemisia sp.	—	1.37
丽江剪股颖 Agrostis schneideri	0.74	0.58	羽裂蟹甲草 Cacalia tangutica	—	0.35
垂穗鹅观草 Roegneria nutans	0.69	2.63	羽叶三七 Panax japonicus var. bipinnatifidus	—	1.45
柳叶菜 Epilobium sp.	0.69	—	蛛毛蟹甲草 Parasenecio roborowskii	—	0.43
杓兰 Cypripedium sp.	0.48	—	苔藓		
蹄盖蕨 Athyrium sp.	0.48	0.43	大羽藓 Thuidium cymbifolium	27.06	49.44
理县金腰 Chrysosplenium lixianense	0.45		新船叶藓 Neodolichomitra yunnanensis	18.27	—
泡沫龙胆 Gentiana aphrosperma	0.45	—	曲尾藓 Dicranum scoparium	12.79	12.45
假北紫堇 Corydalis pseudoimpatiens	0.41		万年藓 Climacium dendroides	10.5	1.95
玉竹 Polygonatum odoratum	0.41	0.35	鼠尾藓 Myuroclada maximowiczii	6.32	6.10
直立茴芹 Pimpinella smithii	0.41	—	皱叶匐灯藓 Plagiomnium arbusculum	5.70	4.58
长毛风毛菊 Saussurea hieracioides		1.45	厚角绢藓 Entodon concinnus	5.15	—
车前草 Plantago asiatica		0.46	椭圆叶匐灯藓 Plagiomnium ellipticum	4.14	7.02
川赤芍 Paeonia anomala subsp. veitchii		0.46	长肋孔雀藓 Hypopterygium fauriei	3.94	8.86
东方草莓 Fragaria orientalis		0.49	大叶藓 Rhodobryum sp.	3.79	4.36
方腺景天 Sedum susannae		0.65	脆枝青藓 Brachythecium thraustum	1.30	1.16
甘菊 Dendranthema lavandulifolium		1.71	长尖扭口藓 Barbula ditrichoides	1.04	—
高原点地梅 Androsace zambalensis		0.58	长朔粗枝藓 Gollania cylindricatpa	—	4.08
高原露珠草 Circaea alpina subsp. imaicola		0.82			
路边青 Geum aleppicum		1.20			

注："—"为未出现种

比较干扰及对照地段优势物种组成的差异发现，该景点对照地段灌木优势种为小雀花和华西箭竹，而干扰地段以冷杉幼苗、悬钩子、南方六道木为优势种。对照地段草本优势种为薹草、多花黑麦草、鞘柄菝葜、羽节蕨、大火草、大叶茜草和圆叶小堇菜，而干扰地段草本优势种为鞘柄菝葜、多花黑麦草、薹草和圆叶小堇菜。对照地段苔藓以大羽藓、新船叶藓、曲尾藓和万年藓为优势种，干扰地段以大羽藓和曲尾藓为优势种，干扰地段大羽藓的优势地位突出。

B. 物种多样性及差异

从样方水平来看，干扰地段各类植物的丰富度与对照不存在显著差异（$P>0.05$）（表3-15）；总体而言，干扰地段苔藓植物的香威指数低于对照，且差异较小，而灌木和草本香威指数均略高于对照（表3-15）；比较干扰与对照地段植物组成的相似性发现，植物相似度指数草本最低，仅为0.5649，灌木其次，苔藓最高（表3-15）。

表3-15　旅游干扰对九寨沟孔雀河道林下植物物种丰富度、香威指数及相似度指数的影响

孔雀河道	灌木		草本		苔藓	
	干扰	对照	干扰	对照	干扰	对照
丰富度	5.60±0.77a	4.73±0.44a	7.60±0.80a	7.00±0.64a	3.93±0.28a	3.20±0.31a
香威指数	2.8219	2.7146	3.0638	3.0611	1.7163	2.1419
相似度指数	0.7972		0.5649		0.8250	

注：同一类群小写字母不同指示统计差异显著（$P<0.05$）

C. 结构特征及差异

孔雀河道栈道附近林下灌木、草本及苔藓植物在干扰及对照地段的频度均为100%（表3-16）；分别比较林下植物盖度、高度和密度参数发现，除草本盖度外，干扰地段各类植物的结构参数与对照相比均不存在显著差异（$P>0.05$）（表3-16）。

表3-16　旅游干扰对九寨沟孔雀河道林下植物结构参数的影响

孔雀河道	灌木		草本		苔藓	
	干扰	对照	干扰	对照	干扰	对照
频度（%）	100	100	100	100	100	100
盖度（%）	28.67±6.61a	25.47±6.23a	21.80±2.82a	13.33±1.91b	16.87±3.46a	28.53±9.75a
高度（cm）	52.23±8.80a	44.98±6.98a	34.18±2.65a	30.35±3.54a	4.43±0.41a	4.03±0.43a
密度（ind./m²）	13.70±1.90a	10.10±2.02a	39.50±6.57a	27.23±3.92a	—	—

注：同一类群小写字母不同指示统计差异显著（$P<0.05$）

（6）珍珠滩瀑布附近栈道旁林下植物多样性和结构特征

珍珠滩瀑布海拔2433 m，附近森林为针阔混交林。珍珠滩瀑布是九寨沟最雄伟壮观的瀑布，几乎是进沟游客必去的一个景点，而且该景点只能通过走栈道进行游览，因此该栈道附近干扰严重。我们根据在珍珠滩瀑布观景栈道的干扰地段与非显著干扰地段30个样方调查的整理结果，分析旅游活动对其林下植物多样性与层结构的影响。

A. 物种组成及差异

珍珠滩瀑布栈道附近对照地段中共出现物种111种，其中，灌木28种，草本64种，苔藓19种；干扰地段中共出现物种82种，其中，灌木22种，草本45种，苔藓15种（表3-17）。可见，与对照地段相比，珍珠滩干扰地段物种总数减少29种，其中，灌木减

少 6 种，草本减少 19 种，苔藓植物减少 4 种。比较发现有华西箭竹、美丽胡枝子（*Lespedeza formosa*（Vogel.）Koehne）和青榨槭（*Acer davidii* Franch.）等 16 种灌木，鞘柄菝葜、多花落新妇（*Astilbe rivularis* var. *myriantha* Diels）、羽裂蟹甲草（*Cacalia tangutica*（Maxim.）Hand.-Mazz.）和四川堇菜（*Viola szetschwanensis* Becker & de Boiss.）等 34 种草本，大羽藓、绢藓和皱叶粗枝藓等 9 种苔藓在干扰及对照地段均有出现；华椴（*Tilia chinensis* Maxim.）、长叶溲疏（*Deutzia longifolia* Franch.）和四川花楸（*Sorbus setschwanensis*（Schneid.）Koehne）等 12 种灌木，华高野青茅（*Deyeuxia sinelatior* Keng）、天南星（*Arisaema* sp.）、小叶猪殃殃（*Galium trifidum* Linn.）、卵叶韭（*Allium ovalifolium* Hand.-Mazz.）和蜂斗菜（*Petasites japonicus*（Sieb. & Zucc.）Maxim.）等 30 种草本，疣拟垂枝藓、塔藓和树形疣灯藓等 10 种苔藓仅在对照地段出现；悬钩子、刺柏和微毛樱桃等 6 种灌木，垂穗鹅观草（*Roegneria nutans*（Keng）Keng）、台南大油芒（*Spodiopogon tainanensis* Hayata）和香青（*Anaphalis* sp.）等 11 种草本，脆枝青藓、反纽藓等 6 种苔藓仅在干扰地段出现。

表 3-17　旅游干扰对九寨沟珍珠滩瀑布林下植物种类组成及其重要值指数（%）的影响

种类	对照	干扰	种类	对照	干扰
灌木			优美双盾木 *Dipelta elegans*	1.90	—
冷杉 *Abies* sp.	9.92	6.85	五尖槭 *Acer maximowiczii*	1.86	—
华椴 *Tilia chinensis*	9.07	—	水青冈 *Fagus* sp.	1.64	—
华西箭竹 *Fargesia nitida*	7.77	10.65	陇塞忍冬 *Lonicera tangutica*	1.64	15.51
美丽胡枝子 *Lespedeza formosa*	5.71	2.91	小雀花 *Camylotropis polyantha*	1.35	4.52
瑞香 *Daphne* sp.	5.41	2.63	柞栎 *Quercus dentata*	1.32	—
长叶溲疏 *Deutzia longifolia*	5.30	—	白蜡树 *Fraxinus chinensis*	0.60	—
五加 *Eleutherococcus* sp.	5.07	1.67	盘叶忍冬 *Lonicera tragophylla*	0.60	1.31
青榨槭 *Acer davidii*	4.33	8.25	冰川茶藨子 *Ribes glaciale*	0.52	—
四川花楸 *Sorbus setschwanensis*	4.31	—	刺柏 *Juniperus fomosana*	—	3.11
粗齿铁线莲 *Clematis argentilucida*	4.27	3.02	柳 *Salix* sp.	—	3.44
华山松 *Pinus armandi*	4.25	—	青荚叶 *Helwingia japonica*	—	1.20
川康栒子 *Cotoneaster ambiguus*	3.98	2.85	微毛樱桃 *Cerasus clarofolia*	—	3.08
南方六道木 *Abelia dielsii*	3.52	1.66	西北蔷薇 *Rosa davidii*	—	1.49
直角荚蒾 *Viburnum foetidum* var. *rectangulatum*	2.78	4.39	悬钩子 *Rubus* sp.	—	12.37
			草本		
色木槭 *Acer mono*	2.74	1.67	鞘柄菝葜 *Smilax stans*	12.34	8.09
云杉 *Picea* sp.	2.71	—	未知薹草 1 *Carex* sp.	11.78	—
鹅耳枥 *Carpinus* sp.	2.68	—	华高野青茅 *Deyeuxia sinelatior*	4.74	—
高丛珍珠梅 *Sorbaria arborea*	2.52	1.67	多花落新妇 *Astilbe rivularis* var. *myriantha*	4.65	1.26
松潘小檗 *Berberis dictyoneura*	2.21	5.74			

第3章 旅游干扰对九寨—黄龙核心景区沿湖陆地生态系统结构与功能的影响

续表

种类	对照	干扰	种类	对照	干扰
羽裂蟹甲草 *Cacalia tangutica*	4.60	3.54	蒲儿根 *Sinosenecio* sp.	0.47	—
四川堇菜 *Viola szetschwanensis*	4.38	6.59	紫苏 *Perilla frutescens*	0.47	—
天南星 *Arisaema* sp.	3.95	—	大火草 *Anemone tomentosa*	0.47	0.90
羽裂风毛菊 *Saussurea pinnatidenta*	3.74	2.07	陕甘金腰 *Chrysosplenium qinlingense*	0.43	1.59
掌叶橐吾 *Ligularia przewalskii*	3.41	0.59	鄂西鼠尾草 *Salvia maximowicziana*	0.41	—
西南唐松草 *Thalictrum fargesii*	3.14	4.77	冷蕨 *Cystopteris* sp.	0.37	—
疏花剪股颖 *Agrostis perlaxa*	3.13	1.82	弯曲碎米荠 *Cardamine flexuosa*	0.37	—
羽节蕨 *Gymnocarpium remote-pinnatum*	2.87	2.35	三毛草 *Trisetum bifidum*	0.32	1.08
三脉紫菀 *Aster ageratoides*	2.69	0.64	柳兰 *Chamerion angustifolium*	0.32	—
未知薹草2 *Carex* sp.	2.42	9.06	羊齿天门冬 *Asparagus filicinus*	0.32	0.53
多花黑麦草 *Lolium multiflorum*	2.42	1.27	丽江剪股颖 *Agrostis schneideri*	0.29	9.93
小叶猪殃殃 *Galium trifidum*	1.88	—	长穗三毛草 *Trisetum clarkei*	0.29	—
卵叶韭 *Allium ovalifolium*	1.72	—	平车前 *Plantago depressa*	0.29	2.15
一种茜草 *Rubia* sp.	1.56	0.42	舞鹤草 *Maianthemum bifolium*	0.29	—
蛛毛蟹甲草 *Parasenecio roborowskii*	1.54	1.94	蒿 *Artemisia* sp.	0.28	0.68
蜂斗菜 *Petasites japonicus*	1.28	—	山兰 *Oreorchis patens*	0.28	0.59
卵萼花锚 *Halenia elliptica*	1.11	1.06	首阳变豆菜 *Sanicula giraldii*	0.28	—
川赤芍 *Paeonia anomala* subsp. *veitchii*	1.07	—	点地梅 *Androsace umbellata*	0.26	2.81
猪殃殃 *Galium aparine* var. *tenerum*	1.04	—	野豌豆 *Vicia sepium*	0.26	—
东北土当归 *Aralia continentalis*	0.97	2.08	羽叶三七 *Panax japonicus* var. *bipinnatifidus*	0.26	1.47
东方草莓 *Fragaria orientalis*	0.93	2.8	高原天名精 *Carpesium lipskyi*	0.26	2.46
歪头菜 *Vicia unijuga*	0.93	—	七筋姑 *Clintonia udensis*	0.26	—
二叶红门兰 *Orchis diantha*	0.9	—	天名精 *Carpesium* sp.	0.26	0.82
珠芽蓼 *Polygonum viviparum*	0.78	2.67	窃衣 *Torilis japonica*	0.25	2.15
沼生橐吾 *Ligularia lamarum*	0.67	—	三籽两型豆 *Amphicarpaea trisperma*	0.25	—
白英 *Solanum cathayanum*	0.67	—	鼠掌老鹳草 *Geranium sibiricum*	0.23	—
沿阶草 *Ophiopogon bodinieri*	0.61	—	垂穗鹅观草 *Roegneria nutans*	—	5.40
宝兴糙苏 *Phlomis paohsingensis*	0.59	—	台南大油芒 *Spodiopogon tainanensis*	—	4.47
茅香 *Hierochloe odorata*	0.59	—	甘菊 *Dendranthema lavandulifolium*	—	0.59
方腺景天 *Sedum susannae*	0.58	—	高原露珠草 *Circaea alpina* subsp. *imaicola*	—	1.03
一种黄精 *Polygonatum* sp.	0.55	0.53			
松下兰 *Monotropa hypopitys*	0.54	—			
管花鹿药 *Maianthemum henryi*	0.51	0.64	密花香薷 *Elsholtzia densa*	—	0.42
高原毛茛 *Ranunculus tanguticus*	0.49	0.67	木贼 *Equisetum* sp.	—	0.59

续表

种类	对照	干扰	种类	对照	干扰
秦艽 *Gentiana macrophylla*	—	1.33	万年藓 *Climacium dendroides*	2.67	2.47
香青 *Anaphalis* sp.	—	2.11	树形疣灯藓 *Trachycystis ussuriensis*	2.31	—
小斑叶兰 *Goodyera repens*	—	0.77	厚角绢藓 *Entodon concinnus*	2.3	7.45
早熟禾 *Poa* sp.	—	0.62	白齿藓 *Leucodon* sp.	2.11	—
直立茴芹 *Pimpinella smithii*	—	0.59	褶叶藓 *Palamocladium nilgheriense*	1.81	—
苔藓			长尖扭口藓 *Barbula ditrichoides*	1.52	—
大羽藓 *Thuidium cymbifolium*	22.26	27.03	鼠尾藓 *Myuroclada maximowiczii*	1.49	—
绢藓 *Entodon cladorrhizans*	16.34	6.82	银藓 *Anomobryum filiforme*	1.03	—
皱叶粗枝藓 *Gollania ruginosa*	12.4	18.70	圆叶幼萼苔 *Wettsteinia rotundifolia*	0.99	—
大叶藓1 *Rhodobryum* sp.	11.34	6.12	脆枝青藓 *Brachythecium thraustum*	—	2.70
疣拟垂枝藓 *Rhytidiadelphus triquetrus*	5.41	—	大叶藓2 *Rhodobryum* sp.	—	1.71
椭圆叶匐灯藓 *Plagiomnium ellipticum*	4.23	7.44	反纽藓 *Timmiella anomala*	—	1.49
塔藓 *Hylocomium splendens*	3.03	—	锦丝藓 *Actinothuidium hookeri*	—	5.14
皱叶匐灯藓 *Plagiomnium arbusculum*	3.03	1.92	未知真藓 *Bryum* sp.	—	3.82
曲尾藓 *Dicranum scoparium*	2.88	2.04	未知薹	—	5.16
拟垂枝藓 *Rhytidiadelphus squarrosus*	2.84	—			

注:"—"为未出现种

比较干扰及对照地段优势物种组成的差异发现,该景点对照地段灌木重要值均低于10%,且灌木优势种不突出,重要值较平均地分配到各物种,比较而言,冷杉、华椴、华西箭竹较为优势,而干扰地段优势种为陇塞忍冬、悬钩子和华西箭竹。对照地段草本优势种为鞘柄菝葜和薹草,优势种较为突出,其他草本植物重要值较低。而干扰地段草本优势种为鞘柄菝葜、薹草、丽江剪股颖(*Agrostis schneideri* Pilg.)、四川堇菜和垂穗鹅观草。该景点对照地段苔藓以大羽藓、绢藓、皱叶粗枝藓和大叶藓为优势种,干扰地段则以大羽藓、皱叶粗枝藓为优势种,其他苔藓重要值较低。

B. 物种多样性及差异

旅游活动引起珍珠滩瀑布栈道附近林下植物多样性降低(表3-18)。从样方水平来看,干扰地段灌木、草本和苔藓植物的丰富度均低于对照,灌木和草本与对照存在显著差异($P < 0.05$),苔藓与对照无显著差异($P > 0.05$);但干扰地段各类植物的香威指数均低于对照;比较干扰与对照地段植物组成的相似性发现,苔藓植物相似度指数最低,仅为0.5368,草本其次,灌木最高。从样方水平来看,干扰地段的苔藓丰富度指数与对照不存在显著差异,但干扰导致苔藓种类组成差异最大,且多样性指数降低。

表 3-18　旅游干扰对九寨沟珍珠滩瀑布林下植物物种丰富度、香威指数及相似度指数的影响

珍珠滩瀑布	灌木		草本		苔藓	
	干扰	对照	干扰	对照	干扰	对照
丰富度	3.07±0.63a	6.47±0.82b	6.87±1.16a	11.40±1.03b	3.93±0.61a	5.20±0.40a
香威指数	2.7996	3.1186	3.4011	3.4965	2.3146	2.4870
相似度指数	0.6494		0.6434		0.5368	

注：同一类群小写字母不同指示统计差异显著（$P<0.05$）

C. 结构特征及差异

从珍珠滩瀑布栈道附近林下各类植物在研究地段的频度来看，各干扰及对照样方均出现有草本植物，而干扰地段灌木及苔藓的频度低于对照（表3-19）；分别比较灌木、草本和苔藓植物的盖度、高度以及灌木和草本的密度参数发现，与对照地段植物相比，各类植物的各结构参数均低于对照，且存在显著差异（$P<0.05$）。

表 3-19　旅游干扰对九寨沟珍珠滩瀑布景点林下植物结构参数的影响

珍珠滩瀑布	灌木		草本		苔藓	
	干扰	对照	干扰	对照	干扰	对照
频度（%）	80	100	100	100	93.33	100
盖度（%）	5.51±1.25a	31.63±7.35b	8.23±1.69a	48.87±6.55b	9.67±3.99a	43.00±7.18b
高度（cm）	21.95±6.00a	38.06±5.06b	18.85±2.83a	39.91±5.22b	2.42±0.52a	4.56±0.32b
密度（ind./m^2）	4.67±1.43a	13.4±2.32b	25.2±6.37a	70.2±19.57b	—	—

注：同一类群小写字母不同指示统计差异显著（$P<0.05$）

（7）诺日朗瀑布栈道附近林下植物多样性和结构特征

诺日朗瀑布海拔 2360 m，附近森林为针阔混交林。该瀑布是九寨沟跨度最宽的瀑布，也是游客偏好度极高的一个景点，因此该点干扰严重。本节根据在诺日朗瀑布观景栈道的干扰地段与非显著干扰地段 30 个样方调查的整理结果，分析旅游活动对其林下植物多样性与层结构的影响。

A. 物种组成及差异

诺日朗瀑布栈道附近林下层对照样地中有植物物种 86 种，其中，灌木 22 种，草本 54 种，苔藓 10 种；干扰地段中共出现物种 56 种，其中，灌木 16 种，草本 30 种，苔藓 10 种。可见诺日朗瀑布栈道附近干扰地段林下植物总数比对照减少 30 种，其中，灌木减少 6 种，草本减少 24 种（表3-20）。比较发现有秀丽莓、杭子梢、西北蔷薇（*Rosa davidii* Crép.）等 14 种灌木，薹草、大火草、垂穗鹅观草、鞘柄菝葜、东方草莓等 21 种草本，大羽藓、锦丝藓和万年藓等 6 种苔藓在干扰及对照地段均有出现；有桦叶荚蒾（*Viburnum betulifolium* Batal.）、高山木姜子（*Litsea chunii* W. C. Cheng）、羽叶丁香（*Syringa pinnatifolia* Hemsl.）等 8 种灌木，香根芹（*Osmorhiza aristata* (Thunb.) Makin. & Yab.）、高山韭（*Allium sikkimense* Bak.）、长盖铁线蕨（*Adiantum fimbriatum* Christ）、巨穗剪股颖和方腺景天（*Sedum susannae* Raymond-Hamet）等 33 种草本，疣拟垂枝藓、基齿光萼苔、鳞叶藓等

4 种苔藓仅在对照地段出现；川滇小檗等 2 种灌木，苜蓿、平车前（*Plantago depressa* Willd.）、早熟禾等 9 种草本和反纽藓等 4 种苔藓仅在干扰地段出现。

表 3-20　旅游干扰对九寨沟诺日朗瀑布林下植物种类组成及其重要值指数（%）的影响

种类	对照	干扰	种类	对照	干扰
灌木			疏花剪股颖 *Agrostis perlaxa*	3.69	—
秀丽莓 *Rubus amabilis*	17.96	12.61	乱子草 *Muhlenbergia huegelii*	3.64	—
杭子梢 *Campylotropis macrocarpa*	10.42	11.61	四川堇菜 *Viola szetschwanensis*	3.51	1.89
西北蔷薇 *Rosa davidii*	9.47	4.18	西南唐松草 *Thalictrum fargesii*	2.51	3.93
松潘小檗 *Berberis dictyoneura*	7.63	2.24	一种蒿 *Artemisia* sp.	2.49	—
桦叶荚蒾 *Viburnum betulifolium*	7.45	—	美叶蒿 *Artemisia calophylla*	2.33	1.64
川康栒子 *Cotoneaster ambiguus*	4.52	10.64	龙牙草 *Agrimonia pilosa*	1.99	3.86
大果勾儿茶 *Berchemia hirtella*	4.01	2.24	羽节蕨 *Gymnocarpium* sp.	1.58	1.79
高丛珍珠梅 *Sorbaria arborea*	3.62	11.49	高山韭 *Allium sikkimense*	1.57	—
油松 *Pinus tabulaeformis*	3.59	2.16	长盖铁线蕨 *Adiantum fimbriatum*	1.55	—
窄叶木半夏 *Elaeagnus angustata*	3.54	2.45	巨穗剪股颖 *Agrostis gigantea*	1.54	—
瑞香 *Daphne* sp.	3.38	9.4	羽苞当归 *Angelica pinnatiloloa*	1.48	1.11
高山木姜子 *Litsea chunii*	2.94	—	方腺景天 *Sedum susannae*	1.30	—
柞栎 *Quercus dentata*	2.88	4.26	路边青 *Geum aleppicum*	1.25	0.77
大叶醉鱼草 *Buddleja davidii*	2.83	—	飞蓬 *Erigeron acer*	1.16	—
羽叶丁香 *Syringa pinnatifolia*	2.76	—	歪头菜 *Vicia unijuga*	1.07	1.92
云南双盾木 *Dipelta yunnanensis*	2.71	—	沿阶草 *Ophiopogon bodinieri*	1.05	—
五加 *Eleutherococcus* sp.	2.60	2.16	羽裂蟹甲草 *Cacalia tangutica*	1.00	1.54
色木槭 *Acer mono*	2.55	—	一种风毛菊 *Saussurea* sp.	0.99	—
一种槭树 *Acer* sp.	1.83	—	野豌豆 *Vicia sepium*	0.98	—
冷杉 *Abies* sp.	1.27	16.66	羽裂风毛菊 *Saussurea pinnatidenta*	0.94	—
金银忍冬 *Lonicera chrysantha* var. *longipes*	1.19	—	箐姑草 *Stellaria vestita*	0.93	—
			多花茜草 *Rubia wallichiana*	0.91	—
川甘铁线莲 *Clematis akebioides*	0.85	3.11	疏齿亚菊 *Ajania remotipinna*	0.87	—
川滇小檗 *Berberis jamesiana*	—	2.16	丝裂沙参 *Adenophora capillaris*	0.84	1.17
白桦 *Betula platyphylla*	—	2.61	香青 *Anaphalis* sp.	0.78	2.11
草本			防风 *Pimpinella* sp.	0.72	—
薹草 *Carex* sp.	17.19	4.90	黑麦草 *Lolium perenne*	0.70	5.94
大火草 *Anemone tomentosa*	10.18	3.99	盘果菊 *Prenanthes tatarinowii*	0.60	—
垂穗鹅观草 *Roegneria nutans*	8.8	7.59	垂果南芥 *Arabis pendula*	0.52	—
鞘柄菝葜 *Smilax stans*	5.09	6.24	四川虾脊兰 *Calanthe whiteana*	0.50	—
香根芹 *Osmorhiza aristata*	4.92	—	金挖耳 *Carpesium divaricatum*	0.45	2.53
东方草莓 *Fragaria orientalis*	4.11	7.38	窃衣 *Torilis japonica*	0.45	1.33

续表

种类	对照	干扰	种类	对照	干扰
掌叶橐吾 *Ligularia przewalskii*	0.43	—	小叶猪殃殃 *Galium trifidum*	—	0.56
多花黑麦草 *Lolium multiflorum*	0.35	—	野老鹳草 *Geranium carolinianum*	—	0.65
宝兴糙苏 *Phlomis paohsingensis*	0.34	1.17	早熟禾 *Poa* sp.	—	17.26
鼠尾 *Salvia* sp.	0.32	—	紫花碎米荠 *Cardamine purpurascens*	—	0.77
松下兰 *Monotropa hypopitys*	0.29	—	苔藓		
一种冷蕨 *Cystopteris* sp.	0.29	—	大羽藓 *Thuidium cymbifolium*	30.91	41.09
一种鳞毛蕨 *Dryopteris* sp.	0.25	—	锦丝藓 *Actinothuidium hookeri*	16.47	7.68
竹叶柴胡 *Bupleurum marginatum*	0.24	—	万年藓 *Climacium dendroides*	13.38	8.52
大丁草 *Gerbera anandria*	0.24	—	曲尾藓 *Dicranum scoparium*	9.94	6.33
羊齿天门冬 *Asparagus filicinus*	0.24	—	疣拟垂枝藓 *Rhytidiadelphus triquetrus*	9.01	—
钝叶单侧花 *Orthilia obtusata*	0.21	—	基齿光萼苔 *Porella madagascariensis*	6.43	—
苦苣菜 *Sonchus oleraceus*	0.21	0.56	大叶藓 *Rhodobryum* sp.	5.94	6.87
四川婆婆纳 *Veronica szechuanica*	0.21	—	鳞叶藓 *Taxiphyllum taxirameum*	3.83	—
鹧鸪山囊瓣芹 *Pternopetalum trifoliatum*	0.21	—	鼠尾藓 *Myuroclada maximowiczii*	2.25	4.36
			厚角绢藓 *Entodon concinnus*	1.84	—
灯笼草 *Clinopodium polycephalum*	—	2.17	反纽藓 *Timmiella anomala*	—	9.96
苜蓿 *Medicago* sp.	—	7.51	未知藓		5.42
平车前 *Plantago depressa*	—	5.60	椭圆叶匍灯藓 *Plagiomnium ellipticum*	—	3.84
四川蔓龙胆 *Crawfurdia tibetica*	—	1.36	皱叶匍灯藓 *Plagiomnium arbusculum*	—	5.92
委陵菜 *Potentilla chinensis*	—	0.71			

注："—"为未出现种

比较干扰及对照地段优势物种组成的差异发现，该景点对照地段灌木优势种为秀丽莓和杭子梢，而干扰地段以冷杉、秀丽莓、杭子梢、高丛珍珠梅（*Sorbaria arborea* Schneid.）和川康栒子为优势种。对照地段草本优势种为薹草、大火草、垂穗鹅观草和鞘柄菝葜，而干扰地段草本优势种为早熟禾、垂穗鹅观草、苜蓿、东方草莓、黑麦草（*Lolium perenne* Linn.）和平车前。该景点对照地段苔藓以大羽藓、锦丝藓和万年藓为优势种，干扰地段则仅以大羽藓为优势种，优势地位突出。

B. 物种多样性及差异

旅游活动引起诺日朗瀑布栈道附近林下植物多样性降低（表3-21）。从样方水平来看，干扰地段灌木、草本和苔藓植物的丰富度均低于对照，灌木和草本与对照存在显著差异（$P<0.05$），苔藓与对照无显著差异（$P>0.05$）；但干扰地段各类植物的香威指数均低于对照；比较干扰与对照地段植物组成的相似性发现，草本植物相似度指数最低，仅为0.5444，苔藓其次，灌木最高。

表 3-21 旅游干扰对九寨沟诺日朗瀑布林下植物物种丰富度、香威指数及相似度指数的影响

诺日朗瀑布	灌木 干扰	灌木 对照	草本 干扰	草本 对照	苔藓 干扰	苔藓 对照
丰富度	1.53±0.39a	4.73±0.57b	5.20±0.98a	11.80±0.60b	2.00±0.35a	2.40±0.45a
香威指数	2.4992	2.8123	3.0014	3.3108	1.9481	2.0034
相似度指数	0.7557		0.5444		0.6	

注：同一类群小写字母不同指示统计差异显著（$P<0.05$）

C. 结构特征及差异

从诺日朗瀑布栈道附近林下各类植物在研究地段的频度来看，各干扰及对照样方均出现有草本植物，而干扰地段灌木频度低于对照，苔藓频度与对照相等，均为80%（表3-22）；分别比较灌木、草本及苔藓植物的盖度、高度和灌木及草本的密度参数发现，与对照地段植物相比，干扰地段各类植物各结构参数均低于对照且存在显著差异（$P<0.05$）。

表 3-22 旅游干扰对九寨沟诺日朗瀑布景点林下植物结构参数的影响

诺日朗瀑布	灌木 干扰	灌木 对照	草本 干扰	草本 对照	苔藓 干扰	苔藓 对照
频度（%）	66.67	100	100	100	80	80
盖度（%）	8.71±6.24a	44.33±6.32b	8.75±2.72a	46.87±7.24b	2.07±0.46a	22.57±7.94b
高度（cm）	22.75±10.39a	87.68±11.68b	13.29±2.16a	42.21±5.03b	1.46±0.35a	3.32±0.63b
密度（ind./m²）	1.43±0.44a	14.07±3.11b	17.80±3.33a	82.64±11.15b	—	—

注：同一类群小写字母不同指示统计差异显著（$P<0.05$）

（8）树正群海栈道附近林下植物多样性和结构特征

树正群海的海拔为2240 m，附近森林为针阔混交林。该地段由大大小小19个海子组成，景点集中，部分游客会在游览完树正寨和树正瀑布后沿栈道步行游览树正群海，干扰相对较重。根据在树正群海观景栈道的干扰地段与非显著干扰地段40个样方调查的整理结果，分析旅游活动对其林下植物多样性与层结构的影响。

A. 物种组成及差异

树正群海栈道附近林下对照地段中共出现物种126种，其中，灌木34种，草本71种，苔藓21种；干扰地段中共出现物种97种，其中，灌木18种，草本61种，苔藓18种（表3-23）。可见，树正群海干扰地段林下层物种总数比对照少29种，其中，灌木减少16种，草本减少10种，苔藓减少3种。比较发现有麻核枸子、直穗小檗、五加等16种灌木，鞘柄菝葜、垂穗鹅观草和东方草莓等37种草本，万年藓、大羽藓和具缘匍灯藓等13种苔藓在干扰及对照地段均有出现；平枝枸子、山楂和铁线莲等18种灌木，瓦韦、大火草和大丁草等34种草本，绢藓、皱叶匍灯藓和曲尾藓等8种苔藓仅在对照地段出现；华西小檗（*Berberis silva-taroucana* Schneid.）和匍匐枸子（*Cotoneaster adpressus* Bois.）2种灌木，疏花剪股颖、天蓝苜蓿（*Medicago lupulina* Linn.）、灯笼草（*Clinopodium polycephalum* (Vaniot) C. Y. Wu & Hsuan ex Hsu）和多茎委陵菜（*Potentilla multicaulis* Bunge）等24种草

本，圆蒴连轴藓、多枝缩叶鲜、墙藓、尖叶美叶藓和粗枝蔓藓 5 种苔藓仅在干扰地段出现。

表 3-23 旅游干扰对九寨沟树正群海林下植物种类组成及其重要值指数（%）的影响

种类	对照	干扰	种类	对照	干扰
灌木			红豆杉 Taxus chinensis	0.52	—
麻核栒子 Cotoneaster foveolatus	9.42	4.64	柳 Salix sp.	0.50	2.94
白桦 Betula platyphylla	8.93	14.84	中国绣线梅 Neillia sinensis	0.50	—
桦叶荚蒾 Viburnum betulifolium	7.02	1.51	华西小檗 Berberis silva-taroucana	—	6.14
柞栎 Quercus dentata	6.30	4.31	匍匐栒子 Cotoneaster adpressus	—	4.20
云杉 Picea sp.	5.73	2.82	草本		
来苏槭 Acer laisuense	4.29	2.04	长盖铁线蕨 Adiantum fimbriatum	12.11	0.39
直穗小檗 Berberis dasytachya	4.24	20.54	鞘柄菝葜 Smilax stans	10.74	2.42
平枝栒子 Cotoneaster horizontalis	4.08	—	薹草 1 Carex sp.	6.56	28.43
五加 Eleutherococcus gralilistylus	4.06	3.34	垂穗鹅观草 Roegneria nutans	6.16	5.60
悬钩子 Rubus sp.	3.74	2.60	东方草莓 Fragaria orientalis	4.48	4.97
高丛珍珠梅 Sorbaria arborea	3.68	9.81	阿尔泰狗娃花 Heteropappus altaicus	3.77	0.30
山楂 Crataegus sp.	3.47	—	锐叶茴芹 Pimpinella arguta	3.65	0.27
陕西荚蒾 Viburnum schensianum	3.35	2.12	瓦韦 Lepisorus sp.	2.99	—
铁线莲 Clematis sp.	2.99	—	羽叶三七 Panax japonicus var. bipin-natifidus	2.97	0.91
四川木蓝 Indigofera szechuensis Craib	2.80	5.81			
瑞香 Daphne sp.	2.79	—	大火草 Anemone tomentosa	2.70	—
钝叶蔷薇 Rosa sertata	2.67	—	宝兴糙苏 Phlomis paohsingensis	2.46	0.77
川陕鹅耳枥 Carpinus fargesiana	2.66	5.54	贝加尔唐松草 Thalictrum baicalense	2.37	0.56
高山木姜子 Litsea chunii	2.51	—	橐吾 Ligularia sp.	2.23	0.65
冷杉 Abies sp.	1.97	—	珠光香青 Anaphalis margaritacea	2.08	4.05
亮叶栒子 Cotoneaster nitidifolius	1.83	—	四川堇菜 Viola szetschwanensis	1.95	0.86
色木槭 Acer mono	1.77	—	常春藤 Hedera nepalensis var. sinensis	1.70	0.47
长梗金花忍冬 Lonicera chrysantha var. longipes	1.62	3.20	卵萼花锚 Halenia elliptica	1.63	1.72
			圆叶小堇菜 Viola rockiana	1.61	0.30
陇塞忍冬 Lonicera tangutica	1.06		中国茜草 Rubia chinensis	1.59	0.29
牛奶子 Elaeagnus umbellata	0.99	3.60	石韦 Pyrrosia sp.	1.43	0.31
金银忍冬 Lonicera japonica	0.97		大丁草 Gerbera anandria	1.33	
南方六道木 Abelia dielsii	0.83	—	双参 Triplostegia glandulifera	0.95	0.68
棣棠花 Kerria japonica	0.76		高原天名精 Carpesium lipskyi	0.91	1.16
构树 Broussonetia papyrifera	0.72		丝叶唐松草 Thalictrum foeniculaceum	0.90	0.33
小雀花 Campylotropis polyantha	0.67		钝叶单侧花 Orthilia obtusata	0.90	0.27
五胍藤 Holboellia angustifolia	0.54		多花黑麦草 Lolium multiflorum	0.87	

续表

种类	对照	干扰	种类	对照	干扰
高原点地梅 Androsace zambalensis	0.85	0.59	长柱沙参 Adenophora stenanthina	0.26	—
薹草2 Carex sp.	0.85	0.96	方腺景天 Sedum susannae	0.26	—
葶菜叶马先蒿 Pedicularis nasturtiifolia	0.79	—	毛蕊老鹳草 Geranium eriostemon	0.25	0.80
路边青 Geum aleppicum	0.77	1.53	毛莲菜 Picris sp.	0.25	—
小花草玉梅 Anemone rivularis var. flore-minorerivularis	0.76	0.64	野豌豆 Vicia sp.	0.24	—
			薯蓣 Dioscorea opposita	0.24	—
玉竹 Polygonatum odoratum	0.74	—	小叶猪殃殃 Galium trifidum	0.24	—
槲蕨 Drynaria fortunei	0.73	—	七叶一枝花 Paris polyphylla	0.23	—
蒲公英 Taraxacum sp.	0.73	1.71	獐芽菜 Swertia sp.	0.23	—
豆麻 Linum perenne	0.64	—	柳兰 Chamerion angustifolium	0.23	1.10
竹叶柴胡 Bupleurum marginatum	0.62	0.92	舞鹤草 Maianthemum bifolium	0.23	—
歪头菜 Vicia unijuga	0.61	0.34	羽节蕨 Gymnocarpium remote-pinnatum	0.23	—
短柄草 Brachypodium sylvaticum	0.61	—	疏花粉条儿菜 Aletris laxiflora	0.22	—
菊状千里光 Senecio laetus	0.54	—	平车前 Plantago depressa	0.22	5.71
龙牙草 Agrimonia pilosa	0.54	0.96	羽裂风毛菊 Saussurea pinnatidenta	0.22	—
天南星 Arisaema sp.	0.52	—	无心菜 Arenaria serpyllifolia	0.21	—
蛛毛蟹甲草 Parasenecio roborowskii	0.51	0.41	糙柄菝葜 Smilax trachypoda	0.20	—
沿阶草 Ophiopogon bodinieri	0.47	—	耳稃草 Garnotia patula	—	0.51
轮叶黄精 Polygonatum verticillatum	0.44	—	粗茎秦艽 Gentiana crassicaulis	—	1.14
莛子藨 Triosteum pinnatifidum	0.41	—	灯笼草 Clinopodium polycephalum	—	1.51
三毛草 Trisetum bifidum	0.41	—	独活 Heracleum sp.	—	1.25
黄堇 Corydalis sp.	0.39	—	多茎委陵菜 Potentilla multicaulis	—	1.28
小斑叶兰 Goodyera repens	0.33	—	风毛菊 Saussurea japonica	—	0.32
丛枝囊瓣芹 Pternopetalum botrychioides	0.32	—	阴石蕨 Humata sp.	—	0.33
			黄白龙胆 Gentiana prattii	—	0.29
野棉花 Anemone hupehensis	0.32	0.46	金色狗尾草 Setaria glauca	—	0.45
华蟹甲草 Sinacalia tangutica	0.28	2.97	蓝白龙胆 Gentiana leucomelaena	—	0.26
落新妇 Astilbe chinensis	0.28	—	乱子草 Muhlenbergia huegelii	—	1.11
小窃衣 Torilis japonica	0.28	1.21	扭盔马先蒿 Pedicularis davidii	—	0.76
高原露珠草 Circaea alpina subsp. imaicola	0.26	—	婆婆纳 Veronica sp.	—	0.50
			疏花剪股颖 Agrostis perlaxa	—	5.83

续表

种类	对照	干扰	种类	对照	干扰
天蓝苜蓿 Medicago lupulina	—	3.11	圆瓣耳叶苔 Frullania duthiana	5.33	2.14
络石 Trachelospermum jasminoides	—	0.30	锦丝藓 Actinothuidium hookeri	4.63	3.26
无毛粉条儿菜 Aletris glabra	—	0.28	大叶藓 Rhodobryum sp.	4.45	4.76
西伯利亚远志 Polygala sibirica	—	1.00	皱叶匐灯藓 Plagiomnium arbusculum	2.77	—
习见蓼 Polygonum plebeium	—	0.24	曲尾藓 Dicranum scoparium	2.74	
夏枯草 Prunella vulgaris	—	0.63	皱叶粗枝藓 Gollania ruginosa	2.69	—
羊齿天门冬 Asparagus filicinus	—	0.29	偏叶提灯藓 Mnium thomsonii	2.33	3.78
益母草 Leonurus japonicus	—	0.30	中华白齿藓 Ceucodon sinensis	2.29	1.07
早熟禾 Poa sp.	—	1.06	疣拟垂枝藓 Rhytidiadelphus triquetrus	2.11	—
珠芽蓼 Polygonum viviparum	—	1.23	基齿光萼苔 Porella madagascariensis	1.99	
苔藓			美灰藓 Eurohypnum leptothallum	1.95	
万年藓 Climacium dendroides	11.94	12.35	褶叶藓 Palamocladium nilgheriense	1.34	
大羽藓 Thuidium cymbifolium	10.66	13.95	厚角绢藓 Entodon concinnus	0.94	2.34
鼠尾藓 Myuroclada maximowiczii	9.58	7.83	粗枝蔓藓 Meteorium subpolytrichum	—	2.67
绢藓 Entodon cladorrhizans	7.38	—	多枝缩叶藓 Ptychomitrium polyphylloides	—	2.18
具缘匐灯藓 Plagiomnium rhynchophorum	7.07	4.90	尖叶美叶藓 Bellibarbula obtusicuspis	—	1.43
拟垂枝藓 Rhytidiadelphus squarrosus	6.41	2.67	墙藓 Tortula sp.	—	2.38
鳞叶藓 Taxiphyllum taxirameum	5.80	9.00	圆蒴连轴藓 Schistidium apocarpum	—	6.51
新船叶藓 Neodolichomitra yunnanensis	5.60	16.76			

注："—"为未出现种

比较干扰及对照地段优势物种组成的差异发现，该景点对照地段灌木优势种不突出，其中麻核枸子、白桦和桦叶荚蒾重要值较高，而干扰地段以直穗小檗、白桦为优势种，优势种较突出。对照地段草本优势种为长盖铁线蕨（*Adiantum fimbriatum* Christ）、鞘柄菝葜、薹草和垂穗鹅观草，而干扰地段草本优势种为薹草、垂穗鹅观草、疏花剪股颖和平车前。该景点对照地段苔藓以万年藓和大羽藓为优势种，干扰地段苔藓优势种为新船叶藓、大羽藓和万年藓。

B. 物种多样性及差异

旅游活动引起树正群海栈道附近林下植物多样性降低（表3-24）。从样方水平来看，干扰地段灌木、草本和苔藓植物的丰富度均低于对照，且草本和苔藓与对照存在显著差异（$P<0.05$）；从香威指数来看，干扰地段各类植物的香威指数均低于对照，其中灌木差异最大；比较干扰与对照地段植物组成的相似性发现，草本植物相似度指数最低，苔藓其次，灌木最高。

表 3-24　旅游干扰对九寨沟树正群海景点林下植物物种丰富度、香威指数及相似度指数的影响

树正群海	灌木		草本		苔藓	
	干扰	对照	干扰	对照	干扰	对照
丰富度	2.25±0.38a	2.57±0.16a	9.31±1.45a	11.75±0.97b	3.93±0.57a	6.13±0.68b
香威指数	2.6111	3.2406	3.1944	3.5734	2.6003	2.8434
相似度指数	0.6797		0.5638		0.6706	

注：同一类群小写字母不同指示统计差异显著（$P<0.05$）

C. 结构特征及差异

从树正群海栈道附近林下各类植物的频度来看，各干扰及对照样方均出现有草本和苔藓植物，而干扰地段灌木频度低于对照（表 3-25）；分别比较灌木、草本和苔藓植物的盖度、高度及灌木和草本的密度参数发现，除草本密度和高度与对照不存在显著差异外，其余各类植物的结构参数均低于对照，且存在显著差异。

表 3-25　旅游干扰对九寨沟树正群海景点林下植物结构参数的影响

树正群海	灌木		草本		苔藓	
	干扰	对照	干扰	对照	干扰	对照
频度（%）	93.33	100	100	100	100	100
盖度（%）	9.96±3.68a	44.94±9.26b	27.13±6.66a	43.44±3.27b	19.23±6.44a	54.30±8.63b
高度（cm）	23.30±6.61a	54.32±11.49b	23.66±3.62a	20.52±1.76a	2.18±0.53a	4.49±0.42b
密度（ind./m^2）	3.75±0.88a	10.72±1.85b	108.78±33.83a	94.34±11.60a	—	—

注：同一类群小写字母不同指示统计差异显著（$P<0.05$）

（9）芦苇海栈道附近林下植物多样性和结构特征

芦苇海海拔 2150 m，附近森林为针阔混交林。该景点景色优美，但步行栈道太长，绝大多数游客选择乘坐观光车游览该点。因此，人为践踏对该地段植被的干扰程度较轻。在此段栈道的干扰地段与非显著干扰地段，调查了 40 个样方。本节根据调查整理结果来分析旅游活动对其林下植物多样性与层结构的影响。

A. 物种组成及差异

芦苇海栈道附近林下对照地段中共出现物种 95 种，其中，灌木 29 种，草本 49 种，苔藓 17 种；干扰地段中共出现物种 101 种，其中，灌木 31 种，草本 52 种，苔藓 18 种（表 3-26）；可见，干扰地段物种总数比对照多 6 种，其中，灌木多 2 种，草本多 3 种，苔藓多 1 种。比较发现有杭子梢、四川木蓝、五加和棣棠花（*Kerria japonica* (Linn.) DC.）等 22 种灌木，薹草、鞘柄菝葜、长盖铁线蕨（*Adiantum fimbriatum* Chr.）和大火草等 40 种草本，大羽藓、细叉羽藓和亮叶绢藓等 15 种苔藓在干扰及对照地段均有出现；有矮茶藨子（*Ribes triste* Pall.）和五胍藤（*Holboellia angustifolia* Wall.）等 6 种灌木，折叶萱草（*Hemerocallis plicata* Stapf）和歪头菜（*Vicia unijuga* A. Br.）等 9 种草本和圆瓣耳叶苔等 3 种苔藓仅在对照地段出现；有高丛珍珠梅和红椋子（*Cornus hemsleyi* Schneid. & Wanger.）等 8 种灌木，台南大油芒、白背小舌紫菀（*Aster albescens* var. *discolor* Ling）、小舌紫菀

(*Aster albescens*(DC.) Hand.-Mazz.)、橐吾(*Ligularia* sp.)等 12 种草本以及拟垂枝藓、万年藓和具缘匐灯藓等 3 种苔藓仅在干扰地段出现。

表 3-26 旅游干扰对九寨沟芦苇海林下植物种类及其重要值指数(%)的影响

种类	对照	干扰	种类	对照	干扰
灌木			高丛珍珠梅 *Sorbaria arborea*	—	2.40
杭子梢 *Campylotropis macrocarpa*	12.85	9.07	红椋子 *Cornus hemsleyi*	—	2.06
川陕鹅耳枥 *Carpinus fargesiana*	9.23	3.54	康定小檗 *Berberis kangdingensis*	—	0.87
柞栎 *Quercus dentata*	8.39	3.81	挂苦绣球 *Hydrangea xanthoneura*	—	0.62
四川木蓝 *Indigofera szechuensis* Craib	7.57	2.85	湖北海棠 *Malus hupehensis*	—	0.41
五加 *Eleutherococcus gracilistylus*	7.26	4.08	长叶溲疏 *Deutzia longifolia*	—	0.36
棣棠花 *Kerria japonica*	6.51	6.08	刺柏 *Juniperus formosana*	—	0.36
辽东栎 *Quercus liaotungensis*	4.18	5.79	草本		
大黄檗 *Berberis francisci-ferdinandi*	4.18	5.78	薹草 *Carex* sp.	19.26	16.95
瑞香 *Daphne* sp.	3.66	2.39	鞘柄菝葜 *Smilax stans*	11.60	8.63
冷杉 *Abies* sp.	3.38	3.22	微毛鹅观草 *Roegneria puberula*	11.30	2.42
油松 *Pinus tabulaeformis*	3.23	4.63	无距楼斗菜 *Aquilegia ecalcarata*	6.51	2.43
陕西荚蒾 *Viburnum schensianum*	3.12	1.67	长盖铁线蕨 *Adiantum fimbriatum*	6.05	8.96
高山木姜子 *Litsea chunii*	3.03	5.74	羽节蕨 *Gymnocarpium remote-pinnatum*	3.95	3.24
悬钩子 *Rubus* sp.	2.62	4.83	瓦韦 *Lepisorus* sp.	3.92	1.38
直角荚蒾 *Viburnum foetidum* var. *rect-angulatum*	2.60	2.71	大火草 *Anemone tomentosa*	3.80	4.86
			沿阶草 *Ophiopogon bodinieri*	2.58	2.14
平枝栒子 *Cotoneaster horizontalis*	2.53	5.71	羊齿天门冬 *Asparagus filicinus*	2.19	0.14
毛果铁线莲 *Clematis peterae* var. *trichocarpa*	2.44	6.21	卵叶茜草 *Rubia ovatifolia*	1.98	1.03
			多叶韭 *Allium plurifoliatum*	1.78	0.13
白桦 *Betula platyphylla*	2.26	6.71	川西喜冬草 *Chimaphila monticola*	1.53	0.14
红桦 *Betula albo-sinensis*	2.00	0.81	虎尾铁角蕨 *Asplenium incisum*	1.51	1.56
六道木 *Abelia biflora*	1.90	2.13	络石 *Trachlospermum jasminoides*	1.44	0.74
矮茶藨子 *Ribes triste*	1.33	—	折叶萱草 *Hemerocallis plicata*	1.42	—
华西蔷薇 *Rosa moyesii*	1.16	4.00	一种蒿 *Artemisia* sp.	1.38	0.36
五胍藤 *Holboellia angustifolia*	1.10	—	四川堇菜 *Viola szetschwanensis*	1.18	1.32
红豆杉 *Taxus chinensis*	0.62	0.32	糙苏 *Phlomis* sp.	1.04	0.39
照山白 *Rhododendron micranthum*	0.62	—	青杞 *Solanum septemlobum*	0.95	0.34
色木槭 *Acer mono*	0.44	—	岩生千里光 *Senecio wightii*	0.90	17.71
多花勾儿茶 *Berchemia floribunda*	0.42	1.31	野艾蒿 *Artemisia lavandulaefolia*	0.87	2.49
三桠乌药 *Lindera obtusiloba*	0.41	—	烟管头草 *Carpesium cernuum*	0.80	0.15
牛奶子 *Elaeagnus umbellata*	0.40	—	玉竹 *Polygonatum odoratum*	0.78	0.14
山楂 *Crataegus* sp.	—	2.52	东方草莓 *Fragaria orientalis*	0.77	1.03

续表

种类	对照	干扰	种类	对照	干扰
方腺景天 Sedum susannae	0.76	0.18	龙牙草 Agrimonia pilosa	—	0.51
常春藤 Hedera nepalensis var. sinensis	0.70	0.16	疏花剪股颖 Agrostis perlaxa	—	0.43
路边青 Geum aleppicum	0.61	—	升麻 Cimicifuga foetida	—	0.33
歪头菜 Vicia unijuga	0.61	—	灯笼草 Clinopodium polycephalum	—	0.33
小斑叶兰 Goodyera repens	0.61	—	华蟹甲草 Sinacalia tangutica	—	0.33
肃草 Roegneria stricta	0.60	—	竹叶柴胡 Bupleurum marginatum	—	0.12
扁穗茅 Littledalea racemosa	0.58	—	苔藓		
单叶细辛 Asarum himalaicum	0.57	0.89	大羽藓 Thuidium cymbifolium	20.69	18.54
网眼瓦韦 Lepisorus clathratus	0.56	—	细叉羽藓 Leptopterigynan drum tenellum	12.88	13.52
窃衣 Torilis scabra	0.48	0.24			
羽裂风毛菊 Saussurea pinnatidenta	0.47	0.67	疣拟垂枝藓 Rhytidiadelphus triquetrus	9.60	3.97
长柱沙参 Adenophora stenanthina	0.39	0.64	亮叶绢藓 Entodon aeruginosus	8.62	8.39
芦苇 Phragmites communis	0.36	0.67	羽苔 Plagiochila sp.	7.98	3.47
腺花香茶菜 Raohsingensis adenatha	0.35	0.38	粗枝蔓藓 Meteorium subpolytrichum	7.08	3.19
蛛毛蟹甲草 Parasenecio roborowskii	0.35	0.33	偏叶提灯藓 Mnium thomsonii	5.35	2.86
尼泊尔香青 Anaphalis nepalensis	0.35	0.92	中华白齿藓 Leucodon sinensis	5.28	4.08
四川虾脊兰 Calanthe whiteana	0.32	0.14	大叶藓 Rhodobryum sp.	5.06	4.84
锐叶茴芹 Pimpinella arguta	0.28	0.76	美灰藓 Eurohypnum leptothallum	3.91	2.49
野豌豆 Vicia sp.	0.28	—	曲尾藓 Dicranum scoparium	2.82	3.72
扭盔马先蒿 Pedicularis davidii	0.27	0.14	圆蒴连轴藓 Schistidium apocarpum	2.10	3.48
槲蕨 Drynaria fortunei	0.26	1.02	圆瓣耳叶苔 Frullania duthiana	1.79	—
龙胆 Gentiana sp.	0.26	—	兜叶蔓藓 Meteorium cucullatum	1.35	3.48
点地梅 Androsace umbellata	0.25	0.13	狭叶缩叶藓 Ptychomitrium linearitolium	1.31	—
小叶猪殃殃 Galium trifidum	0.25	0.39			
小舌紫菀 Aster albescens	—	1.37	多胞绢藓 Entodon caliginosus	1.05	7.10
台南大油芒 Spodiopogon tainanensis	—	5.46	多枝缩叶藓 Ptychomitrium polyphylloides	0.91	1.06
白背小舌紫菀 Aster albescens var. discolor	—	2.56	拟垂枝藓 Rhytidiadelphus squarrosus	—	7.20
橐吾 Ligularia sp.	—	1.15	万年藓 Climacium dendroides	—	6.74
甘菊 Dendramthema lavandulifolium	—	0.47	具缘匍灯藓 Plagiomnium rhynchophorum	—	1.88
轮叶黄精 Polygonatum verticillatum	—	0.59			

注："—"为未出现种

比较干扰及对照地段优势物种组成的差异发现，与树正群海相比，芦苇海物种组成受干扰影响较小，主要组成物种差异较小，对照样方中重要值较高的物种在干扰地段几乎都有存在，且多数物种重要值亦相对较高。该景点对照及干扰地段灌木优势种均不突出，其中对照地段仅杭子梢重要值大于10%，而干扰地段灌木重要值也是杭子梢最高，为9.07%。对照地段草本优势种为薹草、鞘柄菝葜、微毛鹅观草、无距楼斗菜（*Aquilegia ecalcarata* Maxim.）和长盖铁线蕨，而干扰地段草本优势种为岩生千里光（*Senecio wightii* (DC. ex Wight) Benth. ex Clarke）、薹草、长盖铁线蕨、鞘柄菝葜和台南大油芒。该景点干扰及对照地段均以大羽藓和细叉羽藓为苔藓优势种。

B. 物种多样性及差异

芦苇海栈道附近林下干扰地段各类植物的丰富度与对照不存在显著差异（$P>0.05$）（表3-27）；干扰地段草本植物的香威指数略低于对照，而灌木和苔藓香威指数均高于对照；比较干扰与对照地段植物组成的相似性发现，各类植物相似度指数均大于0.75，其中苔藓相似度指数最高。

表3-27 旅游干扰对九寨沟芦苇海景点林下植物物种丰富度、香威指数及相似度指数的影响

芦苇海	灌木		草本		苔藓	
	干扰	对照	干扰	对照	干扰	对照
丰富度	6.25±0.61a	5.10±0.56a	9.10±0.70a	8.15±0.89a	4.40±0.34a	4.30±0.42a
香威指数	3.1865	3.0194	2.9935	3.0807	2.6541	2.5490
相似度指数	0.7675		0.7928		0.8333	

注：同一类群小写字母不同指示统计差异显著（$P<0.05$）

C. 结构特征及差异

芦苇海栈道附近林下灌木、草本及苔藓植物在干扰及对照地段的频度均为100%。分别比较林下植物的盖度、高度和密度参数发现，干扰地段灌木、草本和苔藓植物的各结构参数与对照相比均不存在显著差异（表3-28）。

表3-28 旅游干扰对九寨沟芦苇海景点林下植物结构参数的影响

芦苇海	灌木		草本		苔藓	
	干扰	对照	干扰	对照	干扰	对照
频度（%）	100	100	100	100	100	100
盖度（%）	41.70±7.26a	37.30±6.06a	36.40±5.79a	28.70±4.67a	22.35±6.06a	23.53±5.31a
高度（cm）	84.01±11.61a	86.17±12.10a	33.84±2.21a	30.52±0.96a	2.89±0.29a	2.38±0.21a
密度（ind./m²）	13.65±1.59a	11.28±1.75a	86.73±15.16a	61.38±12.24a	—	—

注：同一类群小写字母不同指示统计差异显著（$P<0.05$）

（10）各景点干扰程度差异性分析

综合分析9个地段栈道附近林下植物的种类组成与结构所受的影响发现，旅游活动干扰对不同景点的影响效果显著不同，影响程度有所差异。

A. 对植物物种组成变化影响程度的差异性

旅游活动明显改变了九寨沟栈道附近林下植物多样性组成，但不同景点受干扰影响的程度不同，它与干扰强度呈正相关关系。物种变化主要为耐阴喜湿的乡土物种显著减少，耐践踏、耐干旱、繁殖能力强的种群扩大，九寨沟乡土植物优势种地位发生改变，这直接导致九寨沟生物多样性质量下降，林下植物群落的生态稳定性发生改变。受干扰影响重的景点，变化程度大，反之变化程度小。

比较各景点栈道附近林下植物物种数受干扰影响程度的差异可知（表 3-29），孔雀河道和芦苇海干扰地带物种总数略大于对照，差值分别为 9 和 5，而其余各景点在受干扰的林下其植物总物种数均低于对照。其中，草海干扰地带物种总数与对照带物种总数相差为 3，长海与原始森林差值较大，分别为 15 和 17，而五花海为 37、诺日朗瀑布为 30、珍珠滩瀑布为 29、树正群海为 29。可见，草海、孔雀河道和芦苇海的植物物种数受干扰的影响较小，其他景点则受到了明显的旅游干扰影响。

表 3-29　旅游干扰对九寨沟 9 个景点林下植物物种数的影响

样地名称	所有物种 干扰	所有物种 对照	灌木 干扰	灌木 对照	草本 干扰	草本 对照	苔藓 干扰	苔藓 对照
长海	98	113	12	21	72	73	14	19
原始森林	115	132	17	27	82	87	16	18
草海	105	108	21	19	64	65	20	24
五花海	53	90	16	23	28	54	9	13
孔雀河道	77	68	26	22	41	34	10	12
珍珠滩瀑布	82	111	22	28	45	64	15	19
诺日朗瀑布	56	86	16	22	30	54	10	10
树正群海	97	126	18	34	61	71	18	21
芦苇海	101	96	31	29	52	49	18	18

通过干扰及对照带的物种相似度指数分析（表 3-30）发现：从所有物种相似度来说，芦苇海最高，达 0.7924，其次是草海 0.7889，孔雀河道第三，为 0.6785，说明这 3 个样点的干扰及对照物种组成较为相似；相似度指数最低的为原始森林和五花海，仅为 0.5939 和 0.5996，说明这两个样点的物种组成差异较大。分别比较各景点不同类群的物种相似度指数发现，灌木相似度指数较高的地段分别为草海、孔雀河道、长海和芦苇海，草本相似度指数较高的分别为芦苇海、草海和长海，苔藓相似度指数较高的分别为草海、芦苇海和孔雀河道。综合而言，干扰对草海、孔雀河道和芦苇海物种组成的影响较小，对其他点的影响较大。

表 3-30　旅游干扰对九寨沟 9 个景点林下植物相似度指数的影响

样地名称	所有物种	灌木	草本	苔藓
长海	0.6764	0.7857	0.6759	0.6203
原始森林	0.5939	0.719	0.533	0.7674

续表

样地名称	所有物种	灌木	草本	苔藓
草海	0.7889	0.8521	0.7287	0.9167
五花海	0.5996	0.7418	0.5152	0.6581
孔雀河道	0.6785	0.7972	0.5649	0.825
珍珠滩瀑布	0.6255	0.6494	0.6434	0.5368
诺日朗瀑布	0.6044	0.7557	0.5444	0.6
树正群海	0.6021	0.6797	0.5638	0.6706
芦苇海	0.7924	0.7675	0.7928	0.8333

同时发现，多数景点草本植物的相似度指数最低，少数景点苔藓植物的相似度指数最低，除芦苇海、草海、原始森林和孔雀河道灌木小于苔藓外，各景点灌木相似度指数均比草本和苔藓相似度指数高。

B. 对多样性指数的影响

干扰也影响到物种多样性指数的大小（表3-30～表3-32）。干扰强度较大的景点植物丰富度指数和香威指数明显降低（表3-31和表3-32），相似度指数值亦较低（表3-30），干扰强度较小的景点相似度指数值相对较高（表3-30），而植物物种数、丰富度指数和香威指数降低不明显，且在部分景点存在物种数和多样性指数升高的现象。

表3-31　旅游干扰对九寨沟9个景点林下植物丰富度指数的影响

样地名称	所有物种 干扰	所有物种 对照	灌木 干扰	灌木 对照	草本 干扰	草本 对照	苔藓 干扰	苔藓 对照
长海	15.25±1.32a	18.45±1.10a	1.50±0.33a	2.80±0.40b	11.40±1.04a	12.05±0.87a	2.40±0.46a	3.90±0.58b
原始森林	16.18±1.24a	19.39±0.09a	1.14±0.39a	3.64±0.39b	12.57±1.07a	11.21±0.84a	3.14±0.48a	5.23±0.36b
草海	19.50±1.02a	19.80±0.88a	3.85±0.46a	4.40±0.43a	10.05±0.86a	9.25±0.92a	5.50±0.54a	6.15±0.44a
五花海	9.20±1.04a	19.47±1.21b	2.00±0.46a	4.87±0.78b	5.47±0.61b	11.60±1.01b	2.07±0.32a	3.07±0.33b
孔雀河道	17.13±1.07a	14.93±0.76a	5.60±0.77a	4.73±0.44a	7.60±0.80a	7.00±0.64a	3.93±0.28a	3.20±0.31a
珍珠滩瀑布	13.47±1.63a	23.00±1.17b	3.07±0.63a	6.47±0.82b	6.87±1.16a	11.40±1.03b	3.93±0.61a	5.20±0.40a
诺日朗瀑布	8.73±1.16a	18.93±1.10b	1.53±0.39a	4.73±0.39b	5.20±0.98a	11.80±0.60b	2.00±0.35a	2.40±0.45a
树正群海	15.25±2.00a	23.44±1.53b	2.25±0.38a	2.57±0.16a	9.31±1.45a	11.75±0.97a	3.93±0.57a	6.13±0.68b
芦苇海	19.70±1.10a	17.55±1.43a	6.25±0.61a	5.10±0.56a	9.10±0.70a	8.15±0.89a	4.40±0.34a	4.30±0.42a

注：小写字母不同指示同一类群差异明显（$P<0.05$）

表3-32　旅游干扰对九寨沟9个景点林下植物香威指数的影响

样地名称	灌木 干扰	灌木 对照	草本 干扰	草本 对照	苔藓 干扰	苔藓 对照
长海	2.2862	2.4891	3.4812	3.6779	2.1651	2.4257
原始森林	2.5308	2.6227	3.4994	3.6777	2.4351	2.5053
草海	2.3345	2.3445	3.2096	3.3059	2.6139	2.7463

续表

样地名称	灌木 干扰	灌木 对照	草本 干扰	草本 对照	苔藓 干扰	苔藓 对照
五花海	2.4508	2.7477	2.746	3.3319	1.7183	1.9184
孔雀河道	2.8219	2.7146	3.0638	3.0611	1.7163	2.1419
珍珠滩瀑布	2.7996	3.1186	3.4011	3.4965	2.3146	2.487
诺日朗瀑布	2.4992	2.8123	3.0014	3.3108	1.9481	2.0034
树正群海	2.6111	3.2406	3.1944	3.5734	2.6003	2.8434
芦苇海	3.1865	3.0194	2.9935	3.0807	2.6541	2.549

草海、孔雀河道和芦苇海干扰带林下所有物种及各类植物丰富度与对照相比均无明显差异（$P>0.05$），其余6个景点干扰带所有物种丰富度与对照相比均降低，但降低的程度不同（表3-31）。其中，长海所有物种和草本降低较少，与对照无显著差异（$P>0.05$），其他点与对照差异显著，降低程度大。草海、孔雀河道和芦苇海3个景点的物种丰富度受旅游活动影响程度轻，另外6个点受影响程度大。

比较不同植物类群丰富度受旅游活动影响程度的差异发现，长海景点干扰与对照地段所有物种丰富度间无显著差异（$P>0.05$），但其干扰带灌木和苔藓丰富度与对照存在显著差异。可见，仅分析所有物种丰富度容易忽视不同植物类群丰富度受旅游活动影响的不同变化。不同景点植物各类群丰富度的变化亦有所不同，如长海和原始森林草本丰富度受干扰影响较小，但灌木和苔藓植物丰富度受干扰影响大；而树正群海灌木丰富度受干扰影响较小，草本和苔藓植物丰富度受影响则较大。该差异可能是与干扰强度和景点周围林分以及各种环境因素有关。

旅游干扰明显影响九寨沟9个景点林下植物香威指数（表3-32）。长海、原始森林、草海、五花海、珍珠滩瀑布、诺日朗瀑布和树正群海受旅游干扰影响，生物多样性指数降低，但降低程度有所不同。其中长海、五花海和树正群海干扰地段各类植物香威指数均明显低于对照，差异较大；诺日朗瀑布苔藓植物香威指数受干扰影响小；珍珠滩瀑布草本植物受干扰影响较小；草海景点各类植物干扰与对照间香威指数差异均较小；孔雀河道受旅游活动影响，灌木及草本香威指数略增大，而苔藓香威指数比对照减小0.4256；芦苇海受旅游活动影响，灌木及苔藓香威指数略有增大，而草本的香威指数比对照减小0.0872。可见，旅游干扰对不同景点林下植物香威指数的影响程度不同，旅游干扰对同一景点不同植物类群香威指数的影响程度亦不同。尚未发现不同植物类群受干扰影响敏感程度差异的明显规律。

C. 旅游干扰对林下植被结构及更新能力影响程度的差异性

旅游活动改变了栈道附近林下植物结构特征，多数干扰强度较大的景点内，各植物类群的频度、盖度、高度和密度均有所下降。同时，旅游活动对树木生长更新能力（种类/种数/高度/株数/频度/生活力）有明显影响，干扰强度大的景点内树木更新能力明显减弱，干扰强度轻的景点内阳性喜光乔木幼苗增多，更新能力增强或更新能力变化不大。

旅游干扰对九寨沟各景点林下植物盖度的影响存在明显差异（表3-33）。原始森林、长海、五花海、珍珠滩瀑布、诺日朗瀑布及树正群海6个景点的植物盖度受旅游干扰影响程度明显，各点干扰地段林下植物总盖度及各类群盖度均小于对照，且除原始森林干扰与对照草本盖度间无显著差异外（$P>0.05$），其余各点各类群干扰及对照盖度间均存在显著差异（$P<0.05$）。而草海、孔雀河道及芦苇海3个点的盖度受干扰影响程度相对较小，除孔雀河道干扰地段草本盖度大于对照且差异显著，草海干扰地段总盖度、苔藓盖度与对照相比存在显著差异外（$P<0.05$），其余干扰地段植物盖度与对照相比均不存在显著差异（$P>0.05$）。

表 3-33　旅游干扰对九寨沟 9 个景点林下植物盖度（%）的影响

样地名称	所有物种 干扰	所有物种 对照	灌木 干扰	灌木 对照	草本 干扰	草本 对照	苔藓 干扰	苔藓 对照
长海	44.75±5.55a	88.00±2.56b	5.52±2.62a	19.08±5.18b	37.30±5.41a	67.90±5.84b	10.16±3.30a	54.35±6.63b
原始森林	44.95±5.11a	96.91±0.67b	4.20±1.92a	42.32±6.50b	39.14±5.26a	53.82±6.24a	10.88±2.31a	80.21±5.52b
草海	80.25±3.69a	91.20±1.77b	20.83±3.69a	27.39±4.92a	49.75±6.44a	45.83±7.37a	40.50±6.22a	72.20±7.16b
五花海	9.03±1.92a	60.53±4.12b	2.25±0.67a	23.47±4.58b	5.13±1.36a	33.07±5.97b	2.77±0.89a	21.53±5.37b
孔雀河道	55.60±4.79a	57.67±7.93a	28.67±6.61a	25.47±6.23a	21.80±2.82a	13.33±1.91b	16.87±3.46a	28.53±9.75a
珍珠滩瀑布	18.10±3.92a	79.20±3.89b	5.51±1.25a	31.63±7.35b	8.23±1.69a	48.87±6.55b	9.67±3.99a	43.00±7.18b
诺日朗瀑布	17.60±6.06a	77.20±5.52b	8.71±6.24a	44.33±6.32b	8.75±2.72a	46.87±7.24b	2.07±0.46a	22.57±7.94b
树正群海	37.56±6.91a	77.94±5.02b	9.96±3.68a	44.94±9.26b	27.13±6.66a	43.44±3.27b	19.23±6.44a	54.30±8.63b
芦苇海	63.75±6.44a	63.20±5.30a	41.70±7.26a	37.30±6.06a	36.40±5.79a	28.70±4.67a	22.35±6.06a	23.53±5.31a

注：小写字母不同指示同一类群差异明显（$P<0.05$）

旅游干扰对9个景点林下植物高度的影响程度也存在差异性（表3-34）。长海、五花海、珍珠滩瀑布及诺日朗瀑布受干扰影响程度明显，这4个地段林下各类植物高度均为对照大于干扰，且差异显著（$P<0.05$）；草海、孔雀河道及芦苇海受干扰影响程度轻，这3个地段各类植物干扰与对照差异均不显著（$P>0.05$）。同时发现，原始森林及树正群海干扰地段草本高度与对照相比无显著差异（$P>0.05$），而对照地段灌木及苔藓植物高度明显大于干扰地段，差异显著（$P<0.05$）。这说明，灌木及苔藓植物高度对旅游干扰的影响较为敏感，而草本高度变化不大，可能与干扰程度以及一些耐践踏、耐干扰的草本自身生长较快的特性有关。

表 3-34　旅游干扰对九寨沟 9 个景点林下植物高度（cm）的影响

样地名称	灌木 干扰	灌木 对照	草本 干扰	草本 对照	苔藓 干扰	苔藓 对照
长海	16.45±45.34a	45.75±11.14b	11.67±1.69a	23.27±2.69b	1.69±0.59a	2.69±0.52b
原始森林	4.92±2.26s	37.75±5.44b	17.61±2.93a	17.49±3.12a	1.170±0.29a	5.21±0.58b
草海	56.07±8.38a	53.65±6.93a	24.47±2.38a	23.50±2.30a	4.84±0.47a	5.29±0.47a
五花海	31.62±13.06a	68.20±10.50b	15.97±3.50a	30.38±3.00b	1.88±0.52a	3.40±0.31b

续表

样地名称	灌木 干扰	灌木 对照	草本 干扰	草本 对照	苔藓 干扰	苔藓 对照
孔雀河道	52.23±8.80a	44.98±6.98a	34.18±2.65a	30.35±3.54a	4.43±0.41a	4.03±0.43a
珍珠滩瀑布	21.95±6.00a	38.06±5.06b	18.85±2.83a	39.91±5.22b	2.42±0.52a	4.56±0.32b
诺日朗瀑布	22.75±10.39a	87.68±11.68b	13.29±2.16a	42.21±5.03b	1.46±0.35a	3.32±0.63b
树正群海	23.30±6.61a	54.32±11.49b	23.66±3.62a	20.52±1.76a	2.18±0.53a	4.49±0.42b
芦苇海	84.01±11.61a	86.17±12.10a	33.84±2.21a	30.52±0.96a	2.89±0.29a	2.38±0.21a

注：小写字母不同指示同一类群差异明显（$P<0.05$）

五花海、珍珠滩瀑布和诺日朗瀑布干扰地段灌木、草本密度均明显低于对照，且存在显著差异（$P<0.05$）（表3-35）；长海、原始森林和树正群海的干扰地段草本密度与对照差异不显著（$P>0.05$），但灌木密度明显低于对照，且存在显著差异（$P<0.05$）；草海、孔雀河道和芦苇海受干扰影响较小，灌草密度与对照相比均无显著差异（$P>0.05$）。

表3-35 旅游干扰对九寨沟9个景点林下草本及灌木植物密度（株/m²）的影响

样地名称	灌木 干扰	灌木 对照	草本 干扰	草本 对照
长海	1.71±0.48a	7.68±1.92b	193.25±35.58a	192.15±25.71a
原始森林	2.78±1.51a	18.90±4.21b	155.35±23.75a	181.55±17.76a
草海	17.13±2.85a	25.88±4.79a	164.73±26.32a	163.93±28.27a
五花海	1.70±0.57a	9.73±2.01b	13.07±2.81a	51.17±6.93b
孔雀河道	13.70±1.90a	10.10±2.02a	39.50±6.57a	27.23±3.92a
珍珠滩瀑布	4.67±1.43a	13.40±2.32b	25.20±6.37a	70.20±19.57b
诺日朗瀑布	1.43±0.44a	14.07±3.11b	17.80±3.33a	82.64±11.15b
树正群海	3.75±0.88a	10.72±1.85b	108.78±33.83a	94.34±11.60a
芦苇海	13.65±1.59a	11.28±1.75a	86.73±15.16a	61.38±12.24a

注：小写字母不同指示同一类群差异明显（$P<0.05$）

已有研究表明，旅游干扰对乔木层无明显影响，但对立木更新层有影响（于澎涛等，2002；刘鸿雁和张金海，1997）。但这种影响程度如何，不同强度的干扰对它的影响有无差异，尚未有研究证明。对干扰和对照地段乔木幼苗情况比较研究发现，五花海、珍珠滩瀑布、诺日朗瀑布和树正群海干扰地段出现的乔木幼苗种类及总株数均明显低于对照（表3-36），且与对照相比，植株高度低，生活力较差。长海景点干扰地段的乔木幼苗种类比对照地段多1种，但其幼苗总株数明显低于对照，可见，这几个景点受到干扰影响植物的更新能力明显较低。芦苇海干扰地段乔木幼苗比对照多1株，种类比对照少2种，可知该景点植物的更新能力受干扰影响较小。原始森林、草海和孔雀河道干扰地段出现的乔木幼苗总数明显大于对照。对原始森林景点植物更新情况深入分析发现，虽然原始森林干扰地段乔木幼苗株数远高于对照，但其干扰地段乔木幼苗频度仅为11%，岷江冷杉、青扦和白桦均仅在样方中出现 1 次，且干扰地段乔木幼苗高度较低，生活力亦较差，而对照地段乔木幼苗的频度为 46%，且白桦和岷江冷杉幼苗出现频度均较高，生活力亦较好。所以，综合比较来看，原始森林干扰地段植株的萌发率比对照高，但其生长更新能力比对照较弱。而草海和孔雀河道干扰地段更新树种种类比对照多，植株总数亦明显大于对照。同时发现，在这两点的干扰地段内扇叶槭（*Acer flabellatum* Rehd.）、来苏槭（*Acer laisuense* Fang & W. K. Hu）、微毛樱桃（*Cerasus clarofolia*（Schneid.）T. T. Yu & C. L. Li）、高山木姜子（*Litsea chunii* Cheng）等阳性喜光物种较多，可见，受干扰影响，这两个景点的阳性喜光植物更新能力有所增强，这可能是因为干扰改变了土壤、光照、湿度等条件，从而为更多的阳性喜光种类提供了萌芽和更新的机会。

表 3-36　旅游干扰对九寨沟 9 个景点树木更新能力的影响

干扰	平均高（cm）	株数	对照	平均高（cm）	株数
长海					
红桦 *Betula albosinensis*	76	2	红桦 *Betula albosinensis*	116	17
紫果冷杉 *Abies recurvata*	6	1	紫果冷杉 *Abies recurvata*	12	2
毛齿藏南枫 *Acer campbellii* var. *serratifolium*	4	5	毛齿藏南枫 *Acer campbellii* var. *serratifolium*	6	16
西南樱桃 *Cerasus duclouxii*	69	4	粗枝云杉 *Picea asperata*	58	3
粗枝云杉 *Picea asperata*	72	6			
总株数		18	总株数		38
原始森林					
岷江冷杉 *Abies faxoniana*	4	39	岷江冷杉 *Abies faxoniana*	38	17
白桦 *Betula platyphylla*	7	11	青扦 *Picea wilsonii*	10	15
青扦 *Picea wilsonii*	2	5	白桦 *Betula platyphylla*	148	3
总株数		55	总株数		35
草海					
岷江冷杉 *Abies faxoniana*	5	151	岷江冷杉 *Abies faxoniana*	9	82
云杉 *Picea asperata*	11	11	白桦 *Betula platyphylla*	53	20
白桦 *Betula platyphylla*	31	2	云杉 *Picea asperata*	8	20
扇叶槭 *Acer flabellatum*	5	4			
方枝柏 *Juniperus saltuaria*	35	1			
微毛樱桃 *Cerasus clarofolia*	25	3			
总株数		172	总株数		122
五花海					
油松 *Pinus tabulaeformis*	16	2	油松 *Pinus tabulaeformis*	15	7
云杉 *Picea asperata*	72	2	云杉 *Picea asperata*	127	9
柞栎 *Quercus dentata*	59	5	柞栎 *Quercus dentata*	64	8
来苏槭 *Acer laisuense*	2	1	木姜子 *Litsea pungens*	17	8

续表

干扰	平均高（cm）	株数	对照	平均高（cm）	株数
			来苏槭 Acer laisuense	71	19
			麦吊云杉 Picea brachytyla	10	5
总株数		10	总株数		56
孔雀河道					
油松 Pinus tabulaeformis	61	2	油松 Pinus tabulaeformis	50	3
粗榧 Cephalotaxus sinensis	52	2	白桦 Betula platyphylla	32	10
白桦 Betula platyphylla	47	2	冷杉 Abies sp.	71	18
冷杉 Abies sp.	190	16	柞栎 Quercus dentata	52	15
白蜡树 Fraxinus chinensis	170	8	高山木姜子 Litsea chunii	35	2
柞栎 Quercus dentata	54	29	来苏槭 Acer laisuense	105	7
高山木姜子 Litsea chunii	41	18	色木槭 Acer mono	49	2
来苏槭 Acer laisuense	30	43	鹅耳枥 Carpinus sp.	350	1
色木槭 Acer mono	28	3	白蜡树 Fraxinus chinensis	13	8
微毛樱桃 Cerasus clarofolia	55	4	麦吊云杉 Picea brachytyla	9	3
麦吊云杉 Picea brachytyla	7	6			
总株数		133	总株数		69
珍珠滩瀑布					
青榨槭 Acer davidii	6	11	鹅耳枥 Carpinus sp.	210	1
色木槭 Acer mono	43	1	白蜡树 Fraxinus chinensis	90	1
微毛樱桃 Cerasus clarofolia	24	4	华椴 Tilia chinensis	151	33
云杉 Picea sp.	17	16	白桦 Betula platyphylla	27	5
			冷杉 Abies sp.	37	23
			柞栎 Quercus dentata	29	2
			青榨槭 Acer davidii	38	14
			色木槭 Acer mono	37	10
			五尖槭 Acer maximowiczii	20	5
			华山松 Pinus armandi	300	1
			云杉 Picea sp.	12	6
总株数		32	总株数		101
诺日朗瀑布					
白桦 Betula platyphylla	52	1	未知种	400	2
冷杉 Abies sp.	100	1	柞栎 Quercus dentata	216	4
柞栎 Quercus dentata	27	3	高山木姜子 Litsea chunii	122	5
油松 Pinus tabulaeformis	4	1	槭树 Acer sp.	212	1

第3章　旅游干扰对九寨—黄龙核心景区沿湖陆地生态系统结构与功能的影响

续表

干扰	平均高（cm）	株数	对照	平均高（cm）	株数
			色木槭 *Acer mono*	50	4
			油松 *Pinus tabulaeformis*	34	7
			冷杉 *Abies* sp.	11	3
总株数		6	总株数		26
树正群海					
川陕鹅耳枥 *Carpinus fargesiana*	25	9	川陕鹅耳枥 *Carpinus fargesiana*	96	4
白桦 *Betula platyphylla*	45	10	构树 *Broussonetia papyrifera*	28	2
来苏槭 *Acer laisuense*	4	3	红豆杉 *Taxus chinensis*	13	1
柞栎 *Quercus dentata*	15	3	白桦 *Betula platyphylla*	84	22
云杉 *Picea* sp.	10	2	冷杉 *Abies* sp.	221	1
			柞栎 *Quercus dentata*	34	12
			色木槭 *Acer mono*	76	4
			高山木姜子 *Litsea chunii*	253	6
			来苏槭 *Acer laisuense*	28	15
			云杉 *Picea* sp.	8	30
总株数		27	总株数		97
芦苇海					
川陕鹅耳枥 *Carpinus fargesiana*	76	15	川陕鹅耳枥 *Carpinus fargesiana*	82	37
红豆杉 *Taxus chinensis*	20	1	三桠乌药 *Lindera obtusiloba*	3	1
红桦 *Betula albo-sinensis*	110	5	红豆杉 *Taxus chinensis*	61	1
白桦 *Betula platyphylla*	84	31	红桦 *Betula albo-sinensis*	182	5
冷杉 *Abies* sp.	198	7	白桦 *Betula platyphylla*	249	3
辽东栎 *Quercus liaotungensis*	154	17	冷杉 *Abies* sp.	152	8
柞栎 *Quercus dentata*	21	26	辽东栎 *Quercus liaotungensis*	61	13
高山木姜子 *Litsea chunii*	88	29	柞栎 *Quercus dentata*	103	44
油松 *Pinus tabulaeformis*	260	8	高山木姜子 *Litsea chunii*	73	13
			色木槭 *Acer mono*	43	1
			油松 *Pinus tabulaeformis*	118	12
总株数		139	总株数		138

以上结果表明，旅游干扰对树木更新能力有影响，它导致各景点干扰及对照地段乔木幼苗的种类、种数、高度、植株数、频度、生活力均有所不同，但这种影响对树木更新能力是抑制还是促进，与不同景点所受到的干扰程度，以及不同景点所处生境的多种生态因子综合作用有关。

D. 旅游干扰强度与所受影响程度的关系

从旅游干扰对栈道附近林下植物的物种组成、多样性指数、结构参数以及更新能力影响程度来看，长海、原始森林、五花海、珍珠滩瀑布、诺日朗瀑布和树正群海受干扰的影响较重，草海、孔雀河道和芦苇海所受影响较轻。调查发现受干扰影响较重的地段均为游人活动频率高的热门景点，进入九寨沟的大多数游客均会选择沿这些景点的步行栈道进行游览，故旅游活动干扰程度较重；而选择步行栈道游览草海、芦苇海以及孔雀河道的游客较少，多数游客均采用乘坐观光车的方式对其进行游览，故旅游活动干扰较轻。可见，旅游干扰强度的不同，导致各景点栈道附近林下植物所受的影响程度不同，干扰重的影响程度重，干扰较轻的影响程度较轻。这也暗示了九寨沟栈道附近植物所受的影响主要来自游客对栈道附近林下植物的践踏，栈道修建及维护对林下植物的影响较轻。

但不管干扰程度是轻还是重，旅游活动干扰对九寨沟栈道附近林下植物造成的影响均不可忽视。

从种类组成来看，不管是在干扰较重的景点，还是在干扰较轻的景点，干扰均显著改变了物种组成，导致一些敏感物种局部消失。但相对而言，干扰轻的景点物种的改变程度要轻些。这些消失的物种多是喜湿耐阴、对环境依赖强的物种，如星叶草、独叶草、长盖铁线蕨、长瓣角盘兰、楼梯草、狭穗八宝、微孔草等仅在个别景点的对照地段存在，而在干扰地段已消失。同时，一些耐干旱、抗干扰能力强、繁殖能力较强的种群不断扩大，如平车前、苜蓿、蒲公英和早熟禾等。因为旅游活动对植物所造成的影响是一个长期的过程，干扰活动作为一个驱动体（魏斌等，1996；康乐，1990；彭少麟，1996；包维楷等，1995），必然通过植物生长策略的变化来反映其影响。多数耐阴植物依靠无性繁殖，而无性繁殖依赖于土壤的营养状况。干扰极大地改变了土壤的理化性质（庞学勇等，2002；Chen and Li，2003；刘巧玲和管东生，2005；李玉武等，2006），因此，主要营无性繁殖的植物受干扰的影响更大。除了土壤性质的变化，这可能与干扰引起的光照、湿度等变化也有关系（刘鸿雁和张金海，1997；Kutiel et al.，1992）。比较不同类群植物物种组成受干扰影响变化的程度发现，草本和苔藓植物种类组成的变化要比灌木组成的变化明显。

从物种多样性来看，多数景点在干扰影响下植物多样性数量（物种数、丰富度和香威指数）显著降低。同时发现，所有景点受到干扰影响后多样性质量亦明显下降，在干扰地段许多乡土物种减少甚至消失，而多花黑麦草、草木犀这些外来物种（非本地物种）和车前草等伴生植物的优势地位增强，甚至在部分景点的对照林下亦已出现少量外来种，这种变化在干扰强度重的地段表现特别突出。虽然这些变化中并不能完全排除系统自然发生的物种替代，但无疑表明，九寨沟景点的干扰强度均超过了其原生境相对稳定生态系统自身物种演替变化的抵抗强度。调查发现，孔雀河道干扰地段灌木及草本的多样性指数比对照略高，芦苇海干扰地段灌木及苔藓植物的多样性指数比对照略高，其原因可能与其所受干扰程度有关，也可能与其林分背景有关，具体原因还有待进一步研究。同时发现，在用丰富度指数进行多样性分析时，常常会掩盖一些重要的多样性特征，需进一步对物种的香威指数等其他多样性指数进行分析，而本研究发现对物种组成进行分析能够很好地反映物种多样性特征。

从林下植物结构特征来看，多数景点受干扰影响后各植物类群的频度、盖度、高度和密度均有所下降。但由于干扰强度的差异，林下各类群结构特征发生的变化并不一致。从各类植物的频度来看，干扰对草本类群的频度几乎无影响，对苔藓及灌木类群的频度影响较大。从各类植物的盖度来看，不同强度的干扰均会降低苔藓植物盖度，但强度不同降低的程度有所不同；而灌木及草本的盖度在受干扰影响后会明显降低，但在部分地区有时也表现出略微升高，这与其受干扰的程度是否有着必然的相关性仍需进一步研究。从各类植物的高度来看，干扰对灌木及苔藓的高度影响较大，而在部分研究地段干扰对草本的高度无明显影响。从灌木及草本的密度来看，干扰对灌木密度的影响较大。总体而言，研究表明苔藓和灌木比草本能更好地反映旅游活动对频度、高度、密度和盖度等参数的作用强度，这可能与灌木容易受践踏影响而又难于恢复的特性有关。而苔藓植物适生于阴湿的环境，对环境变化的敏感性大，人类活动对其作用明显，因此苔藓植物亦能很好地反映旅游活动对群落的影响程度。相比较而言，物种组成显然比其他特征参数（频度/高度/密度/盖度）能够更好地反映干扰的影响程度。

3.1.1.2 景区公路建设对九寨沟植物多样性与结构的影响

景区道路是连接大多数景点的骨干通道，是旅游发展的重要内容，也是推动旅游发展的重要举措。许多研究表明，道路修建对生态环境的影响是相当严重的，需要事先进行影响评估，并在事后均要进行必要的边坡治理恢复工程。然而，关于道路修建对生物多样性的影响与产生的生态效应的研究是零星的，许多科学问题至今仍然未解。九寨沟的景区道路修建或改建过多次，最近一次是2001年冬季至2002年春季。对九寨沟自然遗产地而言，道路修建对生物多样性的影响与产生的生态效应可能更具特殊性，带来的后果可能更为严重。揭示九寨沟核心景区公路建设对植物物种多样性组成及结构的影响，探索适宜世界自然遗产保护的道路边坡恢复重建方法，对于世界自然遗产地保护具有重要意义。

在最近一次公路改建并进行边坡恢复重建4年后的植被状况调查中，沿公路方向机械布点调查了100个1 m×2 m的样方，并在边坡上方60 m顺路方向设置对照，调查了50个1 m×2 m的样方，采用比较生态学的方法，评估道路修建的生物多样性效应，揭示道路边坡破坏与传统草被重植带来的影响。

（1）道路边坡带物种组成及差异

调查发现，在边坡地段共出现物种49种，其中，草本20种，灌木11种，苔藓18种；而对照地段共出现物种107种，包括草本43种，灌木33种，苔藓31种（表3-37）。边坡植物种数明显低于对照，草本比对照少23种，灌木少22种，苔藓少13种。同时发现，不仅植物组成数量差异明显，更重要的是植物物种组成明显不同，仅有8种灌木、8种草本和4种苔藓在边坡及对照地段中均出现，有26种灌木、35种草本和27种苔藓植物仅在对照样方中出现，有4种灌木、12种草本和14种苔藓仅在边坡地段出现。边坡地段草本优势种十分突出，黑麦草及黄花草木犀重要值分别为78.37和9.06，优势明显，而其余物种重要值较低。在对照林下薹草、短柄草（*Brachypodium sylvaticum* (Huds.) P. Beauv.）、鞘柄菝葜、尖齿糙苏（*Phlomis dentosa* Franch.）、芦苇等草本重要值均较高。在边坡处灌木种类少，重要值分布较为均匀且偏高，而对照样地中灌木以毛黄栌、木蓝（*Indigofera* sp.）、杭子梢等为优势种。除较为广布的大羽藓在边坡及对照地段的重要值均较高外，其余主要苔藓种类差异较大，边坡地段以长尖扭口藓和银叶真藓等个体小、贴地生长且耐干旱的苔藓种类为主，而对照地段中苔藓种类多为植株个体较大，耐阴喜湿的种类为主，如多胞绢藓和皱叶粗枝藓等。

表3-37　公路修建对九寨沟边坡植物种类组成及其重要值指数（%）的影响

种类	对照	干扰	种类	对照	干扰
灌木			花椒 Zanthoxylum sp.	0.36	—
毛黄栌 Cotinus coggygria var. pubescens	19.15	—	冷杉 Abies sp.	0.35	—
			色木槭 Acer mono	0.21	—
木蓝 Indigofera sp.	13.99	—	胡颓子 Elaeagnus pungens	0.21	11.3
杭子梢 Camylotropsis delaveryi	11.28	10.47	小檗 Berberis sp.	0.18	—
华西箭竹 Fargesia nitida	10.23	—	高丛珍珠梅 Sorbaria arborea	0.18	26.4
薄叶铁线莲 Clematis gracilifolia	5.97	—	一种忍冬 Lonicera sp.	—	15.27
金山荚蒾 Viburnum chinshanense	4.87	5.04	大叶醉鱼草 Buddleja davidii	—	5.22
油松 Pinus tabulaeformis	4.64	4.52	平枝栒子 Cotoneaster horizontalis	—	4.86
照山白 Rhododendron micranthum	4.18	—	小叶六道木 Abelia parvifolia	—	3.98
匍匐栒子 Cotoneaster adpressus	4.05	—	草本		
广椭绣线菊 Spiraea ovalis	3.09	—	薹草 Carex sp.	23.91	—
柞栎 Quercus dentata	2.96	3.44	短柄草 Brachypodium sylvaticum	10.56	—
柳 Salix sp.	1.82	—	鞘柄菝葜 Smilax stans	10.4	—
小叶疣点卫矛 Euonymus verrucosoides var. viridiflorus	1.54	—	尖齿糙苏 Phlomis dentosa	8.24	—
			芦苇 Phragmites communis	7.76	0.35
长叶溲疏 Deutzia longifolia	1.51	—	房县野青茅 Deyeuxia henryi	4.14	—
辽东栎 Quercus liaotungensis	1.28	—	木茎火绒草 Leontopodium stoechas	3.96	0.6
直角荚蒾 Viburnum foetidum var. rectangulatum	1.12	—	单叶细辛 Asarum himalaicum	3.51	—
			唐松草 Thalictrum sp.	3.4	—
盘叶忍冬 Lonicera tragophylla	1.02	—	圆叶小堇菜 Viola rockiana	2.5	—
鹅耳枥 Carpinus sp.	0.84	—	野棉花 Anemone vitifolia	1.97	0.36
瑞香 Daphne sp.	0.77	—	玉竹 Polygonatum odoratum	1.89	—
虎榛子 Ostryopsis davidiana	0.68	9.52	艾蒿 Artemisia argyi	1.48	0.38
水栒子 Cotoneaster multiflorus	0.57	—	打碗花 Calystegia hederacea	1.42	—
长梗金花忍冬 Lonicera chrysantha var. longipes	0.56	—	卵叶茜草 Rubia ovatifolia	1.36	—
			马先蒿 Pedicularis sp.	1.17	—
冰川茶藨子 Ribes glaciale	0.56	—	香根芹 Osmorhiza aristata	1.17	—
多花勾儿茶 Berchemia floribunda	0.48	—	风毛菊 Saussurea sp.	1.09	—
疏花槭 Acer laxiflorum	0.47	—	未知种	1.05	—
云南双盾木 Dipelta yunnanensis	0.43	—	台南大油芒 Spodiopogon tainanensis	0.99	—
陕西蔷薇 Rosa giraldii	0.43	—	羊齿天门冬 Asparagus filicinus	0.97	—

第3章 旅游干扰对九寨—黄龙核心景区沿湖陆地生态系统结构与功能的影响

续表

种类	对照	干扰	种类	对照	干扰
羽裂风毛菊 Saussurea pinnatidenta	0.86	—	红车轴草 Trifolium pratense	—	1.79
黄花草木犀 Melilotus officinalis	0.85	9.06	横斜紫菀 Aster hersileoides	—	2.11
宽翅香青 Anaphalis latialata	0.68	—	大籽蒿 Artemisia sieversiana	—	0.87
多叶韭 Allium plurifoliatum	0.45	—	苔藓		
石韦 Pyrrosia sp.	0.43	—	大羽藓 Thuidium cymbifolium	22.69	5.53
槲蕨 Drynaria fortunei	0.38	—	多胞绢藓 Entodon caliginosus	7.5	—
茜草 Rubia cordifolia	0.38	—	皱叶粗枝藓 Gollania ruginosa	7.13	—
金挖耳 Carpesium divaricatum	0.36	—	美灰藓 Eurohypnum leptothallum	6.14	—
长柱沙参 Adenophora stenanthina	0.3	—	匐枝长喙藓 Rhynchosteyium serpenticaule	5.5	—
未知菊科幼苗	0.26	—	深绿褶叶藓 Palamocladium euchloron	3.98	—
沿阶草 Ophiopogon bodinieri	0.26	—	多枝缩叶藓 Ptychomitrium polyphylloides	3.95	—
钝叶单侧花 Orthilia obtusata	0.26	—			
络石 Trachlospermum jasminoides	0.25	0.3	亚美绢藓 Entodon sullivantii	3.53	—
松潘黄堇 Corydalis laucheana	0.24	—	山羽藓 Abietinella abietina	3.49	—
虎尾铁角蕨 Asplenium incisum	0.23	—	卷叶毛口藓 Trichostomum involutum	2.84	1.4
黑麦草 Lolium perenne	0.18	78.37	鳞叶藓 Taxiphyllum taxitameum	2.81	—
狗筋蔓 Silene baccifera	0.13	—	异形凤尾藓 Fissidens anomalus	2.71	—
歪头菜 Vicia unijuga	0.12	—	网孔凤尾藓 Fissidens areolatus	2.54	—
猪殃殃 Galium aparine var. tenerum	0.12	—	小青藓 Brachythecium perminusculum	2.34	—
点地梅 Androsace sp.	0.12	—	宝岛绢藓 Entodon taiwanensis	2.34	—
窃衣 Torilis japonica	0.11	0.28	尖叶青藓 Brachythecium coreanum	2.23	—
小斑叶兰 Goodyera repens	0.1	—	平藓 Neckera pennata	2.07	—
芸苔 Brassica campestris	—	0.31	绒叶青藓 Brachythecium velutinum	2.06	—
野老鹳草 Geranium carolinianum	—	0.3	皱叶青藓 Brachythecium kuroishicum	1.8	—
狭叶柴胡 Bupleurum scorzonerifolium	—	0.3	华中毛灰藓 Homomallium plagiangium	1.6	—
苜蓿 Medicago sp.	—	1.73	脆枝青藓 Brachythecium thraustum	1.59	—
疏花剪股颖 Agrostis hookeriana	—	0.29	弯叶青藓 Brachythecium reflexum	1.28	—
蛇莓 Duchesnea indica	—	0.87	腐木藓 Heterophyllium affine	1.26	—
蒲公英 Taraxacum sp.	—	1.16	狭叶小羽藓 Haplocladium. angustifolium	1.16	—
牛蒡 Arctium lappa	—	0.29			
柳叶菜 Epilobium sp.	—	0.29	膨角裂叶苔 Lophozia fauriana	1.12	—

续表

种类	对照	干扰	种类	对照	干扰
小叶美喙藓 *Eurhynchium filiforme*	0.95	—	疏网美喙藓 *Eurhynchium laxirete*	—	5.64
皱叶麻羽藓 *Claopodium rugulosifolium*	0.94	—	狭叶美喙藓 *Eurhynchium coarctum*	—	4.75
厚角绢藓 *Entodon concinnus*	0.91	3.63	中华葫芦藓 *Funatia sinensis*	—	3.76
反扭藓 *Timmiella anomala*	0.61	—	南亚丝瓜藓 *Pohlia gedeana*	—	3.74
长肋扭口藓 *Barbula longicostata*	0.56	4.56	丛生真藓 *Bryum caespiticium*	—	3.23
粗枝青藓 *Brachythecium helminthocladum*	0.39	—	尖叶美喙藓 *Eurhynchium eustegium*	—	3.14
			狭叶扭口藓 *Barbula subcontorta*	—	2.49
长尖扭口藓 *Barbula ditrichoides*	—	25.19	葫芦藓暖地交种 *Funaria hygrometrica var. calvescens*	—	1.96
银叶真藓 *Bryum argenteum*	—	12.94			
红蒴立碗藓 *Physcomitrium eurystomum*	—	8.87	小口葫芦藓 *Funaria microstoma*	—	1.88
青藓 *Brachythecium pulchellum*	—	5.7	刺叶真藓 *Bryum lonchocaulon*	—	1.52

注："—"为未出现种

(2) 物种多样性及差异

边坡中各类植物丰富度均较低，与对照存在统计学上的差异（$P<0.05$）（表3-38）。比较香威指数发现（表3-38），对照样地中各植物类群的香威指数均明显大于边坡，其中草本间的差异最大，灌木次之，苔藓间的差异最小。比较相似度指数发现（表3-38），边坡和对照地段组成物种的相似度极低，各类植物的相似度指数值均低于0.5，其中苔藓植物最低，仅为0.1756。

表3-38 边坡与对照样方物种多样性比较

参数	灌木		草本		苔藓	
	干扰	对照	干扰	对照	干扰	对照
丰富度	0.40±0.10a	4.62±0.26b	2.34±0.15a	7.84±0.35b	1.26±0.21a	2.72±0.27b
香威指数	2.1806	2.7426	0.9954	2.8204	2.5508	2.9837
相似度指数	0.4848		0.2930		0.1756	

注：同一类群小写字母不同指示统计差异显著（$P<0.05$）

(3) 结构特征及其差异

从公路修建对植物频度的影响来看，对照样方中，草本、灌木及苔藓植物的频度分别为100%、100%和94%，而公路修建造成的边坡地段中灌木及苔藓植物的出现频率明显低于对照，灌木最低，仅为30%，苔藓为56%，干扰对草本植物的出现频度无明显影响（图3-1）。从公路修建对植物盖度、高度、密度的影响来看，除草本高度无显著差异（$P>0.05$）外，各类群盖度、灌木及苔藓高度、草本及灌木密度均存在显著差异（$P<0.05$）。其中边坡样方中草本密度及盖度较高，因为草本优势种为黑麦草，其个体数较多。

公路修建对植物的破坏的确是最直接、最严重、最深远的，对路旁植物的影响范围大

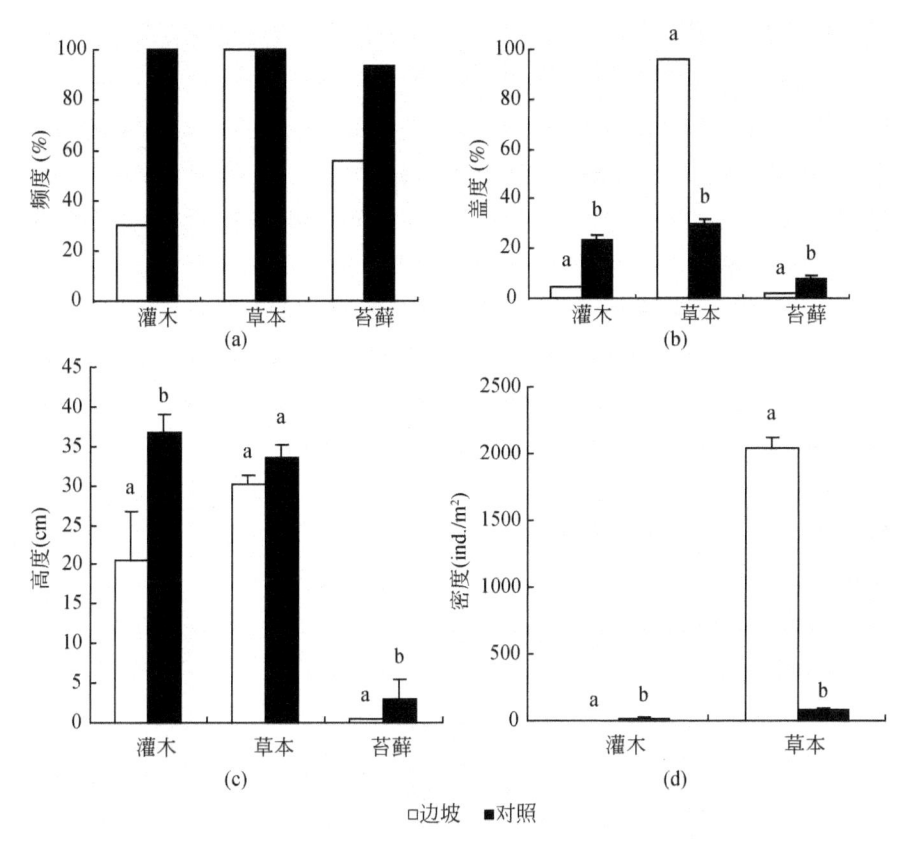

图 3-1　公路边坡与对照样方植物群落结构参数的差异性
同一类群小写字母不同指示统计差异显著（$P<0.05$）

于旅游小路（于澎涛等，2002）。九寨沟公路修建对植物的影响范围通常可达到 5~7 m，受破坏路段物种组成明显改变，大量乡土物种消失，生物多样性显著降低。同时边坡植物生长更新能力较差，整个调查地段仅出现乔木幼苗 3 株，其中柞栎、鹅耳枥和油松幼苗各 1 株，灌木亦较少，而对照地段共出现乔木幼苗 53 株，灌木亦较多，并且对照地段灌木、草本及苔藓植物生活力强，且多数植物有正常开花结实能力。而边坡除黑麦草和黄花草木犀生活力强且结实状态较好外，多数物种活力均很差，开花结实灌木和草本植株少，苔藓植物亦少出现孢子体。总体而言，公路旁植物由乔木突然变为草丛，受到破坏严重，恢复到乡土植物区系尚需时间。

通过调查发现，受公路修建影响下的植物群落物种较为单一，以草本植物为优势，乔木幼苗和灌木亦较少，需增加并改善植被恢复中的层次，可考虑草（本）灌（木）花（卉）植物相结合，有条件的地段可以考虑乔木，以形成植被的立体配置，增加生物多样性，同时有助于改善边坡植被的景观效果。

同时，外来物种对九寨沟乡土植物区系的威胁非常严重，要引起足够的重视。九寨沟的外来物种一部分是植被恢复时带来的，另外一部分是旅游活动带来的。调查发现，在边坡中占优势的黑麦草和黄花草木犀均为外来种，且这两种物种已侵入基本未受干扰的地段。另外，在边坡地还出现有车轴草，它是一种种子传播很快的外来种，亦需要引起足够重视。要注意及时割草，以阻止外来物种的快速繁殖与扩大。鉴于外来物种对原有生境可能带来的巨大影响和破坏（Curnutt，2000；Evans et al.，2001；Mack et al.，2001），一方面，九寨沟应考虑应用乡土观赏种进行植被恢复；另一方面，对已有外来物种要采取有效措施，防止其对九寨沟生态系统可能造成的负面影响。

总之，景区旅游公路修建破坏了局部乡土群落结构及生物多样性组成，为外来物种侵入起到了关键推动作用。公路附近群落结构层次单一，植物种类明显减少，大量乡土物种消失，外来物种成为草本优势种，且优势地位异常突出，这些问题均应在今后的边坡植被恢复和管理中予以足够的重视。

3.1.2 旅游相关活动对黄龙核心景区植物多样性与结构的影响

3.1.2.1 旅游干扰对黄龙栈道附近林下植物多样性与结构的影响

(1) 物种组成及差异

黄龙的栈道干扰段和对照段的样方调查表明，对照地段中出现灌木32种，草本85种；干扰地段中出现灌木28种，草本70种。可见干扰地段灌、草物种数比对照少19种，其中，灌木减少4种，草本减少15种（表3-39）。比较发现，有悬钩子、金露梅（*Potentilla fruticosa* Linn.）、黄毛忍冬（*Lonicera giraldii* Rehd.）等20种灌木，掌叶报春（*Primula palmata* Hand.-Mazz.）、山酢浆草（*Oxalis griffithii* Edgew. & Hook.）和东方草莓等49种草本在干扰及对照地段均有出现；无毛绣线菊（*Spiraea japonica* var. *glabra* (Regel) Koidz.）、西南花楸（*Sorbus rehderiana* Koehn.）和细梗蔷薇（*Rosa graciliflora* Rehd. & Wils.）等12种灌木，单蕊败酱（*Patrinia monandra* Clarke）、大叶假鹤虱（*Eritrichium brachytum* (Diels) I. M. Johnston）和圆叶堇菜等36种草本仅在对照地段出现；岩匙（*Berneuxia thibetica* Decaisne）和红脉忍冬（*Lonicera lanceolata* subsp. *nervosa* (Maximowicz) Y. C. Tang）等8种灌木，垂穗鹅观草、短叶柳叶菜（*Epilobium brevifolium* subsp. *trichoneurum* (Hausskn.) Raven）和华北剪股颖（*Agrostis clavata* Trin.）等21种草本仅在干扰地段出现。

表3-39 旅游干扰对黄龙栈道附近林下植物种类组成及其重要值指数（%）的影响

种类	对照	干扰	种类	对照	干扰
灌木			无毛绣线菊 *Spiraea japonica* var. *glabra*	3.42	—
悬钩子 *Rubus* sp.	14.23	2.74			
华西箭竹 *Fargesia nitida*	11.81	0.98	金露梅 *Potentilla fruticosa*	3.36	9.91
陇塞忍冬 *Lonicera tangutica*	10.27	4.33	茶藨子 *Ribes* sp.	3.06	—
糖茶藨子 *Ribes himalense*	8.8	1.4	微毛樱桃 *Cerasus clarofolia*	2.49	1.43
五加 *Eleutherococcus* sp.	5.5	3.12	冰川茶藨子 *Ribes glaciale*	2.48	—
黄毛忍冬 *Lonicera giraldii*	4.83	4.81	松潘小檗 *Berberis dictyoneura*	2.43	—

续表

种类	对照	干扰	种类	对照	干扰
柳 *Salix* sp.	2.42	17.18	六叶葎 *Galium asperuloides* subsp. *hoffmeisteri*	6.49	2.24
西南花楸 *Sorbus rehderiana*	2.34	—	荨麻1 *Urtica* sp.	5.27	0.19
细梗蔷薇 *Rosa graciliflora*	2.21	—	掌叶报春 *Primula palmata*	5.04	3.09
陕甘花楸 *Sorbus koehneana*	2.01	—	山酢浆草 *Oxalis acetosella* subsp. *griffithii*	5.04	4.49
毛齿藏南枫 *Acer campbellii* var. *serratifolium*	1.97	0.96	宝兴冷蕨 *Oxalis griffithii*	4.92	1.19
青海杜鹃 *Rhododendron przewalskii*	1.9	—	高原露珠草 *Circaea alpina* subsp. *imaicola*	3.76	1.49
岷江冷杉 *Abies faxoniana*	1.89	3.81	大叶碎米荠 *Cardamine macrophylla*	3.49	1.83
光枝柳叶忍冬 *Lonicera lanceolata* var. *glabra*	1.83	—	掌叶橐吾 *Ligularia przewalskii*	3.32	0.47
甘肃忍冬 *Lonicera kansuensis*	1.68	2.05	单蕊败酱 *Patrinia monandra*	2.87	—
紫果云杉 *Picea purpurea*	1.46	3.11	双花堇菜 *Viola biflora*	2.6	2.32
蓝靛果 *Lonicera caerulea* var. *edulis*	1.27	5.23	扁囊薹草 *Carex coriophora*	2.52	14.08
方枝柏 *Sabina saltuaria*	1.08	—	东方草莓 *Fragaria orientalis*	2.29	9.99
黄果冷杉 *Abies ernestii*	0.98	0.69	沙参 *Adenophora* sp.	2.21	0.55
铁线莲 *Clematis* sp.	0.86	1.55	偏翅唐松草 *Thalictrum delavayi*	2.11	1.4
忍冬 *Lonicera* sp.	0.84	3.54	西藏鳞毛蕨 *Dryopteris thibetica*	1.95	0.16
多色杜鹃 *Rhododendron rupicola*	0.81	—	荨麻2 *Urtica* sp.	1.69	2
红杉 *Larix potaninii*	0.56	2.29	黄花杓兰 *Cypripedium flavum*	1.57	0.74
亮叶杜鹃 *Rhododendron vernicosum*	0.51	—	冷蕨 *Cystopteris* sp.	1.36	—
锥花小檗 *Berberis aggregata*	0.4	0.52	花葶驴蹄草 *Caltha scaposa*	1.36	0.47
峨眉蔷薇 *Rosa omeiensis*	0.34	4.24	柳叶菜 *Epilobium hirsutum*	1.11	
绒毛杜鹃 *Rhododendron pachytrichum*	—	11.73	矮囊瓣花 *Pternopetalum longicaulis* var. *humile*	1.05	0.87
头花杜鹃 *Rhododendron capitatum*	—	3.6	大叶假鹤虱 *Eritrichium brachytubum*	1.04	
岩匙 *Berneuxia* sp.	—	3.72	中华金腰 *Chrysosplenium sinicum*	0.99	5.22
烈香杜鹃 *Rhododendron anthopogonoides*	—	2.48	圆叶堇菜 *Viola rockiana*	0.93	—
红脉忍冬 *Lonicera lanceolata* subsp. *nervosa*	—	1.67	川西凤仙花 *Impatiens apsotis*	0.86	1.33
蔷薇 *Rosa* sp.	—	1.23	普通针毛蕨 *Macrothelypteris torressiana*	0.84	0.69
麻核栒子 *Cotoneaster foveolatus*	—	0.95	康定翠雀花 *Delphinium tatsienense*	0.73	—
小檗 *Berberis* sp.	—	0.74	西藏杓兰 *Cypripedium tibeticum*	0.73	0.32
草本			单花金腰 *Chrysosplenium uniflorum.*	0.71	0.99
蜘蛛岩蕨 *Woodsia andersonii*	12.26	0.78	柳叶菜风毛菊 *Saussurea epilobioides*	0.67	1.06
短蕊车前紫草 *Sinojohnstonia moupinensis*	7.16	3.08	马先蒿2 *Pedicularis* sp.	0.58	1.37

续表

种类	对照	干扰	种类	对照	干扰
当归 Angelica sp.	0.52	1.84	圆穗蓼 Polygonum macrophyllum	0.15	1.44
肾叶堇菜 Viola schulzeana	0.5	0.3	中华花荵 Polemonium chinense	0.14	0.49
全缘绿绒蒿 Meconopsis integrifolia	0.49	0.36	钝叶单侧花 Orthilia obtusata	0.14	0.29
栗柄金粉蕨 Onychium japonicum var. lucidum	0.47	0.22	芍药 Paeonia sp.	0.13	—
			早熟禾 Poa sp.	0.1	3.89
管花鹿药 Maianthemum henryi	0.42	—	毛果婆婆纳 Veronica eriogyne	0.1	
七筋姑 Clintonia udensis	0.39	0.18	黄鼠狼花 Salvia tricuspis	0.1	
一种绿绒蒿 Meconopsis sp.	0.38	—	中国茜草 Rubia chinensis	0.1	
蛛毛蟹甲草 Parasenecio roborowskii	0.38	1.03	乳白香青 Anaphalis lactea	0.09	1.02
卷叶黄精 Polygonatum cirrhifolium	0.35	0.41	唐古碎米荠 Cardamine tangutorum	0.09	
单枝灯心草 Juncus potaninii	0.33	—	川西虎耳草 Saxifraga diversifolia var. soulieana	0.08	0.21
星叶草 Circaeaster agrestis	0.32	1.1			
珠芽蓼 Polygonum viviparum	0.3	3.14	扭柄花 Streptopus obtusatus	0.08	—
二花对叶兰 Listera biflora	0.28		川滇橐吾 Ligularia limprichtii	0.08	
三毛草 Trisetum bifidum	0.27	—	天蓝韭 Allium cyaneum	0.08	
飞蓬 Erigeron acer	0.25	—	金腰 Chrysosplenium sp.	0.08	
杨叶风毛菊 Saussurea populifolia	0.25	0.84	羌活 Notopterygium incisum	0.08	
莛子藨 Triosteum pinnatifidum	0.24	—	支柱蓼 Polygonum suffultum	0.07	
细叶芨芨草 Achnatherum chingii	0.24	—	穗花报春 Primula deflexa	0.07	
独叶草 Kingdonia uniflora	0.22		肾叶金腰 Chrysosplenium griffithii	0.07	
深裂鳞毛蕨 Dryopteris incisolobata	0.18		小斑叶兰 Goodyera repens	0.07	
狭叶红景天 Rhodiola kirilowii	0.18	0.5	直梗高山唐松草 Thalictrum alpinum var. elatum	0.07	—
四川婆婆纳 Veronica szechuanica	0.18	2.87			
虎耳草 Saxifraga sp.	0.17	—	拳参 Polygonum bistorta	0.07	0.15
珍珠菜 Lysimachia sp.	0.17	—	垂穗鹅观草 Roegneria nutans	—	3.48
马先蒿 1 Pedicularis sp.	0.17	0.79	短叶柳叶菜 Epilobium brevifolium subsp. trichoneurum	—	2.23
高原毛茛 Ranunculus tanguticus	0.17	0.7			
薹草 Carex sp.	0.16	0.71	华北剪股颖 Agrostis clavata	—	2.12
广布红门兰 Orchis chusua	0.16	—	报春花 Primula sp.	—	1.57
黑水翠雀花 Delphinium potaninii	0.15		草玉梅 Anemone rivularis	—	0.76
大苞芹 Dickinsia hydrocotyloides	0.15		丽江剪股颖 Agrostis schneideri		0.6

续表

种类	对照	干扰	种类	对照	干扰
西南水芹 Oenanthe dielsii	—	0.58	缘毛紫菀 Aster souliei	—	0.23
千里光 Senecio sp.	—	0.55	美丽风毛菊 Saussurea superba	—	0.2
长果婆婆纳 Veronica ciliata	—	0.5	大车前 Plantago major	—	0.19
通泉草 Mazus japonicus	—	0.44	巨穗剪股颖 Agrostis gigantea	—	0.19
苦苣苔科幼苗	—	0.32	龙胆 Gentiana sp.	—	0.15
天蓝龙胆 Gentiana caelestis	—	0.24	楔叶委陵菜 Potentilla cuneata	—	0.14
黄鹌菜 Youngia sp.	—	0.24	羽衣草 Alchemilla japonica	—	0.14
鹿蹄草 Pyrola sp.	—	0.23			

注:"—"为未出现种

对照地段灌木优势种为悬钩子、华西箭竹和陇塞忍冬,而干扰地段以柳和绒毛杜鹃(*Rhododendron pachytrichum* Franch.)为优势种。对照地段草本优势种为蜘蛛岩蕨(*Woodsia andersonii* (Bedd.) Chr.)、短蕊车前紫草(*Sinojohnstonia moupinensis* (Franch.) W. T. Wang)、六叶葎(*Galium asperuloides* subsp. *hoffmeisteri* (Klotzsch) Hara)、荨麻(*Urtica fissa* Pritz.)、掌叶报春和山酢浆草,而干扰地段草本优势种为扁囊薹草、东方草莓和中华金腰(*Chrysosplenium sinicum* Maxim.),优势种比对照地段较为突出。

(2) 物种多样性及差异

从物种丰富度来看,干扰地段中灌木及草本植物丰富度均显著低于对照($P < 0.05$)(表3-40)。比较香威指数发现,对照地段灌木及草本植物类群的香威指数略大于干扰。比较相似度指数发现,干扰和对照地段组成物种的相似度较低,其中草本植物相似度低于灌木。

表3-40 旅游干扰对黄龙栈道附近灌木和草本植物物种丰富度、香威指数及相似度指数的影响

参数	灌木		草本	
	干扰	对照	干扰	对照
丰富度	2.26 ± 0.26a	3.54 ± 0.23b	8.11 ± 0.88a	15.09 ± 0.54b
香威指数	2.9503	3.0314	3.5679	3.5985
相似度指数	0.6696		0.6382	

注:同一类群小写字母不同指示统计差异显著($P < 0.05$)

(3) 结构特征及差异

对照地段中草本、灌木及苔藓植物的频度均为100%,干扰地段草本植物的频度依然为100%,而干扰地段中灌木及苔藓植物的频度低于对照,分别为94.28%和97.14%。比较干扰及对照地段林下植物的盖度可知,对照地段植物总盖度、各类群盖度均明显高于干扰,差异显著($P < 0.05$)(图3-2)。比较干扰及对照地段中各植物类群的高度可知,对照地段中各植物类群的高度均明显高于干扰地段($P < 0.05$),尤其

以干扰和对照地段灌木平均高度的差值为最大。比较干扰与对照地段的灌草密度可知，干扰地段中草本植物的密度为（116.67±22.63）株/m^2，而对照中草本密度达到（455.4±148.74）株/m^2，存在显著性差异（$P<0.05$）；干扰地段的灌木密度为（9.17±2.05）株/m^2，对照地段的灌木密度稍高于干扰地段，为（11.3±1.93）株/m^2，不存在显著性差异（$P>0.05$）。

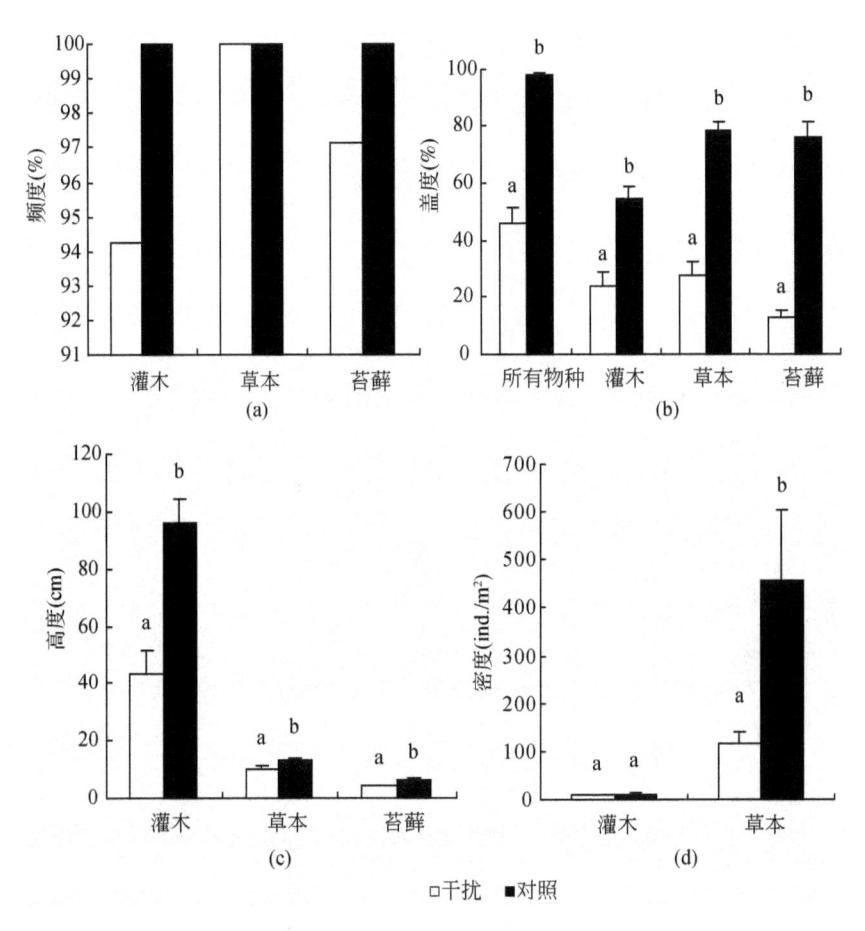

图 3-2　旅游干扰对黄龙栈道附近林下植物结构参数的影响

同一类群小写字母不同指示统计差异显著（$P<0.05$）

（4）树木更新能力及差异

从乔木种数来看，在对照地段共出现乔木幼苗7种，比受干扰地段多1种（表3-41）。从乔木幼苗的株数来看，对照地段幼苗株数明显低于受干扰地段。但进一步比较发现，受干扰地段与对照地段在乔木幼苗的频度、高度和盖度方面均明显较低，同时受干扰地段多数乔木幼苗较低矮，盖度小，而对照地段乔木幼苗均高于15 cm，盖度也相对较大。由此可见，在旅游活动影响下黄龙栈道附近乔木幼苗株数有所升高，但树木更新能力降低。

表3-41　旅游干扰对黄龙栈道附近树木更新能力的影响

种类	株数	频度（%）	高度（cm）	盖度（%）
对照				
方枝柏 Juniperus saltuaria	2	5.71	113.5	0.80
红杉 Larix potaninii	1	2.86	178.0	0.43
岷江冷杉 Abies faxoniana	20	8.57	18.0	0.40
黄果冷杉 Abies ernestii	8	5.71	25.8	0.17
紫果云杉 Picea purpurea	10	8.57	18.0	0.40
毛齿藏南枫 Acer campbellii var. serratifolium	15	11.43	29.0	0.44
微毛樱桃 Cerasus clarofolia	9	5.71	331.3	2.77
总计	65	48.57	713.6	5.41
干扰				
红杉 Larix potaninii	3	2.86	4.0	1.43
岷江冷杉 Abies faxoniana	40	11.43	2.3	0.08
黄果冷杉 Abies ernestii	5	2.86	4.7	0.02
紫果云杉 Picea purpurea	35	8.57	2.5	0.06
毛齿藏南枫 Acer campbellii var. serratifolium	6	2.86	48.0	0.20
微毛樱桃 Cerasus clarofolia	1	2.86	180.0	0.80
总计	90	31.43	241.5	2.58

3.1.2.2 旅游干扰对代表性景点植物多样性与结构影响

（1）旅游干扰对黄龙古寺景点植物多样性与结构的影响

A. 物种组成及差异

统计发现，黄龙古寺景点对照地段中出现灌木11种，草本24种，而在受干扰地段中出现草本9种，未出现灌木（表3-42）；可见，干扰地段灌草物种数比对照少26种，其中，灌木减少11种，草本减少15种。比较物种发现，有东方草莓和长穗三毛草2种草本在干扰及对照地段均有出现；金露梅、黄毛忍冬和糖茶藨子（*Ribes himalense* Royle ex Decaisne）等11种灌木，掌叶报春（*Primula palmata* Hand.-Mazz.）、大叶碎米荠（*Cardamine macrophylla* Willd.）和偏翅唐松草（*Thalictrum delavayi* Franch.）等22种草本仅在对照地段出现；而川西无心菜（*Arenaria delavayi* Franch.）、平车前和山蓼（*Oxyria digyna* (Linn.) Hill.）等7种草本仅在受干扰地段出现。

表3-42　旅游干扰对黄龙古寺景点附近灌木与草本植物种类组成及其重要值指数（%）的影响

种类	对照	干扰	种类	对照	干扰
灌木			西南花楸 Sorbus rehderiana	13.5	—
金露梅 Potentilla fruticosa	19.23	—	无毛川滇绣线菊 Spiraea schneideriana var. amphidoxa	11.91	—
黄毛忍冬 Lonicera giraldii	15.32	—			
糖茶藨子 Ribes himalense	14.15	—	甘肃忍冬 Lonicera kansuensis	8.41	

续表

种类	对照	干扰	种类	对照	干扰
五加 Acanthopanax sp.	4.47	—	西川红景天 Rhodiola alsia	2.56	—
陇塞忍冬 Lonicera tangutica	4.2	—	毛蕊花属 Verbascum sp.	2.55	—
康定小檗 Berberis kangdingensis	3.73	—	黄花杓兰 Cypripedium flavum	1.99	—
悬钩子 Rubus sp.	2.71	—	珠芽蓼 Polygonum viviparum	1.98	—
白桦 Betula platyphylla	2.36	—	单花金腰 Chrysosplenium uniflorum.	1.96	—
草本			长穗三毛草 Trisetum clarkei	1.52	4.38
掌叶报春 Primula palmata	18.3	—	蛛毛蟹甲草 Parasenecio roborowskii	0.97	—
大叶碎米荠 Cardamine macrophylla	14.35	—	单枝灯心草 Juncus potaninii	0.97	—
薹草 Carex sp.	8.6	—	柳叶菜风毛菊 Saussurea epilobioides	0.92	—
偏翅唐松草 Thalictrum delavayi	6.5	—	普通针毛蕨 Macrothelypteris toressiana	0.91	—
全缘绿绒蒿 Meconopsis integrifolia	6.48	—	毛果婆婆纳 Veronica eriogyne	0.84	—
康定翠雀花 Delphinium tatsienense	5.27	—	肾叶堇菜 Viola schulzeana	0.84	—
宝兴冷蕨 Cystopteris moupinensis	5.07	—	早熟禾 Poa sp.	—	30.17
大苞芹 Dickinsia hydrocotyloides	4.69	—	山蓼 Oxyria digyna	—	17.04
双花堇菜 Viola biflora	3.38	—	楔叶委陵菜 Potentilla cuneata	—	15.74
六叶葎 Galium asperuloides var. hoffmeisteri	3.17	—	川西无心菜 Arenaria delavayi	—	12.92
			平车前 Plantago depressa	—	7.13
风毛菊 Saussurea sp.	3.13	—	沼生柳叶菜 Epilobium palustre	—	4.65
东方草莓 Fragaria orientalis	3.05	6.08	细裂亚菊 Ajania przewalskii	—	4.12

注:"—"为未出现种

比较干扰及对照地段优势物种组成的差异发现,对照地段灌木优势种为金露梅、黄毛忍冬和糖茶藨子等,草本优势种为掌叶报春、大叶碎米荠、薹草、偏翅唐松草和全缘绿绒蒿(*Meconopsis integrifolia* (Maxim.) Franch.)等;而受干扰地段无灌木,草本以早熟禾、山蓼、楔叶委陵菜(*Potentilla cuneata* Wall. ex Lehm.)和川西无心菜等为优势。

B. 物种多样性及差异

从物种丰富度来看,受干扰地段灌木丰富度为0,显著低于对照($P<0.05$),草本植物丰富度亦低于对照且差异显著($P<0.05$)(表3-43)。比较香威指数发现,对照地段灌木及草本植物类群的香威指数均大于受干扰地段。比较相似度指数发现,干扰和对照地段组成物种的相似度较低,灌木及草本相似度指数均低于0.2。

表3-43 旅游干扰对黄龙古寺景点附近灌木和草本植物物种丰富度、香威指数及相似度指数的影响

参数	灌木 干扰	灌木 对照	草本 干扰	草本 对照
丰富度	0 a	6.67±1.53b	5.00±2.08 a	17.33±0.67 b
香威指数	0	2.1942	1.9879	2.7836
相似度指数	0		0.1528	

注:同一类群小写字母不同指示统计差异显著($P<0.05$)

C. 结构特征及差异

旅游干扰对黄龙古寺景点附近植物类群的频度、盖度、高度和密度的影响如图3-3所示。比较干扰与对照地段中植物出现的频度可知，对照地段中草本、灌木及苔藓植物的频度均为100%；干扰地段草本植物的频度依然为100%，而灌木频度为0，苔藓植物的频度低于对照，为33.33%。比较干扰与对照地段林下植物的盖度可知，对照地段植物总盖度、各类群盖度均明显高于干扰，差异显著（$P<0.05$）。比较干扰与对照地段中各植物类群的高度可知，对照地段中各植物类群的高度均高于受干扰地段，其中，灌木和苔藓植物高度与干扰地段相比差异显著（$P<0.05$），草本植物差异不显著（$P>0.05$）。比较干扰与对照地段的灌草密度可知，受干扰地段中草本植物的密度为（94.33±7.81）株/m^2，而对照中草本密度为（103.67±12.12）株/m^2，不存在显著差异（$P>0.05$）；受干扰地段灌木密度为0，对照灌木密度为（18.00±1.44）株/m^2，差异显著（$P<0.05$）。

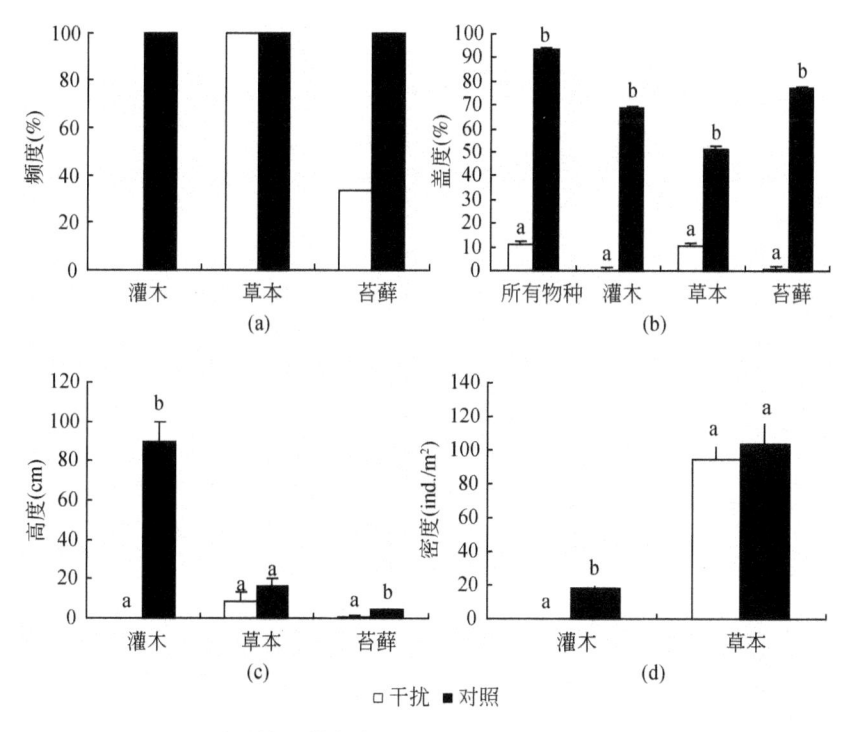

图3-3 旅游干扰对黄龙古寺景点附近林下植物结构参数的影响
同一类群小写字母不同指示统计差异显著（$P<0.05$）

（2）旅游干扰对五彩池景点植物多样性与结构的影响

A. 物种组成及差异

黄龙五彩池景点对照地段中出现灌木11种，草本23种，而干扰地段中出现灌木0种，草本16种。由此可见，受干扰地段灌草物种数比对照少18种，其中，灌木减少11种，草本减少7种（表3-44）。比较受干扰及对照地段优势物种组成的差异发现，对照地段灌木优势种为金露梅、黄毛忍冬和西南花楸等，受干扰地段无灌木。对照地段草本优势种为掌叶报春、大叶碎米荠、偏翅唐松草、薹草、全缘绿绒蒿等，而干扰地段草本优势种为偏翅唐松草、长穗三毛草、早熟禾和东方草莓等。

表3-44 旅游干扰对五彩池景点附近灌木与草本植物种类组成及其重要值指数（%）的影响

种类	对照	干扰	种类	对照	干扰
灌木			六叶葎 Galium asperuloides var. hoffmeisteri	3.25	—
金露梅 Potentilla fruticosa	19.92	—			
黄毛忍冬 Lonicera giraldii	15.15	—	毛蕊花 Verbascum sp.	2.69	—
糖茶藨子 Ribes himalense	14.18	—	西川红景天 Rhodiola alsia	2.64	—
西南花楸 Sorbus rehderiana	13.3	—	管花鹿药 Maianthemum henryi	2.07	—
无毛川滇绣线菊 Spiraea schneideriana var. amphidoxa	12.63	—	珠芽蓼 Polygonum viviparum	2.03	—
			单花金腰 Chrysosplenium uniflorum	2	—
甘肃忍冬 Lonicera kansuensis	8.38	—	单枝灯心草 Juncus potaninii	1.99	—
陇塞忍冬 Lonicera tangutica	4.19	—	珠毛蟹甲菜 Parasenecio roborowskii	0.99	—
康定小檗 Berberis kangdingensis	3.74	—	普通针毛蕨 Macrothelypteris toressiana	0.93	—
悬钩子 Rubus sp.	3.62	—	狭叶红景天 Rhodiola kirilowii	0.93	—
五加 Acanthopanax sp.	2.48	—	肾叶堇菜 Viola schulzeana	0.85	—
白桦 Betula platyphylla	2.41	—	未知种	0.85	—
草本			长穗三毛草 Trisetum clarkei	—	12.14
掌叶报春 Primula palmata	19.33	—	早熟禾 Poa sp.	—	10.58
大叶碎米荠 Cardamine macrophylla	9.22	—	川西无心菜 Arenaria delavayi	—	6.63
偏翅唐松草 Thalictrum delavayi	8.95	29.95	毛茛 Ranunculus sp.	—	6.07
薹草 Carex sp.	7.16	—	大车前 Plantago major	—	6.01
全缘绿绒蒿 Meconopsis integrifolia	6.99	—	风轮菜 Clinopodium sp.	—	2.28
康定翠雀花 Delphinium tatsienense	5.63	—	伞形科幼苗	—	2.78
宝兴冷蕨 Cystopteris moupinensis	5.32	—	楔叶委陵菜 Potentilla cuneata	—	2.34
当归 Angelica sp.	4.75	1.68	蒲公英 Taraxacum sp.	—	2.26
柳叶菜风毛菊 Saussurea epilobioides	4.2	1.95	杨叶风毛菊 Saussurea populifolia	—	1.81
东方草莓 Fragaria orientalis	3.74	10.2	婆婆纳 Veronica persica	—	1.69
双花堇菜 Viola biflora	3.46	—	甘肃蚤缀 Arenaria kansueusis	—	1.63

注："—"为未出现种

B. 多样性及差异

从物种丰富度来看，受干扰地段灌木丰富度为0，显著低于对照（$P<0.05$），草本植物丰富度亦低于对照，且差异显著（$P<0.05$）（表3-45）。比较香威指数发现，对照地段灌木及草本植物类群的香威指数均大于受干扰地段。比较相似度指数发现，干扰和对照地段组成物种的相似度较低，灌木相似度指数为0，草本为0.2120。

表3-45 旅游干扰对五彩池景点附近灌木和草本植物物种丰富度、香威指数及相似度指数的影响

参数	灌木 干扰	灌木 对照	草本 干扰	草本 对照
丰富度	0a	6.67±0.67b	8.00±0.58a	18.33±0.88b
香威指数	0	2.1792	2.3199	2.7983
相似度指数	0		0.2120	

注：同一类群小写字母不同指示统计差异显著（$P<0.05$）

C. 结构特征及差异

比较干扰与对照地段中植物出现的频度可知，对照地段中草本、灌木及苔藓植物的频度均为100%，受干扰地段草本和苔藓植物的频度依然为100%，而灌木频度为0（图3-4）。比较受干扰及对照地段林下植物的盖度可知，对照地段植物总盖度、各类群盖度均明显较高，差异显著（$P<0.05$）。比较受干扰及对照地段中各植物类群的高度可知，对照地段中各植物类群的高度也较高，其中灌木的高度与受干扰地段相比差异显著（$P<0.05$），草本和苔藓植物高度差异不显著（$P>0.05$）。比较干扰与对照地段的灌草密度可知，受干扰地段中草本植物的密度为（367.00±17.00）株/m^2，而对照中草本密度为（103.5±9.04）株/m^2，存在显著性差异（$P<0.05$）；受干扰地段灌木密度为0，对照中灌木密度为（18.83±1.48）株/m^2，存在显著性差异（$P<0.05$）。受干扰地段草本植物密度较高的原因主要是该地段出现较多的薹草和早熟禾等莎草科和禾本科植物，这些植物个体数较多。

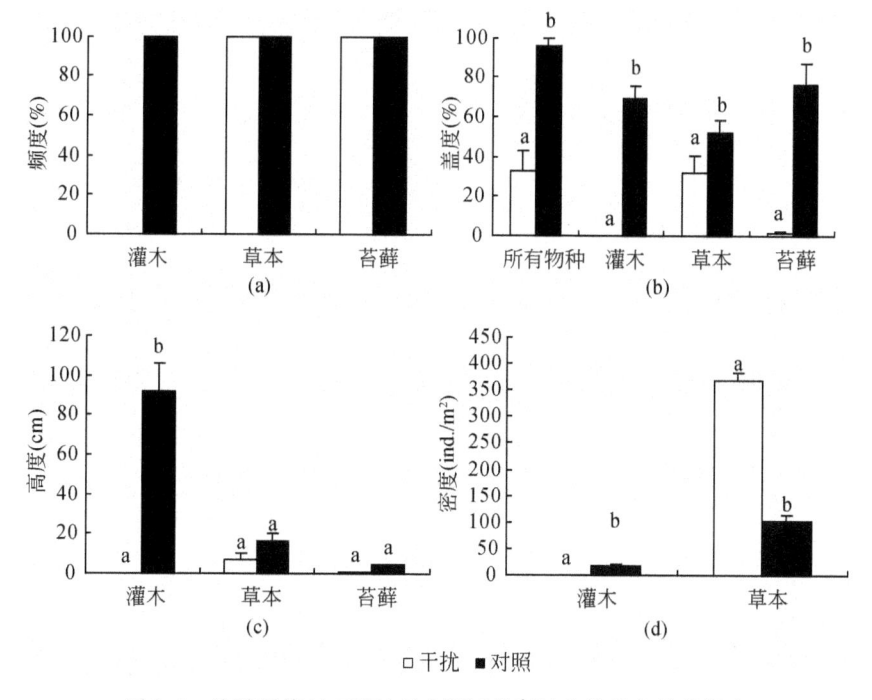

图3-4 旅游干扰对五彩池景点附近林下植物结构参数的影响
同一类群小写字母不同指示统计差异显著（$P<0.05$）

3.2 旅游干扰对九寨—黄龙景区沿湖土壤的影响

目前，对于九寨—黄龙世界自然遗产地的土壤研究还十分缺乏，在20世纪90年代，林致远和尹平（1994）从成土条件与土壤类型特性、组成的相互关系报道了九寨沟自然保护区的土壤本底资料，李玉武等（2006）研究了人为干扰对九寨核心景区土壤物理性质的影响。但土壤作为森林生态系统的一个重要组成部分，对维持生态系统稳定，促进生物多样性演化起着十分重要的作用（庞学勇等，2009）。

近年来，随着九寨沟旅游人数的高速增长，旅游活动所带来的影响受到广泛关注，核心景区的土壤受旅游活动的影响直接而频繁，能够从生态系统的机理上反映干扰活动对景区的影响。毫无疑问，旅游活动以及旅游景点建设与管理对土壤结构与功能造成了一定的影响，而影响程度往往与旅游干扰活动的强度有必然的联系（李玉武等，2006）。另外，九寨沟景区内的农耕地虽然已基本实现了退耕还林，但退耕方式是否合理，退耕效果是否明显，以及林地开荒对原有森林土壤的影响还不是十分清楚。九寨沟公路修建对附近边坡土壤生态功能的影响情况目前也不甚了解。因此，在揭示不同自然植被类型下土壤结构与功能关系的基础上，阐明旅游活动、退耕还林以及公路修建对土壤的影响，对于九寨—黄龙自然遗产地的保护、旅游管理以及旅游可持续发展具有重要的意义。

3.2.1 九寨—黄龙景区主要植被类型下土壤结构与功能

3.2.1.1 土壤容重

九寨—黄龙核心景区主要植被类型土壤容重存在明显的差异（$P<0.001$）（图3-5）。其中，在九寨沟核心景区，人工云杉林土壤容重最大，明显高于原始林和其他次生植被，而桦木-槭树次生林明显低于其他植被类型。从剖面的深度上看，表层土壤容重低于表下层，但只有桦木-槭树次生林与人工云杉林土壤容重在深度上存在差异（图3-5）。

而黄龙核心景区植被并没有被砍伐，所以主要的植被类型为原始云杉、冷杉林，主要差异在于土壤母质的差异。钙华体和坡积物是两类主要的土壤母质，在同样为原始植被类型的条件下，钙华体上原始林土壤容重明显大于坡积土上的原始云杉、冷杉林。与九寨沟景区植被类型一样，表层土壤容重明显低于底层（图3-5）。

3.2.1.2 土壤孔隙度

土壤孔隙是土壤持水保水能力的首要保障。九寨—黄龙核心景区主要植被类型下土壤总孔隙存在显著差异（$P<0.001$）[图3-6（a）]，其趋势与土壤容重相反。在九寨沟核心景区，人工云杉林由于土壤容重大，土壤紧实，总孔隙明显小于其他植被类型。而在黄龙核心景区，钙华体上土壤总孔隙明显地小于坡积土壤总孔隙，这可能主要是由于钙积土以结晶的矿物颗粒为主，有机无机复合团聚体少。同时，这一点还可以从它们的毛管孔隙存在差异［图3-6（b）］，而非毛管孔隙没有明显差异得到证实［图3-6（c）］。

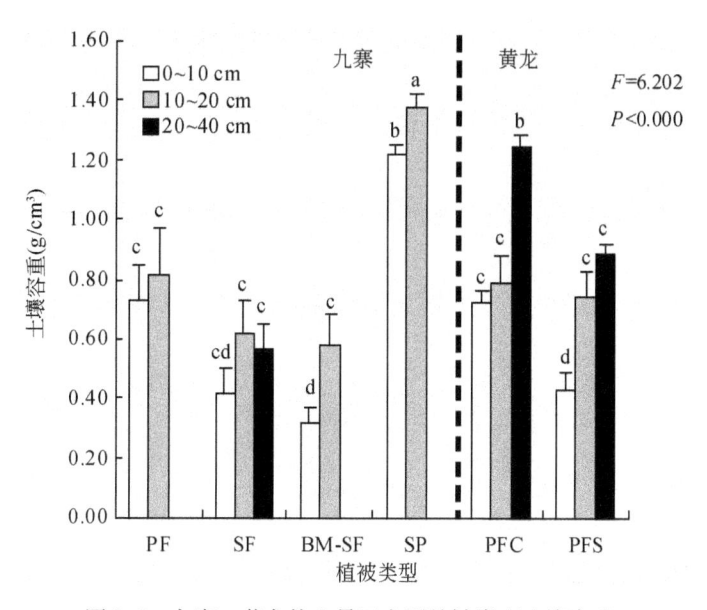

图 3-5 九寨—黄龙核心景区主要植被类型土壤容重

PF. 原始林；SF. 次生林；BM-SF. 桦木 - 槭树次生林；SP. 人工云杉林；PFC. 钙华体上原始林；
PFS. 坡积体上原始林；不同的字母代表差异显著（$P<0.05$）

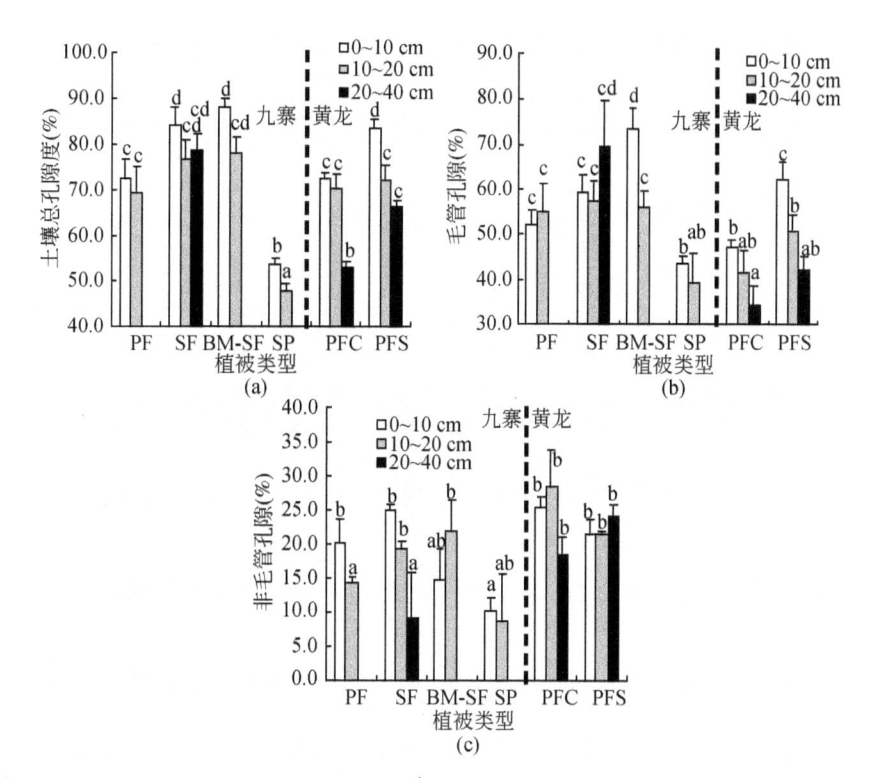

图 3-6 九寨—黄龙核心景区主要植被类型下土壤总孔隙（a）、毛管孔隙（b）和非毛管孔隙（c）

PF. 原始林；SF. 次生林；BM-SF. 桦木 - 槭树次生林；SP. 人工云杉林；PFC. 钙华体上原始林；
PFS. 坡积体上原始林；不同的字母代表差异显著（$P<0.05$）

九寨沟核心景区人工云杉林土壤毛管孔隙明显低于其他各植被类型，黄龙核心景区钙华体上土壤毛管孔隙低于坡积土［图3-6（b）］。非毛管孔隙除九寨核心景区人工云杉林明显低于其他各植被类型外，各植被类型之间没有显著差异（$P<0.05$）［图3-6（c）］。

3.2.1.3 土壤持水性能

九寨—黄龙核心景区主要植被类型下土壤的饱和持水量总体含量均较大，但存在显著差异（$P<0.001$）［图3-7（a）］，其趋势与土壤总孔隙相似。在九寨沟核心景区人工云杉林土壤饱和持水量明显地低于其他植被类型，而其他各植被类型之间，在同一土壤层中饱和持水量没有显著差异（$P>0.05$）。在黄龙核心景区，钙华体上土壤表层饱和持水量小于坡积土壤饱和水量，下土层（10~20 cm和20~40 cm层）没有显著差异。

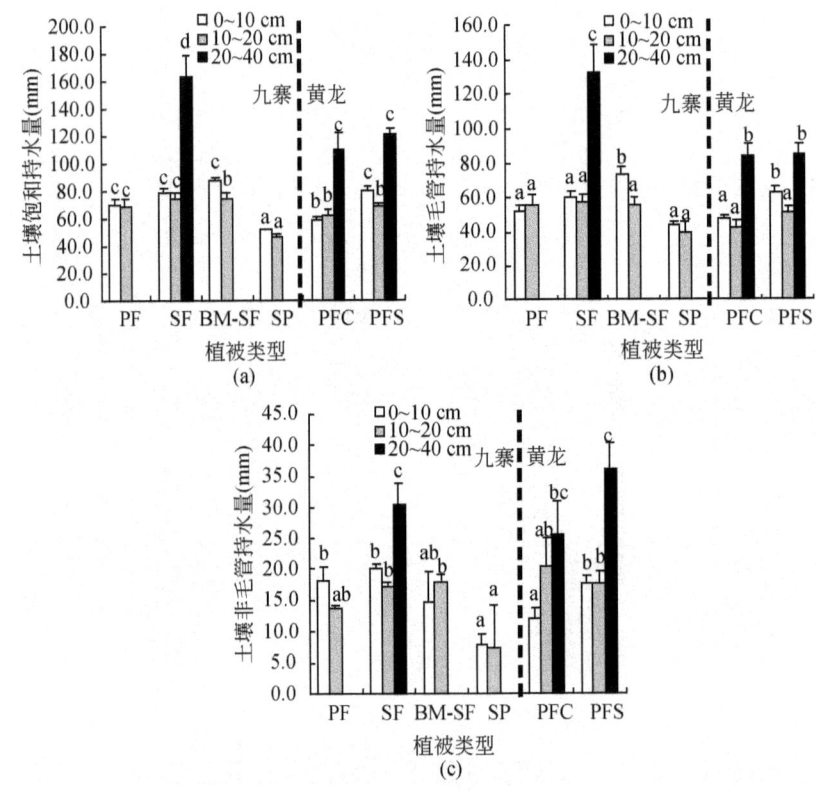

图3-7　九寨—黄龙核心景区主要植被类型下土壤饱和持水量（a）、
毛管持水量（b）和非毛管持水量（c）
PF. 原始林；SF. 次生林；BM-SF. 桦木-槭树次生林；SP. 人工云杉林；PFC. 钙华体上原始林；
PFS. 坡积体上原始林；不同的字母代表差异显著（$P<0.05$）

土壤毛管持水量与土壤饱和持水量有相似的趋势［图3-7（b）］。九寨沟核心景区人工云杉林土壤毛管持水量明显低于次生桦木-槭树林，而其他各植被类型之间没有显著差异。在同一土壤层，次生植被土壤毛管持水量略大于原始林，但没有显著差异（$P>0.05$）。黄龙核心景区钙华体上表层土壤毛管持水量低于坡积土［图3-7（b）］，下层土壤之间没有显著差异。

土壤非毛管孔隙在九寨—黄龙核心景区各植被类型间存在显著差异（$P<0.05$）[图3-7（c）]，九寨沟核心景区人工云杉林明显地低于其他各植被类型，而其他各植被类型之间没有显著差异 [图3-7（c）]。在黄龙核心景区，钙华体上表层土壤非毛管持水量低于坡积土 [图3-7（b）]，而下层土壤之间没有显著差异。

3.2.1.4 土壤结构与功能的影响因素

土壤物理性质通常被认为是重要的土壤结构和土壤质量指标（Karlen and Stott, 1994; Arshad et al., 1996; Boix-Fayos et al., 2001）。一般来说，土壤结构支配着土壤物理性质以及其他功能（Dexter, 1997），结构的退化通常意味着土壤总孔隙减少或孔隙的连贯性降低（Dias and Northcliff, 1985），对土壤的通气性或水文特性有负面影响（Berger and Hager, 2000），进而影响土壤含水量和植物生长，因此，土壤结构在评判植被恢复与生态系统健康，特别是在人为等原因造成植被类型转换后，在评价土壤生态功能等方面具有重要的指示作用。

九寨沟原始针叶林下的土壤容重为（0.73 ± 0.11）g/cm³，次生桦木-槭树林下为（0.32 ± 0.05）g/cm³（图3-5）。与该区域同类型的其他植被土壤物理性质相比，九寨沟各植被类型土壤的物理性质均较优。土壤容重略低于同属高山峡谷区米亚罗的云杉、冷杉原始林（0.89 ± 0.10）g/cm³ 和次生桦木林（0.75 ± 0.08）g/cm³（庞学勇等，2004a，2004b）。出现这种情况的原因，可能主要是九寨沟自然保护区较早得到保护，人为干扰少。与此相对照，九寨沟30年左右的人工云杉林土壤物理性质就比米亚罗人工云杉林差，如土壤容重增加了约28%。这主要是与人工云杉林的密度有关，九寨沟人工林密度（3400株/hm²）明显大于米亚罗人工林密度。在土壤孔隙度和持水性能方面也都表现出九寨沟自然保护区各植被类型优于该区域同类型的其他植被。土壤紧实度、孔隙度和持水性能受多方面的因素影响（Karlen and Stott, 1994; Berger and Hager, 2000; 庞学勇等，2004a，2004b），主要包括生物因素和非生物因素。在九寨沟核心景区的样地选取上，我们主要控制了非生物因素，如海拔、坡度、坡向以及土壤母质等，而在黄龙自然保护区的样地选取上，我们控制了生物因素（地上植被类型），因此，这些差异主要是由于成土母质的差异造成的。

(1) 植被类型的影响

植被类型对土壤性质具有直接的影响，如通过碎屑物的输入（Montagnini et al., 1993）、地上与地下生物量的分配（Cuevas et al., 1991）、土壤根系深度分布（Carvalheiro and Nepstad, 1996）、改善微气候（Montagnini et al., 1993）、养分再分配（Alban, 1982）、固氮（Roggy, 1999）、土壤碳氮矿化（Ewel, 2006）以及无脊椎动物种群等，使土壤的特性与其上的植被表现出明显的关联性（Warren and Zou, 2002; Hobbie et al., 2006）。

原始林砍伐后种植人工林可增加土壤的紧实度（图3-5）。许多研究表明（庞学勇等，2004a，2004b），不合理的造林密度及管理措施是人工林土壤结构退化的主要原因。据调查，在九寨沟人工云杉林地密度可达3400株/hm²，有的甚至可达6000株/hm²。同时，这些人工云杉林的土壤有机质含量最低，而原始针叶林有机质含量最高，次生林和桦木-槭树次生林有机质含量略低于原始林。高密度乔木层形成单优势群落结构，造成了许多不利于凋落物分解归还有机物的因素（庞学勇等，2004a，2004b），如阴湿的环境、低温和低光照，同时还引起土壤微生物、动物和酶活性降低。这些不利的生物和非生物因素共同调控着地上有机物向土壤的转移。同时，在相同的气候条件下，云杉针叶分解速率明显低于阔叶也是造成人工云杉林土壤有机质含量低的一个原因。据 Russell 等（2007）研究，土壤容重与土壤有机质有明显的负相关关系。在人工林下凋落物分解速率下降，势必会造成土壤有机质降低。有机质的主要作用在于联结矿物质黏粒，形成多孔介质的团聚体，其含量与土壤容重呈负相关，与孔隙度呈正相关（庞学勇等，2004a，2004b；王晶等，2005；Russell et al.，2007）。因此，土壤有机质含量通常用来估计土壤孔隙度，土壤有机质含量的高低决定了土壤的持水性能。在本研究中，人工云杉林下土壤的有机质含量最低，从而也间接地增大了土壤容重和土壤紧实度。另外，原始林砍伐后通过封山育林等保护措施恢复的自然次生植被，由于其物种组成以阔叶树为主，其分解速率明显高于以云杉、冷杉为主的针叶树，增加了有机物向土壤的输入，从而间接地减少了土壤容重。

另外，云杉是一种浅根系树种，与其他针叶树和多数落叶树种相比，具有较低的穿透性（Corns，1988）。有研究认为，云杉平根系统可能引起土壤紧实，对土壤通气性和水文特性有负作用，进而影响到土壤质量和早期树木生长以及幼苗的建植（Corns，1988；Berger and Hager，2000）。本研究中云杉人工纯林的成林密度（3400 株/hm^2）为原始林和次生阔叶林的2倍，可以估计其根系的数量和体积也明显地大于原始林和次生阔叶林。因此，根系膨胀和挤压也是造成土壤紧实的一个主要原因。这也会造成土壤孔隙减少，特别是大孔隙数量明显减少，进而影响到土壤通透性和根系的穿透性。

(2) 土壤母质的影响

在黄龙自然保护区，同为冷杉、云杉原始林，发育于坡积土上的土壤其物理性质明显地优于发育于钙华母质上的（图3-5~图3-7），造成差异的主要原因可能与土壤的发育时间及母质本身特性有关。黄龙钙华体形成主要是富含 Ca(HCO$_3$)$_2$ 的地下水通过深部循环后出露地表，在温度、压力、水动力等因素综合影响下，水中的碳酸钙沉积下来，形成钙华塌陷、钙华滩流、钙华瀑布等独特的露天喀斯特堆积地貌景观。但随着时间的推移，沉积下来的钙华体会抬高河床，造成流水改道，致使原来的河床出露地表，形成以碳酸钙为主要成分的母质（刘再华等，2003）。在母质的特性上，钙华母质十分坚硬，明显可以看到母质的原貌。钙积土由于成土时间比较短，生物作用十分弱，以结晶的矿物颗粒为主，土壤有机质含量低，这与有机无机复合团聚体少有关，并且可以从它们毛管孔隙存在差异[图3-6(b)]，而非毛管孔隙没有明显差异得到证实[图3-6(c)]。相关研究表明，当有机无机复合团聚体多时，土壤毛管孔隙含量较大（庞学勇等，2004a，2004b）。在黄龙核心景区原始林少有人为干扰情况下，钙华体上土壤毛管孔隙低于坡积土[图3-6(b)]，也可部分证实土壤紧实并非践踏等人为原因所致，而是土壤母质本身差异引起的。两类不同母质上发育的土壤其物理性质在土壤厚度上也存在明显的差异，坡积土厚度远远大于钙华土，说明坡积土发育的时间远远大于钙华母质上土壤发育的时间。

总之，尽管黄龙自然保护区坡积土地形条件较钙华母质土壤差，但坡积土壤的物理性质明显优于钙华母质上发育的土壤。在九寨沟自然保护区除人工云杉林外,其他主要植被类型下土壤的物理性质均优于该区域同类型植被,但人工云杉纯林的土壤物理性质劣于该区域其他植被类型,表现为土壤容重大、结构紧实、孔隙度低、持水能力下降。同时,由于密度较大,在部分地点有落针病发生,严重影响了保护区的景观,因此,加强该区域低效人工云杉林改造,降低其密度,增加植被的透光率,改善微环境条件,提高生态功能是重要的保护与管理措施之一。

3.2.2 旅游干扰对九寨沟核心景区土壤结构和功能的影响

3.2.2.1 不同干扰强度下各景点土壤结构与功能

在九寨沟核心景区内,我们沿三条主干沟的公路、栈道、景点、河道等两边对各100 m范围内的土壤状况进行了调查,并根据游客数量多少将所有景点初步划分为轻度干扰、中度干扰和强度干扰三种景点类型。轻度干扰景点包括草海、上五花海、下五花海、芦苇海、长海等;中度干扰景点包括诺日朗、树正、五彩池;强度干扰景点有原始林、熊猫海和珍珠滩。调查中采用对比研究方法,在各景点依栈道或游径走向采取机械布点法,选取有代表性的干扰和对照样点,并使两干扰点相距大约10 m,干扰样点和对照样点互相平行对应,样方为1 m×2 m,对照样点离干扰样点大约100 m。对照样点基本无干扰,每个景点有15个重复。

通过对不同干扰强度下土壤容重的分析表明(表3-46),较强干扰景点的土壤容重为0.63~1.07 g/cm³,中度干扰景点的土壤容重为0.53~0.97 g/cm³,轻度干扰景点的土壤容重为0.26~0.65 g/cm³,而各自对照样点的土壤容重分别为0.26~0.51 g/cm³、0.35~0.66 g/cm³和0.25~0.58 g/cm³。研究发现,人为干扰对各景点的影响水平不同,在干扰较强的景点平均达到119%,在游客密度较大的熊猫海影响水平高达160%,而且土壤非常紧实,表面光滑,植被极少;在中度干扰的景点平均为48.7%;而在轻度干扰的景点平均只有11.2%。在游客极少的草海栈道旁,土壤容重的人为影响水平为-17.4%。

对土壤孔隙状况的分析表明(表3-46),总孔隙度在强度、中度和轻度干扰景点变幅为59.5%~76.2%、63.3%~79.9%和75.6%~90.0%。强度、中度和轻度人为干扰对土壤总孔隙度的平均影响度分别为18.9%、11.7%和2.4%,表明总孔隙度随干扰强度的增加而减小,而影响水平随干扰强度的增加而增大。毛管孔隙度在强度、中度和轻度人为干扰景点分别为50.0%~63.7%、50.8%~69.4%和55.6%~70.2%,强度、中度和轻度人为干扰对毛管孔隙度的平均影响度分别为4.7%、2.2%和-3.8%,说明土壤毛管孔隙度随着干扰强度的变化趋势与总孔隙度的相似,但轻度或中度干扰可以增加土壤毛管孔隙度,只有在强度干扰时毛管孔隙度减少。非毛管孔隙度在强度、中度和轻度干扰景点为9.5%~21.1%、10.5%~16.2%和9.5%~30.4%,强度、中度和轻度干扰对非毛管孔隙度的平均影响水平分别为48.9%、44.9%和19.0%,说明非毛管孔隙度也随干扰增加而减小,与人为干扰对总孔隙度和毛管孔隙度的影响水平相比,人为干扰对非毛管孔隙度的影响程度更大。

表3-46 人为干扰对九寨沟景区土壤容重（g/cm³）、孔隙度（%）、持水能力（%）和细根生物量（g/cm³）的影响度（%）

指标		原始林	熊猫海	珍珠滩	诺日朗	树正	五彩池	草海	上五花海	下五花海	芦苇海	长海
容重	对照	1.07±0.07	0.68±0.14	0.63±0.08	0.76±0.10	0.97±0.07	0.53±0.04	0.26±0.02	0.65±0.08	0.29±0.05	0.61±0.06	0.48±0.06
	影响度	0.51±0.06	0.26±0.07	0.34±0.06	0.53±0.06	0.66±0.06	0.35±0.04	0.32±0.04	0.58±0.07	0.25±0.04	0.48±0.03	0.41±0.07
		111.1	160.1	85.8	44.8	47.9	53.5	-17.4	12.3	17.6	26.6	16.8
饱和持水量	对照	71.6±12	153.9±60	160.3±29	106.8±15	74.5±8	154.6±15	332.1±20	165.8±25	425.1±13	134.7±16	175.2±21
	影响度	251.0±40	374.7±77	337.4±62	169.2±27	120.9±14	270.3±31	332.1±53	184.3±30	533.9±17	165.3±16	222.8±28
		71.5	58.9	52.5	36.8	38.4	42.8	0.02	10	20.4	18.5	21.4
毛管水	对照	61.1±10	110.7±35	138.0±25	91.2±13	63.2±7	137.9±15	287.8±17	148.0±21	315.7±76	108.3±13	154.3±18
	影响度	179.7±26	252.1±52	235.0±38	126.2±20	91.5±10	206.7±17	267.7±27	152.7±27	383.2±13	129.1±13	183.8±23
		66	56.1	41.3	27.7	31	33.3	-7.4	3.1	17.6	16.1	16
非毛管水	对照	10.5±2	43.2±26	22.2±5	15.7±3	11.3±1	16.7±8	44.3±4	17.8±5	109.4±39	26.4±4	20.8±4
	影响度	71.3±16	122.6±51	102.5±26	43.0±8	29.4±4	63.5±17	64.3±20	31.6±4	150.6±47	36.2±4	39.0±7
		85.3	64.7	78.3	63.6	61.5	73.7	31.1	43.6	27.3	27.2	46.6
总孔隙度	对照	59.5±2.8	74.3±5.3	76.2±3.2	71.2±3.8	63.3±2.8	79.9±1.5	90.0±0.8	75.6±3.2	89.1±1.7	77.0±2.3	81.8±2.4
	影响度	80.8±2.3	90.1±2.7	87.2±2.1	80.1±2.1	75.2±2.4	86.9±1.6	87.9±1.4	78.3±2.6	90.7±1.3	81.8±1.0	84.5±2.6
		26.4	17.6	12.6	11.1	15.8	8.1	-2.4	3.4	1.8	5.9	3.1
毛管孔隙度	对照	50.0±2.7	53.2±2.6	63.7±3.3	55.0±3.5	50.8±2.5	69.4±2.6	70.2±1.8	66.1±4.0	58.7±3.7	55.6±3.0	65.5±3.4
	影响度	60.8±2.2	56.7±7.7	58.0±2.6	55.3±2.6	49.5±2.7	66.5±2.6	68.8±1.5	60.3±3.3	55.4±3.6	57.1±2.2	62.9±2.7
		17.8	6.2	-10	0.6	-2.7	-4.4	-2	-9.8	-6	2.6	-4
非毛管孔隙度	对照	9.5±2.0	21.1±4.7	12.4±2.6	16.2±3.4	12.5±1.6	10.5±1.8	19.8±2.0	9.5±3.7	30.4±3.7	21.4±3.5	16.4±3.9
	影响度	20.0±3.2	33.4±8.1	29.2±3.8	24.8±3.1	25.7±2.1	20.4±3.4	19.1±1.9	18.0±1.7	35.3±3.4	24.8±2.2	21.5±2.2
		52.4	36.9	57.4	34.7	51.4	48.6	-3.8	47.4	14.1	13.6	23.9
根重	对照	0.80±0.24	0.33±0.09	0.74±0.12	0.47±0.15	0.47±0.08	0.77±0.07	1.22±0.14	0.93±0.17	1.08±0.26	0.85±0.16	0.80±0.21
	影响度	1.00±0.12	0.70±0.31	1.24±0.24	0.63±0.15	0.99±0.15	0.81±0.15	1.12±0.21	0.87±0.14	1.09±0.11	0.96±0.11	0.79±0.19
		20.1	52.6	40.6	24.8	52.2	4.6	-9.2	-6	0.5	11.8	-0.8

94

所有景点土壤水分状况相对较好（表3-46），饱和持水量为71.6%~425.1%，毛管持水量为61.1%~315.7%，非毛管持水量极低，为10.5%~109.4%。与各对照点相比，人为干扰对土壤水分影响差异较大，强度、中度和轻度干扰景点平均土壤饱和含水量的影响水平分别为61%、39.3%和14.1%；强度、中度和轻度干扰景点平均土壤毛管持水量的影响水平分别为54.5%、30.7%和15.1%；强度、中度和轻度干扰景点平均土壤非毛管持水量的影响水平分别为76.1%、66.3%和35.2%。可见，土壤保水、供水能力在弱干扰景点受到的影响较小。

对土壤中细根生物量的分析表明，强度、中度和轻度干扰景点土壤细根生物量平均为0.62 g/cm³、0.57 g/cm³和0.98 g/cm³，强度、中度和轻度人为干扰对土壤细根生物量的平均影响水平分别为37.8%、27.2%和-0.7%，说明土壤细根生物量随干扰增强而减小，其影响度越大。轻度干扰下土壤中的细根生物量最大（表3-46）。

3.2.2.2　不同干扰强度下景区退耕地土壤结构与功能

九寨沟核心景区退耕地调查研究地点分别位于五花海栈道边、镜海停车场附近、树正群海栈道边和荷叶寨附近，以距离道路的远近及干扰程度分为重度（距离路缘3 m以内）、中度（距离路缘5~9 m）和轻度（距离路缘10 m以外）三个等级，每个等级调查3个1 m×2 m样方，并在与此退耕地土壤类型相同、干扰较轻的原始、次生或人工林内做3个对比样方。

强度、中度和轻度人为干扰对退耕地土壤容重的平均影响水平分别为157.5%、142.5%和148.4%（表3-47），土壤容重与对照点有明显差距，说明土壤容重与初始状态比较已发生很大变化，但游客不同践踏程度对容重的影响水平差异较小。

表3-47　人为干扰对九寨沟退耕地土壤容重、孔隙度、持水能力和细根生物量的影响（%）

退耕地点	干扰强度	容重	饱和水	毛管水	非毛管水	总孔隙度	毛管孔隙度	非毛管孔隙度	根重
五花海	强	95.5	70.1	49.1	89.6	36.1	-13.1	86.5	75.5
	中	70.0	58.1	33.0	81.7	26.5	-29.3	83.5	58.1
	弱	—	—	—	—	—	—	—	—
镜海	强	67.2	53.7	49.4	65.1	27.7	10.9	54.8	89.3
	中	58.5	17.6	4.8	52.3	5.1	-13.7	35.5	39.7
	弱	12.3	51.0	47.1	61.5	24.1	9.5	47.1	18.9
树正	强	79.6	61.0	51.7	82.7	32.6	11.1	73.4	76.9
	中	70.7	63.3	56.3	79.3	29.0	23.6	39.3	64.7
	弱	64.4	53.5	46.6	70.3	26.4	9.5	58.4	64.5
荷叶寨	强	387.8	87.8	85.6	95.9	46.0	29.2	82.9	85.5
	中	370.8	87.3	85.7	93.2	44.0	31.8	70.9	96.1
	弱	368.4	86.7	87.2	84.6	43.7	40.4	51.1	71.0

退耕地土壤总孔隙度在游客强度、中度和轻度干扰下的平均影响水平分别为35.6%、26.2%和31.4%（表3-47），总孔隙度对强度和轻度践踏比中度践踏更敏感，但干扰对总孔隙度的影响水平都较高，可见林地转换为耕地同样是造成总孔隙度变化的主要原因。在游客不同程度践踏下，退耕地土壤毛管孔隙度变化也较小，但中度践踏干扰时，毛管孔隙度有变大的趋势；退耕地非毛管孔隙度在强度、中度和轻度人为干扰下的平均影响水平分别为74.4%、57.3%和52.2%，林地开荒对土壤的结构和通气状况影响较大，不利于土壤内部气体交换和水分下渗，加剧地表径流和土壤养分流失，有可能破坏附近高原湖泊的营养收支平衡，造成富营养化。

退耕地土壤饱和水在强度、中度和轻度人为干扰下的平均影响水平分别为68.2%、56.6%和63.7%，土壤毛管水在强度、中度和轻度人为干扰下的平均影响水平分别为59.0%、45.0%、60.2%（表3-47），不同干扰强度下土壤饱和水和毛管水的差异也不明显，而干扰对它们的影响水平很高，说明林地开荒转化为耕地对土壤的破坏比单纯游客践踏造成的影响严重得多。毛管水的变化趋势与饱和水的相同。强度、中度和轻度人为干扰对土壤非毛管水的平均影响度为83.3%、76.6%和72.1%（表3-47），这大大降低了土壤对地面径流的截留能力，说明林地开荒对土壤截留降水以及保水持水能力的破坏很大，旅游践踏干扰相对于土地利用类型的转变（林地转为耕地）对土壤的影响程度较小，说明退耕地土壤物理性状恢复到初始的林地状态还需要较长的时间。

退耕地土壤中细根的生物量随干扰强度的增加而减少，强度、中度和轻度人为干扰对退耕地土壤中平均细根生物量的影响水平分别为81.8%、64.7%和51.5%，说明细根生物量对干扰反应较为敏感（表3-47）。

3.2.2.3 公路边坡土壤结构与功能

研究调查区位于九寨沟核心景区内的三条旅游公路的沿线边坡，在每个停车点附近的公路边坡选择1 m×2 m的样方进行调查，做两次重复，对照采用景点调查时的对照样点，距离边坡调查点100 m。

修建公路对附近边坡土壤容重的影响很大，修建公路后的平均土壤容重达到1.24 g/cm^3，而对照点仅有0.48 g/cm^3，影响水平高达157.8%。修建公路对边坡土壤总孔隙度、毛管孔隙度和非毛管孔隙度的影响水平分别为35.0%、25.2%和56.6%（表3-48），说明对土壤孔隙度的影响水平也较高，对大孔隙影响程度更高。与此相对应，修建公路对边坡土壤饱和水、毛管水和非毛管水的影响水平分别为80.8%、77.6%和90.5%，说明公路修建对土壤持水能力尤其是非毛管水的影响较大。根生物量在修建公路后为0.30 g/cm^3，但在对照点高达0.96 g/cm^3，影响水平为68.5%。

综合分析发现，土壤物理性状与干扰强度呈线性相关，随干扰强度的增加，土壤的紧实度相应增加，土壤容重也增加，自然持水量、饱和水含量及毛管水有下降趋势，土壤细根生物量也有随干扰强度增加而减少的趋势。干扰导致土壤结构变化明显，人为干扰是导致九寨沟土壤物理性质改变的主要因子。退耕地的土壤，由于有草本植物的覆盖，土壤性质有了较好的恢复，但与附近的原始林林地比较，土壤较紧实，碎石块较多，且景点附近的退耕地人为践踏较为严重，植被盖度很低。修建公路对附近边坡土壤结构及持水、保水能力破坏较严重，边坡植草和铁网护坡是较为有效的保护措施。

表 3-48　公路修建对景区边坡土壤物理性质及细根生物量的影响

项目	容重（g/cm³）	饱和水（%）	毛管水（%）	非毛管水（%）	总孔隙度（%）	毛管孔隙度（%）	非毛管孔隙度（%）	根重（g/cm³）
公路	1.24±0.03	41.2±2.72	36.2±2.25	5.0±0.65	53.2±1.48	42.2±1.32	11.0±1.22	0.30±0.06
对照	0.48±0.02	214.1±11.2	162.0±8.41	52.1±3.81	81.9±0.78	56.4±1.07	25.5±0.98	0.96±0.05
影响水平（%）	157.8	80.8	77.6	90.5	35	25.2	56.6	68.5

3.2.3　旅游干扰对黄龙核心景区土壤结构与功能的影响

3.2.3.1　各干扰点土壤容重变化

由图 3-8 可见，除栈道旁少数点外，黄龙景区各干扰点土壤容重几乎均较对照点增加，但各个点差别较大。栈道两侧土壤容重较对照变化 -29%～223%，平均增加 49%；黄龙中寺、后寺和五彩池干扰点土壤容重分别较对照增加 69%、98% 和 122%。

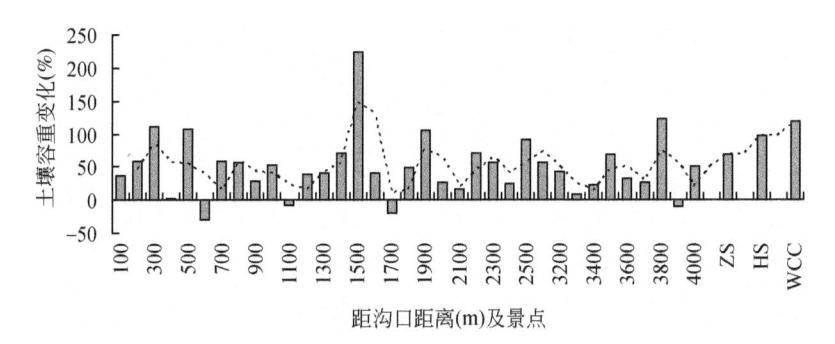

图 3-8　黄龙景区不同干扰点土壤容重变化
ZS. 黄龙中寺；HS. 黄龙后寺；WCC. 五彩池；下同

3.2.3.2　各干扰点土壤孔隙度变化

从图 3-9 可以看出，黄龙寺核心景区栈道和景点土壤孔隙状况也不同程度地受到人为干扰。在人为干扰下土壤总孔隙下降，这主要是受人为践踏影响。在人为干扰下栈道两侧土壤总孔隙较对照变化 -50%～8%，平均减少了 17%；黄龙中寺、后寺和五彩池干扰点土壤总孔隙分别较对照减少了 20%、43% 和 24%［图 3-9（a）］。毛管孔隙变化没有一致的趋势，各点差异较大，其变化趋势可能与干扰强度有关。通气孔隙的尺寸较毛管孔隙大，在人为干扰下首先受到影响。从图 3-9（b）可以看出，通气孔隙的数量较对照明显减少，栈道两侧、后寺、中寺和五彩池通气孔隙数量较对照分别减少 44%、65%、85% 和

28%，但各点差异较大，特别是栈道两侧［图3-9（c）］，因此，有必要进一步控制干扰强度，减少旅游对景区植被和土壤的影响。

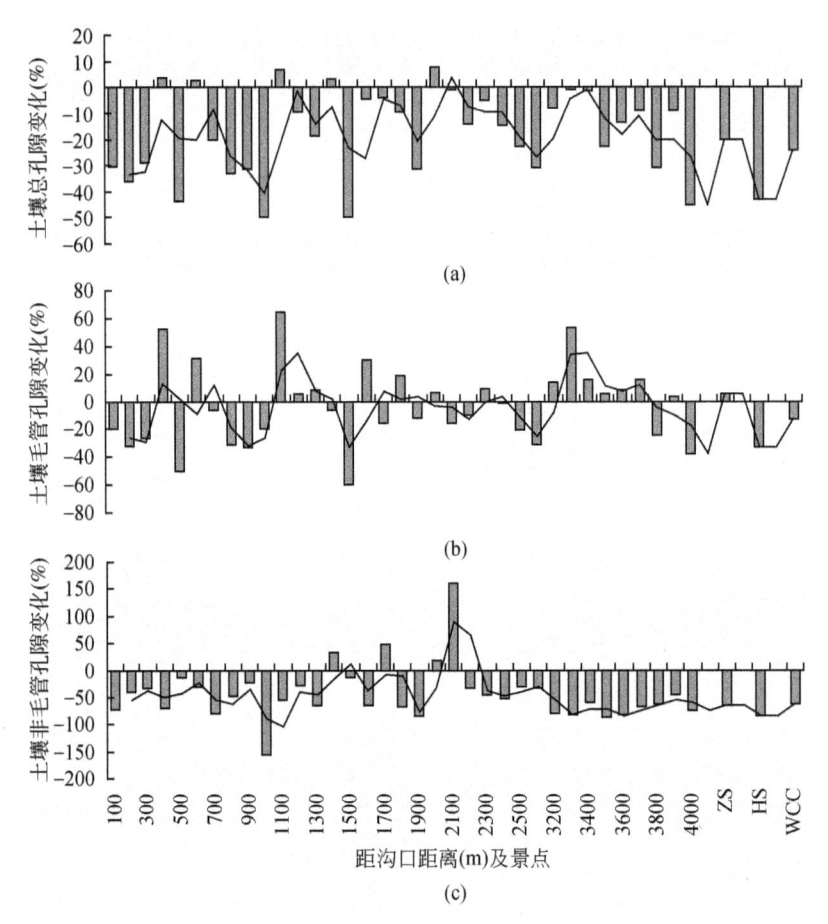

图3-9　黄龙核心景区各干扰点土壤总孔隙（a）、毛管孔隙（b）和非毛管孔隙（c）变化

3.2.3.3　各干扰点土壤持水状况变化

土壤的持水能力涉及土壤能容纳降水及对植物供水的能力，同时通过土壤入渗大小间接影响地表径流。土壤的持水状况与土壤的孔隙数量、大小及孔隙的大小分配比例有关。人为干扰影响土壤孔隙，也必然对土壤持水能力造成影响。从图3-10可见，人为干扰造成土壤持水能力剧烈变化，黄龙寺核心景区除少数点外，土壤最大持水量较对照减少，栈道两侧、后寺、中寺和五彩池与对照相比，土壤最大持水量分别减少37%、54%、72%和63%，但各点差异较大［图3-10（a）］；土壤毛管持水量分别减少26%、38%、66%和53%［图3-10（b）］；非毛管持水量分别减少55%、92%、93%和71%［图3-10（c）］。

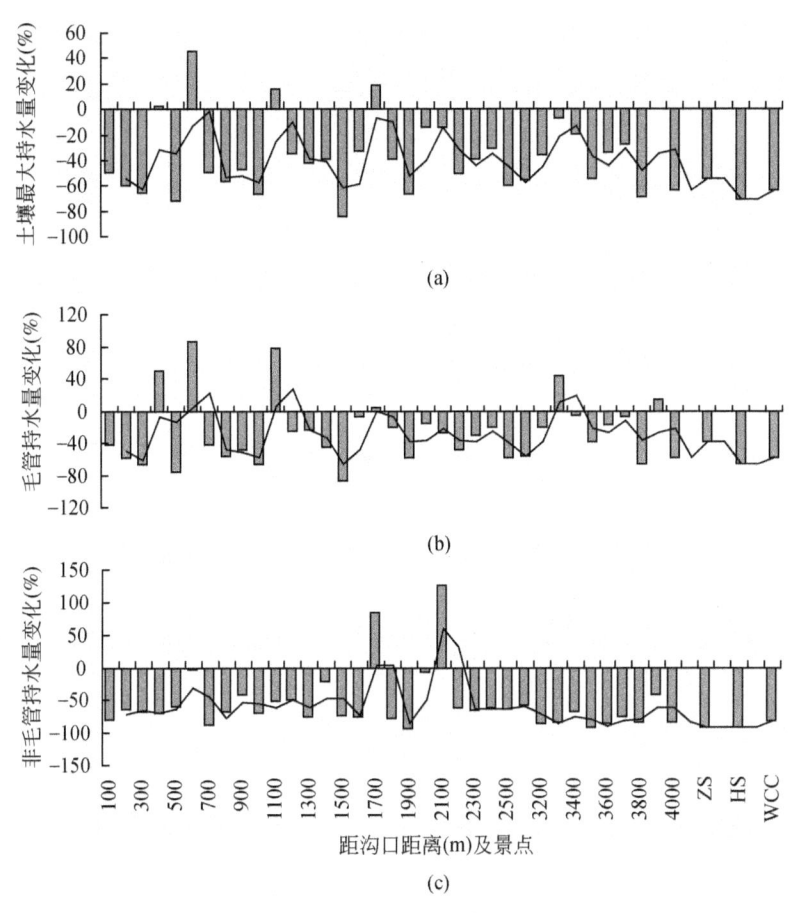

图 3-10　黄龙核心景区各干扰点土壤最大持水量（a）、
毛管持水量（b）和非毛管持水量（c）变化

3.3　旅游干扰对九寨沟景区湖岸林下地表径流、侵蚀量与水质的影响

3.3.1　对地表径流的影响

通过调查发现，干扰地段比对照地段的单位面积径流量明显增多。根据土壤容重推断的干扰分级标准，随着干扰强度的增大，干扰地段的地表径流与对照地段相差的倍数增大（图 3-11 和图 3-12），样地 W1、W2、W3、W4、W6 在受干扰后地表径流量分别是对照样地的 1.52 倍、60.75 倍、2.57 倍、24.01 倍、3.17 倍。原始林 Y1、Y2、Y3 的地表径流量分别是对照样地的 2109.5 倍、1572.29 倍和 5.27 倍，与干扰分级标准得出的结论吻合。可以看出，随着干扰强度的增大，地表径流量增大，干扰后的地表径流量至少为对照样地的 1.5 倍以上，各个倍数有差异的原因主要与旅游干扰的强度有关。

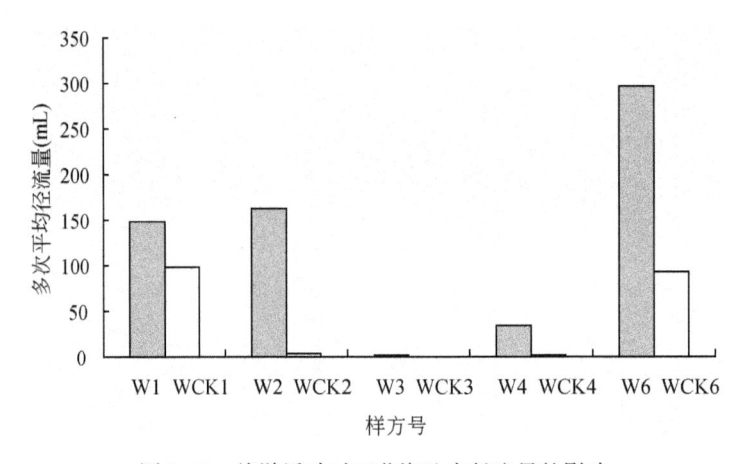

图 3-11 旅游活动对五花海地表径流量的影响

W1、W2、W3、W4、W6 为五花海 6 个干扰点径流观测场；WCK1、WCK2、WCK3、WCK4、WCK6 为对应的非干扰点径流观测场；下同

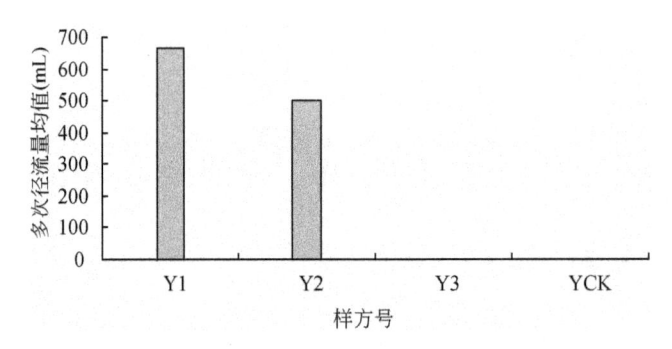

图 3-12 旅游活动对原始林地表径流量的影响

Y1、Y2、Y3、YCK 为原始林地表径流观测点；下同

对九寨沟 2005 年雨季（4~9 月）36 个降雨事件下多点地表径流的监测分析表明，干扰加剧了地表径流发生的频率与产流量，增大了径流的含沙量。旅游导致地表凋落物盖度/厚度、苔藓盖度、腐殖质层与土壤良好结构的破坏是这种现象发生的根本原因。

3.3.2 对径流产沙状况的影响

3.3.2.1 径流含沙总体情况

观测到的各个样地每次降雨事件下的径流含沙量变化很大，含沙量为 0.012~36.14 g/L，各个径流场单位面积产沙量为 0~34.25 g/m^2，各样地多次降雨后单位面积平均产沙量为 0~6.09 g/m^2。相对于水土流失较严重的地区而言，九寨旅游活动干扰的径流泥沙含量相对较小，产沙模数较小，属于微度侵蚀区。

3.3.2.2 各个雨量等级下的产沙量变化

将雨量与单位面积产沙量做相关分析与回归分析，雨量与产沙量之间的相关关系不强,说明产沙量不是随着雨量的增大而有规律的变化,与前人研究得出的径流小区产沙量的高峰期与降雨量的高峰期一致相悖(郑郁善等,2003),说明从总体上来看九寨沟的良好植被在减缓降水的冲刷能力上起到了很大的作用。

3.3.2.3 旅游活动对地表径流产沙的影响

地表径流产沙量是土壤侵蚀研究的必需内容,径流中携带的土壤颗粒会将养分带入湖泊中,是湖泊富营养化的主要影响因素。从各个径流场内多次平均径流含沙量(图3-13和图3-14)和单位面积产沙量(图3-15和图3-16)的比较分析中可以看出,旅游干扰地段比对照地段的单位径流含沙量和单位面积径流产沙量大。随着干扰强度的增加,地表破坏变得严重,径流含沙量应增大,单位面积径流产沙量也应增大(冯学刚和包浩生,1999),但由于本次采集到的产沙量只是在径流水中的悬移质,土壤受径流的冲击未观测到,主要原因是该地区的保护措施起

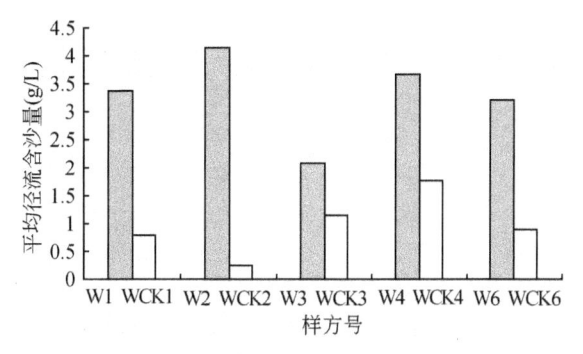

图3-13 五花海径流含沙量比较

到了很大的作用,破坏过强的裸地只占旅游区很小的面积。另外,本研究采用的小型径流场没有观测推移质的条件,故没有观测到推移沙粒的多少,导致含沙量与产沙量结果不是很规律地随着干扰强度的增大而增大,径流场W1的产沙量监测结果偏大造成了此结果的偏移。

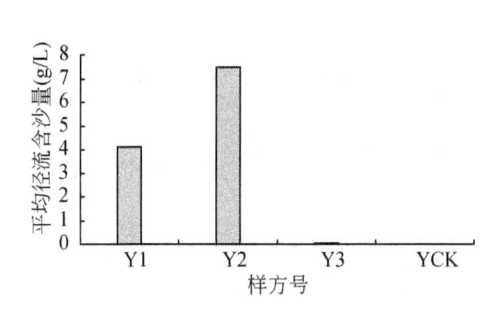

图3-14 原始林径流含沙量比较

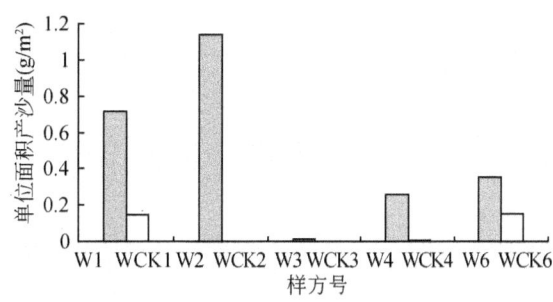

图3-15 五花海单位面积产沙量比较

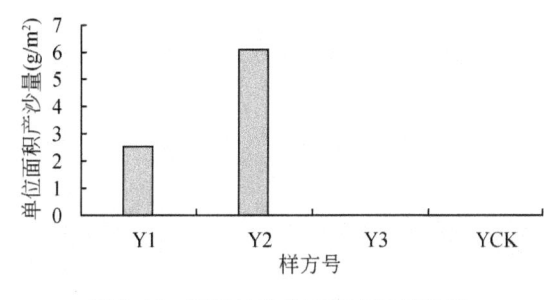

图3-16 原始林单位面积产沙量比较

3.3.3 旅游活动对地表径流水质的影响

湖岸地表径流中氮和磷是影响湖泊富营养化的主要因子。近年来，九寨沟核心景区地表径流量增大，输入湖泊的养分增多，核心景区以及周边区域的水资源受到部分污染。其中，五花海水体出现了富营养化迹象，湖边有大量藻类、水绵聚集，尤其在雨季最为严重，在湖周围形成约 2 m 宽的"臭水"带。由于旅游活动的影响，地表层被破坏后进入湖泊的地表径流量会如何变化？湖泊边出现的"臭水"带是否与陆地系统的养分输入有关？保护水环境与陆地系统之间的关系如何？对此在旅游活动对地表径流量评价的基础上，对多次降雨事件下的天然雨、近地表层雨以及地表径流中的全氮、全磷进行同步分析，验证湖泊边出现的"臭水"带是否与陆地系统的养分输入有关系。由于径流中的氮以可溶态氮为主，以及该研究区植被覆盖较好，径流含沙量较少，为此本研究只对地表径流中的氮/磷含量进行分析，未考虑泥沙中的氮/磷含量。

3.3.3.1 氮

(1) 氮的总体特征

对 25 次降水事件下 4 组（W1、WCK1，W3、WCK3，W4、WCK4，W5、WCK5）径流场采集到的地表径流和近地表层雨中的全氮含量同步分析表明，地表径流的全氮大于近地表层降雨全氮。其中近地表层降雨全氮含量为 0.08~4.68mg/L，径流全氮含量为 0.08~5.93 mg/L（表3-49）。

表3-49 近地表层和地表径流全氮含量

近地表层降雨全氮含量（mg/L）								
项目	W1	WCK1	W3	WCK3	W4	WCK4	W5	WCK5
平均值	2.58	2.78	3.36	1.36	2.96	1.04	2.56	2.43
最大值	4.68	3.96	4.36	2.56	4.34	1.94	3.84	4.36
最小值	1.23	1.86	0.08	0.08	2.22	0.08	1.38	1.09
径流全氮含量（mg/L）								
项目	W1	WCK1	W3	WCK3	W4	WCK4	W5	WCK5
平均值	4.44	3.44	3.50	2.48	3.66	1.25	4.15	3.15
最大值	5.63	4.28	4.50	3.48	4.99	2.35	5.93	4.28
最小值	2.70	2.51	0.08	0.08	2.42	0.08	3.11	1.39

(2) 旅游活动对径流全氮的影响

用多次地表径流全氮含量的平均值来比较旅游活动对径流全氮含量的影响。从图中可以看出（图3-17），干扰地段径流全氮含量都大于对照地，这与以往研究得出的干扰强度增加后，全氮含量减少的结论相异。

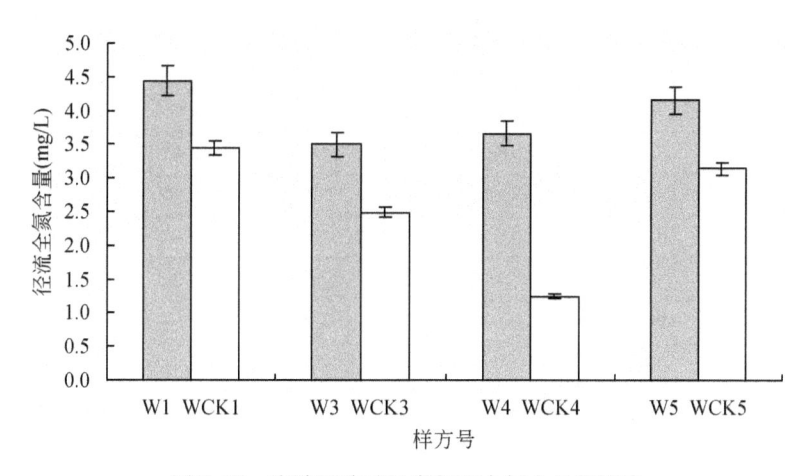

图 3-17 旅游活动对地表径流全氮含量的影响

（3）影响地表径流全氮含量的因素

旅游活动为氮的一个影响因素，我们可将旅游干扰下的土地与对照地视为土地利用的不同方式，即林下地被物覆盖的状况不同。同时，土壤表层的坚实度也是一个重要的影响因素，旅游活动发生之后，土壤坚实度增大，土壤容重增大，下渗量减少，地表径流中的全氮浓度可能会因为下渗量减少而减少（表3-50）。通过对多次径流全氮平均值与相关地被、土壤因子进行相关性分析可以看出，影响地表径流全氮含量的因子主要为土壤物理性质，均呈显著相关。其中，土壤容重与径流全氮含量呈正相关（表3-50），验证了土壤容重增大，地表径流中的全氮浓度可能会因为下渗量减少而增大的假设。从表中还可以看出，凋落物盖度、厚度和苔藓盖度对地表径流全氮含量的影响也较大（表3-50）。此结果说明，游客的践踏等因素使凋落物与苔藓的盖度和厚度减小，径流全氮含量反而增加，进一步验证了上述旅游活动使地表径流全氮含量增大的结论。

表 3-50　地表径流全氮含量与相关因子关系

项目	凋落物盖度（%）	凋落物厚度（cm）	苔藓盖度（%）	草本盖度（%）	灌木盖度（%）	腐殖质层厚度（cm）	土壤容重（g/cm³）	总孔隙度（%）	最大持水量（%）
多次径流全氮含量平均值（mg/L）	-0.611	-0.534	-0.535	0.431	0.199	-0.301	0.727*	-0.749*	-0.892**

*$P < 0.05$，**$P < 0.01$

3.3.3.2 磷

（1）磷的总体特征

对25次降水事件下的4对径流场采集到的地表径流、近地表层雨中的全磷含量同步进行分析表明，地表径流中的全磷大于近地表层降雨全磷。其中，近地表层降雨全磷含量为 0.002 ~ 0.228 mg/L，径流全磷含量为 0.002 ~ 0.436 mg/L（表 3-51）。

表 3-51　近地表层和地表径流全磷含量

近地表层降雨全磷含量（mg/L）

项目	W1	WCK1	W3	WCK3	W4	WCK4	W5	WCK5
平均值	0.082	0.050	0.097	0.009	0.033	0.030	0.146	0.055
最大值	0.198	0.125	0.179	0.071	0.060	0.071	0.228	0.112
最小值	0.002	0.002	0.022	0.002	0.006	0.002	0.072	0.002

径流全磷含量（mg/L）

项目	W1	WCK1	W3	WCK3	W4	WCK4	W5	WCK5
平均值	0.203	0.110	0.147	0.019	0.151	0.059	0.227	0.111
最大值	0.436	0.267	0.242	0.159	0.188	0.159	0.429	0.234
最小值	0.002	0.002	0.058	0.002	0.114	0.002	0.136	0.002

（2）旅游活动对地表径流磷的影响

用多次地表径流全磷含量的平均值来比较旅游活动对径流全磷含量的影响（图3-18）。从图中可以看出，受干扰地段径流全磷含量明显大于对照地，此结果与以往研究得出的干扰强度增加后，全磷含量呈递减趋势的结论相异（管东生等，1999；陈立新等，1999；杨永兴和王世岩，2001）。

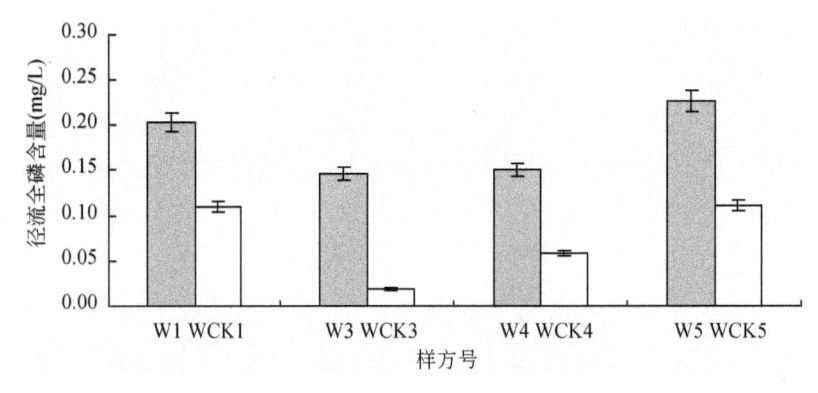

图 3-18　旅游活动对地表径流全磷含量的影响

（3）影响地表径流磷的因素

本次研究认为，由于林下地被物覆盖状况的不同，旅游活动同时也为磷的一个影响因素。同时，土壤表层的坚实度也成为一个重要的影响因素，旅游活动导致土壤坚实度和土壤容重增大，下渗量减少，地表径流中的全磷浓度可能会因为下渗量减少而减少。通过多次地表径流全磷含量平均值与相关地被、土壤因子进行相关性分析表明，影响地表径流全磷含量的因子有地被覆盖（尤其是凋落物因子），以及相关土壤物理因子（表3-52），其中，土壤容重与径流全磷含量呈正相关，说明土壤容重增大可导致地表径流中的全磷浓度增加。从表中还可以看出，凋落物因子影响径流全磷含量较大，游客的践踏等因素使凋落物盖度和厚度减小，凋落物的破碎化程度增大，雨水的淋溶作用加强，径流中的全磷含量增加，进一步验证了上述旅游活动使地表径流全磷含量增大的结论。

表 3-52　地表径流全磷含量与相关因子关系

项目	凋落物盖度（%）	凋落物厚度（cm）	苔藓盖度（%）	草本盖度（%）	草本均高（cm）	灌木盖度（%）	腐殖质层厚度（cm）	土壤容重（g/cm³）	总孔隙度（%）	最大持水量（%）
地表径流全磷含量平均值（mg/L）	-0.749*	0.752*	-0.57	0.256	0.658	0.177	0.547	0.843*	-0.532	0.823*

* $P < 0.05$，** $P < 0.01$

3.3.3.3　地表径流氮磷负荷预测

(1) 地表径流氮负荷

A. 五花海

在 154.3 mm 降水事件情况下，在五花海观测到的单位面积氮负荷为 0.06~18.97 mg/m²。而干扰对径流氮负荷有一定的影响，干扰地段的径流氮负荷比对照地段大 0.055~12.37 g/m²（图 3-19）。

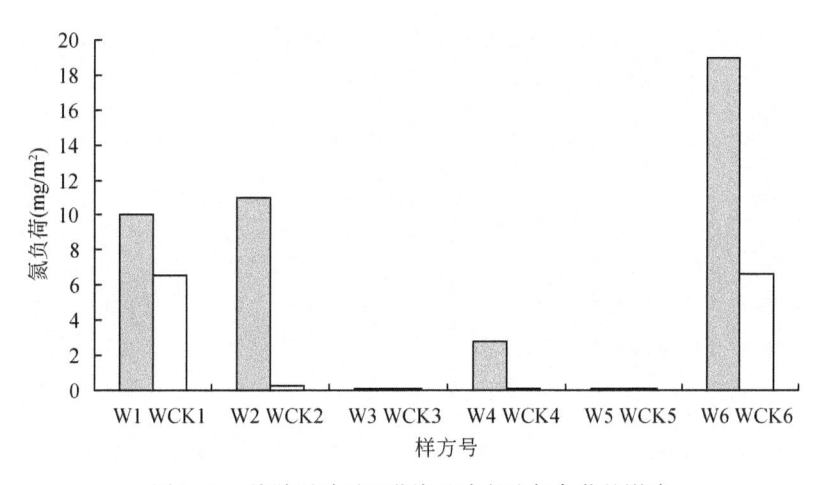

图 3-19　旅游活动对五花海地表径流氮负荷的影响

以此为基础，可以估算年氮负荷量：2000~2004 年九寨沟年降水 641.8 mm，其中 5~8 月降水 360.0 mm，占年降水的 56% 左右，观测到的 154.3 mm 降水的单位面积氮负荷为 0.06~18.97 mg/m²，假定九寨沟 5~8 月才会产生地表径流，则九寨沟五花海氮负荷为 0.06~18.97 t/(km²·a)。同时，基于样地在不同方位的设置，可以推算出五花海氮负荷的空间分布：在西北坡向（桥到退耕地），受干扰地段为 10.03~18.97 t/(km²·a)，对照地段为 0.26~6.60 t/(km²·a)；在西南坡向（退耕地），受干扰地段为 13.83 t/(km²·a)；对照地段为 5.97 t/(km²·a)；在东南坡向，受干扰地段为 0.11~2.79 t/(km²·a)，而对照为 0.05~0.12 t/(km²·a)。说明游客的旅游行为可造成干扰的空间差异，但干扰对氮负荷量的增加是有直接影响的。

B. 原始林

在观测到的 201.7 mm 降水事件下，原始林景区的单位面积氮负荷为 0~2.81 mg/m²，而且干扰对径流氮负荷有一定的影响，干扰地段的径流氮负荷比对照地段要大 0~2.81 g/m²。

以此为基础，假定九寨沟在 5~8 月才会产生地表径流，则九寨沟原始林景区的氮负荷为 0~2.81 t/(km²·a)。从该景区氮负荷的空间分布来看，在环行栈道的东侧及北侧，受干扰地段的氮负荷为 2.81 t/(km²·a)，而对照样地基本没有氮负荷；在环行栈道西侧（观景台附近），受干扰地段的氮负荷为 1.92 t/(km²·a)，而对照样地中也基本没有氮负荷。说明九寨沟的原始森林对于减少氮负荷起到了关键的作用。

(2) 地表径流磷负荷

A. 五花海

在测定到的 154.3 mm 降水事件情况下，五花海景区的单位面积磷负荷为 0~1.48 mg/m²。同时，干扰对径流磷负荷有一定的影响，受干扰地段的径流磷负荷比对照样地要大 0.03~1.27 g/m²（图 3-20）。以此为基础，假定九寨沟 5~8 月才会产生地表径流，则九寨沟五花海单位面积磷负荷为 0~1.48 t/(km²·a)。从空间分布来看，磷负荷与氮负荷有大致相似的变化趋势：在西北坡向（桥到退耕地），受干扰地段的磷负荷为 0.67~1.48 t/(km²·a)，对照样地为 0.05~0.21 t/(km²·a)；在西南坡向（退耕地），受干扰地段为 1.40 t/(km²·a)，对照样地为 0.23 t/(km²·a)；而在东南方向，受干扰地段为 0.03~0.11 t/(km²·a)，对照样地中则基本没有磷负荷。

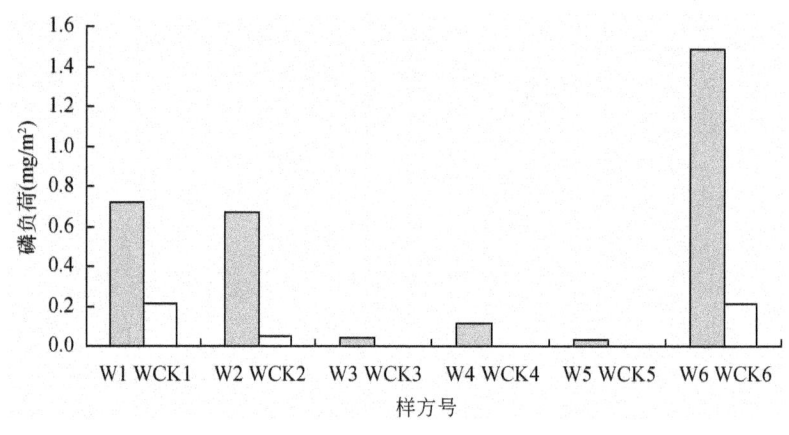

图 3-20 旅游活动对五花海地表径流磷负荷的影响

B. 原始林

在观测到的 201.7 mm 降水事件情况下，原始林景区的单位面积磷负荷为 0~0.12 mg/m²，同时受干扰地段的径流磷负荷比对照样地要大 0~0.12 g/m²。如果假定九寨沟 5~8 月才会产生地表径流，则九寨沟原始林单位面积磷负荷为 0~0.12 t/(km²·a)。分析发现，在原始林景区环行栈道的东侧及北侧，受干扰地段的磷负荷为 0.12 t/(km²·a)，对照样地中没有发现磷负荷；在环行栈道西侧（观景台附近），受干扰地段的磷负荷为 0.06 t/(km²·a)，对照样地中也没有磷负荷。

从以上数据可以看到，干扰对地表径流氮/磷负荷有一定影响，受干扰地段的地表径流氮/磷负荷比对照样地大。单位面积氮负荷在 0.06~18.97 mg/m²（五花海）和 0~2.81

mg/m²（原始林）之间，单位面积磷负荷在 0~1.48 mg/m²（五花海）和 0~0.12 mg/m²（原始林）之间。由于地表覆盖物状况的不同，地表径流氮/磷负荷空间分布不一。

总之，对 25 次降水事件下的地表径流、近地表层雨中的全氮、全磷含量同步进行分析表明，地表径流全氮大于近地表层降雨全氮，湖岸地表径流全氮和全磷含量大于湖边水体的全氮和全磷含量。说明地表径流加大了氮和磷向湖泊中的输入。

3.3.4 地表径流对湖边水质的影响

3.3.4.1 地表径流对湖边水体氮磷的贡献

为了定性研究地表径流氮磷负荷对湖水的贡献程度，在五花海、珍珠滩等旅游干扰严重的景点于湖边建立无界径流小区，并对径流及相应湖边水样中的全氮含量进行分析。其中，地表径流中的全氮和湖边水中的全氮含量之间有 47 组数据，采用线性、对数函数、多项式、幂函数、指数函数等曲线进行了模拟。从图 3-21 中可以看出，湖边水中全氮含量与径流全氮含量的关系用二次多项式模拟效果最好，相关系数为 0.75，$F = 44.129 > F_{0.01} = 7.22$，达到极显著水平。此结果表明，旅游活动引起了氮向湖泊的输入加大。

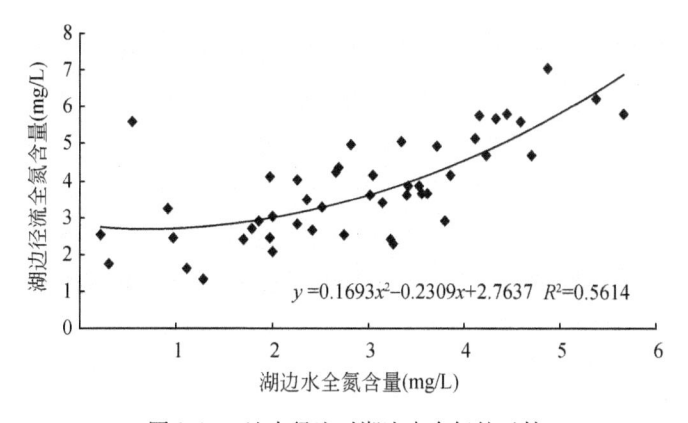

图 3-21 地表径流对湖边水全氮的贡献

对地表径流中全磷含量和湖边水中全磷含量之间的 37 组数据用线性、对数函数、多项式、幂函数、指数函数等曲线进行了模拟。从图 3-22 中可以看出，地表径流中全磷含量与湖边水中的全磷含量关系用二次多项式函数模拟效果最好，相关系数为 0.55，$F = 18.926 > F_{0.01} = 7.35$，达到极显著水平。此结果表明，旅游活动引起了磷向湖泊的输入加大。

总之，湖岸径流与湖边水体中氮/磷的相关性显著，表明旅游干扰增加了氮/磷向湖泊的输入。综合分析表明，控制旅游干扰对地表的破坏强度与空间范围，以及湖岸森林地被层的恢复与保护是控制湖泊富营养化的一个有效措施。

3.3.4.2 生态栈道对湖边水质的影响

"生态栈道"是九寨沟管理局为了减少游客游径实施的一项重大工程，于 2002 年建

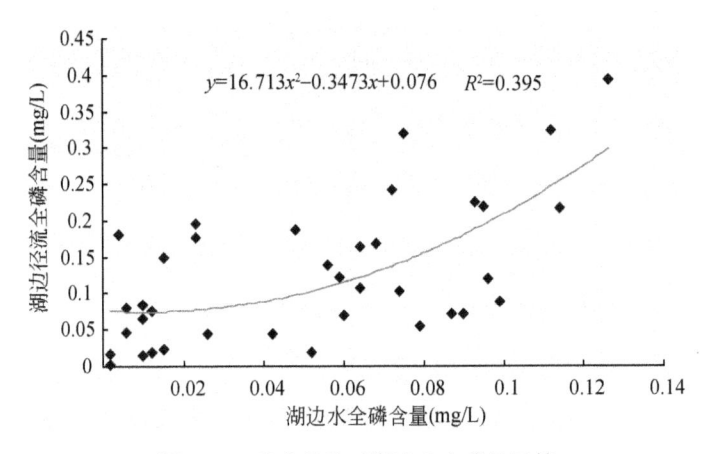

图 3-22　地表径流对湖边水全磷的贡献

成,全长 50 余 km。由于旅游地的状况和游客数量的变化,部分地区栈道还在相继加建或补建。栈道虽然有减小游径和防滑等功效,但栈道也有其弊端。由于降雨经过栈道的淋溶、截留、过滤等过程,使栈道下的养分容易富集(相对于同一条件下的无栈道区),经过地表径流的推移和携带,会使进入湖泊的养分更加集中,湖边(静水)水质污染的趋势会加速,尤其是直接架在湖面上的栈道,可能会导致养分直接输入湖泊的量增大。

本研究在五花海、原始林、珍珠滩景点的栈道上下布置了 11 组收集盆,其中五花海 4 组、原始林 4 组、珍珠滩 3 组,用来评定直接入湖的降水经过栈道后的变化情况。每次降雨后测定盆中水量,混匀采集 250mL 带回实验室,分析其氮、磷含量,用于间接评价旅游对栈道附近环境的影响,最后估算九寨沟栈道下氮、磷的富集量。

从图 3-23 和图 3-24 中可以发现,栈道下水中总氮和总磷含量均比栈道上大,栈道下的氮含量比栈道上多 0.874 mg/L,高出栈道上 58.68%;栈道下的磷含量比栈道上多 0.063 mg/L,高出栈道上 271.77%。

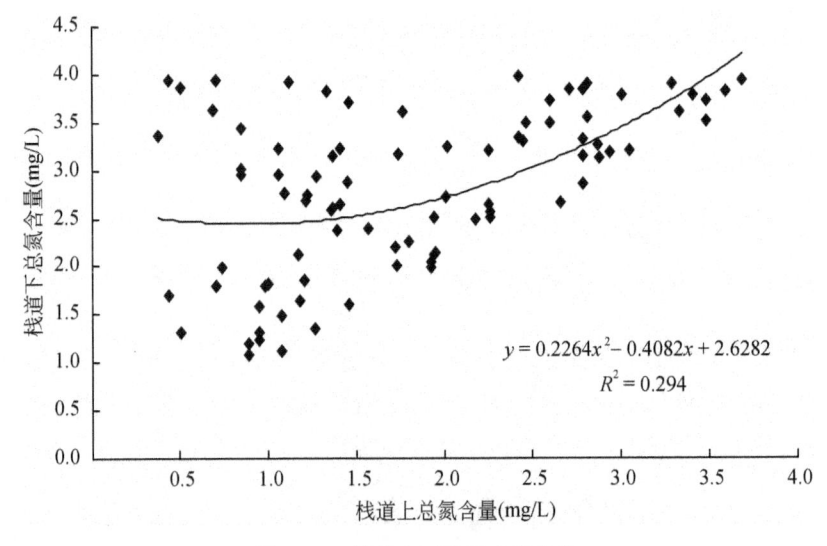

图 3-23　栈道上下总氮含量比较

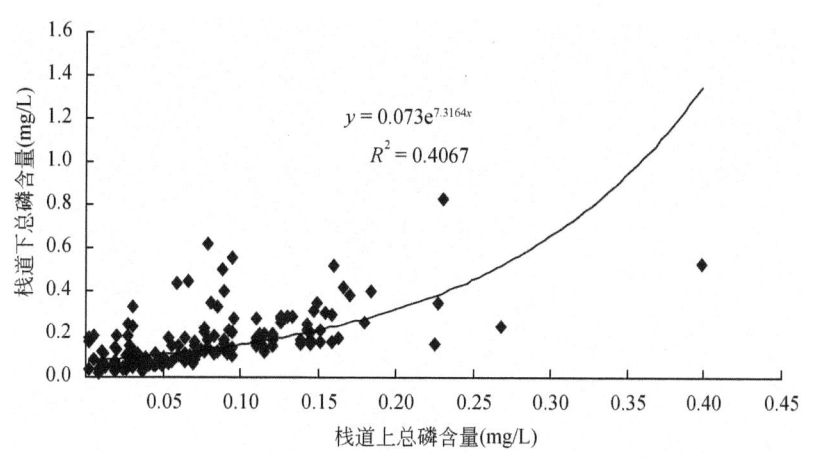

第3章 旅游干扰对九寨—黄龙核心景区沿湖陆地生态系统结构与功能的影响

图 3-24 栈道上下总磷含量比较

同时，栈道下的总氮含量与栈道上相比，其关系呈抛物线增长规律（$n=86$），相关系数为 0.5422，$F=29.145 > F_{0.01} = 6.96$，达到极显著水平。栈道下的总磷含量与栈道上相比，其关系呈指数增长规律（$n=157$），相关系数为 0.6377，$F=92.343 > F_{0.01} = 6.81$，也达到极显著水平。

此外，研究还发现，栈道上下水中的氮磷含量变化与降水量大小变化无相关规律。初步推测，大气降水经过林冠层到达栈道后，经栈道淋溶、过滤后的氮磷含量变化大小与淋溶时间等关系密切，本研究由于条件限制未能揭示此过程。

由于降水经过栈道的淋溶、截留、过滤等过程，栈道下的养分逐步富集，栈道下的全氮和全磷含量都显著高于栈道上。经过地表径流的推移和携带，会使进湖养分含量在一定时间内集中而增大，湖边（静水）水质污染的趋势会加速，尤其是直接架在湖面上的栈道，养分直接输入湖泊的量会增大，说明地表径流对湖边水质状况是有影响的。

近年来，九寨沟景区随着游客流量的增加和生活设施的增加，旅游负荷增大，环境压力也增大，核心景区以及周边区域的水资源受到部分污染，五花海水体出现了局部富营养化迹象，湖边有大量藻类、水绵聚集，尤其在雨季最为严重，形成环湖周围约 2m 宽的"臭水"带。造成这种现象的原因有：① 氮磷富集，地表径流贡献比例大；② 一年中各时间段的湖边富营养化状况不同，7~8 月明显比 3~4 月严重，这主要是雨季的雨量增加导致地表径流增大的结果；③ 湖边水体大多为死水，没有经过循环，造成浮游动植物丛生。试验证明，地表径流是富营养化迹象产生的直接根源，尤其是对藻类生长起决定作用的氮磷等营养成分，而旅游活动是影响地表径流变化的主要因素，因此，控制旅游活动对地表的破坏强度与空间范围，增加湖岸森林地被层恢复与保护是控制湖泊富营养化的一个重要措施。

第 4 章　九寨—黄龙核心景区生物多样性与湿地植物

4.1　九寨沟水生植物群落及其与水环境的关系

4.1.1　九寨沟湿地植物物种多样性

4.1.1.1　苔藓植物

通过调查发现，在九寨沟的湿地中有苔藓植物 8 科 13 属 16 种，其中柳叶藓科（Amblystegiaceae）种类较多（5 种）。温带分布的科有提灯藓科（Mniaceae）、羽藓科（Thuidiaceae）、柳叶藓科（Amblystegiaceae）和叉钱苔科（Ricciaceae）。真藓科为世界分布的科。世界分布的属有叉钱苔属（*Riccia*）、牛角藓属（*Cratoneuron*）和真藓属（*Bryum*），欧亚北美共有的属为镰刀藓属（*Drepanocladus*）、水灰藓属（*Hygrohypnum*）、薄网藓属（*Leptodictyum*）、皱叶匐灯藓属（*Plagiomnium*）等。世界广布的种有牛角藓（*Cratoneuron filicinum*）、塔藓（*Hylocomium splendens*）、叉钱苔（*Riccia fluitans*）。大羽藓为旧世界热带分布。因此，九寨沟湿地的苔藓植物以世界分布和温带分布的成分为主。

4.1.1.2　维管植物

九寨沟湿地中的维管植物较为丰富，包括 48 科 107 属 199 种，其中蕨类植物 9 种。种类多的科为禾本科（Gramineae）16 种，蔷薇科（Rosaceae）16 种，莎草科（Cyperaceae）13 种，灯心草科（Juncaceae）7 种以及杨柳科（Salicaceae）10 种。

根据吴征镒（2003）的划分系统，九寨沟湿地植物科的地理分布类型共包括 7 型以及变型。世界分布的科有 30 个科，如禾本科（Gramineae）、菊科（Compositae）、十字花科（Cruciferae）、莎草科（Cyperaceae）、柳叶菜科（Onagraceae）等，为湿地植物中的主要分布类型，反映出湿地植物的广布性特点。除世界分布的科以外，温带分布的科有 14 科，如忍冬科（Caprifoliceae）、杨柳科（Salicaceae）、桦木科（Betulaceae）等，为九寨沟湿地植物的主要成分（73%），反映出九寨沟湿地植物的温带性质。

从属级水平上看，九寨沟植物属的地理分布有 13 种分布型。温带分布的有 73 属，除去世界分布的属，占总分布属的 78%，充分反映九寨沟湿地植物的温带性质。世界分布属有 14 属，体现出湿地植物的共性，即许多湿地植物具有隐域地带性特点。中国特有属包括华蟹甲草属（*Sinacalia*）、紫菊属（*Notoseris*）等，反映出九寨沟湿地植物的个性特点。

九寨沟湿地植物种的地理分布类型共有 29 型和变型。温带分布的共 81 种，中国特有种69种，其中，横断山区特有种13种，东亚分布的34种，热带、亚热带分布的共计10种，环极分布和高山分布的共4种，可见九寨沟湿地植物以温带成分和我国特有成分为主，同时兼有热带、亚热带成分和环极－高山成分。

综上所述，九寨沟植物区系成分较为简单，主要为世界分布、北温带和旧世界温带分布的科属；草本植物丰富。与青藏高原地区沼泽湿地植物的区系成分有较多的相似，但与邻近的红原、若尔盖湿地植物物种组成相比，缺乏高海拔分布的成分，如垂头菊、矮泽芹、刺参、肉果草等（段代祥等，2005；田应兵等，2005），这是由于九寨沟地区位于青藏高原向四川盆地的过渡地带，海拔较低，局部气候条件比高原面上温和。

九寨沟植物的区系属泛北极植物区、中国－喜马拉雅植物亚区、横断山脉地区（刘玉成，1991）。九寨沟的湿地植物同样反映出受中国植物区系和横断山植物区系的影响较大。可见湿地植物的地理成分同样能反映当地的区域性质。尽管湿地物种较陆地生态系统物种多样性小，但仍然具有地带性。九寨沟湿地植物中的特有成分中以菊科植物较多，如掌叶橐吾、华蟹甲草、蒲公英等。我国特有成分特别是横断山区的特有成分充分反映出该植物区系的年轻性质。

九寨沟湿地的苔藓种类许多是参与钙华沉积的种类。苔藓类促进了九寨沟钙华滩的发育。九寨沟湿地的独特性还在于湿地灌木物种的分布，既不同于长白山的沼泽林，又不同于若尔盖的草甸，在钙华滩上，丘状小岛为灌木的生长创造了条件，形成"树在水中生"的奇观。九寨沟湿地植物的属和种的地理分布型较多，表明九寨沟湿地植物成分具有一定的复杂性。由于横断山地区的特殊地理条件，在古近纪、新近纪冰川，领春木、红豆杉等古老成分得以保留，同时菊科、杨柳科等分化出来的横断山区特有成分也得以保留和扩散。九寨沟湿地植物在科属的水平上，温带分布和世界广布成分较多，反映了湿地植物的隐域性质和温带性质，中国特有种和横断山特有种反映了九寨沟湿地的独特性。

在九寨沟的湖泊湿地中，不同海拔的物种组成有显著差异，同属植物不同物种沿海拔梯度替代的现象比较明显。例如，芦苇海（海拔2100 m）眼子菜科有眼子菜（*Potamogeton distinctus*）、帕米尔眼子菜（*Potamogeton pamiricus*）、菹草（*Potamogeton crispus*）、篦齿眼子菜（*Potamogeton pectinatus*）分布，在镜海（海拔2320 m）开始有穿叶眼子菜（*Potamogeton perfoliatus*）和篦齿眼子菜，而在五花海（海拔2472 m）以上就只有篦齿眼子菜。在箭竹海（海拔2618 m）以下，华蟹甲（*Sinacalia tangutica*）取代了掌叶橐吾（*Ligularia przewalskii*）。在不同海拔，薹草的种类也发生了变化。不同的海拔梯度，植物群落类型不一样，如沿沟草、帕米尔薹草，只分布在较高海拔的湖泊，而宽叶香蒲、芦苇群落只分布在较低海拔的湖泊。不同水深梯度也导致同属植物不同种替代的现象比较明显，以木贼科植物最为明显。

4.1.2 群落多样性分析

4.1.2.1 聚类分析

根据TWAIN-SPAN聚类分析结果结合生态特性将九寨沟湿地植物分为21个群落类型。

（1）节节草（*Equisetum ramosissimum*）群落

绝大多海子边缘湿地有分布，为常绿铺地的一草本群落，群落盖度可达98%。

（2）水木贼（*Equisetum fluviatile*）群落

绝大多数海子有分布，主要分布在水深20~60 cm的沼泽中，盖度多为60%以上，高度40~100 cm，根据环境不同而有较大的差别。在海拔2200~2800 m分布较多。与其混生的草本植物主要有水苦荬（*Veronica undullata*）和杉叶藻等。

（3）篦齿眼子菜（*Potamogeton pectinatus*）群落

绝大多海子有分布。该类群是九寨沟分布较广的水生植物群落，主要分布于盆景滩、双龙海、犀牛海等诸多海子的边缘浅水中，水深一般为0.3~11 m。群落盖度达50%以上，有的可达100%。与其伴生的其他水生植物在不同的海子中也有差异，主要有水苦荬、灯心草（*Juncus effusus*）和水木贼（*Equisetum fluvitale*）等。

（4）穿叶眼子菜（*Potamogeton perfoliatus*）群落

在镜海、盆景滩等景点有分布，其中镜海分布较多，多分布在水深1 m以下的生境中，群落盖度为50%左右。

（5）沿沟草（*Catabrosa aquatica*）群落

在草海、天鹅海、箭竹海等景点有分布，主要生长在水深50~60 cm的沼泽中。沿沟草比较柔软，可以部分漂浮在水面上，是构成天鹅海景观的主要湿地植被之一，而且种群非常单一，除了极少的水苦荬及水木贼外，几乎没有杂生的其他草本。

（6）具刚毛荸荠（*Eleocharis valleculosa*）群落

在箭竹海、五花海、犀牛海、卧龙海、芦苇海等景点有分布，主要分布在0~20 cm的浅水环境中，盖度为60%~90%，高度为50~90 cm。

（7）芦苇（*Phragmites australis*）群落

芦苇群落主要分布于芦苇海、卧龙海、犀牛海、镜海、五花海等海子中，水深0.7 m以下。芦苇高为1.5~2 m，群落盖度为70%以上。与它们伴生的植物在不同的湖泊中有所差异，常见的伴生物种有轮藻、篦齿眼子菜以及杉叶藻和水木贼等。

（8）杉叶藻（*Hippuris vulgaris*）群落

在九寨沟分布很广，从草海到盆景滩都有分布，主要分布于浅水边缘。杉叶藻兼有挺水和沉水两种习性，常见的伴生植物主要有水木贼和篦齿眼子菜等。

（9）轮藻（*Chara sp.*）群落

绝大多数海子有分布，为分布最广的湿地植物，从深水区到40 cm浅水区都有分布。

（10）帕米尔薹草+云生毛茛（*Carex pamirensis + Ranunculus longicaulis var. nephelogenes*）群落

在草海、天鹅海、箭竹海等景点有分布，多生长在0~20 cm的沼泽中。群落盖度为60%以上，伴生种类还有披散木贼等。

（11）掌叶橐吾+大叶碎米荠（*Ligularia przewalskii + Cardamine macrophylla*）群落

在草海和天鹅海的季节性湿地有分布，群落环境趋于中生化，地面常常高出水面，并混生有少量柳树幼苗及薹草，群落盖度通常在70%以上。

（12）宽叶香蒲（*Typha latifolia*）群落

在犀牛海和芦苇海有大面积分布，水深多为10~60 cm。群落盖度为60%左右，甚至可达75%以上，为九寨沟湿地最高大的草本群落，高度通常为2.0～2.7 m，甚至可达3.0 m。组成种主要是宽叶香蒲，杂生的其他植物仅有少量的荸荠和水木贼等。

(13) 柳兰+灯心草（*Epilobium angustifolium* + *Juncus* sp.）群落

在犀牛海有分布，群落环境趋于中生化，为季节性湿地。柳兰高达2 m，群落盖度为70%左右。

(14) 柳叶菜+马先蒿（*Epilobium* spp. + *Pedicularis torta*）群落

在绝大多数海子边缘的灌木林下有分布，水深0～10 cm。在草海，常常在薹草凋落后，柳叶菜迅速生长，成为群落的主角，盖度为70%左右。

(15) 冷杉+高丛珍珠梅+薹草+柳叶菜（*Abies* sp. + *Sorbaria arborea* + *Carex* sp. + *Epilobium* sp.）群落

在草海上段的箭竹海、熊猫海、诺日朗、树正群海等海子边缘的季节性湿地有分布，群落明显分为灌木层和草本层。

(16) 柳（*Salix* sp.）群落

在绝大多数海子边缘都有分布，呈带状分布于海拔2000～3200 m，但主要分布在树正沟与日则沟的海子之间的钙华沉积滩坝或堤埂上，灌丛中通常还夹杂有少量的桦木和杨树等。

(17) 柳-薹草（*Salix* sp. - *Carex* sp.）群落

在绝大多数海子都有分布，灌木层中除了常见的多种柳树外，还有桦叶荚蒾、细枝栒子等灌木种类，但数量较少。群落中除薹草外，草本植物数量较多的主要是掌叶橐吾和圆穗蓼，常见的草本植物还有椭圆叶花锚、紫花碎米荠、马先蒿、茜草、柳叶菜等。

(18) 糙皮桦-蔷薇+柳（*Betula utilis-Rosa* sp. + *Salix* sp.）群落

在草海上段，以及箭竹海、熊猫海、珍珠滩、诺日朗和树正群海均有分布，通常为季节性湿地。

(19) 狭叶溲疏+毛萼山梅花+绢叶旋覆花（*Deutzia esquirolii* + *Philadelphus dasycalyx* + *Inula sericophylla*）群落

在草海上段以及箭竹海、熊猫海、诺日朗、树正群海等地有分布，通常为季节性湿地。

(20) 小檗（*Berberis* spp.）群落

在草海上段以及箭竹海、熊猫海、珍珠滩、诺日朗、树正群海等地有分布，通常为季节性湿地。

(21) 小檗+蔷薇+湖北花楸+宝兴栒子（*Berbersis* sp. + *Rosa* sp. + *Sorbus hupehensis* + *Cotoneaster moupinensis*）群落

在草海、箭竹海、熊猫海、诺日朗、树正群海等地有分布，通常为季节性湿地。群落灌木层除了小檗外，通常还混生有数量不等的其他灌木，常见的如栒子、忍冬和蔷薇等，盖度为20%以下。

4.1.2.2 湖泊湿地的除趋势对应分析（DCA）排序

将16个湖泊样地进行DCA排序，结果如图4-1所示。DCA排序较好地反映了样地植物群落与环境之间的关系，反映出湖泊植被沿环境梯度的变化。在第一轴上基本反映出样地海拔梯度的变化，从左到右即从低海拔向高海拔的变化趋势；在第二轴上从上到下基本上反映出样地植物群落类型从湿生草本到灌木的变化趋势。

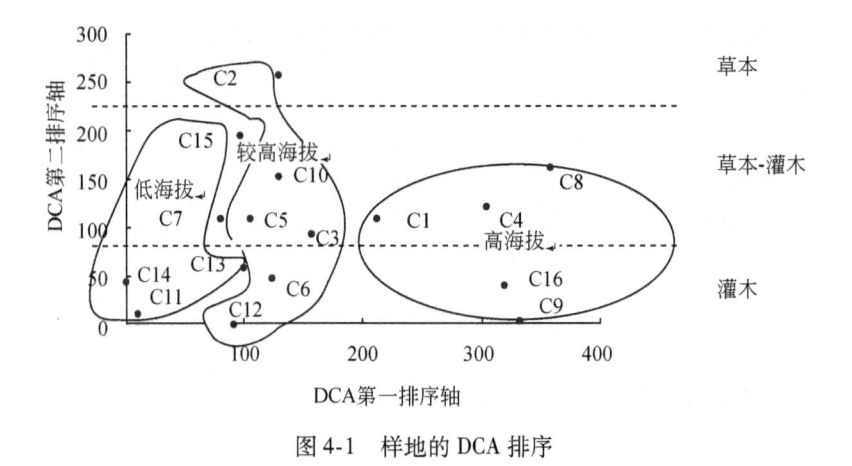

图 4-1　样地的 DCA 排序

4.1.3　物种多样性、生物量与环境因子的关系

4.1.3.1　不同植物群落类型环境因子的差异

九寨沟湿地的土壤为沼泽土，土壤呈褐色至黄褐色。土壤中植物根系、苔藓、植物的凋落物、朽木等较多，土壤有机质较丰富。在不同的微地形的差异下，土壤的淹水条件不一致、营养成分存在差异。土壤有机碳含量：帕米尔薹草群落区＞宽叶香蒲群落区＞杉叶藻群落区＞红原薹草群落区＞水木贼群落区＞芦苇群落区（表4-1）。土壤总磷含量：帕米尔薹草群落区＞宽叶香蒲群落区＞芦苇群落区＞杉叶藻群落区＞水木贼群落区＞红原薹草群落区。土壤总氮含量：宽叶香蒲群落区＞帕米尔薹草群落区＞杉叶藻群落区＞水木贼群落区＞芦苇群落区＞红原薹草群落区。土壤 pH 为 7.57～7.99，偏碱性，芦苇群落区＞水木贼群落区＞帕米尔薹草群落区＞宽叶香蒲群落区＞杉叶藻群落区＞红原薹草群落区。7月平均水深杉叶藻群落区＞水木贼群落区＞芦苇群落区＞宽叶香蒲群落区＞帕米尔薹草群落区＞红原薹草群落区。统计检验表明不同植物群落类型的土壤总磷、土壤总氮、土壤有机碳、土壤 pH、水深等存在显著差异（表4-2）。

表 4-1　不同群落类型的土壤、水深、海拔（平均值±标准差）

群落类型	土壤总磷 （g/kg）	土壤总氮 （g/kg）	土壤 pH	土壤有机碳 （g/kg）	海拔 （m）	水深 （cm）
1	0.74 ± 0.20	4.57 ± 1.66	7.57 ± 0.44	58.80 ± 12.07	2295	14.67 ± 4.04
2	1.65 ± 0.23	7.48 ± 3.14	7.69 ± 0.15	94.43 ± 46.53	2824 ± 141.2	24.1 ± 13.69
3	1.21 ± 0.44	4.71 ± 2.03	7.99 ± 0.33	44.47 ± 29.46	2134 ± 81	26.5 ± 19.51

续表

群落类型	土壤总磷（g/kg）	土壤总氮（g/kg）	土壤 pH	土壤有机碳（g/kg）	海拔（m）	水深（cm）
4	1.17 ± 0.48	5.33 ± 2.04	7.78 ± 0.17	51.94 ± 29.16	2492 ± 318	27.3 ± 15.22
5	1.20 ± 0.29	6.57 ± 2.78	7.66 ± 0.14	74.31 ± 32.52	2777 ± 203	61.0 ± 17.51
6	1.22 ± 0.44	8.61 ± 4.03	7.68 ± 0.18	80.71 ± 26.74	2183 ± 104	26.43 ± 8.68

注：1. 红原薹草（*Carex hongyuanensis*）群落；2. 帕米尔薹草（*Carex pamirensis*）群落；3. 芦苇群落（*Phragmites australis*）；4. 水木贼（*Equisetum fluviatile*）群落；5. 杉叶藻（*Hippuris vulgaris*）群落；6. 宽叶香蒲（*Typha latifolia*）群落

表 4-2 环境因子的一元方差分析

环境因子	土壤总磷	土壤总氮	土壤 pH	土壤有机碳	海拔	水深
F	$F_{5,66}=3.094^{**}$	$F_{5,66}=3.264^{**}$	$F_{5,66}=4.779^{**}$	$F_{5,66}=3.929^{**}$	$F_{5,66}=17.114^{***}$	$F_{5,66}=9.724^{***}$

$**P<0.01$，$***P<0.001$

4.1.3.2 不同湖泊水环境因子的差异

各个湖泊湿地的水一直处于波动状态，对 2005 年 7 月各湖泊湿地取样点的平均水深比较分析，五花海、镜海湿地的平均水位较深。对水体总磷等分析，结果表明磷含量较低（0.02～0.034 mg/L），水温较低，反映了高原湖泊的共同特点。各湖泊的水质基本为贫营养状态。单因素方差分析表明水温、水深、海拔等环境因子在各湖泊间存在显著性差异（表 4-3）。水的 pH 为 8.18～8.38。

表 4-3 不同（湖泊）水环境因子差异

因子	草海	箭竹海	五花海	镜海	犀牛海	芦苇海	显著性
海拔（m）	2921	2625	2472	2320	2295	2102	$P<0.01$
水深（cm）	28.27 ± 12.65	38.88 ± 17.86	44.33 ± 10.16	49.95 ± 22.45	42.14 ± 9.06	24.07 ± 10.42	$P<0.01$
水温（℃）	6.34 ± 0.24	8.10 ± 0.15	8.60 ± 0.15	10.2 ± 0.18	11.7 ± 0.27	14.4 ± 1.05	$P<0.01$
pH	8.27 ± 0.06	8.18 ± 0.27	8.21 ± 0.05	8.2 ± 0.06	8.25 ± 0.07	8.38 ± 0.07	$P<0.01$
总磷（mg/L）	0.02 ± 0.01	0.03 ± 0.01	0.034 ± 0.00	0.02 ± 0.01	0.03 ± 0.01	0.03 ± 0.02	N.S

注：N.S 表示不显著

4.1.3.3 物种多样性、生物量与环境因子的关系

在不同海拔、不同水深、不同湖泊的微生境条件差异下，九寨沟的湿地植物物种组成、群落类型均有较大的差异，同时在生物量、高度、密度等方面也有差异。在不同的海拔梯度，植物的群落类型不一样，如沿沟草、帕米尔薹草等群落只分布在较高海拔的湖泊，而香蒲和芦苇群落只分布在较低海拔的湖泊。环境因子的空间差异主要体现在水深和土壤养分的差异。

两个回归模型表明，水深与物种多样性呈负相关（$P<0.002$），而海拔和土壤有机碳对植物生物量的影响比较大（$P<0.001$）。总体来说，海拔与植物生物量呈负相关，而土

壤有机碳与植物生物量呈正相关（表4-4）。水体中的氮、磷、pH对物种多样性几乎没有影响。不同群落的物种多样性和物种丰富度也存在较大的差异（表4-5）。芦苇群落的物种多样性较大，而沉水植物的物种多样性较小。卡方检验表明（表4-6），不同群落类型的生产力存在显著差异。对于沉水阶段的植物而言，水毛茛、轮藻、狸尾藻和篦齿眼子菜等群落的生物量最小，挺水植物沿沟草群落的生物量次之。湿生植物中帕米尔薹草、荸荠、华扁穗草、披散木贼等的生物量较大。在挺水植物中芦苇和香蒲的生物量最大，水木贼的生物量次之。

表4-4 九寨沟湿地生物多样性及生物量预测模型

因变量	自变量	B	常数	R^2	F
香威指数	水深	1.614	0.008	0.194	$F_{1,66} = 15.66$ ***
生物量	海拔	−0.685	1924.45	0.222	$F_{1,66} = 9.12$ ***
	土壤有机碳	5.142			

*** 表示相关性达显著水平（$P < 0.01$）

表4-5 不同群落类型的生物量、物种多样性与物种丰富度的一元方差分析的 F 值

香威指数	丰富度
$F_{5,66} = 2.266$ *	$F_{5,66} = 2.049$ *

* $P < 0.05$

表4-6 不同水深梯度样方总生物量的卡方检验

水深	样方总生物量
卡方（χ^2）	21.586
df	3
近似值	0.000

在其他条件较为一致的情况下，以7月的平均水深来计算，对0~20 cm、20~40 cm、40~60 cm及60 cm以上水深的植物生物量进行卡方检验。结果表明，不同水深的样方间存在显著差异（表4-7）。以0~20 cm水深的样方中生物量最大，60~80 cm水深的样方平均生物量最小，随着水深的增加，样方中平均生物量呈下降趋势（表4-7）。

表4-7 不同水深梯度样方的平均生物量（平均值±标准差）

水深（cm）	平均值	N
0~20	490.89 ± 174.18	47
20~40	450.03 ± 430.0975	37
40~60	352.06 ± 451.57	30
60~80	324.56 ± 96.50	9

环境因子及生物量在不同的环境条件下存在较大的差异。沉水植物的生物量较小，宽叶香蒲等挺水植物的生物量较大。从回归分析模型来看，水深对物种多样性有影响，而海

拔和土壤有机碳对植物生物量的影响比较大。但这些环境因子对物种多样性和生物量的可预测性较低，可见植物的生长和物种多样性的维持是比较复杂的，受多因素影响，已研究的环境因素不能充分解释和预测湿地生物多样性和生物量的变化。产生这种现象的原因是不同植物对不同环境因子的敏感程度不同，从而导致可预测性降低。水、微地形的差异影响着湿地植被的物种丰富度（Whitehead，1990）。短期的淹水循环变化对植被及其后期的发展有明显的影响（Thibodeau，1985）。不同的植物群落结构不一样，导致物种多样性的差异较大。因此，对不同的植物群落需要进一步深入的研究。

4.1.4 优势植物群落特征

优势植物群落往往具有较大的分布面积，并以其优势种在数量和体积上的优势对生境产生重要的影响，在湿地生态系统的稳定以及生物多样性的维持中发挥着关键的作用，同时形成自然景观的基础。在九寨沟景区，湿地的优势植物群落包括宽叶香蒲（*Typha latifolia*）、芦苇（*Phragmites australis*）、杉叶藻（*Hippuris vulgaris*）和水木贼（*Equisetum fluviatile*）等。其中，芦苇群落在五花海、犀牛海、卧龙海、镜海、芦苇海等湖泊中都有分布。特别是在芦苇海，芦苇占据整个海子面积的2/3，是一个重要的湿地植被类型。水木贼是九寨沟湿地的一个关键种（齐代华等，2006），在大多数湖泊边缘都有生长。因此，本研究主要选取芦苇和水木贼群落，研究其在不同环境中的生长和结构。

4.1.4.1 水木贼群落

彭玉兰等（2008）分别于2005年7月和2007年7月对九寨沟湿地中的水木贼（*Equisetum fluviatile*）种群进行了种群密度、高度和群落生物量等特征值的野外调查，并对水、土壤等环境因子进行测量分析。

（1）九寨沟水木贼群落的物种组成

在调查中共发现31种植物。物种出现频度为1%~20%的有28个物种，出现频度为20%~40%的只有两个物种：具刚毛荸荠（*Eleocharis valleculosa*）和篦齿眼子菜（*Potamogeton pectinatus*），出现频度为40%~60%的只有杉叶藻（*Hippuris vulgaris*）1个物种，缺乏出现频度达到60%~80%的物种，而出现频度为80%~100%的有1个物种（水木贼 *E. fluviatile*）。物种的频度分布符合Raunkiaer频度定律。同时，调查还发现，物种频度分布在2005年和2007年这两年间差异不大，而物种丰富度在两年间的差异也不大（wald 卡方 = 2.017，df = 3，P = 0.56，表4-8）。

物种丰富度在长期淹水和季节淹水的地方都存在差异（wald 卡方 = 9.377，df = 1，P < 0.002）（Peng et al.，2009）。在季节淹水的地方，物种丰富度为每平方米4种，但在长期淹水的地方为3种。

（2）水木贼生长的月变化

水木贼的生物量随时间和地点（海拔）的不同呈现出显著的变化特征（P < 0.001），但在长期淹水和季节性淹水的地方没有明显的变化（P < 0.682）。在箭竹海和镜海长期淹水的情况下，水木贼的生物量在7月达到峰值，而其他地方则在8月达到峰值（Peng et al.，2009)，表明地上生物量具有明显的季节变化。

时间、地点和水深等条件对水木贼的高度也有明显的影响（$P<0.001$，表4-8）。年平均高度在季节性淹水的地方 [(68.1±1.6) cm] 比在长期淹水的地方低 [(85.2±1.8) cm]。除了在箭竹海长期淹水的地方外，5~8月水木贼高度都在明显地增加（$P<0.001$），并在8月达到最高值。在犀牛海其平均高度为 (91.5±3.5) cm。

表4-8 2005年和2007年水木贼在6个湖泊生长的一元方差分析的 F 值

指标	草海	箭竹海	五花海	镜海	犀牛海	芦苇海
香威指数	$F_{1,13}=0.811$	$F_{1,13}=3.379$	$F_{1,8}=4.403$	$F_{1,15}=2.388$	$F_{1,10}=6.306$	$F_{1,12}=0.004$
物种丰富度	$F_{1,13}=0.001$	$F_{1,13}=9.724$	$F_{1,8}=1.303$	$F_{1,15}=0.353$	$F_{1,10}=8.644$	$F_{1,12}=1.946$
高度	$F_{1,13}=1.627$	$F_{1,13}=1.780$	$F_{1,8}=1.101$	$F_{1,15}=2.147$	$F_{1,10}=0.427$	$F_{1,12}=0.109$
密度	$F_{1,13}=4.308$	$F_{1,13}=22.569$	$F_{1,8}=15.699$***	$F_{1,15}=136.793$	$F_{1,10}=3.828$	$F_{1,12}=14.323$
地上生物量	$F_{1,13}=5.197$	$F_{1,13}=3.018$	$F_{1,8}=10.691$*	$F_{1,15}=3.272$	$F_{1,10}=9.231$	$F_{1,12}=2.526$
水深	$F_{1,13}=2.06$	$F_{1,13}=0.016$	$F_{1,8}=1.297$	$F_{1,15}=6.680$	$F_{1,10}=9.455$	$F_{1,12}=0.287$

* $P<0.05$，*** $P<0.001$

水木贼群落的密度在季节性淹水 [(576±17) 株/m²] 的地方比在长期淹水的地方大 [(304±18)/株/m²]（$P<0.001$）。同时，时间、地点和水深对水木贼群落的密度都具有明显的影响，在季节间水木贼群落的密度存在明显的波动。水木贼密度最高的是在箭竹海，达到每平方米 (728±45) 株。

(3) 水木贼与环境因子的关系

调查发现，九寨沟不同地点间湖水 pH 和水化学特征差异较小。水的 pH 为 8.10~8.27，水体总磷为 0.02~0.03 mg/L，总氮为 1.50~2.50 mg/L。在7月湖水的水深在两年间没有显著的差异（$P>0.05$，表4-9），但由于每个月的水温和水深具有一定的波动，因此我们用每个月的水温和水深进行回归分析。

表4-9 水木贼生长的参数与环境因子的逐步回归分析

因变量	月份	自变量	b	r^2	F
地上生物量	5	水深	1.998	0.254	$F_{1,32}=5.116$*
		水温	3.610		
高度	5	水深	0.906	0.287	$F_{1,32}=12.470$***
密度	5	水深	-4.991	0.129	$F_{1,32}=4.584$*
密度	6	水深	-10.485	0.352	$F_{1,29}=15.24$***
密度	7	水深	-7.889	0.256	$F_{1,29}=9.656$***
高度	8	水温	2.934	0.416	$F_{1,29}=9.609$***
		水深	0.479		
密度	8	水深	-6.700	0.382	$F_{1,29}=8.350$*
		水温	-25.371		

* $P<0.05$，*** $P<0.001$

注：b 为回归系数

逐步回归分析表明，水深与水木贼密度呈线性相关（5月，$P<0.040$；6月，$P<0.001$；7月，$P<0.004$；8月，$P<0.001$）（表4-9）。在5月，水深与水木贼高度呈正相关（$P<0.001$）。在8月，水温、水深也与水木贼高度呈正相关（$P<0.001$）。而在其他月份，水木贼的高度与水深似乎没有关系。在5月，水木贼地上生物量与水温和水深均呈正相关，但在其他季节则没有相关性（$P<0.012$）。

水木贼生长参数的最大值与环境因子的回归分析表明，水深、土壤总氮和土壤有机碳对水木贼的生物量和密度有明显影响（表4-10）。土壤总氮与地上生物量和物种丰富度呈正相关，而水木贼密度与土壤有机碳呈正相关。水深与地上生物量、密度、物种丰富度呈负相关，而高度与环境因素没有线性关系。

表4-10 水木贼生长参数的最大值与环境因素的关系

因变量	自变量	常数项系数	一次项系数	相关系数 R^2	F
地上生物量	土壤总氮	159.596	47.417	0.285	$F_{1,26}=9.951^{**}$
地上生物量	土壤总氮	323.071	39.891	0.403	$F_{1,26}=8.118^{**}$
	水深		-4.435		
密度	土壤有机碳	329.669	3.767	0.377	$F_{1,26}=15.095^{***}$
密度	土壤有机碳	556.824	2.759	0.533	$F_{1,26}=13.707^{***}$
	水深		-6.305		
物种丰富度	土壤总氮	1.402	0.411	0.277	$F_{1,26}=9.561^{**}$
物种丰富度	土壤总氮	2.830	0.345	0.394	$F_{1,26}=7.805^{**}$
	水深		-0.039		

$**P<0.01$，$***P<0.001$

4.1.4.2 芦苇群落

为了调查不同环境条件下九寨沟芦苇群落的生长状况和结构特征，彭玉兰等（2008）选取较干的滩地A（水深-15 cm，即土层下水深15 cm）、湿滩地B（水深-2 cm，即土层下水深2 cm）、样地C（水深24 cm，即土层下24 cm）、样地D（水深47 cm，即土层下47 cm）4个水深梯度生境的芦苇，分别开展调查测定。这4个类型基本构成了以水深为主导因素的环境梯度差异。在每个生境类型条件下随机取90株无性系分株，测定芦苇的株高（cm），记录开花结实状况，并逐一测定花序长度（cm）。同时，取地上部分，带回实验室，按花序、叶、茎、分枝等构件分别在80℃烘箱烘干至恒重，并称量记录其干重。

(1) 芦苇地上分株的生物量及株高

地上分株的生物量在各生境间存在显著差异（表4-11和图4-2）。多重比较结果表明，干滩地芦苇的地上分株生物量及株高与其他生境存在极显著的差异，其他各生境间存在显著差异。样地D的平均生物量最大，而各生境间芦苇的高度存在显著差异。平均高度以干滩地A最矮（Peng et al.，2008）。

表 4-11　不同生境中芦苇种群构件的数量特征及显著性检验

构件	自由度 df	方差 F
叶生物量百分比	3, 351	18.93***
茎生物量百分比	3, 351	56.24***
单株重[b]	3, 351	30.30***
叶生物量[a]	3, 351	15.11***
茎生物量	3, 351	33.26***
株高	3, 351	60.69***
花序长	3, 351	17.56***
花生物量[a]	3, 142	6.65***
花生物量百分比[a]	3, 142	10.43***
分枝生物量[a]	2, 23	4.50
分枝生物量百分比[a]	2, 23	0.40*

* 代表在 0.05 水平上有显著差异 ($P<0.05$)，*** 代表在 0.001 水平上有极显著差异 ($P<0.001$)

注：a 为数据的平方根转换，b 为数据的对数转换

（2）营养器官构件的生物量分配

地上分株的叶生物量在各生境间存在显著差异。地上分株叶的生物量为 36.71% ~ 46.1%（图 4-3）。样地 A 的地上分株叶生物量与其他各生境相比存在显著差异。叶生物量多重比较结果显示，叶生物量百分比在样地 B、C 之间以及 B、D 之间差异不显著；但在其他生境中两两差异显著，样地 A 与其他生境中叶生物量投入的百分比差异极显著（$P<0.001$）。从均值来看，在样地 A 中芦苇叶生物量百分比最大，其次为水深 24 cm 的样地 C。

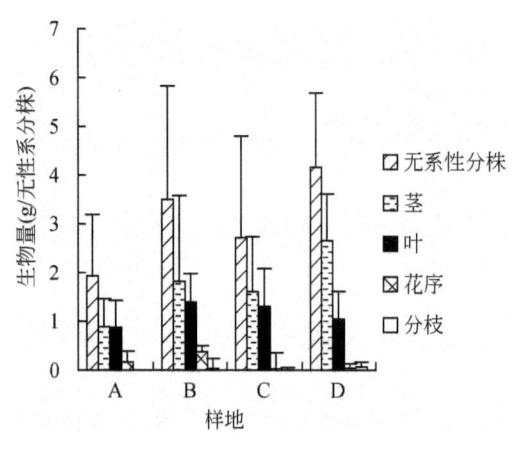

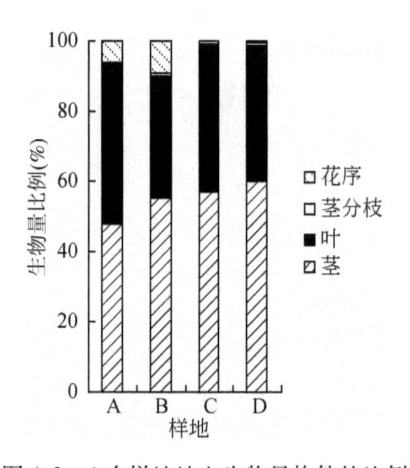

图 4-2　4 个样地生物量构件差异

图 4-3　4 个样地地上生物量构件的比例

在水深 47 cm 的挺水植物区（样地 D），芦苇茎的生物量明显比其他 3 个生境中的生

物量高。地上分株茎的生物量为47.7%~61.8%。茎生物量在各生境间存在显著差异，且茎生物量百分比以较干滩地A最小，在挺水植物区D最大。多重比较结果显示，较湿滩地B与沼泽地C之间的差异不显著，其余的比较之间均存在显著差异。

地上分株的茎分枝在生物量中最大为1%，可见在分枝上投入的生物量是很少的。在样地A和B芦苇没有分枝，而在挺水植物区的样地D中，茎分枝较多，生物量也比其他几个生境中的大。分枝状况、分枝生物量在样地A与样地B，样地C和样地D间差异不显著，在样地A中植株基本不分枝或仅有2%的植株发生分枝，在样地C和D中有13%~14%的个体发生分枝。分枝生物量的百分比在各生境间存在显著差异。

（3）生殖构件分配特点

开花率、花的生物量、花的生物量比例、花序长度等在各生境间均存在极显著差异。从花序平均长度来看，在样地B最长，其次为样地A（水深24 cm），最短的为样地C（图4-4）。花序平均生物量（图4-3）在样地D中最大。在样地C中开花植株占18%，在样地D中仅有8%的植株开花。但在水湿条件较差的样地A和样地B中开花植株所占比例较高，分别为62%和84%。同样，花的生物量百分比在样地B中最大，其次为样地A。

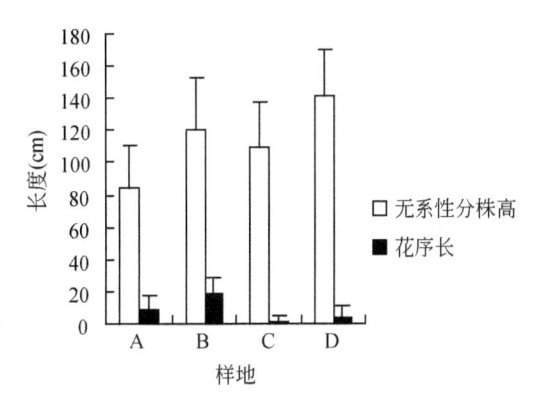

图4-4 在4个样地中地上分株高度和花序长度

（4）株高与分株生物量及构件生物量的相关性

芦苇分株的生物量、茎生物量随着芦苇植株高度的增加在4个生境中都表现出较明显的幂指数生长规律（图4-5）。在样地中，分株生物量与株高的复相关系数 R^2 为0.627~0.756，茎生物量与株高的复相关系数 R^2 为0.6~10.7078。在样地B中，分株生物量与株高的相关性程度差一些。幂指数在干旱滩地最小，随着株高的增加，在样地A中，单株生物量和茎生物量增加较小；在样地C和样地D中茎生物量生长的幂指数（2.0263~2.1281）明显比干旱滩地（1.2868）大，说明在样地C和样地D中，芦苇地上分株随着

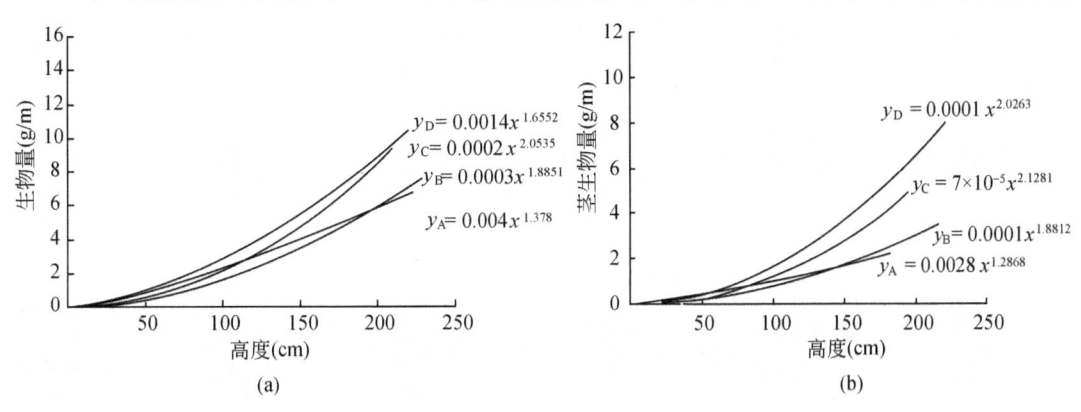

(a) 生物量(g/m)
$y_D = 0.0014x^{1.6552}$
$y_C = 0.0002x^{2.0535}$
$y_B = 0.0003x^{1.8851}$
$y_A = 0.004x^{1.378}$

(b) 茎生物量(g/m)
$y_D = 0.0001x^{2.0263}$
$y_C = 7\times10^{-5}x^{2.1281}$
$y_B = 0.0001x^{1.8812}$
$y_A = 0.0028x^{1.2868}$

图4-5 芦苇地上分株高度和生物量的生长规律

高度的增加，茎生物量比其他生境的芦苇增长得更快。叶生物量与株高的复相关系数 R^2 为 0.3276~0.5712，表明叶生物量与株高呈现较弱的相关性。

（5）分株生物量与构件生物量的相关性

茎生物量与分株生物量的复相关系数 R^2 为 0.901~10.9468，叶生物量与分株生物量的复相关系数 R^2 为 0.7401~0.8985，说明随着分株生物量的增加，茎叶都表现出明显的幂指数生长规律（图4-6）。茎生物量生长的幂指数变化规律为干滩地 A < 样地 B < 样地 C < 样地 D，说明在样地 D 茎增长最快，在样地 A 最慢。叶幂指数的变化规律为样地 A > 样地 C > 样地 B > 样地 D，即叶增长是在样地 D 最慢，在干旱滩地 A 最快。从幂函数方程可看出，在干滩地 A，随着单株重量的增加，叶生物量生长快于茎的增长。随着水湿条件的增加，在样地 B、样地 C 和样地 D，则是茎生物量的增加快于叶生物量的增加。

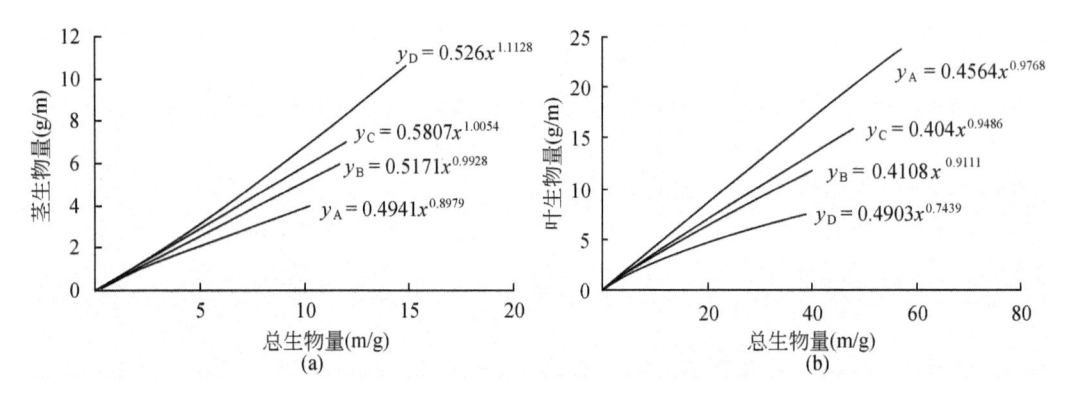

图4-6 不同样地芦苇构件生物量的生长规律

4.1.5 九寨沟湿地植被的演替规律

九寨沟湿地的物种多样性较为丰富，不同群落类型间在物种数和生物量上都有较大差异。九寨沟现存植物群落是生物与环境因子综合作用的结果。不同物种的生长对环境因子的需求不一样。土壤有机碳对芦苇、杉叶藻和帕米尔薹草等群落的影响较大，而土壤总磷可能是宽叶香蒲生长的限制因子。土壤有机碳、土壤总氮对水木贼种群的影响较大（彭玉兰等，2008）。以前的研究也发现（徐治国等，2007），土壤全磷、全氮等能够解释88%的草地植物物种密度和84%的地上生物量。土壤营养条件和水分状况的差别，决定了植物的生长分布区域。同时，在植物与土壤的相互作用过程中，植物对土壤的塑造以及植物之间的竞争，形成了各种湿地植物的分布格局。匈牙利 Kis-Balaton 的湿地研究表明，土壤氮是湿地植被从柳灌丛向毯状植被发展的动力（Somodi and Botta-Dukát，2004）。在九寨沟，土壤总氮对水木贼种群的生长影响比较大。

环境因子及生物量在不同的环境条件下存在较大的差异。在大多数优势湿地植物群落中，水越浅，其他物种与优势物种的竞争越大。例如，杉叶藻群落在沉水的环境下生物量更大，但同时受土壤营养状况的影响。在水、气候、土壤环境因子的综合作用下，九寨沟目前的不同群落类型处在相对稳定的状态。但芦苇在较干的生境中，面临着其他物种的竞争和水、养分的胁迫，可能出现衰退。水、土壤、海拔等可能影响着湿地的植物群落动态和演替进程。水深的不同意味着光照条件的不同，因此光和营养物质在大环境条件基本一致的情况下控制着水生植物的群落演替（Chambers，1987）。

从物种多样性、群落分类及优势植物群落的研究中，可以总结出九寨沟湿地植被演替的基本规律，即从水生到陆生，在水位由深到浅的变化过程中，植被的演替规律表现为，沉水植物（水深1 m以上，主要有轮藻、篦齿眼子菜、穿叶眼子菜、竹叶眼子菜、眼子菜、帕米尔眼子菜、水苦荬、杉叶藻）；挺水植物（水深30~90 cm，主要有水木贼、芦苇、香蒲）；沼泽植物（水深5~30 cm，主要有荸荠、薹草、节节草、披散木贼）；湿地灌丛（水深0 cm，主要有柳灌丛、小檗灌丛）。同时，群落的结构也趋于复杂。水生、沼生的湿地植物种类较少，基本为单优势种群落；而趋于中生的湿地植物种类较多，形成多优势种的分布格局。香蒲、芦苇、薹草等湿生植物对生境的改造，创造了适宜灌木树种生存的微环境，柳树等树种本身有耐水湿的生态特性，其在生长过程中可以改变局地水湿环境，促进地势抬升，使得水陆交错带生境中的环境因子变化更加剧烈而多样。

九寨沟湿地植被分布格局与水深梯度紧密相关，在一些湖岸湿地，植物分布具有明显的条带性和镶嵌性；另外，植物群落的分布为斑块状不均匀分布，在很大程度上依赖于水深梯度的变化。因此，在自然因素的作用下，水位的变化是九寨沟湿地植物发生演替的主要驱动力。

利用特征种对水环境的指示性，可以表明湖泊植被处于何种演替阶段。从时间代替空间的角度来看，如果在今后水位下降的情况下，五花海、老虎海、犀牛海等湖泊的芦苇、宽叶香蒲群落有可能发展更快。随着水分的减少，一些中生性植物可能侵入芦苇湿地，并导致芦苇海的芦苇湿地退化。在环境进一步中生化的情况下，柳灌丛等群落有可能得到更加有利的发展空间。

植被的每个演替阶段都有稳定的植物群落，现代生态演替理论最重要的突破之一是认识到演替方向的多重性（党承林等，2002）。因此，在环境因子的不断波动下，九寨沟湿地植被的演替方向是多样的，既可以向陆生生态系统演替，又可朝水生方向演替，而这种演替方向在很大程度上还是取决于大气的降水变化。九寨沟湿地植物一直处在动态演替过程中，减少人为干扰对植被正常演替过程的影响，是保证九寨沟湿地资源和景观可持续利用的基础。

4.2　九寨沟水质与浮游植物的动态监测

为了了解水质与浮游植物之间的关系，从生物监测的角度评价水体质量状况，研究中对九寨沟最具有代表性的五花海和珍珠滩景点进行了动态监测。监测内容包括水体的理化指标、叶绿素和浮游植物类群等。调查中，我们采取内陆湖泊的调查规范来选点，分别在五花海湖泊进水口、沿岸带、湖心及出水口分别布设采样点。共布设采样点6个，分别以A1~A6点表示，分别代表：A1点为五花海的入水口，A2、A3点为五花海右侧退耕地附近出现沼泽化的地点，A4点为湖泊中的常规代表点，A5点为横跨湖心的栈道旁，A6为五花海左侧沼泽化附近的采样点。珍珠滩的采样点主要布设在滩两边及横跨滩的栈道旁，采样点共有5个，分别以B1~B5点来表示，分别代表：B1点为大金铃海下面的静水体，B2~B5点分别为从右开始向左横跨滩地的栈道沿线样点。

4.2.1 浮游植物

4.2.1.1 五花海和珍珠滩浮游植物的物种组成

调查中发现，五花海和珍珠滩的浮游植物共有 6 门 74 属 183 种。其中，硅藻门有 29 属 110 种；蓝藻门有 15 属 25 种；绿藻门有 23 属 41 种；裸藻门有 2 属 2 种；甲藻门有 4 属 4 种；金藻门有 1 属 1 种。五花海和珍珠滩的藻类组成比例如图 4-7 所示，其中硅藻门、绿藻门和蓝藻门三门的种数分别占了总种数的 60%、22% 和 14%，在物种组成上远比其他藻类多。各采样点的种数是不一致的（图 4-8），每个采样点的藻类组成相差较大，按总种类数排列的顺序是 A3 > A2 > A6 > B2 > A1 = B1 > A5 = B3 > B4 > B5，处于五花海 A2、A3 点的浮游植物组成显著高于其他各点（朱成科，2007）。而从优势种类看，五花海和珍珠滩的优势种都属于硅藻门。其优势种类主要包括肘状针杆藻、两头针杆藻、船形舟形藻、细长舟形藻、曲缝羽纹硅藻、超级羽纹硅藻、变异脆杆藻和箱形桥弯藻。同时，各采样点浮游植物的优势种组成也不相同（表 4-12）。

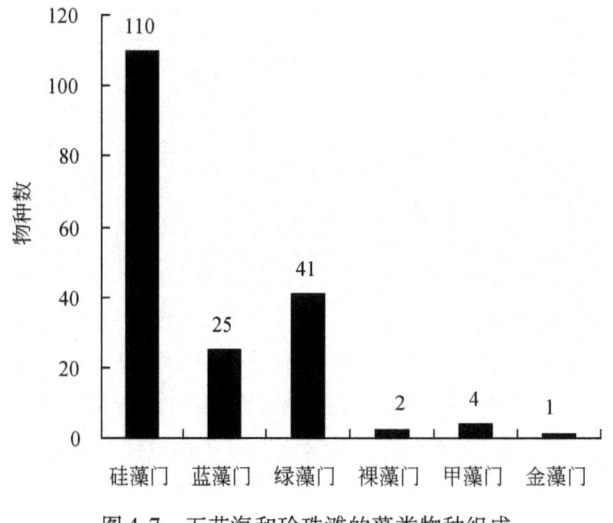

图 4-7　五花海和珍珠滩的藻类物种组成

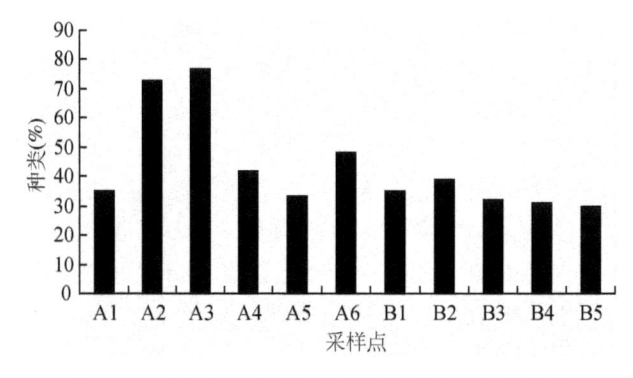

图 4-8　五花海和珍珠滩浮游植物种类空间分布图

表 4-12　五花海和珍珠滩各采样点浮游植物的优势种情况

景点	采样点	浮游植物的优势种
五花海	A1	舟形藻属、针杆藻属；绿藻门的纤维藻属
	A2	船形舟形藻、肘状针杆藻、尖针杆藻、两头针杆藻、羽纹硅藻、针杆藻
	A3	船形舟形藻、肘状针杆藻、两头针杆藻、显著羽纹硅藻、针形针杆藻、弧形短缝藻
	A4	船形舟形藻、肘状针杆藻、两头针杆藻、显著羽纹硅藻、针形针杆藻
	A5	肘状针杆藻、高山桥弯藻、两头针杆藻
	A6	船形舟形藻、肘状针杆藻、两头针杆藻、桥弯藻、羽纹硅藻、针形纤维藻
珍珠滩	B1	船形舟形藻、两头针杆藻、鱼腥藻形席藻、新月形桥弯藻
	B2	船形舟形藻、肘状针杆藻、两头针杆藻、显著羽纹硅藻、箱形桥弯藻、针形针杆藻
	B3	船形舟形藻、肘状针杆藻、弧形短缝藻、两头针杆藻、显著羽纹硅藻
	B4	针形针杆藻、显著羽纹硅藻、两头针杆藻、肘状针杆藻、船形舟形藻
	B5	船形舟形藻、肘状针杆藻、两头针杆藻

4.2.1.2　浮游植物的现存量及时空差异

本次所调查到的五花海和珍珠滩浮游植物现存量见表 4-13，可以看出浮游植物生物量都不是很高。由五花海的藻体个数月变化可以看出，浮游植物在沿岸带显著高于湖心区，最低生物量为 A1 点，最高为 A6 点。A1、A4 和 A5 点的浮游植物生物量在 10 000 个/L 至 0.012 mg/L 之间。A2 和 A3 点的生物量随着水温的月变化逐渐升高。从五花海的浮游植物平均生物量的现存量来看，入水口 A1 点最低。产生这种现象的原因是 A1 点位于湖泊的入水口附近，加上树冠覆盖的影响，产生水体的自阴作用，导致 A1 点浮游植物的生物量最低。而 A2 和 A3 点处于五花海退耕地附近的沼泽区，随着九寨沟的雨季到来和水温的升高，其水平面逐渐抬升，导致大量营养物质汇入这一区域，从而造成水体中的养分含量上升，浮游植物进一步快速增长。采样点 A6 在 5 月和 6 月的浮游植物均较少，但在 7 月迅速达到最大值。这也是由于在 7 月，湖泊水位上升，原来的沼泽地被水淹没，大量的有机物质被带入水体循环，致使水体的高锰酸钾指数和生化需氧量 BOD_5 都有明显升高。

表 4-13　五花海和珍珠滩浮游植物的现存量

采样点	月份					平均
	5	6	7	8	9	
五花海 A1	2 300	2 803	2 200	1 100	2 900	2 261
	0.008 22	0.008 11	0.004 58	0.003 2	0.006 69	0.006 17
五花海 A2	33 210	48 138	93 000	131 500	182 500	97 670
	0.066 61	0.137 81	0.304 31	0.358 90	0.484 56	0.270 43
五花海 A3	7 360	40 552	51 250	117 000	130 625	69 357
	0.018 44	0.121 85	0.154 04	0.285 81	0.363 25	0.188 68
五花海 A4	2 520	3 496	7 900	4 700	3 900	4 503
	0.007 27	0.010 03	0.021 64	0.010 97	0.009 57	0.011 90

续表

采样点	月份					平均
	5	6	7	8	9	
五花海 A5	1 500 0.003 98	2 124 0.005 66	2 900 0.007 4	2 700 0.006 19	8 900 0.033 01	3 625 0.011 25
五花海 A6	8 455 0.020 79	5 850 0.017 14	272 000 0.502 06	135 000 0.414 86	72 083 0.164 13	98 678 0.223 80
珍珠滩 B1	1 650 0.001 91	2 176 0.005 71	4 300 0.009 85		4 100 0.011 03	3 057 0.007 12
珍珠滩 B2	1 105 0.005 02	1 496 0.003 94	7 900 0.019 94		9 667 0.023 67	5 042 0.013 14
珍珠滩 B3	975 0.002 54	2 222 0.011 31	7 900 0.027 51		9 500 0.022 41	5 149 0.015 94
珍珠滩 B4	1 100 0.003 41	2 046 0.006 14	11 400 0.028 56		5 100 0.011 47	4 912 0.012 39
珍珠滩 B5	1 235 0.003 04	1 590 0.004 08	6 100 0.018 12		10 750 0.027 52	4 919 0.013 64

注：表格内上部数据为浮游植物数量，单位为个/L；下部数据为生物量，单位为 mg/L

从珍珠滩的藻体个数月推移可以看出，珍珠滩的浮游植物随着时间的推移略有升高，但浮游生物的生物量都比较低。各采样点浮游植物的平均生物量差异不大，最低的 B1 点为 3057 个/L 和 0.007 12 mg/L，最高的 B3 点为 5149 个/L 和 0.015 94 mg/L。这是由于珍珠滩灌木的覆盖率比较高，对水体有荫蔽作用，同时，流动的水体导致浮游植物不能充分利用阳光进行光合作用，从而成为藻体个数增长的限制因子。珍珠滩 6~9 月水温的升高，刺激了水体中浮游植物的生长，所以浮游植物的生物量逐月升高，并在 7 月达到最大值。

4.2.1.3 浮游植物叶绿素 a（Chla）含量和丝状藻类的生物量

水生生态系统初级生产力的高低直接关系到水体的质量，初级生产力低说明水体是贫营养水体，反之为富营养水体。叶绿素是衡量水体生态质量的一个重要指标。从表 4-14 可以看出，五花海和珍珠滩水体中的叶绿素 a 含量比较低。叶绿素 a 浓度在 A2、A3 和 A6（平均分别为 1.332 mg/m³、0.902 mg/m³ 和 1.414 mg/m³）中明显高于五花海的其他采样点和珍珠滩的采样点（平均值范围为 0.058~0.189 mg/m³）。按照 OECD（1982）的叶绿素 a 湖泊营养类型划分标准，九寨沟的五花海和珍珠滩从整体来说均为贫营养型湖泊，但是 A2、A3 和 A6 点的叶绿素 a 含量接近或超过 I 类水质标准（1 mg/m³）。从表 4-14 可以看出，5 月每个采样点叶绿素 a 都没有超过 1 mg/m³，随着九寨沟雨季的来临，湖水的上升，在沼泽地范围内叶绿素 a 含量大幅上升，都接近或超过 1 mg/m³。所以，在雨季防范沼泽地的有机物质进入水体循环是防止富营养化的关键。

在珍珠滩可以看见细丝状或绒毛状的绿色藻体，这是由绿藻门双星藻科的双星藻属（*Zygnema*）、转板藻属（*Mougeotia*）和水绵属（*Spirogyra*）植物所构成的群落。水绵属植物主要在静止和缓慢流动的水体中生长，在珍珠滩水流急的地方长势不好。九寨沟光照充足，在正午时分能够看见在水流平缓的地带有丝状藻类形成的泡沫，这是藻类植物光合作用产生的大量 O_2 和藻丝体的代谢产物黏附在藻丝上所形成的。这种泡沫到夜间将阻止藻丝的正常呼吸，并导致藻丝死亡。我们在 5~9 月通过 4 次采样对水体中的藻类生物量进行了调查（表 4-14），发现珍珠滩丝状藻类的干湿重分别为 12.5674~20.8526 g/m² 和 82.3163~135.9587 g/m²。由于 5~9 月九寨沟气温升高，光照增强，水温升高，致使丝状绿藻生长旺盛。丝状藻类的干重可以按照 $y = 2.9879x + 9.6531$（$R^2 = 0.9373$，$x = 1、2、3、4$ 次采样次数）来计算。

表 4-14　五花海和珍珠滩浮游植物叶绿素 a 和丝状藻类含量

月份	五花海（mg/m³）							珍珠滩（mg/m³）					丝状藻（g/m²）	
	A1	A2	A3	A4	A5	A6	B1	B2	B3	B4	B5	湿重	干重
5	0.039	0.53	0.7	0.205	0.068	0.444	0.03	0.061	0.121	0.068	0.061	82.3163	12.5674
6	0.143	3.276	0.71	0.358	0.062	0.182	0.121	0.061	0.239	0.039	0.061	99.1591	15.0241
7	0.137	0.888	0.57	0.2	0.078	4.68	0.034	0.068	0.078	0.034	0.034	128.1035	20.0475
8	0.029	0.874	1.16	0.102	0.059	1.037							
9	0.061	1.092	1.37	0.078	0.061	0.728	0.114	0.061	0.091	0.091	0.106	135.9587	20.8526
平均	0.082	1.332	0.902	0.189	0.066	1.414	0.075	0.063	0.132	0.058	0.066	111.3844	17.1229

总体而言，九寨沟的浮游植物生物量都很低，但在沿岸带的沼泽地范围内浮游植物的生物量偏高，因此，防止九寨沟湖泊沿岸带的沼泽化是减少水体富营养化的关键。

4.2.2　九寨沟硅藻的物种组成及其变化

4.2.2.1　九寨沟湖泊水体硅藻的科属组成

对九寨沟 17 处湖泊水体（具体采样点参见图 4-9）的硅藻研究表明，九寨沟硅藻种类丰富，前期的九寨沟考察报告中记录了浮游和着生硅藻共有 190 种（含变种），分别隶属于 2 纲 6 目 9 科 31 属（刘少英等，2007）。我们在九寨沟核心景区湖泊的样品中观察到了记录的大部分种类，共 2 纲 6 目 10 科 32 属 113 种（含变种）。

九寨沟水体硅藻中真性浮游种类少，附着生种类较多，以羽纹纲的硅藻为主，其中以无壳缝目（Araphidiales）脆杆藻科（Fragilariaceae）的脆杆藻属（*Fragilaria*），双壳缝目（Biraphidinales）舟形藻科（Naviculaceae）的舟形藻属（*Navicula*），桥弯藻科（Cymbellaceae）的桥弯藻属（*Cymbella*）以及异极藻科（Gomphonemaceae）的异极藻属（*Gomphonema*）的种类最多，在各采样点均有出现，为九寨沟水域硅藻中的优势类群，且常成为群落中的共优种。此外，11 月的 S16 采样点中出现了大量的管壳缝目（Aulonoraphidinales）窗纹藻科（Epithemiaceae）细齿藻属（*Denticula*）的细齿菱形藻（*Denticula elegans* Kütz.）（胡鸿钧，1980），并成为该水体的优势种群。

中心纲的种类主要是圆筛藻科（Coscinodiscaceae）的小环藻属（*Cyclotella*）。在九寨沟大部分湖泊中，中心纲硅藻的数量一般不占优势，但在长海表现为极单一的小环藻属优

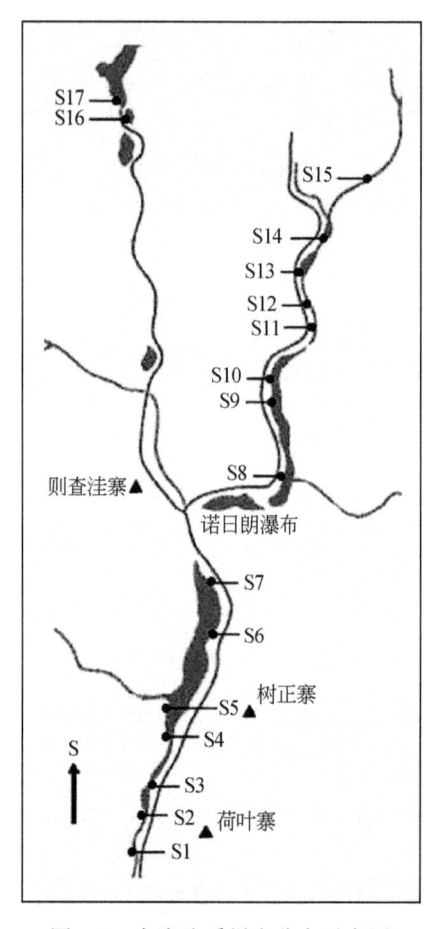

图 4-9 九寨沟采样点分布示意图

S1. 盆景滩；S2. 芦苇海；S3. 火花海；S4. 卧龙海；S5. 树正群海；S6. 老虎海；S7. 犀牛海；S8. 镜海；S9. 金铃海；S10. 花海；S11. 熊猫海；S12. 箭竹海；S13. 天鹅海；S14. 草海；S15. 剑岩悬泉；S16. 五彩池；S17. 长海

势群落。

值得注意的是，在10月和11月采集的部分水样中观察到九寨沟水体出现了典型富营养水体指示种：圆筛藻科直链藻属（*Melosira*）的颗粒直链藻［*Melosira granulata*（Ehr.）Ralfs］和冠盘藻属（*Stephanodiscus*）的星形冠盘藻［*Stephanodiscus astraea*（Ehr.）Grun.］，而在12月的水样中这两个种类都没有发现（表4-15）。在以前的九寨沟藻类植物调查（包少康，1986）和科学考察报告（刘少英等，2007）中对此均没有记录。

表 4-15 颗粒直链藻（A）和星形冠盘藻（B）在水样中的分布状况

月份	采样点
	S1	S2	S3	S4	S5	S6	S7	S8	S9	S10	S11	S12	S13	S14	S15	S16	S17
10	—	—	—	—	—	A	—	A	B	A	—	—	A	B	B	AB	B
11	A	—	—	—	B	AB	—	AB	—	AB	AB	AB	—	A	—	—	—
12	—	—	—	—	—	—	—	—	—	—	—	—	—	—	—	—	—

4.2.2.2 九寨沟湖泊水体中硅藻的细胞密度

藻类的细胞密度是水域生态系统功能和水质评价的重要参数之一（况琪军，2004）。在高山贫营养湖泊中，浮游藻类以硅藻占优势，水体中硅藻的细胞密度在一定程度上能反映水环境状况。统计结果表明，九寨沟水体中硅藻的细胞密度不大，多为 $10 \times 10^4 \sim 20 \times 10^4$ 个/L。各采样点之间存在差异，最大值出现在 10 月的 S17（95.82×10^4 个/L），最小值出现在 10 月的 S16（0.89×10^4 个/L）。一般说来，硅藻在春季和秋季会出现两个生长繁殖的高峰，使藻类数量的季节变化曲线呈现马鞍形（况琪军，2004）。在 10~12 月的 3 个月中，月平均气温和平均水温分别为 8.47℃、3.47℃、1.72℃ 和 8.19℃、7.32℃、5.51℃，都呈逐渐降低的趋势，而在大部分采样点硅藻细胞的密度呈上升趋势，只有 3 个采样点（S4、S10、S17）呈下降趋势，同时，有 4 个采样点（S7、S9、S13、S16）11 月的硅藻细胞密度最大。

从海拔梯度的变化来看，各样点的硅藻细胞密度以海拔 2472 m 的 S10 为最低点，总体上呈现先降低再上升的趋势（图 4-10）。在海拔低于 S6 的各采样点，硅藻的细胞密度出现了比较明显的上下波动。

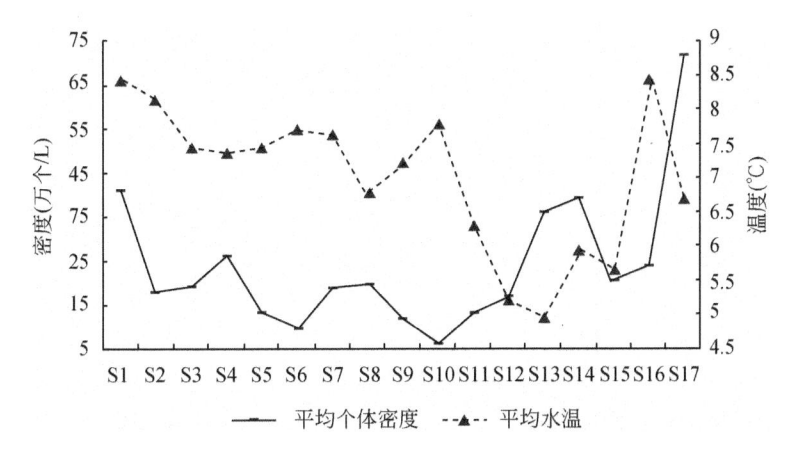

图 4-10　2007 年 10~12 月各采样点的平均硅藻细胞密度和平均水温

4.2.2.3 九寨沟不同湖泊水体的 SCI 值

在研究中我们采用 Cairns 连续比较指数初步探讨不同湖泊水体的生物多样性。Cairns 连续比较指数（sequential comparison index，SCI）是指在每一个样品内相邻个体不同形态硅藻组分的数量与观察总个体数的比值，由 Cairns 和 Deckson 提出，公式为

$$SCI = r/N \tag{4-1}$$

式中，r 为组数。在镜检时，依次连续比较相邻的藻类形态（大小、形状等）个体，如后一个体与前一个体形态相同则为同一组，若不同则作为另一新组。全部计数完毕时，统计组数，即为 r 值。N 为总计数个体，一般至少 200 个。

计算结果显示，各采样点 SCI 值多为 0.6~0.9（表 4-16），平均 SCI 值为 0.7 以上，说明大部分采样点都有着较高的多样性,各采样点之间存在的差异不大。单月最低值和平均最低值都出现在S17,说明该处多样性较低。样点S1、S3、S5、S11、S15和S16的SCI值在不同月份有比较明显的变动,其余采样点在不同月份的变化较小。

表4-16 不同月份各采样点的Cairns连续比较指数(SCI)值

采样点	10月	11月	12月	平均值
S1	0.725	0.847	0.48	0.683
S2	0.821	0.776	0.85	0.815
S3	0.874	0.854	0.68	0.802
S4	0.771	0.782	0.89	0.816
S5	0.613	0.86	0.66	0.712
S6	0.903	0.813	0.88	0.864
S7	0.916	0.876	0.84	0.877
S8	0.857	0.773	0.83	0.819
S9	0.839	0.895	0.84	0.858
S10	0.808	0.9	0.8	0.837
S11	0.893	0.861	0.69	0.813
S12	0.85	0.848	0.83	0.843
S13	0.845	0.803	0.69	0.778
S14	0.605	0.787	0.76	0.717
S15	0.836	0.494	0.79	0.705
S16	0.909	0.455	0.53	0.632
S17	0.209	0.383	0.33	0.307

SCI值的数据显示,各湖泊水体硅藻的多样性都较高,平均SCI值多为0.7以上,而S17因为小环藻属多,整体多样性较低,平均SCI值不到0.5。在10~12月这3个月的变化中,最明显的SCI值变动出现在S16(五彩池),最高和最低值相差0.454。五彩池在10月丰水期时硅藻种类丰富,SCI值较高,表明水体中有较高的硅藻多样性。11月开始水位下降,水中出现大量的细齿菱形藻,多样性降低,直到12月多样性一直维持在较低水平。另外,样点S1、S3、S5、S11和S15的SCI值也有比较明显的变动,这与水体的微环境特别是S1和S15较不稳定的流水环境有关。

小环藻属出现的湖泊通常代表了气温偏冷、水体较深而且较为稳定的湖泊(李家英等,2005)。长海是九寨沟第一大海子,海拔最高(3060 m),水体深度大(均深44.57 m,最深88 m,其余海子深均在几米到十几米变化)。长海虽然存在明显的水位变化,但是由于其库容大,而且相对于其他海子来说远离人类活动的影响,整体上水体环境是比较稳定的。因此,小环藻属只在长海成为单一的优势群落。

颗粒直链藻常出现在各种内陆淡水中,尤其是在富营养型的湖泊和池塘中大量出现(齐雨藻和吕颂辉,1995)。星形冠盘藻是普生性浮游种类,大量地生长在富营养型的湖泊中(胡鸿钧等,1980)。许多学者把它们作为典型的富营养水体种类,指示β-中污型水体环境（李家英等，2005；张茹春等，2006）。近年来快速增长的旅游活动对九寨沟水体环境造成了一定的影响，特别是在旅游旺季，我们可发现适于颗粒直链藻和星形冠盘藻生存的条件。当旅游淡季到来的时候，环境系统的自我恢复能力使得本来不占优势的这两个种群在与其他种类的竞争中几近消失。由此可以说明，九寨沟水体总体上是较清洁的，淡旺季的交替能够缓解环境压力，为环境提供自我调整恢复的时间。另外，说明九寨沟的水环境已受到了人为因素的干扰，湖泊中的硅藻物种组成在一定的时间内会发生改变。如果对此不予以足够的重视，则湖泊的富营养趋势将会越来越严重，直至影响景区的持续发展。

4.2.2.4　九寨沟水体中硅藻细胞密度的影响因素

人们知道，海拔对气温有着明显的影响。同样，海拔对高山湖泊的水温也有着一定的影响，即水温与海拔呈极显著负相关，这在前面的相关分析中已经得到证实。如图 4-10 所示，各采样点 10~12 月的平均水温大致上随着海拔升高而降低，但在个别样点也表现出特殊的情况，如 S10 和 S16 的水温较高。研究发现，各样点的硅藻细胞密度与海拔的相关性显著，但与水温的相关性很小。海拔并不直接对密度产生影响，而主要是通过温度起作用的，密度应该表现出与水温有更大的相关性。这说明在九寨沟除水温外，其他因素对密度也产生了不可忽视的影响，它们的作用减弱了密度与水温的相关性，在结果上表现为似乎仅与海拔相关。

九寨沟各水体具有相对的独立性，不同采样点的硅藻细胞密度是受各自环境中环境因子综合作用的结果。各样点理化性质分析的结果显示，各样点平均 pH 的变化集中在 8.05~8.2，最高值出现在 S17（8.31），最低值出现在 S10（7.68）和 S16（7.94）。各样点溶解氧含量的变化集中在 8.63~8.94，最高值出现在 S13（9.14），明显的低值出现在 S17（8.25）、S10（7.61）和 S16（7.35）。较高的水温以及较低的 pH 和溶解氧含量是影响 S10 采样点硅藻数量的主要因素，表现为密度最低。这 3 个因素同样制约了五彩池（S16）中的硅藻生长，密度一直维持在很低的水平。但是 11 月时出现了大量的细齿菱形藻，使硅藻细胞密度一下达到了 64.49 万个/L，超过了除 S17 外的所有采样点，而在 12 月又迅速降低至 5.65 万个/L。细齿菱形藻生活在流水或较平静的淡水中，代表了当时水体环境常有流水注入或存在活动水体。它的大量出现显示了水体不稳定的低盐环境。S16 采样点所处的湖泊是所有湖泊中最小的静水海子，其容积仅为 3.99 万 m^3，有地下河道与 S17 相通，水位变化与 S17 水位变化一致，丰水期湖面一度漫过栈道，而在秋末迅速下降。11 月湖泊的水位变化剧烈，储水量仅为 10 月的一半，水中营养物质的浓度升高，竞争力强的种类可以迅速繁殖，从而极大地影响了水体中硅藻个体数量的变动。

另外，在九寨沟风景区路线上分布着 3 个村寨——则查洼寨、树正寨和荷叶寨，其周边地带的人类活动影响都较大。则查洼寨位于诺日朗中心站到长海的方向，树正寨位于树正群海对面，荷叶寨位于芦苇海对面（图 4-9）。当地居民的生活和旅游副业的开发会对附近的环境造成一定的影响。湖泊的水体越小，受影响的变化表现得越明显，这也反映在硅藻细胞密度不太稳定的变动上。

在空间上，硅藻细胞密度受到环境因子的综合作用而表现出与海拔呈显著的正相关。

Cairns 连续比较指数的数据显示，硅藻群落的多样性普遍较高，与海拔呈显著正相关，与密度呈极显著的负相关，这都是种间竞争的结果。可以认为，在清洁水体中，多样性主要取决于种间竞争，并不能真实地反映水质状况，因此使用多样性来比较不同水体的营养程度时应该特别注意。

4.2.3　水质理化指标与浮游植物的相关分析及主导因子的筛选

4.2.3.1　水环境和水质与水生生物相关性

将五花海和珍珠滩的水环境、水质与水生生物的各项指标进行 SPSS 统计分析，分析结果见表 4-17。总氮与水环境和水生生物因子的相关性不显著。在五花海的水质理化指标与水生生物因子的相关性中，水温和 pH 与 3 项浮游植物的生物指标均有显著相关性，而营养盐因子（总氮、总磷）与浮游植物的生物指标的相关性不显著，有机物污染指数因子[化学需氧量（COD）、生化需氧量（BOD_5）]与浮游植物的生物指标相关性显著。这表明在九寨沟的湖泊中，水环境条件是影响浮游植物的重要因子；氮磷这些营养元素由于水环境指标的抑制而对浮游生物没有表现出明显的影响；而湖水的有机物对浮游植物的生物指标有明显的作用。五花海有机物主要来源于沼泽地和人为活动的输入，因此，防止九寨沟湖泊的沼泽化和减少人为活动的直接作用是抑制藻类生物量增加的重要途径。

表 4-17　水环境、水质与水生生物的多重相关性分析

项目	水温	溶解氧	总氮	总磷	COD	BOD_5	叶绿素 a	细胞密度	藻生物量
溶解氧	0.062								
总氮	−0.257	−0.021							
总磷	0.568**	−0.034	−0.135						
COD	0.317*	0.060	0.174	−0.001					
BOD_5	0.154	0.049	0.085	−0.211	0.637**				
叶绿素 a	0.429**	0.203	0.163	0.062	0.396*	0.216			
细胞密度	0.545**	−0.153	0.023	0.266	0.351*	0.217	0.792**		
藻生物量	0.539**	−0.261	0.030	0.269	0.396*	0.251	0.710**	0.975**	
pH	−0.336	0.631**	0.054	0.100	−0.426*	−0.779**	−0.163	−0.436*	−0.542**

* 表示相关性达显著水平（$P<0.05$）；** 表示相关性达极显著水平（$P<0.01$）

4.2.3.2　浮游植物的主导因子筛选

将五花海、珍珠滩的水环境和水质指标与浮游植物的生物指标（叶绿素 a、藻细胞密度和浮游植物湿重）进行逐步回归分析，筛选出水环境作用于水生藻类的主导因子。分别将细胞密度、浮游植物湿重和叶绿素 a 作为因变量，九寨沟的水环境条件和水质指标作为自变量，并在统计软件下进行逐步回归。分析结果表明，三者得出的结果是一致的。按照

五花海和珍珠滩水环境和水质指标对浮游植物的贡献率大小排列顺序是：水温 > 溶解氧 > 总氮 > 总磷 > 高锰酸钾指数 > BOD_5 > pH。这个结果与表4-14相互印证了五花海和珍珠滩的水温对浮游植物的生长和繁殖贡献率最大，并制约着九寨沟浮游植物的生长。从表4-14可以看出，营养盐指标的总氮对九寨沟浮游植物的贡献率没有水环境因子大。

4.2.3.3 水温与浮游植物生物量的定量关系

为了进一步说明九寨沟浮游植物生物量的各项指标与水温的定量关系，分析得出了九寨沟五花海和珍珠滩景点水温与藻类生物量的增长曲线。藻类的三项浮游植物生物量指标（细胞密度、叶绿素a和浮游植物湿重）与水温关系如图4-11（a）、（b）和（c）所示。从这三个指标可以看出，五花海和珍珠滩的水温与浮游植物的生物量有着良好的线性关系。

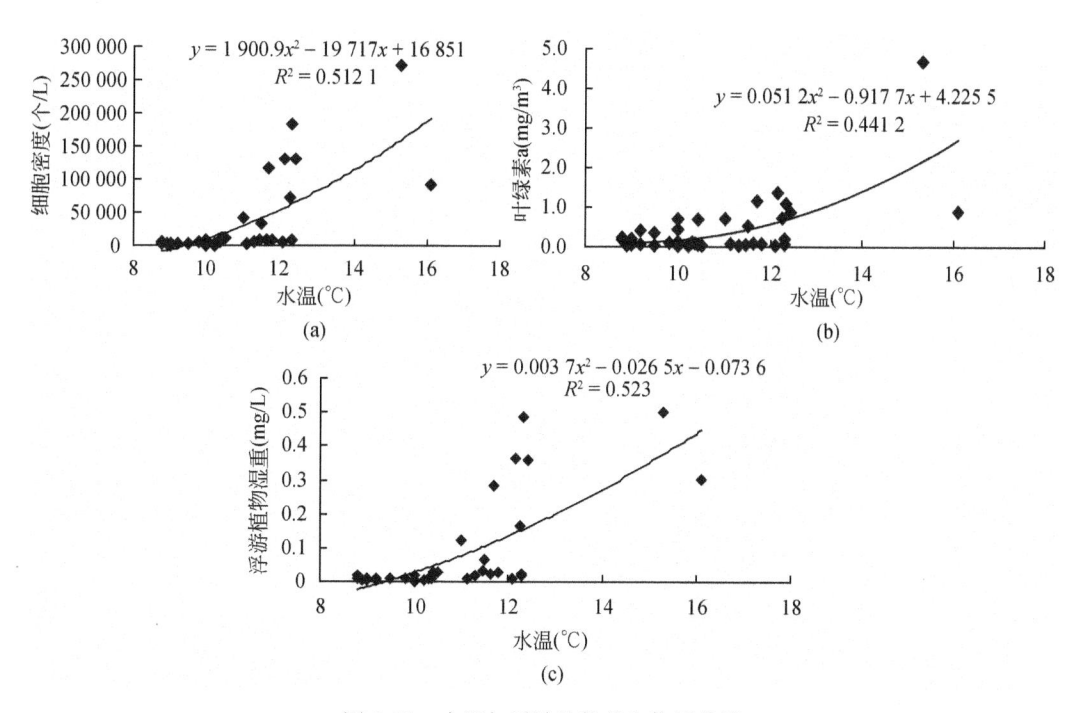

图4-11 水温与浮游植物的生物量曲线

水温是通过影响总磷和高锰酸钾指数，进而影响水体浮游藻个数和水体中的叶绿素a含量。这表明湖泊水位变化（通过水温变化）是影响水生植物多样性发展的关键因素。

4.2.4 水温梯度对九寨沟藻类定量生长的检测试验

4.2.4.1 对藻类生长的影响

人工模拟水温梯度（T1，T2，T3，T4 4个温度梯度）实验表明，藻类随着水温的上升，浮游植物的细胞密度、生物量和丝状绿藻的生物量都有明显的上升（图4-12）。因此，任何影响水温的因子都将影响水生藻类的生长，从而影响到九寨沟湖泊的水体景观。由于湖泊水位变化将导致水体的水温变化，因此季节性的湖泊水位变化往往影响着浮游植物的数量与分布，并使九寨沟的水体质量有一个正常的波动。这种情况也就提醒人们，在一些关键的生长时段，湖畔的干扰活动更应该加以严格的控制。

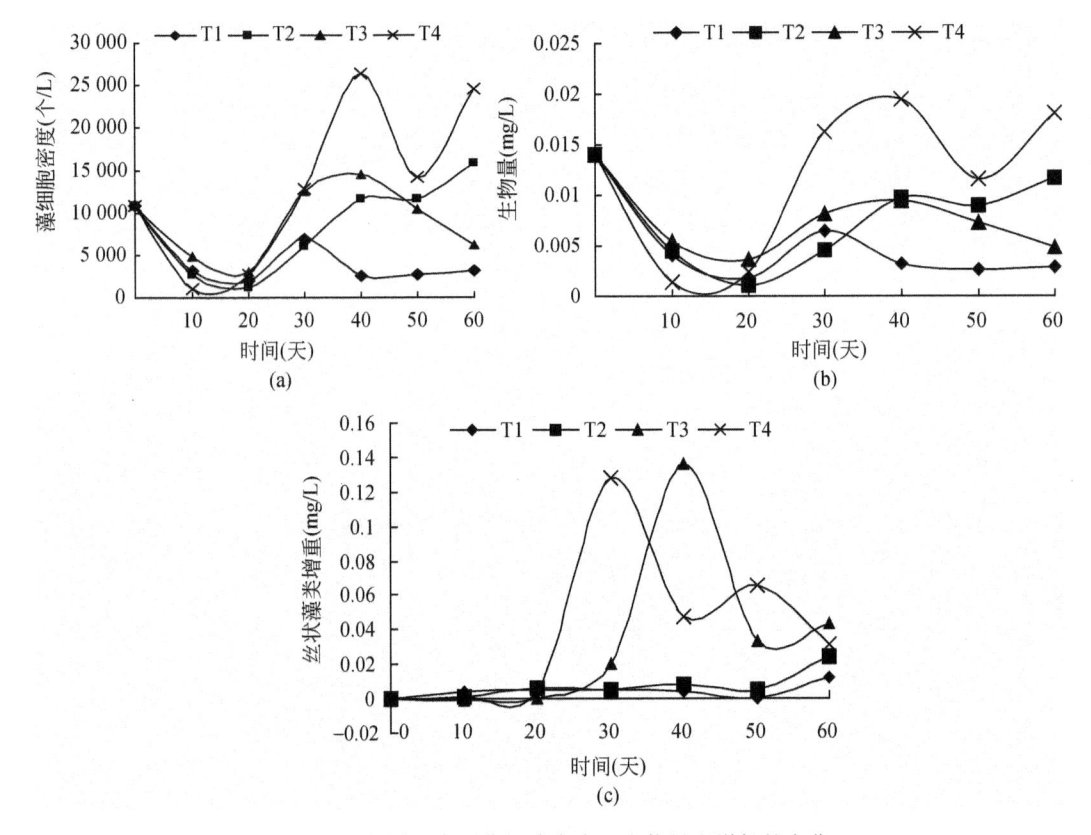

图4-12 不同温度下藻细胞密度、生物量和增长的变化

4.2.4.2 对物种组成的影响

不同温度的室内模拟培养表明，水温还能影响到水体的藻类优势种群组成。从藻种组成来看，硅藻门的优势藻种从培养初期中型硅藻的箱形桥弯藻（*Cymbella cistula*）、显著羽纹硅藻（*Pinnularia nobilis*）和具喙舟形藻（*Navicula perrostrata*），逐渐被属于微型硅藻的广缘小环藻（*Cyclotella hodanica*）所取代，并且数量显著增多，表明微型藻类在竞争中显优势（图4-13）。

4.2.4.3 对水体理化指标的影响

不同水温通过影响浮游植物的生长来影响培养水体的理化指标。水温、pH、DO（溶解氧）和浮游植物生长有着显著的关系。浮游植物生长需要碳、氮、磷等必需元素，当藻类细胞接近于饱和营养生长时，其碳∶氮∶磷的原子比约为106∶16∶1。因此，高氮磷比（30）可能为磷限制，而低氮磷比（5）则可能为氮限制。从本试验研究可以看出，氮磷

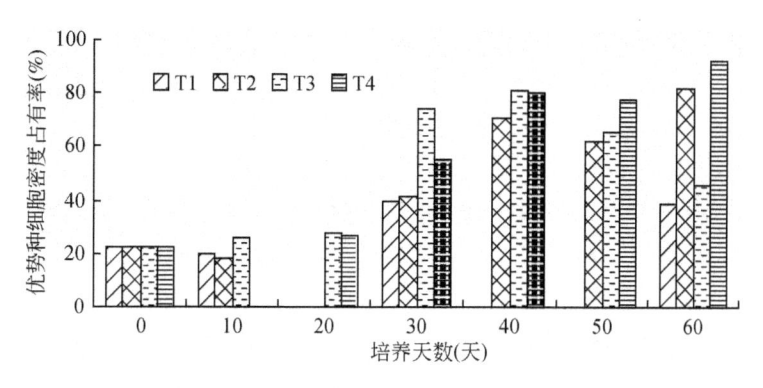

图4-13 不同温度下优势种细胞密度占有率

比大于30的居多,说明是磷限制型水体。故限制磷元素输入是限制九寨沟湖泊浮游植物和丝状藻类蔓延生长的关键。

4.3 生物监测方法的建立

生物对环境的指示作用是人们探索自然、保护自然、利用自然的有利工具之一。前人的研究表明（Brooks et al., 1981），通过对水木贼组织金属元素的测定,可间接对金矿存在的可能性提供证据,因此水木贼可以作为地质探测的有用工具。植物盖度对人工湿地的功能指示并不明显,而灌木基部面积、灌木密度可能是更好的指示（Cole, 2002）。Hargiss（2008）通过植物群落综合指数（IPCI）对美国Prairie Pothole地区的湿地干扰状况进行评估。Patrick等（1967）观察了原生动物、藻类、昆虫、鱼类等在美国、加拿大和南美洲河流中的种类分布,发现了生物种类组成随时空变化的规律,提出虽然生物种类的相似率并不高（最高在藻类中也不到50%）,但种类的数量相对稳定,这就成为后来水污染生物监测的科学依据之一。

水生植物群落类型的变化与水环境的关系也是湿地生物监测值得关注的重点之一。在湖泊富营养化的过程中,水生植物分布面积缩小,总生物量下降,群落多样性和物种多样性下降,耐污染的植物迅速发展（许秋瑾等,2006）。轮藻群落可以对湖泊的营养状况进行指示（Kraus, 1981）,因为随着湖泊富营养化程度的加深,轮藻群落会出现衰退的趋势（Blindow, 1992）。例如,在滇池,轮藻群落在20世纪60年代存在于水体中,但随着湖泊的富营养化,在70年代就消失了。轮藻群落在九寨沟的老虎海、犀牛海、五花海等湖泊广泛存在,并成为这些湖泊深水区的优势种群,说明这些湖泊的水环境条件仍然较好。但在九寨沟湖泊中,狐尾藻等较耐污染的类群也存在,说明九寨沟湖泊的局部地区也存在一定的富营养化趋势,这是今后在景区管理中值得注意的。对长江中下游和云贵高原湖泊的研究表明,在湖泊富营养化的中后期,穗状狐尾藻往往成为优势群落,并伴随水面的大量漂浮藻类生成。在九寨沟五花海的局部水域,这一现象已初现端倪,这是在以后的湿地监测与保护中值得重点关注的地方。在湖泊富营养化过程中,水生植物的物种多样性往往下降,如在洱海随着水体中的营养成分增加,沉水植物种类减少,物种多样性下降,群落结构变得更加简单（胡小贞等,2005）。因此,要密切关注九寨沟湿地植物多样性的变化,从而达到对九寨沟湿地进行生物监测的目的。

在一定条件下，水生生物群落（水生植物和藻类）与水环境之间是互相联系、互相制约的，并保持着一种动态的平衡关系。水生植物对环境变化十分敏感，水环境质量的变化必然作用于生物个体、种群和群落，影响到生态系统中固有生物种群的数量、物种组成以及群落的稳定性和生产力，进而可导致一些水生生物逐渐消亡，而另一些水生生物则能继续生存下去。同时，水环境条件与当地的土壤也是密切相关的。土壤磷的富集可导致香蒲（*Typha domingensis*）在湿地生态系统的扩张（Davis，1991；Miao et al.，2000），而香蒲的高度和生物量又是湿地富营养化比较好的预测因子（Craft et al.，2007）。在九寨沟宽叶香蒲种群的扩展可能就与湿地土壤中磷的增加有关。

通过对九寨沟不同湖泊水生生物（水生植物和浮游藻类）的多样性特点及其与自然条件的相关性分析，可以揭示九寨沟湖泊湿地生态系统的现状。由于群落变化与水质的相互联系，水生生物群落就可以作为湖泊生物监测的重要指标。

4.3.1 水生植物群落的生物监测方法

4.3.1.1 监测点布设

九寨沟湖泊的生物监测可以选择旅游的热门景点进行，包括草海、天鹅海、箭竹海、珍珠滩、熊猫海、五花海、镜海、诺日朗群海、犀牛海、老虎海、树正群海、卧龙海、芦苇海、盆景滩等。水生植物群落的监测布点应重点选择湖泊水位易发生剧烈变化的湖泊，利用湖泊自身的水位变化，设置从湖岸到湖泊中心的不同样带。带的宽度以湖泊水的深浅来决定，一般以植物群落明显变化为界。在每一个带内，定期定点调查监测水生生物群落的物种组成与结构变化。

4.3.1.2 采样时间及频率

采样通常应该分夏季和秋季两次进行，并以 GPS 定位记录样点坐标。采用机械布点样方法，湖岸或挺水区的草本采用 1 m × 1 m 样方调查，记录物种的名称、高度、多度等数量特征，同时采回凭证标本。

4.3.1.3 水生植物群落的监测内容

（1）物种多样性

如果湖泊湿地的水位下降，湖泊湿地就会出现萎缩，湿地的物种多样性也将下降。因此，湿地生物物种的多样性与湿地环境密切相关，是湿地监测的重要指标之一。监测中可以参照湿地生物多样性评价标准（张峥等，2002），对物种多样性和生态系统多样性进行赋值：湿地生物多样性评价总分 R = A1 + A2 + A3 + B1 + B2 + B3（字母的具体意义见表4-18）。

表4-18是对九寨沟湿地生物多样性现状的评价。监测中可将湿地生物多样性分为5级：86~100分很好，71~85分较好，51~70分一般，36~50分较差，≤35分极差。对湿地多样性的评价可以对湿地生态系统的健康状况有一个定性和定量的描述，为长期监测

和评估打下基础。

表 4-18　九寨沟湿地生物多样性评价

一级指标	二级指标	三级指标
A 物种多样性	A1 物种多度（15/20）	
	A2 物种相对丰度（15/20）	
	A3 物种稀有性（4/10）	
B 生态系统多样性	B1 物种地区分布（8/20）	
	B2 生境类型	生境稀有性（6/8）
		生境多样性（6/12）
	B3 人类威胁	直接威胁（3/5）
		间接威胁（1/5）

注：括号中分子为评价得分，分母为该项满分

(2) 群落类型与特征

监测过程中可采用样方法对样地内的各种指标进行统计，包括密度、频度、盖度、多度和优势度等，并用 TWAIN-SPAN 进行群落分类，通过群落类型的变化来监测湿地环境的状况。

物种的优势度由其重要值表示，并应用下式计算：

$$重要值(IV) = [相对密度(RD) + 相对盖度(RC) + 相对频度(RF)]/3 \quad (4-2)$$

群落的物种丰富度指数采用 Margalef 指数：

$$D = (S - 1)/\ln N \quad (4-3)$$

式中，S 为群落中的总种数；N 为样方中观察到的物种个体总数。

群落物种多样性采用 Shannon-Wiener 多样性指数计算：

$$H = -\sum P_i \ln P_i = \ln N - \sum n_i \ln n_i / N \quad (4-4)$$

式中，P_i 为物种 i 的相对重要值；n_i 为物种 i 在样方中的数量；N 为样方中所有种的个体总数。

群落均匀度指数采用 Pielou 的均匀度指数计算：

$$J_{sw} = (-\sum P_i \ln P_i)/\ln N \quad (4-5)$$

式中，P_i 为物种 i 的相对重要值，$P_i = N_i/N$；N_i 为第 i 个物种的个数；N 为群落（样地）中所有物种总数。群落内各层次的物种多样性指数和均匀度指数均由各样方分别计算后取平均值，通过所得数据对该群落的各种特征进行分析。

(3) 优势种群结构

优势种群在湿地生态系统的稳定性和生物多样性的维持方面起着关键的作用，因此了解并分析优势种群的特征和变化也是生物监测的重要内容之一。九寨沟湿地的优势种群主要为芦苇和水木贼，对于这两个种群的监测是常规监测中的首选。优势种群的密度、高度及繁殖特征对水环境的变化有很好的指示作用。随着水深的增加，植株的密度减少，高度增加，生物量下降。因此，可通过这些特征变化对湿地环境进行监测。

4.3.2 浮游藻类对水质的指示作用

4.3.2.1 监测点布设

根据湖泊构成的特点,参照《湖泊富营养化调查规范》和《内陆水域渔业自然资源调查规范手册》的要求,可在九寨沟的重点湖泊进行监测布点。按照内陆湖泊的调查规范,监测中每个湖泊需布设6个监测点。

4.3.2.2 采样时间及频率

根据九寨沟的气候条件,采样的时间可在每年的5月、6月、7月、8月、9月进行,通常分4次进行采样就可以满足监测要求。

4.3.2.3 样品采集

(1) 定量采集

每一采样点应按采样法采取水样1 L于柱形分液漏斗中,同时加15 mL碘液(配成鲁哥试液)固定。摇匀静置24~36 h后,浓缩为10~25 mL,保存于有塞的试剂瓶中。分析时将沉淀后的浓缩液充分摇匀,吸出0.1 mL水样置于0.1 mL计数框内,盖上盖玻片,并在盖玻片周围轻轻涂上一层液状石蜡,然后在400倍显微镜下观察计数。每一个水样计数两片并取其平均值,每片大约计算200个视野。

(2) 定性采集

各采样点用25#浮游生物采样器采集水样,在水面与0.5 m深的水层,做"8"字形巡回缓慢拖曳3~5 min,然后将网下收集器中的水样注入采样瓶中,再加鲁哥试液与少许甲醛固定,贴好标签,带回实验室进行鉴定。

4.3.2.4 浮游生物群落的特征

(1) 物种多样性

清洁水质中的浮游藻类物种数多,个体数稳定;污染水体中的物种数少,种群数量增加。这种数量的变化可以采用 α 多样性公式计算:

$$\alpha = S - 1/\ln N \tag{4-6}$$

式中,S 为物种数;N 为总个体数。

通常情况下,清洁水质 $\alpha>3$;中污水质 $1<\alpha<3$;污染水质 $\alpha<1$。

(2) 指示植物

由于藻类的群落结构及其生长量受水体生态环境变化的直接影响,因此,在水质和湖泊营养型评价中,藻类的应用极为广泛。藻类的种群结构和污染指示种是湖泊营养型评价的重要参数,尤其是那些在某种特定的环境(营养)条件下能大量生存的藻类,即污染指示藻类的种类和数量,在一定程度上可直接反映出环境条件的改变和水体的营养状况。通常将水体划分为超富营养型(hypertrophication)、富营养型(eutrophication)、中营养型(mesotrophication)和寡营养型(oligotrophication)4种类型(表4-19)(胡鸿钧等,1980,

况琪军等，2004）。

表 4-19 水体营养类型的代表性指示物种

水体营养类型	代表性指示物种
超富营养型	螺旋鞘丝藻，弱细颤藻，坑形席藻，纤细席藻，强氏螺旋藻，节旋藻，绿梭藻，小毛枝藻，鱼形裸藻，近轴裸藻，梨形扁裸藻
富营养型。富营养型水体亦可依其有机物浓度的差别分为富营养型（α-ms）和中-富营养型（β-α-ms）	绿球藻目中的粗刺藻，蛋白核小球藻，普通小球藻，极毛顶棘藻，四刺顶棘，空心藻，十字藻，蹄形藻，四星藻，四棘藻等。相关的蓝藻指示种类有：水华鱼腥藻，螺旋鱼腥藻，阿氏项圈藻，水华束丝藻，束缚色球藻，居氏腔球藻，针状蓝纤维藻，湖生束球藻，细小平裂藻，微小平裂藻，铜锈微囊藻，水华微囊藻，阿氏颤藻，两栖颤藻。此外，啮蚀隐藻，卵形隐藻，血红裸藻，绿色裸藻，角甲藻等均为α-ms型水体的指示藻类 β-α-ms型水体虽有机物浓度很高，但其表观状况和透明度均优于α-ms型水体，主要指示种有：硅藻——星杆藻，美壁藻，梅尼小环藻，草鞋波缘藻，星形冠盘藻，异极藻，细布纹藻，颗粒直链硅藻，小舟形藻，菱形藻，尖辐节藻，针尖针杆藻等；绿藻——狭形纤维藻，镰形纤维藻，卵形衣藻，水溪绿球藻，锐新月藻，椭圆卵囊藻，波吉卵囊藻，浮球藻，尖细栅藻，龙骨栅藻，弓形藻，不正四角藻和细丝藻；蓝藻——细巧隐球藻，湖泊鞘丝藻，巨颤藻等
中营养型	集星藻，刚毛藻，拟新月藻，胶网藻，空球藻，水网藻，微芒藻，微星鼓藻，实球藻，短棘盘星藻，壳衣藻，素衣藻，桑椹藻，四尾栅藻，纤细月牙藻，球囊藻，螺带鼓藻，纤角星鼓藻，六臂角星鼓藻，美丽团藻，球团藻，沼地微鞘藻，点形念珠藻，扁圆卵形藻，膨大弯藻，等片硅藻，钝脆杆藻，环状扇形藻，粗壮双菱藻，卵形双菱藻，梭形裸藻，宽扁裸藻等
寡营养型	金藻，金颗藻，锥囊藻，黄群藻，丝状黄丝藻，红胞藻，胭脂藻，中华鱼子菜，波缘曲壳藻，月形短缝藻，北方羽纹藻，纤细羽纹藻，微星鼓藻，胶四孢藻，相似丝藻，静水隐杆藻等

九寨沟水体中的硅藻多属于寡营养型或中营养型的种类，但在旅游旺季，水体中出现了典型富营养种类，即颗粒直链藻和星形冠盘藻（周晓，2008），因此可以利用硅藻的物种组成来指示水质变化。

4.4 九寨—黄龙珍稀植物及外来植物

4.4.1 九寨沟及黄龙的珍稀植物

4.4.1.1 九寨沟核心景区的珍稀植物

调查发现，在九寨沟核心景区共有麦吊云杉（*Picea brachytyla*）、大果青杄（*Picea neoveitchii*）、红豆杉（*Taxus chinensis*）、独叶草（*Kingdonia uniflora*）、星叶草（*Circaeaster agrestis*）等珍稀保护植物40余种。通过踏查，对九寨沟核心景区栈道两旁50 m以内的珍稀植物进行了调查共发现珍稀保护植物 27 种，占景区内珍稀保护植物的 67.5%，表明这些植物与旅游活动是密切相关的。其中，有国家 1 级保护植物 1 种，国家 2 级保护植物 3 种。珍稀植物分别属于毛茛科、领春木科、红豆杉科、松科和兰科，而兰科的植物种类最多，共计 21 种。从地理分布来看，这些植物中有中国特有种类 17 种。

4.4.1.2 黄龙核心景区的珍稀植物

黄龙景区内的珍稀植物有南方红豆杉（*Taxus mairei*）、星叶草（*Circaeaster agrestis*）、独叶草（*Kingdonia uniflora*）和天麻（*Gastrodia elata*）等。对黄龙核心景区栈道旁 100 m 左右的样带进行调查的结果表明，共有珍稀保护植物 20 种，其中中国特有种占 50% 以上；兰科植物种类最多，种群数量也较大。黄龙地区可以说是我国地生兰科植物的主要多样性中心之一（李鹏等，2005），沟内已发现的兰科植物共 30 种，并在该地区发现了两个新种。该地区兰科植物种类之多，居群之大，在世界上是十分罕见的。黄龙景区内如此多的兰科植物，为兰科植物的进化和生态适应提供了丰富的基因库。同时，在当地的兰科植物中属于原始类群的杓兰属种类较多，并且具有极高的观赏价值和科研价值。因此，保护好当地的兰科植物是旅游发展中应该注意的问题。

4.4.1.3 珍稀濒危原因

（1）自然条件

九寨沟珍稀植物的特有性是十分明显的。由于分布区域狭窄，九寨沟核心景区内的珍稀植物中就包括了中国特有种 17 种，其中二花对叶兰仅分布于四川西部。同时，该地区又处于青藏高原与四川盆地的过渡地带，高山峡谷之间的特殊地理环境为许多古老物种提供了"避难所"，植物的孑遗性明显，如古近纪、新近纪的孑遗植物领春木、红豆杉等。此外，一些具有独特科研价值的物种值得关注，如系统位置独特的单种属和少种属植物星叶草、独叶草等，繁殖方式单一的黄花杓兰（主要靠无性繁殖）、红豆杉（雌雄异株）。这些植物由于结实量少，种子萌发需要种子后熟，天然更新力弱，所以限制了种群的向外扩散，只有在九寨沟这一特殊的环境条件下才得以生存繁衍。

九寨沟在地质上位于秦岭东西向构造带与龙门山东北向褶皱带的交汇带上，自然灾害如滑坡、崩塌、泥石流和地震发生频繁（鄢和琳，2000）。目前，九寨沟南、西侧的高原仍在继续抬升（范晓，1987）。随着今后地壳的不断抬升，地下岩溶作用加强，使地表水转向地下，有可能导致树正瀑布、诺日朗瀑布、高瀑布等继续后退并切穿堤坝，从而造成瀑布干涸、湖泊消失（郭建强和杨俊义，2001）等情况，这些因素对湿地生态系统的影响将是直接的。气候变化对生物多样性的影响也是不可忽视的，而密集的旅游活动造成的局部地点气温升高也会对周边的生物多样性产生影响（周蕾芝等，2002）。

（2）人为因素

在传统的人为干扰因素中主要包括伐薪、采药、放牧和积肥等。近 30 年来，由于旅游业的发展和人们商品意识的提高，周边社区经济发展的压力部分转化为对景区资源的争夺。例如，对红豆杉资源的过度盗伐，对具有高度观赏性的兰科植物进行任意采挖等。由于周边社区的经济并不发达，在黄龙景区内的采药现象十分普遍，采集对象主要是贝母和天麻等，采挖季节集中在4月底至9月下旬。近年来，为了大力推进旅游业的发展，政府和企业均加大了基础设施的投入，公路建设成为对旅游目的地环境影响最大的因素。由于粗放施工，大规模的土石开挖往往造成植被破坏和水土流失。在公路修建之后，燃油泄露的污染问题值得关注，而开挖的公路边坡植被恢复又存在着外来物种的引入问题，这些都需要在今后的生物多样性保护策略中予以足够的重视。

4.4.1.4 保护措施

(1) 保护生境

要加强对栈道两旁的巡逻，特别是客流量较大的地段如树正沟、原始森林以及五花海栈道。加强宣传教育，尽量避免游人的践踏和随意采挖。尽量少砍伐栈道旁的树木，以免破坏视野中的景观。目前，九寨沟的红豆杉等树木上挂有保护宣传牌，但兰科等草本植物的保护却十分困难，除加强宣传教育外，必要的执法检查也是需要加强的。

(2) 预防火灾

火灾对森林和生境的破坏是非常巨大的。九寨沟与黄龙地区的降水主要集中在5~9月，常以暴雨的形式出现。干季降水量少，林下有大量枯枝落叶，是火灾的高发期。景区内应该控制明火的携带，规定专用吸烟区。目前九寨沟有专门的吸烟区，如诺日朗休息区，但数量少，游客随意吸烟现象难以避免。

(3) 建立就地保护植物园和加强科学研究

九寨沟植物种类丰富，不少植物具有很高的保存价值，因此应该在相似的环境条件下对珍稀植物进行人工栽培，建立集保护、观赏和科普为一体的就地保护植物园。

(4) 利用传统知识对植物进行保护

九寨沟与黄龙地区的居民均是以藏族为主，保护意识（特别是对野生动物）相对比较强。当地信教民众往往有不同村寨的神山、神林或神树，对保护这些神山也有自己的乡规民约，这种具有文化色彩的保护活动应该大力提倡，并可利用这些民俗活动引导游客参与到保护行动中。

(5) 开展生态旅游，发展社区经济

1987~1998年，九寨沟的游人数量年均增长率为13.8%。同时，黄龙的游人数量年均增长率为13.1%（鄢和林，2002），增长率大致相当。从1999年起的"五一"和"十一"等"假日经济"的出现，特别是九寨沟机场开通以来，第三产业每年以25%的速度发展，游客数量大幅度增加，往往使景区的接待能力、设施条件和保护工作不堪重负。与此同时，在景区收入不断增加的同时，周边社区的农牧民从旅游蓬勃发展中获得的利益还是十分有限的，这就不可避免地造成保护与发展的矛盾、短期利益与长期效益之间的矛盾。因此，大力开展核心景区周边地带的生态恢复，发展民族村寨的生态旅游，促进社区的社会经济发展，不仅有利于核心景区的游客分流，减小景区内的生态影响，同时还有利于周边藏族农牧民的增收，提高农牧民对于保护的参与意识，这对于创造一个和谐世界自然遗产地是十分重要的任务。

4.4.2　九寨沟和黄龙核心景区的外来植物

4.4.2.1　九寨沟核心景区的外来植物

(1) 外来植物特点

据2005年在九寨沟核心景区的调查发现，该景区的外来植物共有16科35属45种，这比2003年九寨沟本底调查发现的种类（16科28属39种）有所增加。同时，许多种类如黄花草木犀、红车轴草、黑麦草、秋英、小白酒草等已形成相当的规模的分布范围，并有扩大分布的迹象。

九寨沟外来植物分布范围广，绝大多数来自亚洲和欧洲，并且以豆科植物居多，达12种，其他还包括菊科6种，禾本科4种，茄科4种，百合科3种。豆科植物的种群数量比较大，而黑麦草种群最大。外来物种有强大的繁殖力、生态适应性和竞争力。草木犀、黑麦草、小白酒草等种子数量较多，可随人传播，同时在受干扰的生境中，这些植物可能较本地植物有更强的适应能力。其中黄花草木犀、白花草木犀、车前等在国家林业局公布的24种危害森林植物之列。

人类活动集中的地方和聚居地往往外来植物种类多，公路旁、荷叶寨和树正寨周围是外来植物种类最为常见的地方。

(2) 外来植物来源

外来植物来源主要包括人为引进和无意传播两种类型。其中，人为引进或无意传播饲用植物12种，观赏植物10种，农作物17种，杂草6种。

人为引进：原来九寨沟的居民以农牧为生，因此人为引进了饲用、蔬菜、粮食农作物共27种，加之旅游开发而引进的观赏植物、道路边坡绿化用植物10种，占了外来物种总数的86.7%，即以人为有意引进为主。

无意传播：杂草等植物种子随着旅游活动的开展，逐步随人流或交通工具散布。这些植物一旦定居后，种子就可随风力、鸟类来传播，扩大分布范围。

(3) 生态危害

引进的农作物、观赏植物尚未形成危害。但红车轴草、黄花草木犀等扩大分布的趋势非常明显。应着重加强这些种类的防治。目前外来物种有一定规模，尚未造成危害，但随着旅游活动干扰的增强，外来物种种类有可能进一步增加，种群数量也会扩张，特别是杂草类有很强的竞争力，一旦建立了种群，往往可通过竞争或生境改变对本地物种产生威胁，危及本地物种特别是珍稀濒危物种的生存，造成生物多样性和生态景观的破坏。

4.4.2.2　黄龙保护区的外来植物

黄龙景区实行自然步行游览为主，人工滑竿为辅，并有缆车直接上到黄龙寺附近，景区内没有车辆通行，因此人们有意或无意携带的外来物种相对较少。目前仅见黄花草木犀沿栈道推进到迎宾池附近，分布范围及种群数量也远较九寨沟景区小。只要能够及时清除，就可有效控制黄花草木犀分布范围的扩大。今后，应加强管理，预防旅游带来外来植物的繁殖体，同时要注意对外来物种的定期监测与及时清除。

4.5 干扰对九寨—黄龙自然保护区的动物多样性的影响

4.5.1 动物多样性

4.5.1.1 脊椎动物多样性

(1) 鱼类多样性

A. 九寨沟自然保护区内的鱼类多样性

根据刘少英等（2007），九寨沟自然保护区的鱼类有2种，隶属1目2科2属。分别是梭形高原鳅（*Triplophysa leptosoma*）和嘉陵裸裂尻鱼（*Schizopygopsis kialingensis*）。这两种鱼在区系性质上均属于中亚高原山区（青藏高原）鱼类，是起源于古北区的中亚以北的欧亚地区鱼类。该地区鱼类区系组成较贫乏，区系成分也相当简单。

B. 黄龙自然保护区内的鱼类多样性

根据黄龙自然保护区本底调查队的研究，保护区共有鱼类3种，包括嘉陵裸裂尻鱼（*Schizopygopsis kialingensis*）、斯氏高原鳅（*Triplophysa stoliczkae*）和黄石爬鮡（*Euchiloglanis kishinouyei*），分属于2目3科3属。区系成分属于中亚高原区系复合体中的青藏高原鱼类区系。

(2) 两栖爬行类多样性

A. 九寨沟自然保护区内的两栖爬行类多样性

根据李成等（2004），九寨沟保护区中两栖动物共有2目4科5属6种，包括北方山溪鲵（*Batrachuperus tibetanus*）、西藏齿突蟾（*Scutiger boulengeri*）、华西蟾蜍（*Bufo andrewsi*）、中华蟾蜍（*B. gargarizans*）、高原林蛙（*Rana kukunoris*）和四川湍蛙（*Amolops mantzorum*）；爬行动物有2目5科6属6种，包括红耳龟（*Trachemys scripta*）、草绿龙蜥（*Japalura flaviceps*）、秦岭滑蜥（*Scincella tsinlingensis*）、斜鳞蛇（*Pseudoxenodon macrops*）、九龙颈槽蛇（*Rhabdophis pentasupralabialis*）和高原蝮（*Gloydius strauchi*），共计12种。按张荣祖（1999）分布型分析，7种属于喜马拉雅-横断山区型，其中除西藏齿突蟾外，6种主要分布在横断山区；1种属于南中国型，即华西蟾蜍；1种属于季风型，即中华蟾蜍；1种属于中亚型，即秦岭滑蜥；1种属于东洋型，即斜鳞蛇。外来种有1种，即红耳龟。九寨沟的两栖爬行动物区系组成受到横断山区系的影响较大，高山环境对该地两栖爬行动物的分布有明显的制约。

B. 黄龙自然保护区内的两栖爬行类多样性

根据黄龙自然保护区本底调查队的研究，黄龙自然保护区分布有两栖纲动物2目4科7种，爬行动物2目5科12种。其中5种被列入《中国濒危动物红皮书》。在两栖类7种中有5种属东洋界，古北界有2种；在爬行类中属东洋界的有10种，古北界1种。据张荣祖（1999）的中国陆栖脊椎动物分区分布与分布型的划分，保护区内有喜马拉雅-横断山型、高地型、东北-华北型以及东洋型等多种分布型的两栖爬行动物。

(3) 鸟类多样性

A. 九寨沟自然保护区内的鸟类多样性

根据冉江洪等（2004）报道，九寨沟自然保护区有鸟类13目41科222种。非雀形目鸟类有68种，占30.63%；雀形目鸟类154种，占69.37%，以雀形目鸟类占优势。从物种的居留类型上看，保护区有留鸟129种，占58.11%；夏候鸟63种，占28.38%；冬候鸟14种，占6.31%；旅鸟16种，占7.21%。以留鸟和夏候鸟为主，占了总数的86.49%。

从区系成分来看，在192种繁殖鸟中，完全或主要分布于古北界的有65种，占繁殖鸟总数的33.85%；完全或主要分布于东洋界的有106种，占繁殖鸟总数的55.21%；广泛分布于古北和东洋两界的广布种，共21种，占繁殖鸟总数的10.94%，东洋界种类占优势。

繁殖鸟类的分布型包括：全北型有12种，古北型25种，东北型11种，东北-华北型1种，高地型11种，中亚型2种，东洋型32种，喜马拉雅-横断山区型58种，南中国型18种，季风型2种；不易归类的有20种。可见，该区区系复杂，南北鸟类混杂明显，是南北鸟类的交汇和过渡地带。以喜马拉雅-横断山区型的种类最多，占总数的30.21%；其次是东洋型，占总数的16.67%；分布最少的是东北-华北型，仅只有1种。

B. 黄龙自然保护区内的鸟类多样性

根据黄龙自然保护区本底调查队的研究，黄龙自然保护区初步确认的鸟类有12目37科183种。在183种鸟类中，留鸟有114种，占62.3%；夏候鸟55种，占30.1%；冬候鸟4种，占2.2%；旅鸟10种，占5.5%。古北界种类有77种，占总数的42.1%；东洋界种类92种，占总数的50.3%；广布种14种，占总数的7.6%。保护区中共有繁殖鸟169种，占92.3%；非繁殖鸟14种，占7.7%。在169种繁殖鸟中，完全或主要分布于古北界的有65种，占繁殖鸟总数的38.5%；完全或主要分布于东洋界的有90种，占繁殖鸟总数的53.3%；广泛分布于古北、东洋两界的广布种，共14种，占繁殖鸟总数的8.3%。可见东洋界种类占优势。

从分布型来看，古北界有4种分布型。全北型12种，古北型30种，东北型14种，高地型12种。东洋界也有4种分布型，属于喜马拉雅-横断山区型的数量最多，有57种；东南亚热带-亚热带型有21种；南中国型分布有13种；季风型有2种。不易归类的有22种。可见，该区鸟类的分布型是以北方型和喜马拉雅-横断山区型为主，计有99种，占总数的54.1%。分布最少的是季风型和高地型。

(4) 兽类多样性

A. 九寨沟自然保护区内的兽类多样性

根据刘少英等（2005），九寨沟保护区有兽类78种。根据张荣祖（1999）的划分标准，九寨沟的78种兽类中，古北界有23种，东洋界有51种，广布种有4种，分别占29.5%、65.4%和5.1%。以东洋界种类占优势。

九寨沟的兽类有10个分布型，包括全北型3种、古北型8种、东北-华北型1种、中亚型1种、高地型10种、季风型3种、南中国型8种、东洋型17种、喜马拉雅-横断山型23种、广布种4种。由此看来，该地区的兽类以喜马拉雅-横断山分布型为主，占29.5%；其次是东洋型，占21.8%；高地型占12.8%；古北型占10.3%。这一特点和保护区所处的地理位置及南北动物演化历史都是相关的。保护区处于横断山系的东北段，岷山山系东北部，摩天岭北坡，因此喜马拉雅-横断山分布型动物较多，而东洋型丰富是由于该地区南北动物区系相互渗透，高地型动物丰富则主要与保护区山地的垂直地带分异明显以及高海拔地段气候寒冷适于耐寒动物生活有关。九寨沟自然保护区的面积较大，兽类分布广，兽类分布相对集中的区域是扎如沟、长海区域和日则沟以上至原始森林区域。

B. 黄龙自然保护区内的兽类多样性

根据朱红艳等（2010），黄龙自然保护区有哺乳动物70种，分属7目26科54属。在黄龙自然保护区分布的兽类中，古北界有22种，占31.4%；东洋界45种，占总数的64.3%，广布种3种，占总数的4.3%。可见，该区域以东洋界种类为主。从分布型来看，共有9种分布型。喜马拉雅-横断山型16种、南中国型10种、季风型2种、东洋型17种、高地型10种、全北型4种、古北型7种、中亚型1种、广布型3种。由此看来，兽类中东洋界成分中以喜马拉雅-横断山分布型最多，其次是东洋型；而古北界种类以高地型最多。

在70种兽类中，有36种可在阔叶林地带栖居。在低山次生灌丛生境中，小型动物是主要栖居者。针阔混交林地带是哺乳动物较丰富的区域。亚高山针叶林地带的小型动物较贫乏，大中型动物较多。在高山灌丛草甸以上，动物主要为古北界高地型和中亚型。在高山流石滩的裸岩生境中临时栖息着一些物种，如岩羊（*Pseudois nayaur*）、猕猴（*Macaca mulatta*）、金丝猴（*Rhinopithecus roxellana*）等。在水域生境中哺乳动物较少，仅蹼麝鼩（*Nectogale elegans*）1种。

在黄龙保护区内分布的兽类包括了全国绝大多数分布型，三大生态地理动物群的动物（耐湿动物、耐旱动物和耐寒动物）在这里并存。同时，特有种丰富，区内有中国特产兽类大熊猫（*Ailuropoda melanoleuca*）、金丝猴、长吻鼹（*Talpa langirositris*）、岩羊、马麝（*Moschus sifanicus*）、高山姬鼠（*Apodmus chevrieri*）等26种，占分布兽类的36.6%，占我国特有兽类140种的18.6%。

4.5.1.2 自然保护区内大熊猫的状况

（1）九寨沟自然保护区内的大熊猫状况

根据九寨沟本底调查队的调查，九寨沟自然保护区的大熊猫栖息地在荷叶沟以上，包括日寨沟至藏马龙里沟和则查洼沟延伸到普吉龙洼沟。大熊猫分布上限以下的有林地区域，有7只大熊猫的记录，密度参数计算为（7±2）只（图4-14）。

同20世纪80年代的结果相比，九寨沟大熊猫的分布明显减少。在近几年中，发现有大熊猫痕迹的点位分布在长海以南和丹祖沟，而在80年代发现的几处有大熊猫痕迹的地点都没有再次发现大熊猫。

（2）黄龙自然保护区内的大熊猫状况

胡灰和屈植彪（2000）对黄龙的大熊猫及其种群年龄结构进行了专项调查，统计有大熊猫23只，划分为4个年龄组，并认为黄龙保护区的大熊猫种群结构趋于稳定。

根据胡杰和胡锦矗（2000）报道，保护区竹林面积（栖息地）为53.33 km²。全国第

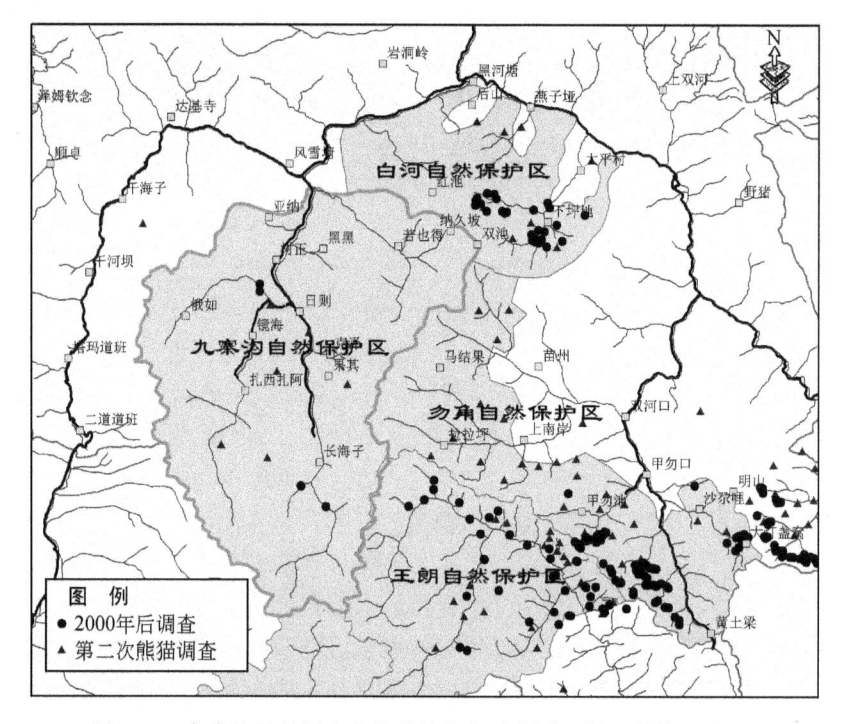

图 4-14　九寨沟及其周边大熊猫的分布示意图（刘少英等，2007）

三次大熊猫调查结果显示，大熊猫的栖息地面积是 74 km²。保护区内有 3 种大熊猫可食竹分布，其中缺苞箭竹面积最大，有 32.6 km²，占大熊猫栖息地面积的 44.1%；华西箭竹次之，有 26.1 km²，占栖息地面积的 35.3%；青川箭竹面积最少，仅有 15.3 km²，占栖息地面积的 20.7%。

4.5.1.3　国家重点保护、濒危和特有动物

（1）两栖爬行类

A. 九寨沟保护区

保护区内有国家濒危两栖动物 1 种，即高原林蛙（*Rana kukunoris*）（原中国林蛙西北居群），国家濒危爬行动物 1 种，即高原蝮（*Gloydius strauchi*）（赵尔宓，1998）。

B. 黄龙保护区

保护区内有国家濒危两栖动物 1 种，即中国林蛙（*Rana chensinensis*）；国家濒危爬行动物 4 种，包括王锦蛇（*Elaphe Carinata*）、黑眉锦蛇（*Elaphe taeniura*）、乌梢蛇（*Zaocys dhumnades*）和高原蝮（*Gloydius strauchii*）（赵尔宓，1998）。

（2）鸟类

A. 九寨沟保护区

保护区内有国家Ⅰ级、Ⅱ级重点保护鸟类 27 种。其中，国家Ⅰ级鸟类 4 种，包括绿尾虹雉（*Lophophorus lhuysii*）、雉鹑（*Tetraophasis obscurus*）、斑尾榛鸡（*Bonasa sewerzowi*）和金雕（*Aqulia chrysaetos*）；Ⅱ级保护鸟类 23 种，包括大天鹅（*Cygnus cygnus*）、苍鹰

(*Accipiter gentilis*)、雀鹰（*Accipiter nisus*）、普通鵟（*Buteo buteo*）、白尾鹞（*Cricus cyaneus*）、草原雕（*Aquilia rapax*）、短趾雕（*Circettus gallicus*）、燕隼（*Falco subbuteo*）、灰背隼（*Falco columbarius*）、黄爪隼（*Falco naumanni*）、藏雪鸡（*Tetraogallus tibetanus*）、血雉（*Ithaginis cruentus*）、蓝马鸡（*Crossoptilon auritum*）、红腹角雉（*Tragopan temminckii*）、勺鸡（*Pucrasia macrolopha*）、红腹锦鸡（*Chrysolophus pictus*）、灰林鸮（*Strix aluco*）、斑头鸺鹠（*Glaucidium cuculoides*）、红角鸮（*Otus scops*）、纵纹腹小鸮（*Athene noctua*）和鬼鸮（*Aegolits funereus*）。按照郑光美（2002）对我国特有种的划分，保护区有我国特产鸟17种，包括斑尾榛鸡、雉鹑、绿尾虹雉、蓝马鸡、白马鸡、红腹锦鸡、黑头噪鸦（*Perisoreus internigrans*）、黑额山噪鹛（*Garuulax sukatschewi*）、斑背噪鹛（*Garrulax lunulatus*）、橙翅噪鹛（*Garrulax ellioti*）、三趾鸦雀（*Paradoxornis paradoxus*）、白眶鸦雀（*P. conspicillatus*）、凤头雀莺（*Lophobasileus elegans*）、四川柳莺（*Phylloscopus sichuanensis*）、红腹山雀（*Parus davidi*）、黄腹山雀（*P. venustulus*）和银脸长尾山雀（*Aegithalos fuliginosus*），占我国特产鸟数量的24.6%。CITES 附录Ⅰ的种类有3种，即灰背隼、藏雪鸡和绿尾虹雉；附录Ⅱ中有16种，包括黑鸢、苍鹰、雀鹰、普通鵟、白尾鹞、短趾雕、草原雕、金雕、燕隼、黄爪隼、血雉、灰林鸮、斑头鸺鹠、红角鸮、纵纹腹小鸮和鬼鸮。

B. 黄龙保护区

保护区内有国家Ⅰ级保护鸟类3种，包括绿尾虹雉（*Lophophorus lhuysii*）、雉鹑（*Tetraophasis obscurus*）和斑尾榛鸡（*Bonasa sewerzowi*）；二级保护鸟类14种，包括鸢（*Milivus migrans*）、雀鹰（*Accipiter nisus*）、苍鹰（*Accipiter gentilis*）、普通鵟（*Buteo buteo*）、血雉（*Ithaginis cruentus*）、藏马鸡（*Crossoptilon crossoptilon*）、藏雪鸡（*Tetraogallus tibetanus*）、红腹角雉（*Tragopan temminckii*）、蓝马鸡（*Crossoptilon auritum*）、勺鸡（*Pucrasia macrolopha*）、红腹锦鸡（*Chrysolophus pictus*）、灰林鸮（*Strix aluco*）、长尾林鸮（*Strix uralensis*）和雕鸮（*Bubo bubo*）。我国特产种类有22种（谭耀匡，1985），包括斑尾榛鸡、雉鹑、绿尾虹雉、藏马鸡、蓝马鸡、血雉、红腹锦鸡、棕背黑头鸫（*Turdus kessleri*）、大噪鹛（*Garrulax maximus*）、山噪鹛（*Garrulax davidi*）、斑背噪鹛（*Garrulax lunulatus*）、橙翅噪鹛（*Garrulax ellioti*）、高山雀鹛（*Alcippe striaticollis*）、白领凤鹛（*Yuhina diademata*）、棕头鸦雀（*Parus webbianus*）、三趾鸦雀（*Paradoxornis paradoxus*）、白眶鸦雀（*P. conspicillatus*）、白眉山雀（*Parus supereiliosus*）、黄腹山雀（*P. venustulus*）、红腹山雀（*P. davidi*）、银脸长尾山雀（*Aegithalos fuliginosus*）以及酒红朱雀（*Carpodacus vinaceus*）。

（3）兽类

A. 九寨沟保护区

在保护区内分布的78种兽类中属于国家级保护动物的有20种，占25.6%。其中有6种为国家Ⅰ级保护动物，即大熊猫（*Ailuropoda melanoleuca*）、金丝猴（*Rhinopithecus roxellana*）、林麝（*Moschus berezovskii*）、马麝（*M. sifanicus*）、牛羚（*Budorcas taxicolor*）和豹（*Panthera pardus*）。国家Ⅱ级保护动物14种，包括猕猴（*Macaca mulatta*）、豺（*Cuon aipinus*）、小熊猫（*Ailurus fulgens*）、黑熊（*Selenarcos thibatanus*）、马熊（*Ursus arctos*）、水獭（*Lutra lutra*）、黄喉貂（*Martes flavigula*）、大灵猫（*Viverra zibetha*）、金猫（*Catopuma tem-*

minckii)、兔狲（*Felis manul*）、猞猁（*Lynx lynx*）、岩羊（*Pseudois nayaur*）、鬣羚（*Capricornis sumatraensis*）和斑羚（*Naemorhedus goral*）。

B. 黄龙保护区

黄龙自然保护区有大熊猫（*Ailuropoda melanoleuca*）、金丝猴（*Rhinopithecus roxellana*）、牛羚（*Budorcas taxicolor*）、豹（*Panthera pardus*）、云豹（*Neofelis nebulosa*）、林麝（*Moschus berezovskii*）和马麝（*Moschus sifanicus*）7 种国家 I 级保护动物，占保护区兽类的 10%；II 级保护动物有猕猴（*Macaca mulatta*）、豺（*Cuon aipinus*）、黑熊（*Selenarcos thibatanus*）、兔狲（*Felis manul*）等 15 种，占保护区兽类的 21.1%。I 级、II 级保护动物之和占黄龙分布的野生动物的 31%，由此可见，黄龙自然保护区珍稀濒危动物非常丰富。

4.5.1.4 外来动物

目前九寨沟的外来两栖爬行动物有两种，即牛蛙和红耳龟。在这两种外来种中，人工养殖用来食用的 1 种，即牛蛙；人工养殖用来食用、观赏和用作"放生"活动的 1 种，即红耳龟。

4.5.2 旅游活动对动物的影响

4.5.2.1 人类活动对鱼类多样性的影响

近年来，九寨沟的部分海子水草生长很快，出现了沼泽化趋势。另外，水电建设、沙石开采也导致鱼类生境的破碎化，从而造成鱼类数量和分布区域的减小，生存环境受到一定程度的影响。水电工程隔断了鱼的洄游路线，采沙导致下游河段泥浆沉淀增多，影响鱼类栖息和摄食环境。而在部分海子中，红耳龟对鱼类的捕食以及鱼类发生病害情况等都对鱼类种群有一定影响。

4.5.2.2 人类活动对两栖爬行动物的影响

(1) 对物种多样性的影响

目前，九寨沟主要的旅游区域是树正沟、日则沟和则查洼沟，而扎如沟目前尚未受到大量游客的影响。依据物种（以成体和次成体数量计算，卵和蝌蚪不计）的 Simpson 多样性指数、香威指数（Shannon-Wiener index）、种间相遇概率指数 PIE（coefficient of proportion of interspecific encounter），可以分析旅游区和非旅游区的物种组成和多样性差异。

由表 4-20 可见，扎如沟的物种多样性指数最高，物种最丰富；旅游压力最大的日则沟的物种多样性指数最低，而则查洼沟的种类最少。种间相遇概率指数以树正沟为最高，显示其水域环境的连通性很好，在随机情况下个体之间相遇的概率较高；而日则沟最低，这与日则沟的钙离子浓度高以及瀑布等两栖爬行动物不能穿越的障碍较多有关。

表 4-20 旅游区和非旅游区物种组成和多样性

指数	主要沟谷			
	扎如沟	树正沟	日则沟	则查洼沟
物种组成	9	7	6	3
Simpson 指数	121.2	91.375	41.625	88.07
香威指数	1.143	1.268	0.979	1.026
PIE 种间相遇概率指数	0.5315	0.6281	0.5137	0.6237

(2) 旅游与两栖爬行动物空间分布的关系

A. 两栖爬行动物的垂直分布

九寨沟的核心景区海拔为 2000~3150 m，两栖爬行动物在区域内的分布呈现出随海拔增高逐渐减少的趋势，这与两栖爬行动物多为变温动物，受到环境条件尤其是温度条件的制约有关。

B. 两栖爬行动物的水平分布

北方山溪鲵和西藏齿突蟾主要分布在 2500 m 以上的高海拔地区，尤以南北向的则查洼沟 3000 m 以上的长海最丰富；中华蟾蜍、华西蟾蜍、中国林蛙和四川湍蛙的主要分布地区位于 2000~3000 m 的中低海拔地区，尤以南北向的树正沟 2500 m 以下区域最丰富；爬行动物则生活在海拔 2100~2800 m 区域，尤以东西向的扎如沟为蜥蜴类和蛇类的主要活动地区（图 4-15）。

两栖爬行动物的垂直分布与目前的旅游热点地域是基本重合的（图 4-16）。九寨沟内旅游压力最大的景点均位于海拔 2600 m 以下，如树正沟景点集中在海拔 2190（盆景滩）~2400 m（诺日朗瀑布），日则沟主要景点均位于箭竹海（2582 m）以下。两栖爬行动物的海拔分布与景点的分布相关系数为 $r=0.438$，显示海子与两栖爬行动物的分布相关性不强，因此，旅游对核心景区的两栖爬行动物的影响是有限的。

C. 旅游对两栖爬行动物成体和幼体的影响

以多个季节所遇见的两栖爬行动物的成体和幼成体的数量，除以所用调查人员的数量和调查天数（人·d），以单位时间、单位人员所遇到的个体数量，即遇见率来表示旅游对动物的影响（表 4-21）。例如，调查人员在日则沟共遇见 37 只两栖爬行动物，共花费 13 人/d，则遇见率为 2.8 只/（人·d）。

表 4-21 旅游区的物种成（幼）体数量遇见率

项目	树正沟	日则沟	则查洼沟
遇见率 [只/（人·d）]	5.1	2.8	14.3
游径长度（m）	4317	4350	957
景点数量	9	12	2

注：游径长度数据来自于刘春艳等（2001）

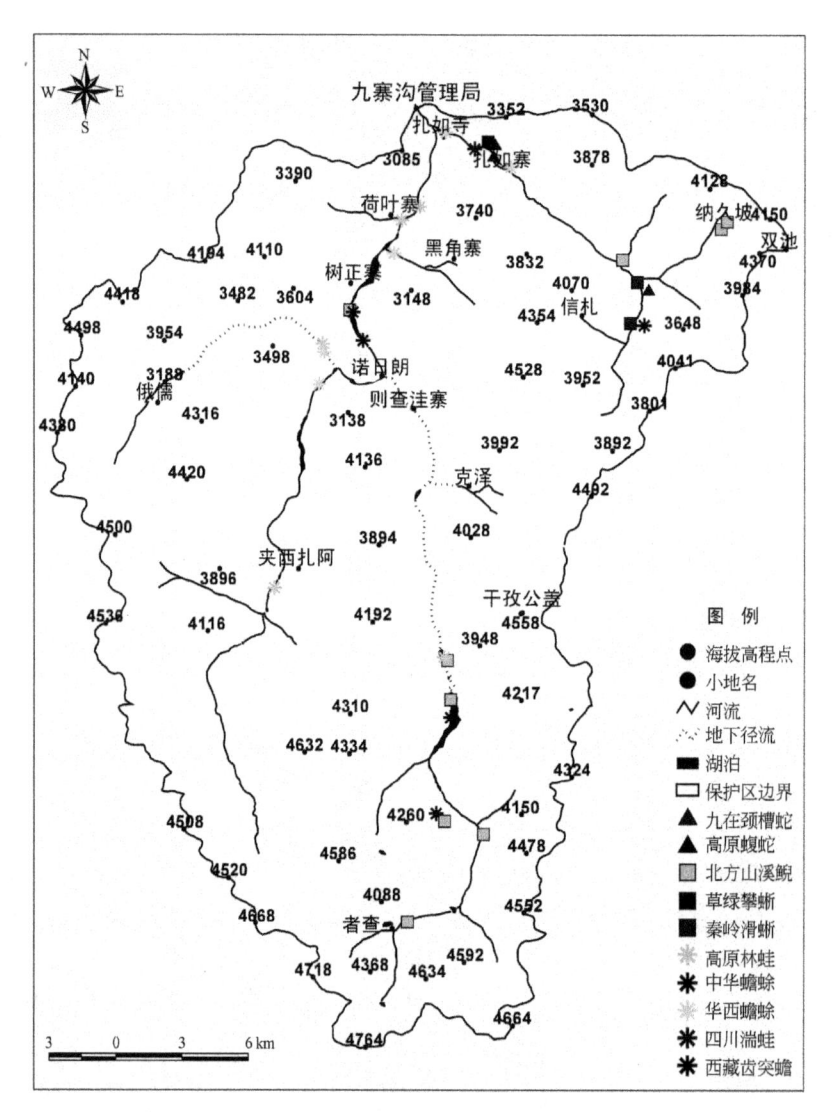

图 4-15 九寨沟两栖爬行动物的水平分布

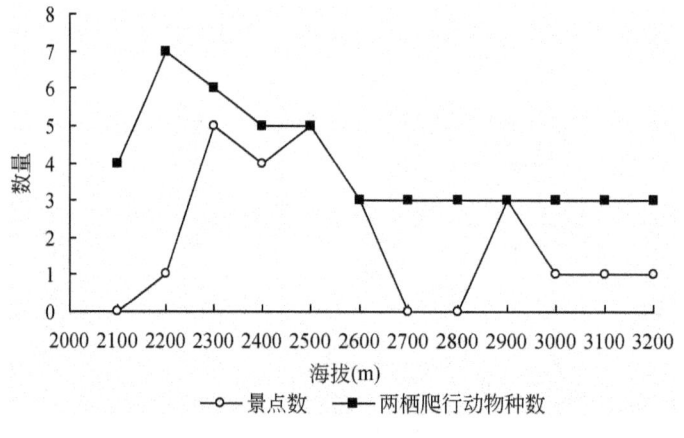

图 4-16 两栖爬行动物的分布与景点的关系

在旅游的核心景区中，以日则沟的两栖爬行动物遇见率最低，仅为2.8只/（人·d）；其次是树正沟，为5.1只/（人·d）；而则查洼沟最高，这与则查洼沟景点少有关。而在树正沟和日则沟两处，游客多，景点密集，游客自辟道路多，人为干扰的影响程度明显较大（图4-17和图4-18）。景点数量和两栖爬行动物遇见率之间呈相反的关系，说明旅游业对两栖爬行动物是有负面影响的，景点越多对两栖爬行动物影响越大。而游径长度与两栖爬行动物遇见率之间也呈相反的关系，同样说明旅游业对两栖爬行动物的影响，通常游径越长对两栖爬行动物影响越大。

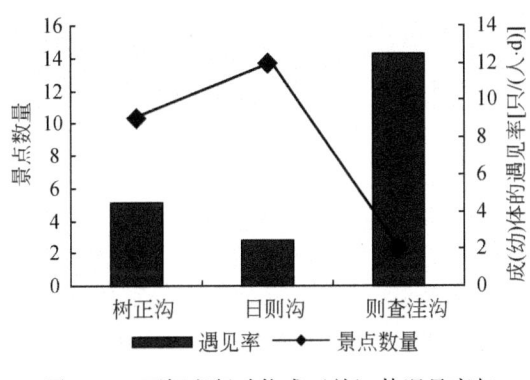

图4-17　两栖爬行动物成（幼）体遇见率与景点数量的关系

图4-18　两栖爬行动物成（幼）体遇见率与游径长度的关系

D. 旅游对两栖动物繁殖的影响

2005年4月，李成，戴强等调查了高原林蛙、中华蟾蜍和华西蟾蜍的繁殖情况，统计了核心景区的各个海子、临时性或永久性水塘内林蛙和蟾蜍的卵团（带）数量以及蝌蚪数量，同样除以所用的人员数量和天数（人·d），以单位时间、单位人员所遇到的卵和蝌蚪的数量，即遇见率来表示旅游业对两栖动物繁殖的影响（表4-22）。

表4-22　旅游区内的3种两栖动物的卵和蝌蚪的遇见率

项目	树正沟	日则沟	则查洼沟
蝌蚪遇见率［只/（人·d）］	6550	2100	—
卵团（带）遇见率［团/（人·d）］	3.3	1.4	39
网络有效性（对游径的利用率）（%）	8	49.5	1

注：网络有效性数据来自葛小东等（2002）表1（树正沟数据来自原文，日则沟为熊猫海和珍珠滩的平均值），则查洼沟是本节估测数据

在九寨沟自然保护区，目前所发现的两栖动物的主要繁殖场地均为各种海子，如高原林蛙、中华蟾蜍、华西蟾蜍的最重要的繁殖场为上季节海、树正群海和五花海。在这些海子中，游客影响最大的是五花海。在五花海，游客通常选择沿栈道参观，旅游活动对两栖动物沿缓坡进入海子产卵产生了较大影响。当然，其较低的繁殖率与为了防止游客下海子而修建的隔离铁丝网也有关系。而在树正海子边，游客通常选择在公路的一侧参观游览，

沿栈道游览的只是少数游客。而且，树正海子边没有铁丝网的阻隔，两栖动物可以比较顺畅地通过缓坡进入海子产卵繁殖。在上季节海，两栖动物繁殖期（4~5月）的积水较少，并未成湖，因此，一般游客不会选择上季节海参观，两栖动物的繁殖几乎不受影响。

研究发现，3种两栖动物的蝌蚪和卵团（带）的遇见率与栈道交通网络有效性呈相反的关系，表明游客的栈道利用率对两栖动物的繁殖有直接影响，栈道利用率越高，对两栖动物的繁殖影响越大。

E. 两栖爬行动物的重点保护区域

根据两栖爬行动物的分布特点和空间格局，以及旅游对动物的影响，两栖爬行动物的保护应采取分地域、分类群的重点保护方法，即低海拔的树正沟和高海拔的长海以两栖动物为保护重点，而扎如沟是保护爬行动物的重点地域。

4.5.2.3 人类活动对鸟类多样性的影响

由于植被条件和人类活动干扰的差异，鸟的种类和数量分布极不均匀。在旅游公路沿线鸟的种类和数量都较少。纯林中的鸟类种类也较少，特别是在纯油松林内。旅游线路上鸟的种类相对贫乏。在旅游公路沿线和游人经常参观的区域，鸟的种类和数量都较少，主要是一些常见种。在远离游道以及游人较少的时段（冬季），鸟的种类和数量相对较多。保护区内的珍稀鸟类丰富，特别是鸡形目鸟类通常较多，而且种群数量大。但对其分类、野外生态习性和驯养繁殖等方面的研究却极为缺乏。此外，保护区的鸟类资源丰富，易观察，但在防治森林病虫害时，过量使用杀虫剂等化学制剂可能会对鸟类及其生境造成危害。

4.5.2.4 人类活动对兽类多样性的影响

为了方便游客，保护区在沟谷两侧修建了公路和人行栈道，由此带来两个问题：一是由于部分地段沟谷狭窄或地质破碎，公路上方或下方有很高的保坎，影响了兽类下河取水以及向对岸迁徙等活动；二是栈道一般高1~2 m，而又贴在地面，大中型兽类很难翻过栈道，也很难从栈道下穿过。另外，保护区旅游人数很多，没有制作一些在保护区有分布兽类的宣传牌，尤其是针对保护区有分布的国家Ⅰ级、Ⅱ级保护动物，以及有重要科学研究价值的动物。由于车辆通行时间长，在重点路段车辆没有限速措施。这些都可能对动物的迁移产生影响。

4.5.2.5 人类活动对大熊猫栖息地的影响

（1）大熊猫在九寨沟的栖息地

根据九寨沟自然保护区本底调查队的研究，九寨沟保护区内各种类型栖息地的面积和所占百分比如表4-23所示，其中大熊猫潜在可以利用的面积占总面积的43.8%，其中比较好的栖息地占总面积的9.5%，约有62 km²。主要分布在扎如沟的中高山部分以及长海、丹祖沟等地。由于九寨沟总体海拔较高，大熊猫不利用的56.2%的栖息地中主要都是高山裸岩和草地，因此针叶林和针阔混交林对大熊猫非常重要，同时这也是人类利用最多的部分。

表 4-23　九寨沟保护区栖息地

栖息地质量等级	面积（km²）	所占比例（%）
不利用	366.18	56.2
低频利用	13.38	2.1
中频利用	209.93	32.2
高频利用	62.23	9.5
总面积	651.72	

上述栖息地质量评价的结果说明，在九寨沟内，由于自然地理和植被条件所影响的大熊猫栖息地的分布和面积，实际上是大熊猫潜在的栖息地，并不代表大熊猫实际栖息地的质量，因为还有人类活动、竹子种群变化等因素，而这些也是影响栖息地质量的重要因素。

（2）大熊猫可食竹状况

根据九寨沟本底调查队的调查，在九寨沟自然保护区内华西箭竹是大熊猫的主食竹。华西箭竹（*Fargesia nitida*）在四川分布于九寨沟、松潘、黑水、茂县、理县、汶川等地，海拔 2450~3200 m 的山地。根据《四川竹类植物志》，华西箭竹在四川九寨沟地区于 1982 年开始普遍开花。

由于 1982 年九寨沟竹类大面积开花，目前的华西箭竹还处于幼年期，为实生苗。实生苗最高的有 2 m 左右，但仅在扎如沟有小面积分布，其余的实生苗大多为 20 cm 左右。从水平分布来看，九寨沟自然保护区的扎如沟竹类恢复较好。在扎如沟，海拔 2600 m 以上的区域竹类密度较大，平均高度为 60 cm 左右。相比而言，长海的竹类生长较好。大熊猫取食箭竹竹丛的平均基径为 6 mm，平均高度为 114 cm，取食竹丛的最小平均基径为 3.7 mm，而九寨沟的竹丛目前平均基径多在 3.7mm 之下，还不适合大熊猫取食。

（3）大熊猫种群和栖息地的恢复所面临的问题

从九寨沟及周边地区大熊猫种群分布状况可以了解到，在九寨沟内部曾经发现有大熊猫活动的痕迹。九寨沟大熊猫种群的恢复具有潜在的可能性，一方面是保护区内部的大熊猫种群有可能逐步恢复；另一方面，当九寨沟的栖息地质量提高之后，生活在白河、王朗等地的大熊猫有可能迁回保护区内。而目前限制九寨沟保护区大熊猫种群分布的主要因素是栖息地质量不高，其中最主要的原因是大熊猫主食竹的质量还没有恢复到适合的程度。

4.5.2.6　人类活动对外来种的影响

随着我国经济生活水平的不断提高，生态安全已日益成为一个重要问题，其中以发展经济为目的引入的外来物种对生态环境的潜在威胁也日益受到科学家们的重视。近十年来，多种原因造成了全球性的动物种群衰减或灭绝，而外来物种入侵是乡土种多样性的重要威胁之一。在世界各地由于人为引入，入侵种已经对生态系统和农业生产造成严重危害。在一些地区，人们引入外来种增加当地的物种多样性和发展地方经济，然而，在更多的地区，外来种不能与土著种共存，一些外来种甚至成为当地动物多样性丧失的元凶。目前，牛蛙主要是通过餐饮企业引入九寨沟，在九寨沟还处于人工控制下的小种群阶段，要注意防范其大规模暴发。近年来各地兴起的野外放生，已形成不易觉察的物种入侵。部分人员将外来的龟养大后，将之放生野外。这些龟可能带来疾病，甚至引发对本地自然生物链的破坏。对此，公众应该提高生物多样性保护意识，严禁外来物种的野外放生。目前保护区所发现的红耳龟主要来源是野外放生，并已成为威胁当地乡土物种的重要生态问题。

4.5.3 动物的保护策略及具体措施

4.5.3.1 鱼类多样性的保护措施

鱼类的保护重点在鱼类栖息地的保护。九寨沟保护区内，对鱼类的保护要注意下列几点，一方面注意监测和预防海子的沼泽化趋势，尽量保护河流廊道、湖泊和淡水沼泽等栖息地。同时，尽快停止水坝建设和采石作业等，使人为干扰降到最低。要注意监测鱼对生境变化的反应，加强对河流生境和鱼类生境改变的分析。另一方面，要监测红耳龟的数量和分布动态，减少其对鱼类的捕食。随时注意鱼类发生病害情况，及时捞除病鱼，深埋绦虫，以防止传播。

应加强对民工和游客的教育，禁止投食喂鱼，防止人为捕捉鱼类，尤其要防范毒鱼、电鱼和炸鱼现象的发生。保护区内要严格控制杀虫剂和除草剂的使用。在鱼类集中分布的海子边设置标示牌。

4.5.3.2 两栖爬行动物的保护措施

（1）旅游活动对自然保护区生物多样性的影响

任何划定的自然保护区，并不是孤立的空间隔离，它与周围的居民及环境保持着密切的动态联系，尤其是保护区人口和游客的消长对生物多样性具有重大影响。因此，制订完整的、符合可持续发展要求的旅游规划非常重要。

A. 游客的调节

在过去的 20 年间，迅速增长的游客数量给九寨沟带来的不只是经济收入，还带来了无法降解的垃圾、自然环境的改变和当地居民生活方式的变化。沟内居民依据资源优势纷纷开办第三产业，家庭旅店、饭店、商店等，每年都以 25% 左右的速度发展。由于相应的环保设施远未跟上，严重影响了环境质量（鄢和林，2000）。更为重要的是，保护区内主要的风景旅游区，如树正沟、日则沟和则查洼沟 3 条沟，由于游客较多，物种多样性明显减少。

旅游区和非旅游区相比，旅游区的两栖爬行动物种类和物种多样性指数均偏低，表明旅游活动对动物多样性具有较大的影响。由于两栖动物特殊的水陆两栖特点，种间相遇概率指数以树正沟为最高，显示其水域环境的连通性很好，在随机情况下个体之间相遇的概率较高。同时，该沟也是旅游压力最大的区域之一，需要很好地保护水域与陆地之间的连通性。建议在合适条件下，开发扎如沟的生态旅游，实现客源的优化和空间分流。

B. 景观的破碎化

旅游开发中的道路桥梁建设加剧了生态景观的破碎化，隔绝了生物之间的联系和迁移。景观生态学研究表明（傅伯杰和刘世梁，2002），由于人工通道的建设，原本连成一体的繁殖场地和觅食栖息地被分割，资源分布呈斑块化，并影响动物对该资源的利用，资源的有效程度大幅度降低。当斑块化程度超过某一阈值时，两栖动物就要花费比收入大得多的能量在海子等斑块空间上摄取繁殖资源，那么将导致某些个体无法对该资源利用，进而造成大量个体死亡或群体迁移，该资源也失去作为该种群生境的作用。树正海与五花海是华西蟾蜍、中华蟾蜍和高原林蛙的产卵场和蝌蚪的栖息场所，完成变态后的幼成体不断地迁出，补充到各种生境中，是维持九寨沟两栖动物多样性的关键生境。而海子边的旅游人行道的兴建，在方便游客的同时，也给动物带来危害。川流不息的游客不断地到海子边，践踏草地的行为使动物失去隐身场所，不经意间也可能踩死上陆的幼成体，而疏松的山坡变硬后也使两栖动物失去了越冬和冬眠的场所。在五花海，由于铁丝网孔太小，繁殖期的华西蟾蜍很难穿过该障碍到达海子内产卵，而未架高的石板路也会导致游客误伤动物。

研究显示，两栖爬行动物的垂直分布与目前的旅游热点地域是基本重合的，旅游对核心景区两栖爬行动物是有影响的。具体表现在游径长度、景点数量和两栖爬行动物成（幼）体遇见率之间呈相反的关系，说明旅游景点越多或游径越长对两栖爬行动物影响越大。而道路网络有效性越高以及栈道利用率越高，对两栖动物的繁殖影响越大。

普通的观光旅游应该限制在目前的道路及栈道两侧一定距离（如 1～3 m）之内，同时应该加高栈道，拆除铁丝网，并对目前已知的重要繁殖场地加强监测和保护。在两栖动物集中分布的海子边应该设置标示牌，划出河岸或湖岸植被保护带，在保护带中尽量减少人为干扰，以保护野生动物的生境。

（2）气候与地质变化对生物多样性的影响

A. 地质变化对生物多样性的影响

九寨沟在地质上位于秦岭东西向构造带与龙门山东北向褶皱带的交汇带上，自然灾害如滑坡、崩塌、泥石流和地震发生频繁（鄢和琳，2000）。目前，九寨沟南、西侧的高原仍在继续抬升，白河水系向南袭夺的趋势还在发展（范晓，1987）。随着地壳的不断抬升（抬升速率 9 mm/a），地下岩溶作用加强，使地表水转向地下，有可能导致树正瀑布、诺日朗瀑布、高瀑布的继续后退（后退速率为 0.22～0.6 mm/a），这样势必会切穿堤坝，导致瀑布干涸、湖泊消失（郭建强和杨俊义，2001），从而对动植物的生存繁衍造成重大影响，特别是对鱼类和两栖类的生存具有更为直接的影响。

B. 气候变化对生物多样性的影响

全球气候变化已引起了两栖爬行动物种群的大规模衰减（Wake，1990），因此提前预测其影响，并据此制订保护对策非常重要（Peterson et al.，2002）。九寨沟所面临的主要气候影响是干旱。例如，1956 年冬季的上季节海、下季节海仍积水成湖，如今均干涸见底，近年来长海、五彩池的水位也有明显下降（范晓，1987）。调查发现，在长海上游 3200 m 以上地段，地表水断流频繁。环境干旱影响了主要栖息地的质量，对于产卵于缓流中的高海拔两栖动物，如北方山溪鲵和西藏齿突蟾影响很大。同时，正是由于两栖爬行动物对环境变化的异常敏感性，因此可用之作为环境指示种来监测该区域的水陆变化。

（3）风俗习惯对生物多样性的影响

九寨沟原住居民 1000 人左右，其中 98.5% 是藏族（1999 年统计），藏文化的多样性作为生态旅游的人文景观，通过导游的讲解使游客不仅感受到山水之美，而且求得藏族文化的新知，增进民族之间的了解和友谊（阳泽仁布秋，2001）。扎如寺是九寨沟藏传佛教文化的中心，以苯教文化为基础，佛教文化为主导。佛教通过活祭与放生，封"神山神水"，使山和湖泊因为有了神灵而变得神圣不可侵犯，达到保护各种野生生物的目的。因此，九寨沟的神山文化是一种基于传统信仰和文化的自然保护，体现了一种敬畏生命的生态伦理学（阳泽仁布秋，2001；周鸿等，2002）。

4.5.3.3 鸟类多样性的保护措施

不同的生境有不同的鸟类群落结构，不同的人为干扰强度又导致不同的鸟类组成。通过对鸟的种类和数量变化监测，可以反映保护区环境的变化情况，从而为保护区的管理提供科学依据。在九寨沟内的鸡形目鸟类多，而且种群数量大，是保护的重点。同时，应该加强珍稀鸟类的深入调查和野外生态学习性研究，提高鸟类的保护水平和观鸟生态旅游的内涵。

4.5.3.4 兽类多样性的保护措施

在公路沿线应该每隔 50~100 m 修筑一段兽类通道，兽类可以方便穿越公路，自由下河饮水，自由迁徙到对面的山坡。在栈道下挖掘一条 2~3 m 高的通道，便于兽类穿过栈道。保护区旅游人数很多，建议制作一些在保护区有分布兽类的宣传牌，一方面使游人习得有关兽类的科学知识，另一方面提高游人的保护意识。制作对象应包括保护区有分布的国家Ⅰ级、Ⅱ级保护动物，以及有重要科学研究价值的动物。同时，在春夏季晚上7点至第二天6点之间禁止车辆通行；秋冬季晚上6点至第二天7点之间禁止车辆通行。在重点路段，车辆应该限速行驶，这些区域包括诺日朗至长海区域，日则沟至原始森林区域。

4.5.3.5 大熊猫栖息地的保护措施

（1）加强同周边保护区的协作，共同保护岷山大熊猫种群

要确保保护区内大熊猫种群的长期存在，除了加大该保护区内的保护力度外，还要用整体的眼光关注周边保护区保护状况。支持周边白河、勿角、王朗等保护区以及周边社区的保护工作。一方面，确保在这些地区内的大熊猫种群的稳定和增长，从而使九寨沟保护区内的大熊猫种群具有恢复的可能；另一方面，消除来自周边对九寨沟保护区可能的不利影响。

（2）加强关键地区的保护

九寨沟自然保护区周边有3个以保护大熊猫、金丝猴等珍稀野生动物为主的保护区，包括王朗国家级自然保护区、勿角省级自然保护区、白河省级自然保护区。这3个自然保护区有几条重要的通道与九寨沟相通，是九寨沟大熊猫主食竹恢复后，周围保护区大熊猫向九寨沟扩散分布的必经之路，需要重点保护。

（3）增加对于竹子和大熊猫种群的监测和研究

对于构成大熊猫栖息地重要因素之一的竹子种群，应当加以特别的监测，了解竹子的恢复状况，并开展针对竹子的生态学研究。这样才有助于预见可能发生的危机，并及早提出对策。

4.5.3.6 外来种的监测与预防措施

(1) 对牛蛙的管理措施

目前，牛蛙主要是通过餐饮企业引入九寨沟，在九寨沟还处于人工控制下的小种群阶段。当前，采取必要措施控制牛蛙的种群数量，防止其进一步扩散是保护工作的重要任务之一。这主要包括 3 个方面的工作：第一，建立严格的饲养、运输和餐饮许可制度，避免无意识的人为扩散；第二，改变养殖方式，将圈养和放养两种方式改为仅用圈养方式饲喂；第三，鼓励野外的捕捉。由于牛蛙的鼓膜明显较大，十分易于鉴别，因此在捕捉时不会造成我国土著蛙类的损失。应该针对不同海拔的牛蛙栖息地选择和生活史特征差异，采取不同季节的针对性捕捉方法，人工控制牛蛙数量。低海拔地区的牛蛙分布广，捕捉成体困难，但通常牛蛙的蝌蚪要经过 2~3 年才能完成变态，可在蝌蚪变态上陆之前捕捉它们，尤其对高密度的成体或蝌蚪用手或网捕捉都是非常有效的方法。总之，通过降低种群相对密度，减轻其导致的扩散压力，是抵御其种群爆发风险的好方法。

(2) 对红耳龟的管理措施

现在越来越多的人已认识到外来生物的安全性问题，我国在应对外来入侵生物的管理和防治工作方面也在进一步完善相关法律、法规，建立多部门合作、协调机制和预警体系。结合九寨沟红耳龟的情况，建议采取以下措施，完善外来物种的管理与控制。

A. 禁止红耳龟野外放生

近年来各地兴起的野外放生已成为一种不易觉察的物种入侵渠道。部分人员将龟养大后，将之放生野外，这有可能带来新的疾病，破坏千百年来形成的土著食物链系统。对此，保护区应该加强宣传，严格控制外来物种的野外放生行为。

B. 建立防范入侵物种管理的规章

目前，保护区在防范入侵物种的管理规章方面还是空白，因此，应尽早制订外来生物入侵防治办法，明确外来生物入侵的防范措施，加强入侵物种的监管和执法力度。

C. 外来物种的控制和清除

一旦发现入侵外来生物，应立即采取行动严格控制其扩散，并予以根除。对已传入的入侵生物，应及时采取措施，加强围堵，尽早控制。

4.5.4　九寨—黄龙两栖动物长期监测实施方案

两栖爬行动物行动慢，活动范围小，对水环境的依赖性强，对气候变化和环境改变异常敏感，是监测环境的最佳指示性物种。在生物监测领域，两栖动物具有许多其他动物所不具备的优越性，如两栖动物具有水陆两栖的生活史周期，卵和蝌蚪在水中生活，成体在近水的陆地上生活，不仅可以监测水体，还可以对陆地进行监测；两栖动物常常集群活动，便于观察和统计；它们活动能力有限，活动区域较狭窄，便于定位观察。此外，无尾两栖类的卵团和蝌蚪是无尾类发育过程中的重要阶段，此阶段对环境因子的变化极为敏感，环境因子微小的变化都有可能通过卵和蝌蚪的数量变化在短期内反映出来。当环境发生变化时，两栖动物既不像昆虫那样反应过分敏感，也不像大型脊椎动物那样具有较长的时滞，它们是一类稳定、灵敏、高效的环境指示动物，通过两栖动物的种群动态和各种行为，我们可以发现自然界的信息，评估栖息地保护的成效，及酝酿中的警讯。

4.5.4.1 监测目的

通过对两栖动物种群数量、繁殖状况的长期监测，分析九寨—黄龙气候变化、水质变化和旅游活动对野生动物的可能影响。

4.5.4.2 监测对象

(1) 北方山溪鲵（*Batrachuperus tibetanus* Schmidt）

形态特征：体型中等，雄鲵全长 175~211 mm，雌鲵 170~197 mm。头部扁平，躯干圆形，肋沟明显，尾部侧扁。皮肤光滑，体背颜色为灰色或浅褐色，杂有灰黑色斑点。四肢细小，指、趾各 4，掌、蹠部腹面无褐色角质垫。初生的幼体头侧具外鳃。九寨 1 卵胶囊 "V" 形，含卵 21 枚。

第二性征：雄鲵前臂较粗，泄殖腔孔呈十字形；雌鲵泄殖腔孔为圆形。

生活习性：栖息在九寨沟海拔 2300~4100 m 的海子、泉水滩与高山溪流内，白天躲在石头和腐木下，晚上出来活动，喜食钩虾。每年的 5~7 月为繁殖期，卵胶囊粘在石块和倒木底面。

地理分布：已知分布在树正沟、则查洼沟、扎如沟。

(2) 华西蟾蜍（*Bufo andrewsi* Schmidt）

形态特征：体型较大，雄蟾体长 73 mm，雌蟾 100 mm。眼后有 1 对明显的长卵圆形耳后腺，皮肤粗糙，满布大小瘰粒；体背橄榄绿色，杂有黑斑点，腹面浅黄色或白色，散有不规则的大型黑色斑块。

卵产在山溪流水坑内、大河边回水处及静水塘内，卵呈双行或三行排列在胶质卵带内，成千上万枚。蝌蚪黑色，较小，唇齿 II/III，仅两口角有唇乳突，尾末端圆形。

第二性征：雄性前臂较粗，内侧 3 指基部有黑色婚垫，无声囊；雌性明显大于雄性。

生活习性：栖息在九寨沟海拔 2000~2470 m 的海子边、静水塘、积水潭和溪流边，白天躲在石头下，晚上出来活动，喜食昆虫，是农田益虫之一。每年的 3~6 月为繁殖期，卵胶带缠绕在水草上。

地理分布：已知分布在树正沟、日则沟、扎如沟。

(3) 中华蟾蜍（*Bufo gargarizans* Cantor）

形态特征：体型较大，雄蟾体长 95 mm，雌蟾 105 mm。眼后有 1 对明显的长卵圆形耳后腺，皮肤粗糙，满布大小圆形瘰粒，胫部瘰粒大；体背褐绿色或土褐色，杂有黑斑点，腹面浅黄色与棕色或黑色形成花斑。

卵产在山溪流水坑内、大河边回水处及静水塘内，卵呈双行或三行排列在胶质卵带内，成千上万枚。蝌蚪黑色，较小，唇齿 I：1-1/III，仅两口角有唇乳突，尾末端钝尖。

第二性征：雄性前臂较粗，内侧 3 指基部有黑色婚垫，无声囊；雌性明显大于雄性。

生活习性：栖息在九寨沟海拔 2000~2310 m 的海子边、静水塘、积水潭和溪流边，白天躲在石头下，晚上出来活动，喜食昆虫，是农田益虫之一。每年的1~6月为繁殖期，卵胶带缠绕在水草上。

地理分布：已知分布在树正沟、日则沟、扎如沟。

(4) 高原林蛙（*Rana kukunoris* Nikol skii）

形态特征：体型中等，雄蛙全长46 mm，雌蛙48 mm左右。头部扁平，鼓膜大而明显，皮肤较光滑，背侧褶明显自眼后达肛，在颞部略弯曲。体背土黄色或灰褐色，鼓膜部位有黑色三角斑。

卵产在静水塘中，呈团状沉于水底；蝌蚪全长30 mm左右，早期体背黑褐色，后期为褐色，唇齿式Ⅰ：3-3/Ⅲ：1-1，上唇无乳突，口角副突较多。

第二性征：雄性前臂较粗，第一指婚垫分为4团，有1对咽侧下外声囊，有雄性线。

生活习性：栖息在九寨沟海拔2160~3150 m的海子边、泉水滩、静水塘内，白天躲在石头和腐木下，晚上出来活动，喜食各种昆虫。每年的3~5月为繁殖期，卵团沉入静水塘底。

地理分布：已知分布在树正沟、日则沟、则查洼沟、扎如沟。

4.5.4.3 监测点

监测范围覆盖了九寨沟保护区内4条主要的沟，在确定了监测位置和面积之后，每次在同一地点调查同一范围内的两栖类。

(1) 繁殖点

北方山溪鲵繁殖点：扎如沟内的一条小山溪，1~1.5 m宽，水深5 cm，2630 m，33.209 37°N，104.000 67°E。水温6.5℃，气温10℃，pH=6.5。数量多，易监测。调查100 m的河道内山溪鲵数量。

高原林蛙繁殖点：树正沟犀牛海上游河道边静水坑中。2310 m，33.176 68°N，103.899 07°E。水温12℃。该地域分布有中华蟾蜍和华西蟾蜍，也是高原林蛙最重要的繁殖点。观察10个直径大于2 m的水塘。

华西蟾蜍繁殖点：日则沟五花海上游岸边。2470 m，33.161 43°N，103.878 05°E。水温12℃。调查沿有蝌蚪和卵带分布的湖边100 m的成体数量和蝌蚪的相对数量。

中华蟾蜍和华西蟾蜍繁殖点：树正沟树正群海下游靠山边栈道的湖边。调查沿有蝌蚪和卵带分布的湖边100 m的成体数量和蝌蚪的相对数量。

(2) 冬眠点

北方山溪鲵和中国林蛙的冬眠点：则查洼沟上季节海，2920 m，33.056183°N，103.926817°E。水温5℃，气温7℃。上季节海基本干涸，东侧坡有涌水泉，乱石多，石下有北方山溪鲵和中国林蛙。上季节海东侧坡涌水泉和乱石下全部调查。

4.5.4.4 监测时间

春季监测时间为4月10日到4月20日（10天），而秋季则为8月10日到8月20日（10天）。

4.5.4.5 监测方法

(1) 遇见法

沿监测点水体周边寻找水体内部及陆上 10 m 内的两栖类，并按照表格记录各项数据。

遇见法物种调查表

调查人员_____ 日期_____ 起止时间_____
地点_____ 经度_____ 纬度_____ 海拔（m）_____
栖息地类型_____ 调查方式_____ 详尽搜索_____
栖息地描述_____
_____
坡度/坡向_____ 落叶层的厚度（cm）_____ 草高（cm）_____ 草盖度_____
灌丛高（m）_____ 盖度_____ 乔木高（m）_____ 盖度_____
离河流距离_____ 河流宽度_____ 流速_____ 水深（m）_____ pH_____
离湖泊距离_____ 湖泊面积_____ 水深（m）_____ pH_____
离公路距离_____ 公路宽度_____
天气_____ 气温_____ 水温_____ 地表温度_____
土壤温度（地表下10cm）_____ 线路长度_____ 大致面积_____

物种	编号	性别	头体长	体重	地点（GPS）	活动性	时间

记录的物种总数_____ 抱对个体数量_____

（2）繁殖点物种调查表

繁殖季节在重要繁殖点调查繁殖成体、雌雄性动物比例、卵团（带）数量，并按照表格记录各项数据。

繁殖点物种调查表

调查人员_____日期_____起止时间_____

地点：树正海_____五花海_____上季节海_____扎如沟流溪_____

其他_____经度_____纬度_____海拔（m）_____

栖息地类型_____调查方式_____鸣声记录_____

栖息地描述_____

_____

河流宽度_____流速_____水深（m）_____pH_____水温_____

湖泊面积_____水深（m）_____pH_____水温_____

天气_____气温_____地表温度_____土壤温度（地表下10cm）_____

线路长度_____大致面积_____

成体、蝌蚪、卵的编号	北方山溪鲵	高原林蛙	中国/华西蟾蜍	西藏齿突蟾	四川湍蛙	地点（GPS）	生境	活动性鸣声抱对	时间

记录的物种总数_____抱对个体数量_____

第5章 九寨—黄龙森林生态系统在水循环中的作用

森林生态系统在区域的水循环中起着十分重要的作用，因为森林对蒸发、降水、径流等水平衡要素及河流、地下水、泥沙等水文情势均有影响。森林地区的降水，被林冠枝叶和林下枯枝落叶层截留。而林冠枝叶截留的雨量最终消耗于蒸发，它与散发量（通过根、茎、叶向大气逸散的水量）、林内地面蒸发量共同构成林地蒸散发。气候湿润，有充沛水分供给蒸发的地区，森林对流域的蒸散发影响不大；气候干燥，水分供应不足的地区，林区蒸散发影响十分明显。此外，森林还对洪水、枯水、年径流量和径流年内分配等有着重要的影响。在一般情况下，流域内林区枯季径流量比非林区大，年内分配也较均匀。森林流域年径流量比无林流域小，森林砍伐后会使年径流量增加。从热带到温带，年径流量均因森林砍伐而增加，造林后则可使年径流量减少。因此，要充分了解九寨—黄龙地区的水循环状况，就必须将该地区的森林生态系统作为一个相对独立的单元进行研究。

应该注意的是，系统功能取决于系统结构；合理的、优化的结构，可以产生良好的效应（正效应）；不合理的结构则会降低功能，甚至产生负效应。而这种结构又往往与森林的类型有直接的关系。森林生态系统中生物与环境（气候、土壤和地质地貌条件等）的组合因地域不同而不同，因而不同地域不同森林类型所表现出来的生态功能也有差异，有时甚至相反。为了清楚地了解九寨—黄龙地区主要森林类型的水文效应，本研究选取了3个代表性地点作为野外森林水文观测的试验点，包括：九寨沟核心景区暗针叶林（岷江冷杉林）、次生阔叶林（辽东栎林）和黄龙景区的暗针叶林（岷江冷杉林），样地的基本情况见表5-1。通过开展3个野外观测点的植被本底调查，包括乔木层和灌木层每木调查，以及草本层种类、高度、盖度等，并结合林内积雪量、林内穿透雨、土壤含水量、地被物层持水量和森林蒸散等指标的观测，进而系统分析了九寨—黄龙核心景区降水特征、林冠截流过程、地被物层水文效应、土壤层水文效应和典型森林生态系统优势树种蒸散动态，揭示了九寨—黄龙核心景区主要森林类型水分传输、运移及转化等水文过程。

表5-1 九寨—黄龙核心景区森林水文观测样地基本情况

编号	森林类型	海拔（m）	优势种	林龄（年）	平均胸径（cm）	平均树高（m）	郁闭度	密度（株/hm^2）
九寨-1	暗针叶林	3350	岷江冷杉、鳞皮云杉	150	35.4	20	0.8	344
九寨-2	落叶阔叶林	2360	辽东栎、白桦、小叶朴	15	8.5	9.6	0.75	2700
黄龙	暗针叶林	3280	岷江冷杉、鳞皮云杉	100	26.8	18	0.82	410

5.1 森林植被对水分传输与转化过程的调节机理

5.1.1 研究区降水特征

由于九寨—黄龙核心景区缺乏连续的、长期的气象观测资料，本研究根据平武、松潘和九寨沟县3个气象观测站自1959~2002年共计44年的月总降水量资料分析，发现九寨—黄龙核心景区降水量主要集中在5~9月，该期间降水量占全年的77.6%。同时，根据对九寨沟原始森林自动气象站2004年降水特征的分析，验证了统计资料的准确性。如图5-1所示，该地区的降水量主要集中在5~9月，其中以5月和8月降水较多，该期间降水量占全年的81.3%。统计资料还表明，九寨—黄龙核心景区各年的年降水量差异较大。例如，1982~1989年和1994~2002年是两个降水偏少的时段，旱涝交替发生，并且年间降水量总体上呈下降趋势。

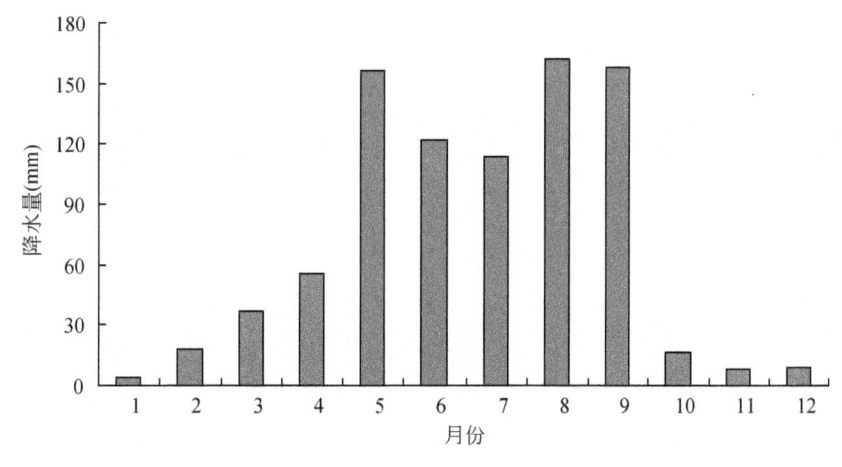

图 5-1 九寨沟原始森林站 2004 年降水月变化

5.1.2 林冠截留与不同森林类型的蒸散分析

5.1.2.1 林冠截流与穿透降水

根据降水实测结果，九寨沟景区的亚高山暗针叶林（如岷江冷杉、鳞皮云杉林，代表样地为原始森林观测点）在生长季节的林冠截留率为35.36%，而次生阔叶林（如辽东栎、白桦，代表样地为辽东栎观测点）的林冠截留率为28.70%（表5-2）。

通过绘制林冠截留过程图（图5-2），发现穿透降水和林外降水量的关系极为密切。九寨沟原始森林观测点和辽东栎林观测点穿透降水 Pt 与林外降水量 P 的回归方程分别为

$$\text{Pt}(原始森林) = 0.754P - 0.864 \quad (相关系数 R = 0.9676) \tag{5-1}$$

$$\text{Pt}(辽东栎林) = 1.001P - 0.3878 \quad (相关系数 R = 0.9389) \tag{5-2}$$

表 5-2 九寨沟森林水文观测样地林冠截留量

观测点	月份	林外降水量（mm）	林内降水量（mm）	截流量（mm）	截留率（%）
九寨沟原始森林观测点	5	143.00	88.55	54.45	38.08
	6	114.00	73.73	40.27	29.00
	7	115.00	73.87	41.13	54.22
	8	143.60	96.51	47.09	47.31
	9	144.00	93.71	50.29	55.31
	合计	659.60	426.38	233.22	35.36
九寨沟辽东栎林观测点	5	91	67.64	23.36	25.67
	6	79.2	57.55	21.65	27.34
	7	79.2	56.52	22.68	28.64
	8	85.6	60.77	24.83	29.01
	9	50	33.91	16.09	32.18
	10	42	28.09	13.91	33.12
	合计	427	304.47	122.53	28.70

注：黄龙暗针叶林观测点缺乏降水数据，未分析

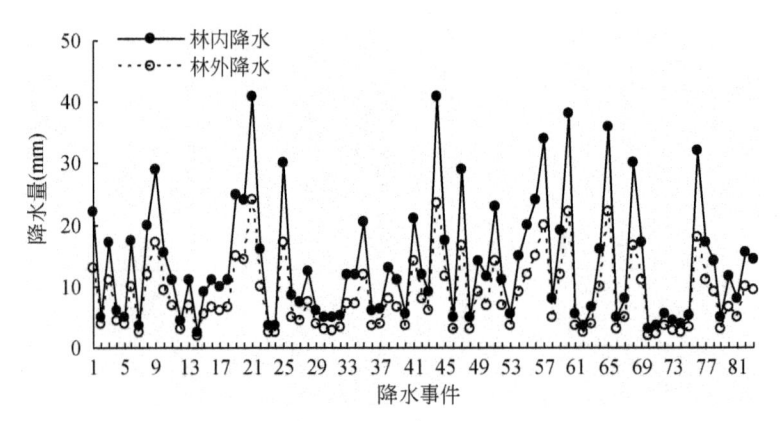

图 5-2 九寨沟原始森林样地林内降水与林外降水变化（2004 年 5 月 1 日至 9 月 30 日）

5.1.2.2 林冠截留与林外降水

根据九寨沟原始森林观测点林冠截留量（率）与林外降水量之间的关系如图 5-3 和图 5-4 所示，林冠截留量随林外降水量的增加而增大。降水量较小时，截留量随降水量的增加成正比增加，在林冠截留达到或接近一定量后，截留量随降水量的增加而增加的幅度减小。林冠截留率也不是一个常数，在降水开始时，林冠几乎能截留全部降水。此时，林冠截留率最大。随着林外降水量的增加，林冠蓄水趋于饱和，林冠截留率也就相应地逐渐减少。试验观测点林冠截留量（率）与林外降水量呈一定的幂函数关系（表 5-3）。

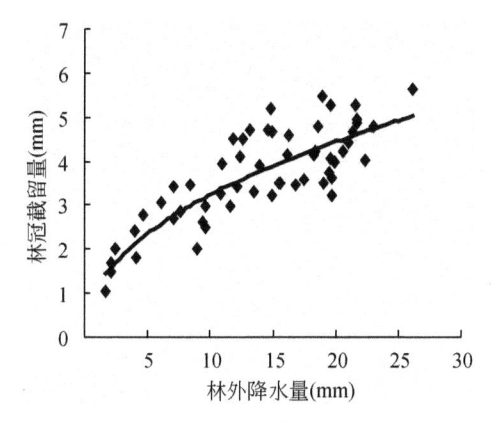

图 5-3　原始森林林冠截留量与降雨量关系 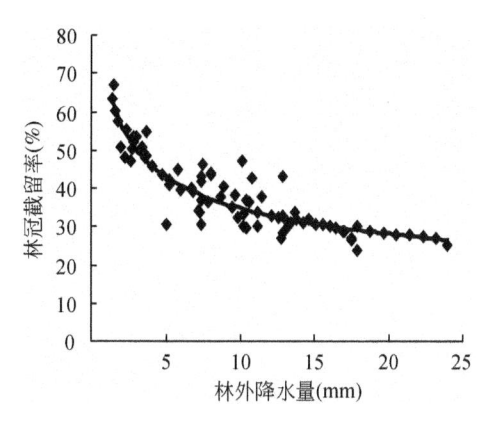　　图 5-4　原始森林林冠截留率与降雨量关系

表 5-3　九寨沟森林水文观测样地林冠截留与林外降水的关系

试验点名称	截留量	相关系数（r^2）	截留率	相关系数（r^2）	观测次数
原始森林点	$I = 1.8019P^{1.3682}$	0.93	$I_c = 0.7426P^{-2.4276}$	0.79	81
辽东栎林点	$I = 1.3339P^{1.3158}$	0.83	$I_c = 2.9580P^{-2.5658}$	0.76	79

5.1.2.3　不同森林类型的蒸散分析

(1) 优势种树干液流动态

研究采用热脉冲技术（TDP），一种能在树木自然生活状态下，不受环境条件、树冠结构及根系特性的影响，测量树木木质部中上升液流的流动速度及流量，从而确定树冠蒸腾耗水量的方法，并以此测定并推算出岷江冷杉等优势树种在 5 月和 7 月的树干液流密度（表 5-4）。

表 5-4　目标树状况与不同时段树干液流密度

项目	树高(m)	胸径(cm)	胸高断面面积(cm^2)	边材面积(cm^2)	树干液流密度 [$cm^3/(cm^2·d)$] 5月	7月
岷江冷杉	25	31.21	765.028	628.930	16.121~29.940	54.582~83.016
鳞皮云杉	23	24.01	452.766	374.175	31.956~78.929	31.759~40.522
白桦	6	11.78	108.988	87.893	112.448~117.825	—
白桦	7	14.58	166.957	136.99	83.889~291.278	—
白桦	7	14.89	174.132	161.076	—	66.616~126.747
辽东栎	7	13.76	148.705	115.257	—	36.980~39.838

(2) 不同森林类型的蒸腾速率

分别在九寨沟原始森林（云杉、冷杉针叶林）样地和树正寨以白桦、辽东栎、小叶朴等阔叶树种为代表的次生阔叶林样地，选取岷江冷杉、鳞皮云杉、紫果云杉、黄果冷杉、白桦、油松、水青冈、辽东栎等主要优势种为对象，用生长锥钻取树芯以测定年龄，从而根据胸径变化拟合其相应的边材面积方程，计算每木的边材面积，其样方数据和边材面积拟合方程见表5-5。

表5-5　不同森林类型各树种的边材面积与其胸径的回归方程

树种	拟合方程	胸径 $x \in$ [范围]	R	样本数
云杉、冷杉	$y = 0.5086x^{2.077}$	24.2~47.7	0.9934	6
辽东栎	$y = 0.287x^{2.1938}$	5.5~14.0	0.8806	5
白桦	$y = 454.85\ln x - 1083.1$	13.7~21.6	0.9967	3
水青冈	$y = 512.28\ln x - 1366.2$	20.0~31.4	0.8574	3
油松	$y = 23.899e^{0.0995x}$	9.6~30.6	0.7821	21

根据每木的边材面积，进而推算出针叶林和阔叶林单位面积内的边材总面积。暗针叶林树木个体的边材面积计算以云杉、冷杉边材面积拟合方程计算，次生阔叶林中白桦和辽东栎分别以其各自的边材面积公式计算，其他树种则分为软性阔叶树种和硬性阔叶树种，分别以白桦和辽东栎边材面积公式代为计算。再结合不同类型树种的树干液流速率（TDP），推算林分整体的蒸腾速率。针叶林中，云杉类的蒸腾速率以鳞皮云杉树干液流实测值乘以其边材总面积；冷杉类的蒸腾速率以岷江冷杉树干液流实测值乘以其边材总面积进行推算。阔叶林中，软性阔叶树种（如桦木类、木姜子类、构树、杨树、椋木等）的蒸腾速率以白桦的树干液流实测值计算；硬性阔叶树种（如栎类、樟、木兰、青冈等）的蒸腾速率以辽东栎的树干液流实测值进行计算，从而得到各类林型在5月和7月间的蒸腾速率。其结果见表5-6。

表5-6　不同森林类型各树种的树干液流（TDP）速率和林分蒸腾速率

森林类型	种类	重要值	边材面积（cm²）	时段	树干液流（TDP）速率 [cm³/(cm²·d)]	林分蒸腾速率 [L/(hm²·d)]
暗针叶林	云杉	25.9	75514.45	5月	31.956~78.929	2413.14~5960.28
				7月	31.759~40.522	2398.26~3059.99
	冷杉	74.1	279314.92	5月	16.121~29.940	4502.84~8362.69
				7月	54.582~83.016	15245.57~23187.61
次生阔叶林	软阔叶种	33.81	32784.57	5月	112.448~117.825	3686.56~3862.84
				7月	66.616~126.747	2183.98~4155.35
	硬阔叶种	66.19	72986.26	5月	*	*
				7月	36.980~39.838	2699.03~2907.63

* 数据暂缺

单从树种而言，软性阔叶树种的叶片由于表面角质或革质较少，单位边材面积上的树干液流速率明显高于其他树种。就群落而言，冷杉群落由于林龄大，林分蓄积量大，单位立地面积上边材总面积大，因此其林分每公顷每天的蒸腾量最大，尤其在7月最为突出。

5.1.3 森林对降雪的水文效益

5.1.3.1 林冠对降雪的截留作用

森林对降雪的截留作用主要取决于林冠的郁闭程度。阔叶林在冬季落叶,郁闭度明显减小,一般在0.5左右,而针叶林在冬季的郁闭度能保持在0.8左右。针叶林能有效地截留降雪,因此针叶林的截雪率明显高于落叶林,为30%以上,是落叶林的2倍以上(表5-7)。

表5-7 九寨—黄龙核心景区不同森林类型的截雪作用(2005年1~4月)

样地	郁闭度（冬季）	株数（株/hm²）	降雪量（mm）	林内积雪量（mm）	截雪量（mm）	截雪率（%）
九寨沟原始森林	0.8	344	92.99	61.53	31.46	33.83
九寨沟辽东栎林	0.55	2700	85.63	73.39	12.24	14.29
黄龙暗针叶林	0.82	410	95.24	62.50	32.74	34.38

5.1.3.2 森林类型对融雪过程的影响

在气候条件相似的情况下,林内融雪速度与森林郁闭度相关。郁闭度小的林分,林内积雪能大面积直接吸收太阳辐射而加速其融化过程;而郁闭度大的林分,浓密的林冠有效地阻挡了太阳辐射,因此大大延缓了融雪过程。九寨沟原始森林和黄龙暗针叶林林内融雪需要持续到5月中旬才能完成,而九寨沟辽东栎林融雪所需时间相对较短,为40天左右(图5-5)。

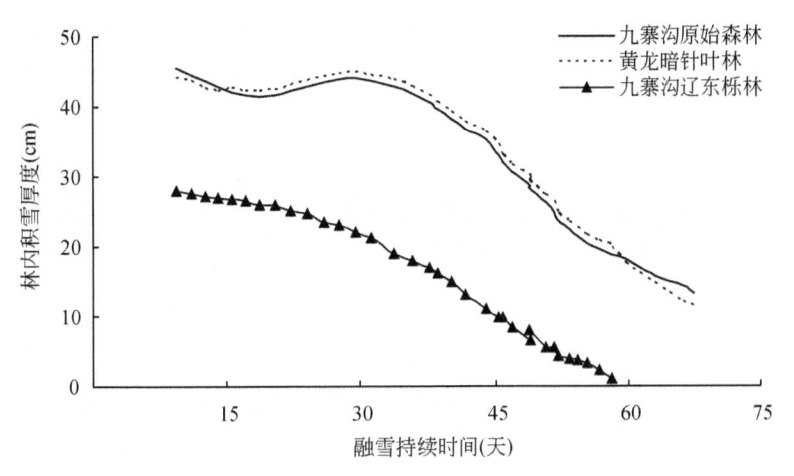

图5-5 九寨—黄龙观测样地森林融雪过程

5.1.4 地被物层的水文效应

水分在苔藓与枯落物层的传输机制类似于林冠截留过程,其截留量与苔藓、枯落物的种类、储水能力有关,与林地单位面积苔藓与枯落物成正比(李振新等,2006)。

5.1.4.1 苔藓与枯落物的生物量

从 3 个观测样地的调查结果看（表 5-8），无论是九寨沟还是黄龙观测样地的暗针叶林，其林下苔藓与枯落物生物量的积累，均大于阔叶林林下苔藓与枯落物生物量的积累，究其原因，这与九寨沟与黄龙暗针叶林较高的土壤湿度密切相关。

表 5-8　九寨—黄龙森林水文观测点地被物层生物量

林分类型	苔藓 生物量 (t/hm²)	苔藓 平均厚度 (cm)	苔藓 覆盖度 (%)	枯落物 生物量 (t/hm²)	枯落物 平均厚度 (cm)	合计
九寨沟原始森林（冷杉林）	3.23	4	90	12.55	2.3	15.78
九寨沟辽东栎林	0.67	1.5	30	7.85	3	8.52
黄龙暗针叶林	3	3.5	85	11.25	2	14.25

5.1.4.2 地被物层的持水量及拦蓄能力

苔藓层和枯落物层的持水作用是森林生态系统水分循环中重要的一环。研究结果表明，苔藓层的最大持水率在不同观测样地间差别不大。而对枯落物而言，由于不同林分林龄不同，以及林分内枯落物的分解程度不同，从而导致不同林分类型间枯落物的最大持水量存在较大的差异。例如，在针叶林和阔叶林之间，枯落物最大持水量的差异就十分明显，九寨沟原始森林和黄龙暗针叶林枯落物层最大持水量分别为 4.75 mm 和 4.35 mm，而九寨沟辽东栎林枯落物层的最大持水量仅为 2.49 mm。就地被物层的拦蓄能力而言，3 个观测样地地被物层的有效拦蓄率为 67.62% ~ 70.85%，其中，阔叶林辽东栎林的有效拦蓄率大于针叶林，针叶林苔藓的拦蓄能力明显小于阔叶林，而阔叶林枯落物层的拦蓄能力比针叶林弱（表 5-9）。

表 5-9　九寨—黄龙森林水文试验点地被物层拦蓄能力

地点	林分类型	地被物类型	最大持水量 (mm)	最大持水量 (t/hm²)	自然含水率 (%)	有效拦蓄量 (t/hm²)	有效拦蓄率 (%)	有效持水深 (mm)
九寨沟	原始森林（冷杉林）	苔藓	1.28	12.78	79.11	8.31	65.01	0.83
		枯落物	3.47	34.74	45.44	23.82	68.58	2.38
		合计	4.75	47.52		32.13	67.62	3.21
	辽东栎林	苔藓	0.24	2.38	0.24	2.02	84.93	0.20
		枯落物	2.26	22.56	44.92	15.65	69.37	1.56
		合计	2.49	24.93		17.67	70.85	1.77
黄龙	暗针叶林	苔藓	1.11	11.07	78.54	7.05	63.71	0.71
		枯落物	3.24	32.43	43.76	22.64	69.82	2.26
		合计	4.35	43.49		29.69	68.26	2.97

5.1.5 土壤层的水文效应

5.1.5.1 土壤层的蓄水能力

从表5-10可以看出，不同森林类型各层土壤最大蓄水量和非毛管蓄水量差异明显。无论是最大蓄水量，还是非毛管蓄水量，针阔混交林最大，其次是阔叶林（辽东栎林），暗针叶林相对较小。这与不同林地土壤总孔隙度和非毛管孔隙度的差异是一致的。

表5-10 九寨—黄龙主要森林土壤层的蓄水能力

地点	林地类型	土层厚度 (cm)	容重 (g/cm^3)	毛管孔隙度 (%)	总孔隙度 (%)	非毛管孔隙度 (%)	非毛管蓄水量 (t/hm^2)	最大蓄水量 (t/hm^2)
九寨沟	原始森林（云、冷杉林）	0~20	0.87	49.54	55.99	6.45	129	1119.8
		20~40	1.24	40.34	44.43	4.09	81.8	888.6
	针阔混交林（油松、桦木、山杨等）	0~20	0.78	57.34	66.28	8.94	178.8	1325.6
		20~40	1.12	53.65	60.1	6.45	129	1202
	辽东栎林	0~20	0.72	52.54	59.63	7.09	141.8	1192.6
		20~40	1.19	46.56	52.23	5.67	113.4	1044.6
黄龙	暗针叶林（云、冷杉）	0~20	0.93	50.12	56.24	6.12	122.4	1124.8
		20~40	1.21	43.01	48.99	5.98	119.6	979.8

5.1.5.2 土壤水分的动态变化

由图5-6和图5-7可以看出，原始森林观测点不同时期土壤含水量除10月外均小于辽东栎林土壤。在5月和8月土壤含水量较高，这与该时期降雨量较高是一致的。辽东栎林表土层的含水率明显大于针叶林表土层的含水率，原因是针叶林的林冠截留量比辽东栎林大，而且针叶林内的苔藓层也较发育，这样渗入辽东栎林内表层土壤的降水量就大于渗入暗针叶林的。

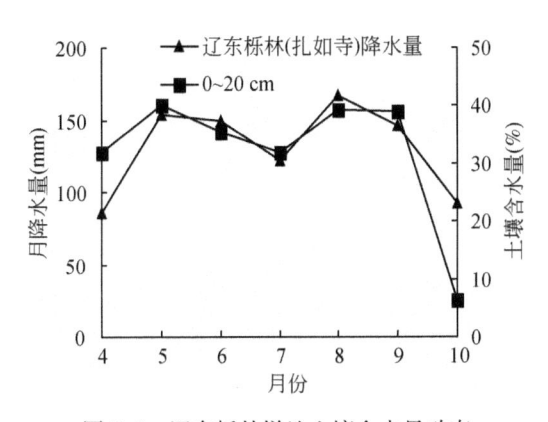

图5-6 辽东栎林样地土壤含水量动态

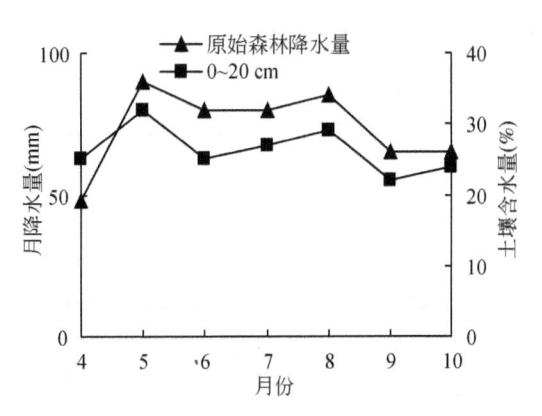

图5-7 原始森林样地土壤含水量动态

5.2 森林水文过程的模拟研究

通过生态与水文定位观测，结合空间遥感、数值模拟等手段，获取不同时空尺度的植被、地形、气象、水文、土壤数据信息，建立九寨沟森林流域分布式水文模型，探讨土壤-植物-大气界面水汽能量的交换过程，计算评估九寨—黄龙森林生态系统对流域水文水资源的影响。本研究将九寨沟流域划分为23个小集水区（图5-8）。

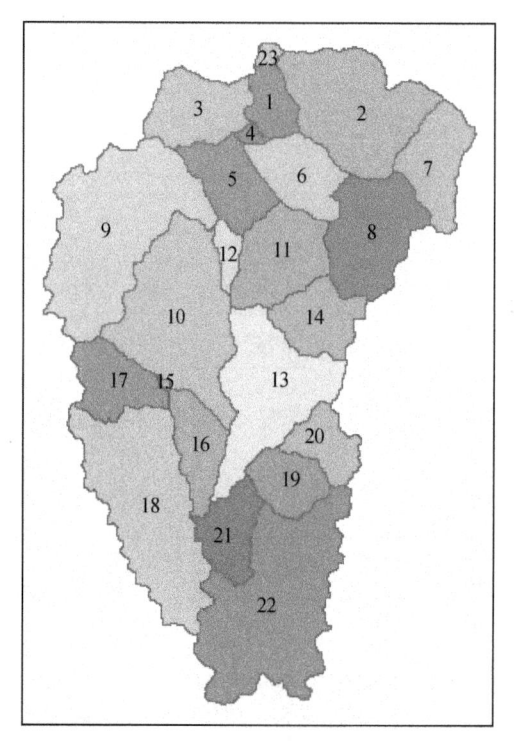

图5-8　九寨沟地区集水区划分示意图

5.2.1 主要气象因子的时空动态

由于九寨沟和黄龙区域主要气象因子的实测资料不足，为了研究该区域降水、蒸发、最高温度和最低温度等主要气象因子的动态变化，研究采用四川省及其周边近100个气象基准站点的观测数据，结合DEM，利用ANUSPLIN插值程序对整个省区进行空间模拟，然后将九寨沟和黄龙区域提取出来，形成从20世纪60年代至2000年的各项气象指标的序列数据。

由于黄龙地区的降水、蒸发、最高温度和最低温度的时空分布格局与九寨沟地区类似，本研究根据ANUSPLIN模型对研究区域空间数据模拟的结果，只对九寨沟核心区2000年的上述主要气象因子的时空分布格局进行了分析。

5.2.1.1 降水分布

九寨沟核心景区的降水量主要集中在 6~9 月,占全年降水量的 80% 以上,而其余月份降水量很少,甚至在大部分区域没有降水。九寨沟的降水分布有着与高程分布明显相关的特征,体现出了降水与地形之间很好的相关性。从各个月份来看,1~2 月降水主要分布在沟口至诺日朗的主沟地区,而在日则沟和则查洼沟及高海拔区域几乎没有降水。从 3 月开始至 8 月全流域都有降水分布,最大的降水出现在 6 月,降水分布具有从低海拔地区向高海拔地区增加的趋势,最大降水出现在高海拔地区。从 9 月开始,九寨沟地区降水开始下降,到 12 月最大的降水量仅为 2.2 mm,主要分布在沟口地区。

从各月来看,1 月平均降水仅 1 mm,集中在低海拔区域,以集水区的 1 号、2 号、4 号、5 号、10 号、11 号、12 号、23 号子流域的降水相对较多,降水量大于 1 mm。2 月平均降水仅 1.6 mm,分布规律与 1 月降水相似,集中在低海拔区域,以集水区的 1 号、2 号、3 号、4 号、5 号、10 号、11 号、12 号、14 号、15 号、23 号子流域的降水相对较多,降水量大于 1 mm。3 月平均降水 21.4 mm,以中低海拔区域降水量相对较为丰沛,降水量最多的是 23 号子流域,为 25.78 mm;最少的是 7 号子流域,为 17.7 mm。4 月平均降水 35.6 mm,空间分布规律与 3 月相似,降水量最多的是 23 号子流域,为 48.15 mm;最少的是 20 号子流域,为 26.89 mm。5 月平均降水 55.41 mm,空间分布上以区域北部降水量相对较多,降水量最多的是 52 号子流域,为 54.2 mm;最少的是 3 号子流域,为 56.12 mm,总体来讲,该月各子流域降水量相差不大。6 月平均降水 115.02 mm,空间分布上以区域南部降水量相对较多,降水量最多的是 22 号子流域,为 128.23 mm;最少的是 23 号子流域,为 98.18 mm。7 月平均降水 59.87 mm,空间分布上以中低海拔区域降水量相对较多,降水量最多的是 4 号子流域,为 66.72 mm;最少的是 7 号子流域,为 51.12 mm。8 月平均降水 100.32 mm,空间分布上与 7 月降水量分布相似,降水量最多的是 23 号子流域,为 125.11 mm;最少的是 20 号子流域,为 84.38 mm。9 月平均降水 94.79 mm,空间分布上以区域西北部降水量相对较多,降水量最多的是 23 号子流域,为 97.20 mm;最少的是 22 号子流域,为 92.23 mm。10 月平均降水 44.95 mm,空间分布上以中低海拔区域降水量相对较多,降水量最多的是 4 号子流域,为 48.46 mm;最少的是 7 号子流域,为 41.83 mm。11 月平均降水 3.86 mm,降水量最多的是 23 号子流域,为 9.74 mm;最少的是 20 号子流域,为 0.37 mm。12 月平均降水 1.68 mm,降水量最多的是 23 号子流域,为 2.12 mm;最少的是 22 号子流域,为 1.24 mm。

5.2.1.2 蒸发量分布

九寨沟核心景区的月蒸发量的分布同样有着与高程分布明显相关的特征。1 月和 2 月的蒸发量分布情况类似,高海拔地区的蒸发量明显高于沟谷地区。从 3 月开始至 8 月蒸发量总体上呈不断增加的趋势,这一时间段的蒸发量约占全年蒸发量的 70%。主要原因在于这期间气温不断升高,高海拔地区的积雪逐渐融化直至完全融化,而降水处在一年中最丰沛的时节。蒸发量的高值区域分布在九寨沟的几条主要沟谷区域,由于这里分布有大量的湖泊等水体，从而为蒸发的发生提供了更充足的水源。而蒸发量的低值区域分布在高海拔地区，这些区域主要分布着裸露的岩石，或者高山流石滩。9~12月，九寨沟核心区的蒸发量整体上逐渐减少，且低海拔地区较高海拔地区的蒸发量小。其原因主要包括两个方面，一是9月以后太阳高度角的变化，使得沟谷地区的日照时间大为减少，而在高海拔地区，日照时间相对更长；二是9月以后九寨沟地区降水量减少，而高海拔地区降雪逐渐增加，而增加的量往往大于低海拔地区。

5.2.1.3 最高温度和最低温度分布

九寨沟核心景区的最高温度及最低温度的分布体现了与海拔呈负相关的关系。随着海拔的升高，气温逐渐降低，全年的气温变化过程都遵循这一规律。九寨沟核心景区全年的最高温度分布区间为 $-5\sim30℃$，最低温度的分布区间为 $-21\sim15℃$，两者的最高值时间主要在6~8月出现，在空间上主要分布在沟口至诺日朗及日则沟与则查洼沟海拔相对较低的沟谷地区。

5.2.2 森林生态系统水分循环的分室模拟

5.2.2.1 九寨—黄龙区域森林植被动态

通过查阅历史文献以及早期的卫片资料，研究中模拟还原了九寨—黄龙地区的植被，大体时限为1974~2002年。该时限可分为3个时段，即1974年、1994年和2002年，其中，1974年基本上为未开发的较为原始的植被，其后，开始了森工采伐，原生植被受到了较为严重的干扰，直至1998年天然林资源保护工程的实施，原始林的干扰方告停止，植被开始恢复。因此，1994年的植被可认定为干扰阶段的植被，2002年的植被可认定为天然林资源保护工程实施后恢复阶段的植被。现就九寨—黄龙区域森林植被分时段的变化情况进行分析。

（1）1974~1994年的植被变化

九寨—黄龙区域的针叶林面积在1974~1994年有较大幅度的下降（表5-11）。在1994年针叶林面积为1974年的62.51%，而1994年针阔混交林和灌丛的面积为1974年的185.50%和141.38%。其原因主要是，在20世纪80年代初保护区建立之前以及成立之初，当地尚未停止对天然林的采伐，采伐对象又多是干型通直的云杉、冷杉等针叶树种，导致针叶林面积下降迅速。针叶树种被伐除后，大量先锋阔叶树种如白桦、红桦、辽东栎、杨树、槭树等入侵，使该区域大面积的原始针叶林演变为针阔混交林。一些采伐强度极大的皆伐迹地则退化为灌丛。另外，值得注意的是，草地的面积也大幅度减少，仅为原有面积的2.07%，除极少部分由于造林占用外，55.80%的草地是由于顺性演替而变为灌丛，但也有30.59%的草地是由于人类活动的干扰，尤其是保护区成立后的基础建设，使得草地退化为裸地或建设用地。

表 5-11　九寨—黄龙 1974~1994 年植被类型变化面积矩阵　　（单位：hm²）

类型	针叶林	针阔混交林	落叶阔叶林	灌丛	草地	裸地	水体	1974 年面积
针叶林	42 918.48	21 358.26	28 058.22	10 740.15	0.00	2 619.81	0.00	105 694.92
针阔混交林	7 250.49	5 047.47	8 199.27	4 281.93	0.00	453.60	0.00	25 232.76
落叶阔叶林	11 904.66	14 704.38	34 419.24	22 970.70	0.00	5 068.80	0.00	89 067.78
灌丛	2 127.51	3 561.30	16 591.68	38 904.39	0.00	15 502.41	0.00	76 687.29
草地	12.06	20.25	177.57	1 014.48	37.71	556.11	0.00	1 818.18
裸地	1 860.66	2 114.64	5 900.40	30 509.10	0.00	49 232.88	0.00	89 617.68
水体	0.00	0.00	0.00	0.00	0.00	0.00	1 949.31	1 949.31
1994 年面积	66 073.86	46 806.30	93 346.38	108 420.75	37.71	73 433.61	1 949.31	

(2) 1994~2002 年的植被变化

由于草地自 1994 年之后基本消失，因此在九寨—黄龙 1994~2002 年的植被类型变化矩阵中不再列出（表 5-12）。自 1994 年以来，针叶林和针阔混交林所占比例虽略有下降，但其趋势与 1974~1994 年相比，呈较为稳定的状态，保存率分别为 95.18% 和 87.13%。说明从 1998 年开始实施天然林保护工程之后，生态恢复取得了明显的成效，大量原生地带性植被得以保存。同时，落叶阔叶林和灌丛的面积仍有所增加，其比例分别上升 3.78% 和 7.42%，这主要是演替过程中落叶阔叶林在原有灌丛地带不断扩张的结果。但应该注意的是，灌丛的增加则主要是人为干扰对局部地带森林植被影响的结果，说明该区域的植被保护力度还应进一步加强。

表 5-12　九寨—黄龙 1994~2002 年植被类型变化面积矩阵　　（单位：hm²）

类型	针叶林	针阔混交林	落叶阔叶林	灌丛	裸地	水体	1994 年面积
针叶林	51 536.61	5 173.02	5 093.19	2 827.44	1 166.31	280.71	66 077.28
针阔混交林	6 062.22	24 922.8	9 328.95	6 318.99	155.7	22.14	46 810.8
落叶阔叶林	3 762.81	5 749.02	65 485.35	16 575.21	1 723.95	52.02	93 348.36
灌丛	916.11	4 796.28	16 337.16	79 874.64	6 385.23	111.51	108 420.93
草地	0	0.54	2.97	14.76	19.44	0	37.71
裸地	93.51	94.23	573.84	10 698.75	61 862.89	110.7	73 433.61
水体	518.67	51.21	58.59	150.75	139.68	1 030.41	1 949.31
2002 年面积	62 889.93	40 787.1	96 880.05	116 460.54	71 452.89	1 607.49	

(3) 1974~2002 年的植被变化

从 1974~2002 年共 29 年的植被变化来看（表 5-13），针叶林的保存率仅为 59.5%，而次生性植被的面积呈增加趋势。这主要有两个方面的原因，一是原生性针叶林植被在 20 世纪七八十年代被严重破坏，致使其比例大幅度下降，并退化形成大面积次生性植被（如落叶阔叶林、灌丛等）；二是自 20 世纪 90 年代，人们开始注意保护天然林资源并开始大面积人工造林。造林工程中多采用直接营造针叶树种的办法，就使得造林地段在相当长的时期内被大量先锋性阔叶树种侵入，并进而形成针阔叶混交林。另外，在低海拔地段人们也直接营造了相当比例的阔叶树林,这也使得针阔混交林和落叶阔叶林的面积显著增加。在这期间灌丛的比例增长了 51.86%,分别包括 11.86%、20.52% 和 30.84% 的针叶林、针阔叶混交林和落叶阔叶林转化为灌丛,这表明了一种森林退化趋势;同时,又有 53.74% 的草地和 36.18% 的裸地转化为灌丛,这主要是区域内植被的自然演替所致。裸地的比例下降了 20% 以上,则主要归功于自然演替和人工造林。总体来看,九寨—黄龙区域从 1974~2002 年的 29 年间,植被覆盖的比例有所增加,但植被的质量却有所下降。

表 5-13　九寨—黄龙 1974~2002 年植被类型变化面积矩阵　　（单位：hm^2）

类型	针叶林	针阔混交林	落叶阔叶林	灌丛	裸地	水体	1974 年面积
针叶林	41 219.46	19 061.55	29 671.56	12 538.35	2 993.31	210.69	105 694.92
针阔混交林	7 136.01	3 899.97	8 464.77	5 178.06	531.36	22.59	25 232.76
落叶阔叶林	11 225.88	11 575.17	33 374.61	27 464.58	5 319.18	108.36	89 067.78
灌丛	1 598.58	3 854.79	17 828.82	37 723.86	15 602.04	79.2	76 687.29
草地	9.27	43.47	214.92	977.13	572.85	0.54	1 818.18
裸地	1 178.19	2 296.8	7 264.8	32 427.72	46 294.47	155.7	89 617.68
水体	518.67	51.21	58.59	150.75	139.68	1 030.41	1 949.31
2002 年面积	62 886.06	40 782.96	96 878.07	116 460.45	71 452.89	1 607.49	

5.2.2.2　九寨—黄龙区域叶面积指数

叶面积指数 LAI（leaf area index）是陆面过程一个十分重要的结构参数,是表征植被冠层结构最基本的参量之一,它控制着植被的多种生物和物理化学过程,如光合、呼吸、蒸腾、碳循环和降水截获等。LAI 和其他生物物理参数一起,在地表特征的测量和监测以及地球系统建模中扮演着重要的角色,可以足够准确地预测大区域的变化（Chert and Cihlar, 1996；方秀琴等, 2004）。

LAI 可以定义为单位面积上所有叶片表面积的总和（全部表面 LAI）,也可以定义为单位面积上所有叶片向下投影的总和（单面 LAI）。传统的 LAI 地面测量费时费力,而且对生态系统有一定的破坏作用,数据不能及时更新。就测量数据本身而言,地面测量只能获得点状或线状的 LAI 数据,不能获取面状的 LAI 数据,无法反映 LAI 的空间异质性,因此,大区域研究 LAI 仅仅靠地面观测是行不通的。卫星遥感为大区域研究 LAI 提供了唯一的途径。传统的地面测量获得的都是稀疏离散点数据,而遥感则可以频繁而持久地获得地表特征的面状信息,这是对地观测由"点"到"面"的一次飞跃。

LAI 的遥感估算方法可以分为两类：统计模型法和光学模型法。光学模型法是基于植被的 BRDF,建立在辐射传输模型基础上的方法,具有相当强的物理基础。光学模型要求输入的参数较多,包括植被的生物物理、生物化学、背景土壤的光学特性、森林结构参数等,由于这些参数的获得有一定的难度,而且参数的精度较难达到模型的要求,所以在参数不能满足模型要求的条件下,LAI 的光学模型估算精度也不会理想。统计模型法是在遥感影像数据与实测 LAI 间建立统计模型,形式简洁,对输入参数的要求不高,而且计算简单易行,在光学模型法所需要的参数达不到其模型要求时,统计模型法也不失为 LAI 行之有效的一种估算方式。植被冠层的光谱特征是统计模型法进行遥感定量统计分析叶面积指数的主要依据。绿色植物叶片的叶绿素在光照条件下发生光合作用，强烈吸收可见光，尤其是红光波段，因此红光波段反射率包含了植物冠层顶层叶片的大量信息，而在近红外波段植被有很高的反射率、透射率和很低的吸收率，因此近红外反射率则包含冠层内叶片的很多信息。植被的这种光谱特征与地表其他因子的光学特性存在很大差别，这就是 LAI 遥感定量统计分析的理论依据。统计分析法是以 LAI 为应变量，以光谱数据或其变换形式（如植被指数）作为自变量建立的估算模型，即 LAI = $f(x)$，其中 x 为光谱反射率或植被指数。本研究即采用统计模型法对九寨—黄龙区域的 LAI 值进行了估算。

如图 5-9 所示，LAI 的分布整体上反映了九寨—黄龙区域植被分布状况。在流域边界部分的高海拔地区，为高山流石滩稀疏植被，LAI 值较低，在低一级海拔的沿河谷山坡上分布了大量的针叶林、落叶阔叶林及混交林，因而表现了较高的 LAI 值。

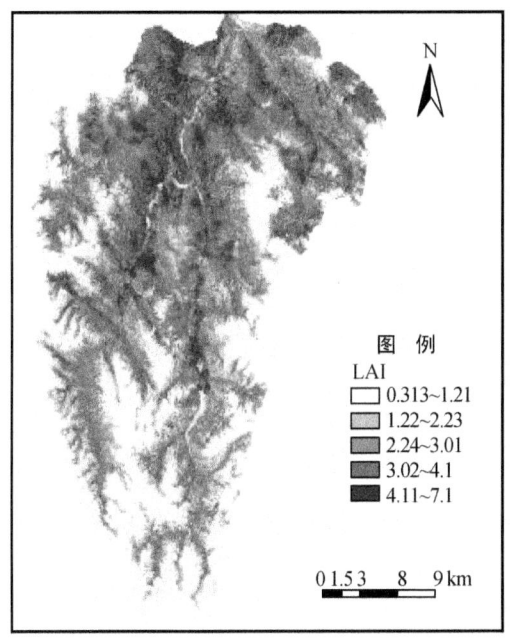

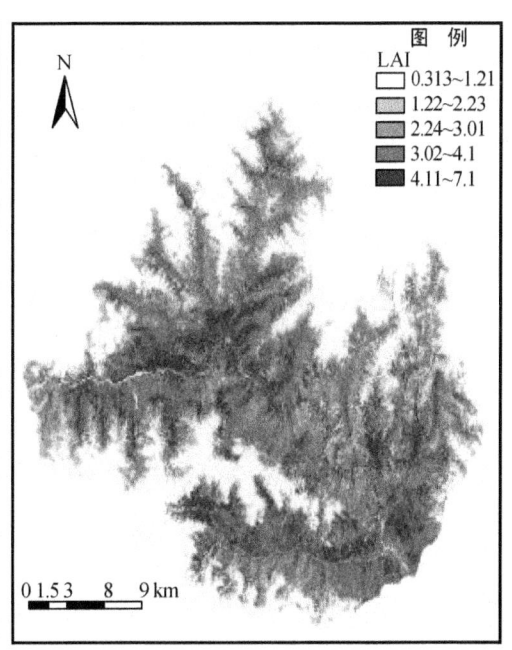

图 5-9　九寨沟（左）和黄龙（右）叶面积指数（LAI）分布图

5.2.2.3　森林水分截留能力

林冠截留在生态系统水文循环和水量平衡中占有极其重要的地位，通过林分尺度对林冠截流过程和机理进行基础性的研究，并在此基础上通过模型模拟来揭示森林植被的生态水文功能及变化机制，已成为生态学和水文学研究的重要手段。在研究中利用 SPOT-NDVI 影像反演 LAI，并在此基础上计算植被冠层最大截留的动态变化。

（1）模型的构建

研究模型以夏军等（2002）提出的模型为基础。模型假定存在一个临界降水量 P（mm），当降水量大于最大截留量时，对于给定植被类型，最大截留降水量 E_i 为

$$E_i = a \times veg \times LAI \tag{5-3}$$

式中，a 为叶表面最大水层厚度；veg 为植被盖度；LAI 为叶面积指数。

当降水量小于最大截留量时，降水并非完全被截留，其截留量由植被盖度决定，截留量为

$$E_i = veg \times P \tag{5-4}$$

式中，P 为降水量。

（2）参数计算

1) LAI 的计算。在利用 TM 影像（2002 年 10 月）计算的 LAI 图基础上，利用其与对应时间段的 SPOT-NDVI，随机提取数据点，建立的 SPOT-NDVI 与 LAI 之间的关系（图5-10），从而进一步利用这一关系及已经建立的 SPOT-NDVI 时序列（2002 年）的数据库，来反演年内月际（2002 年）LAI 的动态变化情况。

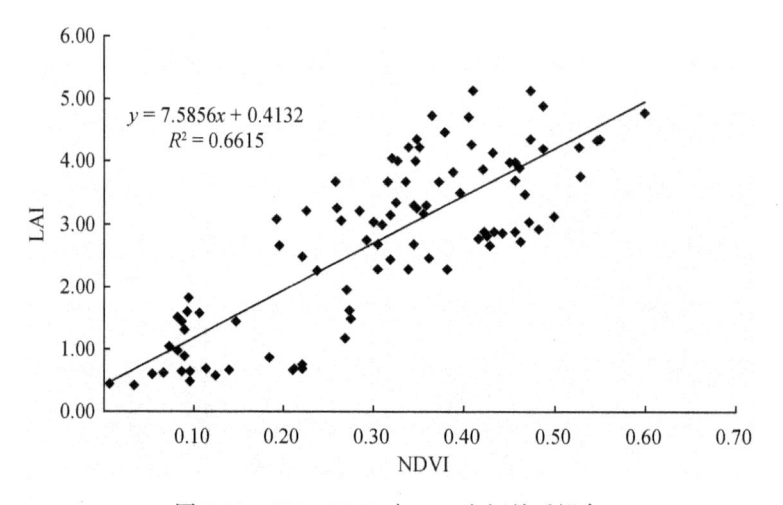

图 5-10　SPOT-NDVI 与 LAI 之间关系拟合

2) 植被叶片吸附水量的空间估计。植被吸附水量是指单位叶面积上水层厚度。本研究参照周国逸（1997）对川滇高山栎（*Quercus aquifolioides*）、杜鹃（*Rhododendron* spp.）、箭竹（*Sinarundinaria nitida*）、鳞皮云杉（*Picea aurantiaca* var. *retroflexa*）、岷江冷杉（*Abies faxoniana* Rehd. et Wils.）、高山草甸（混合样）等叶表面吸附水量测定的方法，并结合有关资料的分析，确定植被叶片吸附水量的参考值为 0.15~0.47 mm，其中箭竹林最小为 0.15 mm，云杉冷杉林最大为 0.47 mm。在此基础上，生成了植被叶片吸附水量图层（图 5-11）。

3) 植被盖度的计算。研究中采用近年来较为常用的亚像元分解法进行植被盖度的空间模拟。亚像元分解模型应用于遥感影像，存在以下关系：

$$f = \frac{NDVI - NDVI_{min}}{NDVI_{max} - NDVI_{min}} \tag{5-5}$$

$$NDVI = \frac{\rho_{NIR} - \rho_R}{\rho_{NIR} - \rho_R} \tag{5-6}$$

式中，f 为单位像元的植被盖度；NDVI 为归一化差值植被指数；$NDVI_{max}$ 和 $NDVI_{min}$ 为植被

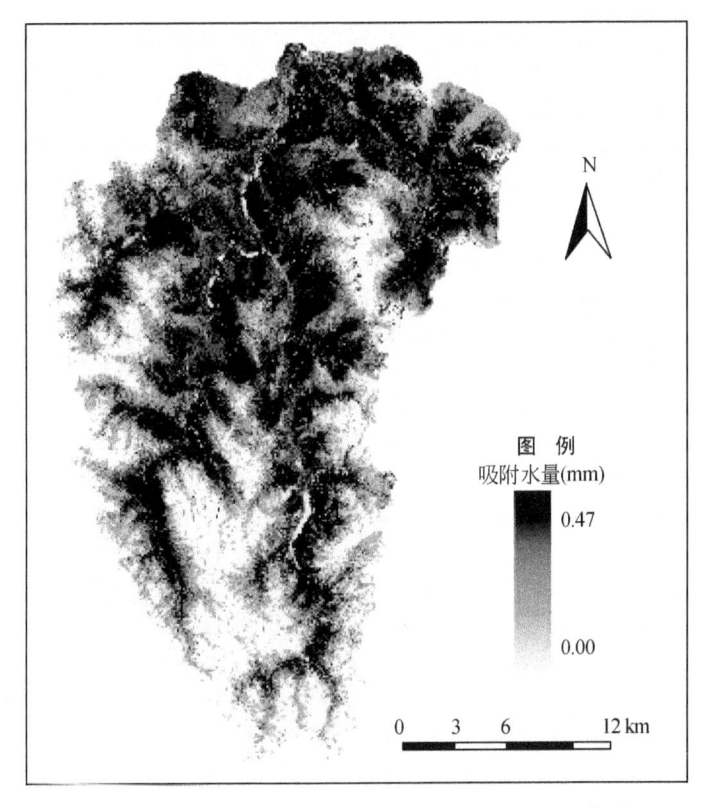

图 5-11　2002 年九寨沟植被叶片吸附水量的空间估计

整个生长季 NDVI 的最大值和最小值，本研究分别取 0.94 和 0.0028；ρ_{NIR}、ρ_R 为近红外波段与可见光波段数值。

利用上述方法，依据已经建立的 SPOT-NDVI 时序列（2002 年）数据库，即可计算出对应月份的植被盖度参数。

4）森林水分截留能力时空动态。在植被盖度、植被吸附水量和叶面积等参数计算的基础上，即可实现对九寨沟区域植被最大截留量的模拟计算。本研究的模拟结果表明，植被截留量与植被分布具有较好的吻合关系。

5.2.3　九寨沟森林流域 SWAT2000 分布式水文模型的建立和应用

5.2.3.1　SWAT2000 模型原理及结构简介

SWAT 模型可以模拟流域内部的多种地理过程，模型由水文、气象、泥沙、土壤温度、作物生长、养分、农药/杀虫剂和农业管理 8 个组件构成。可以模拟地表径流、入渗、侧流、地下水流、回流、融雪径流、土壤温度、土壤湿度、蒸散发、产沙、输沙、作物生长、养分流失（氮、磷）、流域水质、农药/杀虫剂等多种过程以及多种农业管理措施（耕作、灌溉、施肥、收割、用水调度等）对这些过程的影响。

5.2.3.2　九寨沟森林流域SWAT2000分布式水文模型的建立和应用

（1）模型驱动数据：模型驱动所需数据分3类

1）气象数据：包括逐日最高气温、最低气温、降水、太阳辐射、风速、相对湿度数据。

2）数字高程数据（DEM）。

3）土壤类型和土地利用图层数据。

（2）模型构建的关键步骤——水文响应单元的建立

分布式水文模型在对"分布式"的一般描述方式中包括：子流域（subbasin），主要强调水文特征；水文响应单元（HRU），涉及土壤、土地利用覆盖等下垫面性状的均一性以及栅格三方面。

A. 水文响应单元的建立

水文响应单元的建立所需的基本数据包括：河网的建立及子流域的划分、土壤图以及土地利用图。

河网的建立及子流域的划分：由SWAT2000的地形处理模块得到，将九寨沟地区划分为23个子流域并生成河网。

土壤图：SWAT模型须对不同的土壤类型根据其理化性质重新归并成为模型所需要的标准格式数据，同时根据流域集水区的边界对土壤图的图层进行切割。

B. 水文响应单元的构建

土地利用图：SWAT模型须依据不同的土地利用及植被类型归并到模型中的植被类型库中，通过利用现有的植被类型库来确定大量的相关植被参数，以供模型模拟使用。

C. 图层的叠加及水文响应单元的构建

第一，将土壤图及土地利用植被图的两个图层叠加。

第二，对土地利用植被类型在子流域中所占的面积比例设定阈值，小于这一阈值的类型忽略，只考虑大于这一阈值的占优类型。例如，对于2号子流域，表5-14所示为形成水文响应单元之前子流域中各土壤类型及植被类型的面积及所占子流域面积的百分比。我们设定阈值为20%，表5-15表示经过阈值处理之后所剩下的土地利用植被类型及它们所占子流域面积的比例，同时列出所形成的水文响应单元的组合类型及所占子流域面积的比例。

表5-14　2号子流域植被和土壤类型及其面积

项目	类型	面积（hm^2）	水域面积（%）	面积比例（%）
子流域	#2	4 856.76	7.63	
土地利用				
	灌丛	1 512.40	2.37	31.14
	草地	183.76	0.29	3.78
	落叶阔叶林	391.92	0.62	8.07
	针叶林	2 502.78	3.93	51.53
	针阔叶混交林	265.89	0.42	5.47

续表

项目	类型	面积（hm²）	水域面积（%）	面积比例（%）
土壤				
	褐色土	73.99	0.12	1.52
	棕壤	1 385.55	2.18	28.53
	高山草甸土	138.23	0.22	2.85
	亚高山草甸土	446.40	0.70	9.19
	黑褐土	2 742.650 5	4.31	56.47
	暗棕壤	69.93	0.11	1.44

表 5-15　经过阈值处理之后的 2 号子流域植被和土壤类型及其面积

项目	类型	面积（hm²）	水域面积（%）	面积比例（%）
子流域	#2		12 001.30	7.63
土地利用				
	灌丛	1 829.40	2.87	37.67
	针叶林	3 027.36	4.75	62.33
土壤				
	棕壤	1 615.45	2.54	33.26
	黑褐土	3 241.31	5.09	66.74
HRUs				
2	灌丛/棕壤	1 048.78	1.65	21.59
3	灌丛/黑褐土	780.62	1.23	16.07
4	针叶林/棕壤	566.67	0.89	11.67
5	针叶林/黑褐土	2 460.69	3.86	50.67

第三，在土地利用植被类型中剔除小比例类型并在重新计算分配面积比例的基础上，对每一种土地利用植被类型中所叠加的土壤类型再进行筛选，即同样确定一个阈值，将其中比例不占优势的土壤类型剔除。

第四，在以上步骤结束之后便形成了单一植被土壤类型的水文响应单元。可以看出，由经过阈值处理之后的两种土壤类型及两种植被类型组合形成了 4 个水文响应单元。最后全九寨沟流域形成了 63 个水文响应单元。

（3）模型计算、校正及结果分析

在数字高程数据、气象数据、土壤类型和土地利用图层数据等基础数据输入的基础上，对模型各项参数进行计算，然后进行整个模型的模拟计算。根据流域出口的实测流量与计算流量之间的拟合好坏对参数进行调整以达到最佳效果。

根据 2004 年 1~11 月在九寨沟沟口实测的月平均流量数据，其中长海 6 月、7 月、9~12 月的数据通过内插得到，对模型进行参数的修订（表 5-16）。

表 5-16　九寨沟降水观测站 2004 年月降水量　　　　　　（单位：mm）

月份	长海	原始森林	扎如寺
1	11.80	4.00	4.20
2	22.80	17.40	4.20
3	33.80	37.20	17.20
4	55.40	56.40	32.30
5	71.40	150.80	91.00
6	92.50	121.40	79.20
7	90.00	117.20	79.20
8	117.80	159.00	85.60
9	108.30	145.80	68.60
10	24.00	21.40	68.80
11	16.80	10.40	22.80
12	13.00	13.00	2.20

A. 九寨沟沟口径流量模拟

从图 5-12 可以看出，在年初 1 月、2 月及年末 10 月、11 月实测径流量较大（无 12 月的实测径流资料），但模拟的径流量结果偏小，两者相差较大，其他月份的模拟效果整体上有较好的吻合。总之，从月平均降水的数据来看，模拟的径流过程很好地反映了九寨沟流域的降水过程。

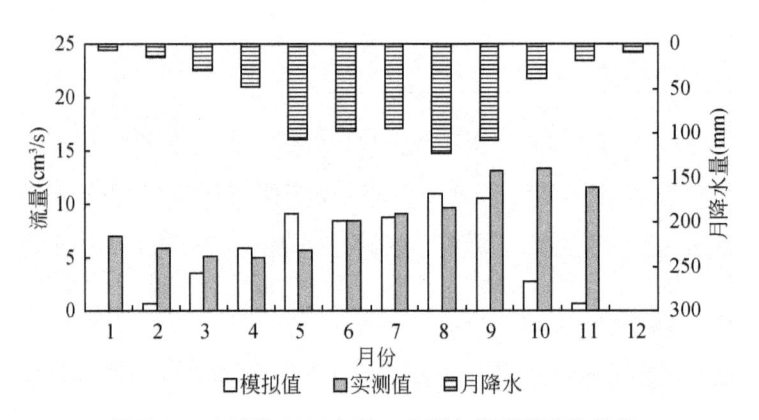

图 5-12　九寨沟 2004 年沟口实测与模拟月平均流量

B. 各水文分量与湖泊水位的关系

利用长海水位观测记录数据，对长海及以上子流域的土壤含水量、降水量、径流量、实际蒸散发与高山湖泊水位变化过程之间的一些关系做了初步分析。

数据：长海水位变化资料由观测得到，降水量资料由长海站观测资料得到，土壤含水量、实际蒸散发与径流量由 SWAT2000 模型模拟得到。其中，土壤含水量是指月末的土壤含水量。长海月平均水位变化图如图 5-13 所示。

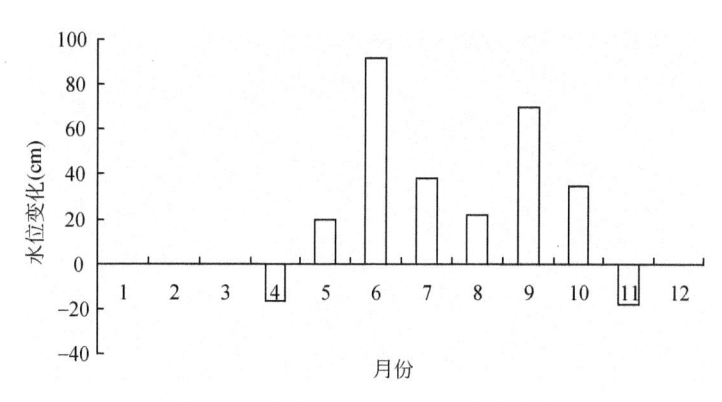

图 5-13 长海 2004 年月平均水位变化

长海及以上子流域划分：长海位于 19 号子流域，其上还有两个子流域 21 号和 22 号。

19 号、21 号与 22 号子流域月平均土壤含水量分布：根据 SWAT 模型计算结果，由图 5-14 可以看出，长海地区 1~4 月土壤含水量在逐渐增加，在 4 月达到最大值。

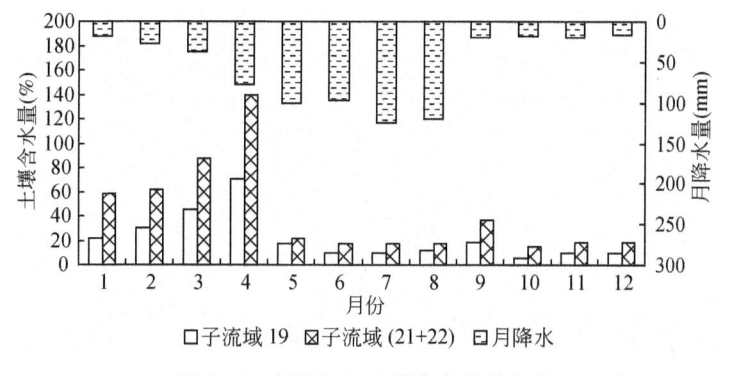

图 5-14 长海地区土壤含水量月变化

19 号、21 号与 22 号子流域模拟出口流量：根据 SWAT 模型计算结果，图 5-15 中子流域 (21+22) 模拟流量代表地段上 21 号与 22 号子流域的产流量，两者共同汇入 19 号子流域。由图 5-15 可以看到，流量在 4 月和 9 月出现了两个峰值，而在 6 月出现一个谷底低值。

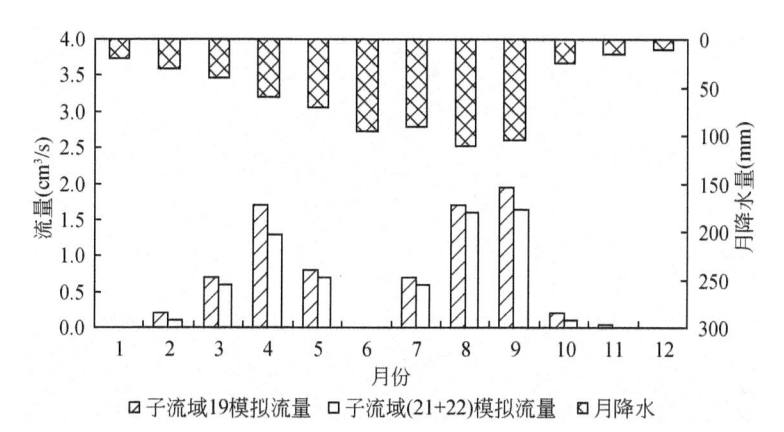

图 5-15 长海地区模拟月平均流量

长海月平均水位变化与径流及降水的关系：从图5-16可见，长海在6月的水位上涨值达到一个最大值，但6月的降水也较多，且径流量很小，说明降水是这一时期补充长海蓄水的主要原因。之后，随着降水的不断增加，长海出口径流量也开始回升，而这一时段长海水位上升幅度却有所降低，说明降水加上长海的补给是这一时段长海出流径流量增加的主要原因，并在9月达到最大值。

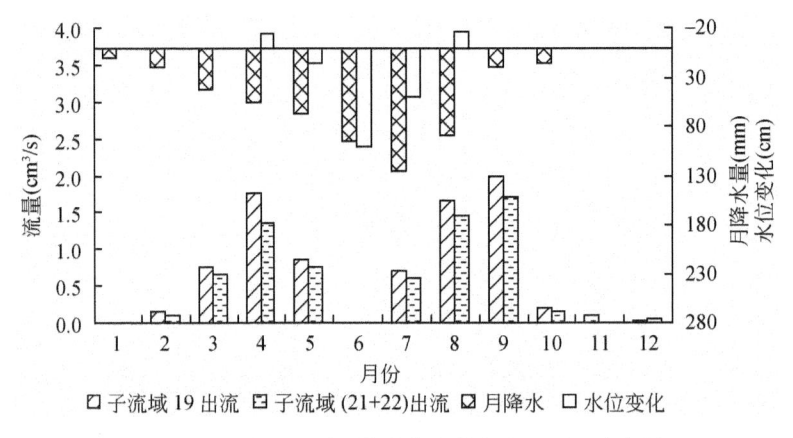

图5-16 长海地区月平均水位变化与径流量、降水量

长海土壤含水量与蒸散发的关系：从图5-17来看，长海地区蒸散发量（ET）从4月开始增加，在5~9月都处于较大的蒸散发值，从10月开始蒸散发值下降。从图5-18来看，土壤含水量在4月达到最大值，5月骤减。这一方面主要是由于蒸散的消耗，5月的蒸散值处于最大，另一方面也通过壤中流补充长海蓄水量及径流。虽然长海地区降水量在5~9月都很丰富，但由于蒸散居高不下，所以土壤含水量仍处于较低的水平。从10月开始，蒸散发开始减小，至12月降至几乎为0，但由于降水同样大幅下降，所以这几个月的土壤含水量没有太大的变化。1~3月蒸散发基本上处于0的水平，但这一时期长海地区的土壤含水量却有较大幅度的上升，这是降水量不断增加所致。

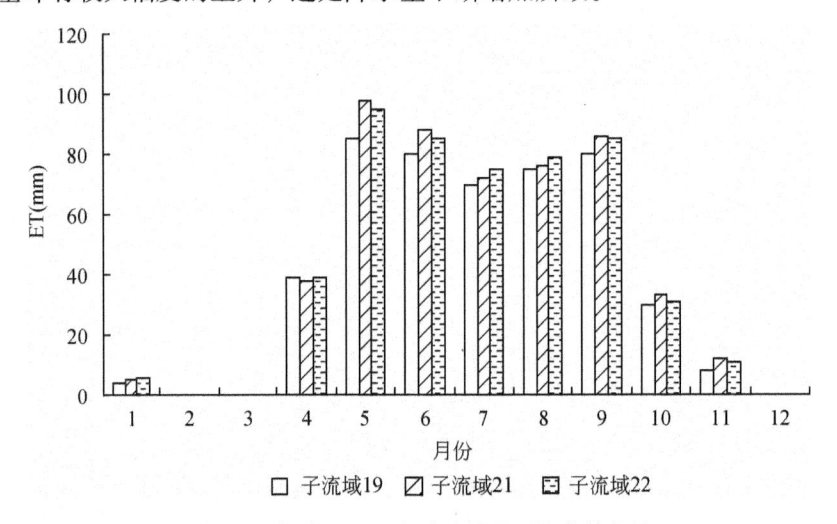

图5-17 长海地区3个子流域月平均蒸散发量

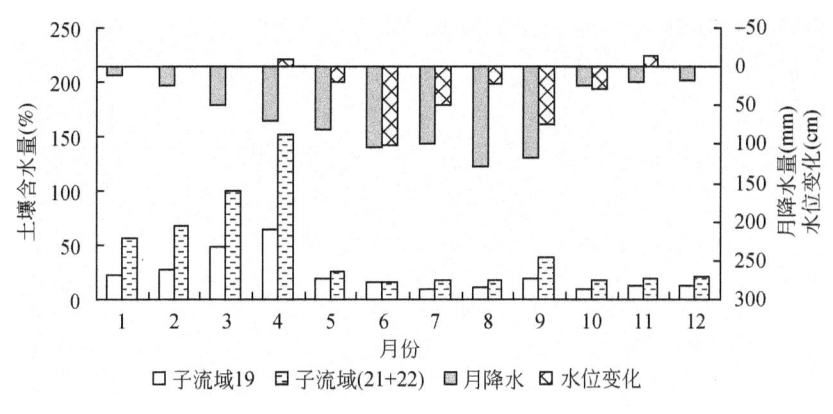

图 5-18 长海地区土壤含水量、水位变化、降水关系图

长海地区月融雪量变化：SWAT 模型采用融雪模型对融雪量进行了模拟计算。从图 5-19 可以看出，融雪量主要集中在 2~4 月，在 3 月达到最大，1 月、5 月、11 月、12 月这 4 个月只有少量的融雪量。

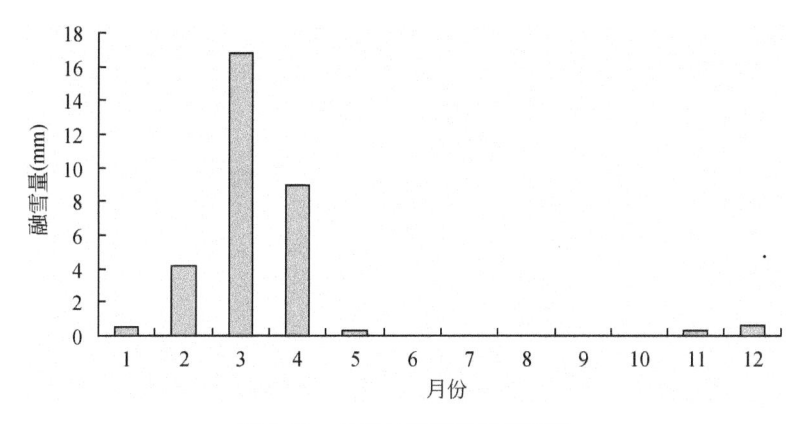

图 5-19 长海地区雪融量模拟图

长海的实测水位过程线：根据长海在 2004 年实测水位变化图来看，虽然长海地区融雪量主要集中在 2~4 月，该地区降水量在这一时期也在不断增加，但长海水位在 1~4 月仍然不断下降，并在 4 月 30 日达到最低点（图 5-20）。其原因主要是长海在这一时期作为径流补给的一个主要来源，不断以渗流的方式出流补给地下径流；另外，降水及融雪主要满足了该地区土壤含水量的补给，从而使该地区土壤含水量在这一时期有较大幅度的上升。

5 月长海出流径流量减少，可能是由于长海水位较低，对径流的补给减少（5 月长海的水位一直维持在较低的水平）。从 6 月开始长海地区降水增多，降水一方面直接降落到长海湖面，对其水位的增加作出贡献；另外，降水降落到地表，由于这一时期土壤含水量已较高，较大的降水量很快形成壤中流，加上部分地表径流，长海水位不断增加，至 10 月 27 日达到全年水位的最高值。

以上利用 SWAT 模型对九寨沟地区的水文过程进行了模拟，并对长海地区进行了具体深入的分析。对于流域水文模拟及预报而言，数据收集在时间及空间上的完整性是进行模拟计算及分析的前提和基础，气象及水文数据作为模型的驱动力显得尤为重要。可以预见，在有更为充足数据的支持下，SWAT模型能更为精确地模拟九寨沟地区生态水文过程，以及分析气候变迁和生态环境保护等对生态水文过程的影响。

5.2.4　九寨沟不同高山湖泊水位变化差异的影响因子分析

5.2.4.1　长海和熊猫海水位实测

长海水位在1~4月变幅较大，变幅为4.51 m；而5~10月水位变幅最大，变幅为8.04 m；11~12月趋于平稳，变幅较小，为0.96 m。长海水位年变幅为8.07 m，最高水位为96.20 m，出现在10月27日；最低水位为88.13 m，出现在4月30日（图5-20）。

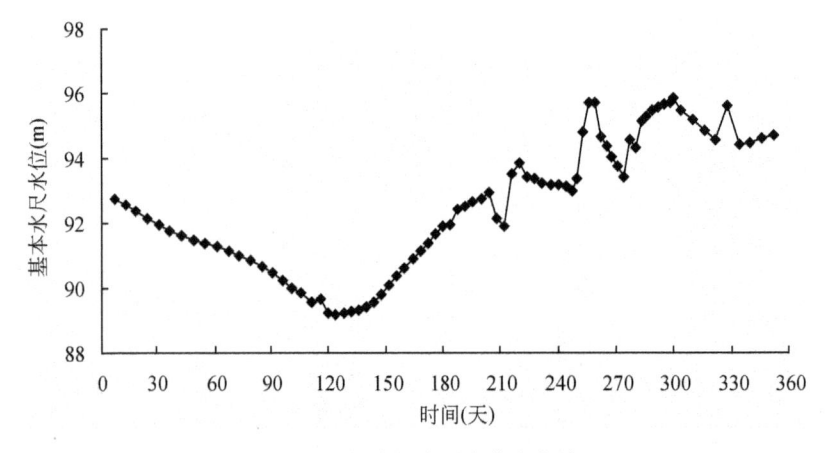

图5-20　长海的实测水位变化线

对九寨沟熊猫海水位观测发现，熊猫海1~4月水位变幅最大，变幅为3.03 m；而5~10月水位变幅较大，变幅为2.99 m；11~12月水位趋于平稳，变幅较小，仅有0.16 m左右。熊猫海水位年变幅为5.38 m，最高水位为69.71 m，出现在9月10日，最低水位为64.33 m，出现在4月20日（图5-21）。

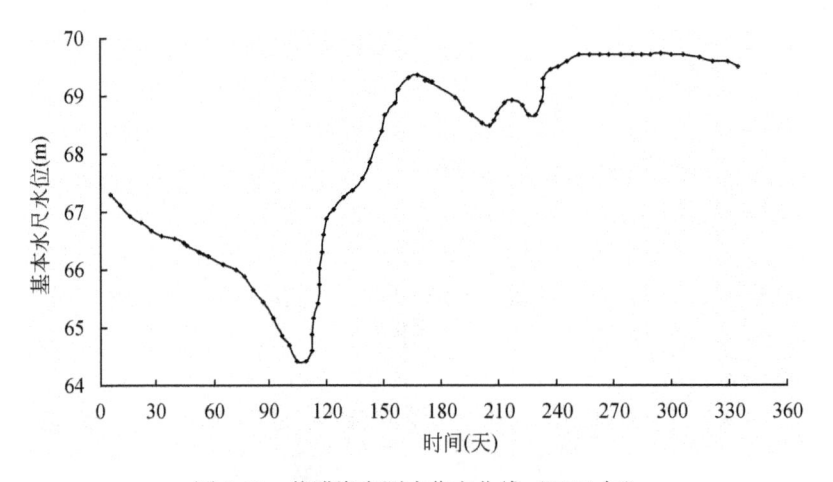

图5-21　熊猫海实测水位变化线（2004年）

5.2.4.2 长海和熊猫海土壤和植被分布

集水区内土壤和植被的分布对整个小流域的水分平衡有着重要影响,进而影响到湖泊的水位变化。

(1) 长海集水区的土壤和植被

长海集水区的土壤主要有棕壤、暗棕壤、亚高山草甸土和高山草甸土 4 种类型（图 5-22），其中以高山草甸土分布最为广泛,面积为 6819.89 hm²,占长海集水区土壤总面积的 62.36%；其次是棕壤,面积为 2581.67 hm²,占 23.61%；再次为暗棕壤,面积为 1466.01 hm²,占 13.4%；亚高山草甸土分布面积很少,仅 69.05 hm²,占 0.63%。

从长海集水区的植被分布来看（图 5-23），高山灌丛为 3044.7 hm²,占长海集水区面积的 27.84%；针叶林面积为 1195.11 hm²,占 10.93%；落叶阔叶林面积为 981.99 hm²,占 8.98%；针阔混交林面积为 574.11 hm²,占 5.25%；裸地分布面积较大,为 4931.46 hm²,占 45.09%；水域面积为 209.25 hm²,占 1.91%。

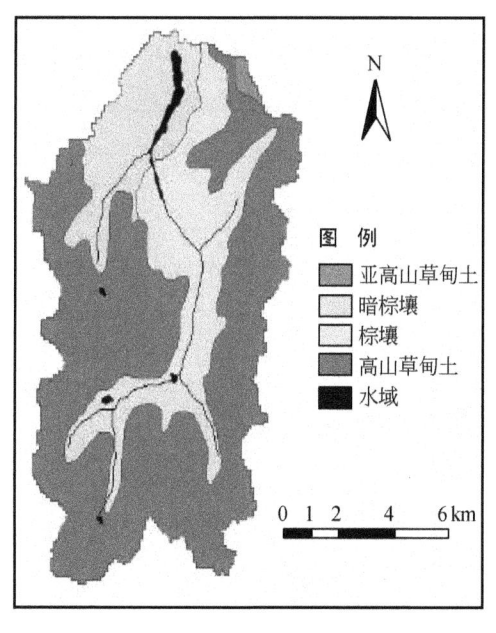

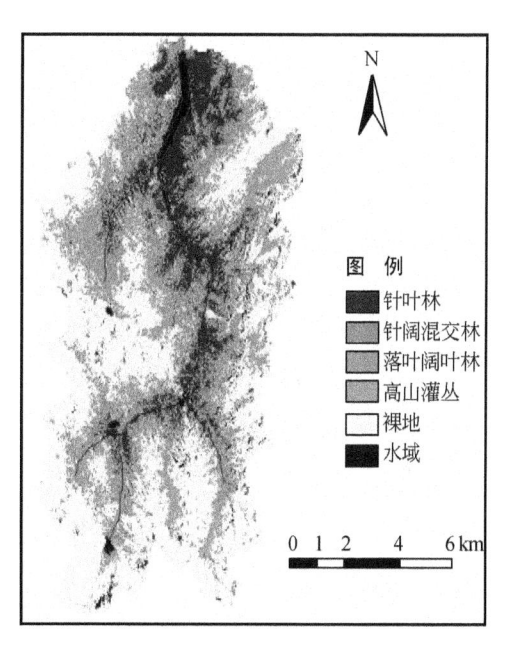

图 5-22 长海集水区土壤类型图   图 5-23 长海集水区植物类型图

(2) 熊猫海集水区的土壤和植被分布

熊猫海集水区的土壤主要有棕壤、暗棕壤、褐色土、山地褐色土和亚高山草甸土 5 种类型（图 5-24），其中以棕壤分布最为广泛,为 3843.92 hm²,占熊猫海集水区土壤总面积的 62.95%；其次为暗棕壤 1181.48 hm²,占 19.35%；褐色土 960.43 hm²,占 15.73%；亚高山草甸土 98.27 hm²,占 1.61%；山地褐色土 22.49 hm²,占 0.37%。

从熊猫海集水区的植被分布来看（图 5-25），以针叶林分布面积为最广,达 1781.01 hm²,占熊猫海集水区面积的 29.11%；其次为落叶阔叶林 1439.12 hm²,占 23.52%；灌丛 1359.24 hm²,占 22.22%；针阔混交林 799.92 hm²,占 13.08%；裸地

680.44 hm², 占 11.12%；水体 57.98 hm², 占 0.95%。

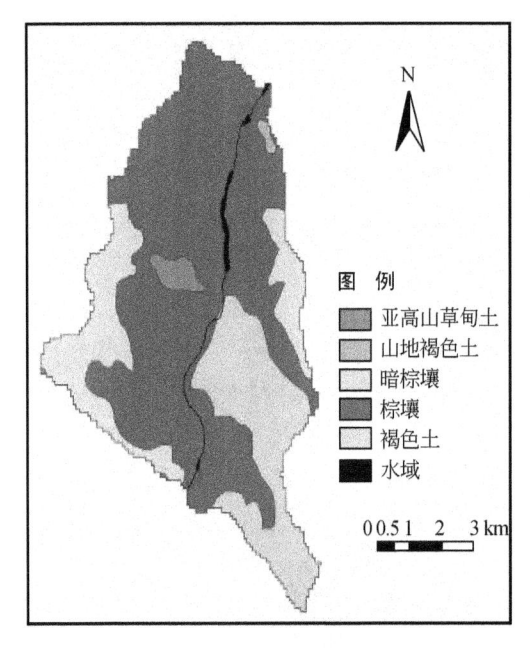

图 5-24 熊猫海集水区土壤类型图

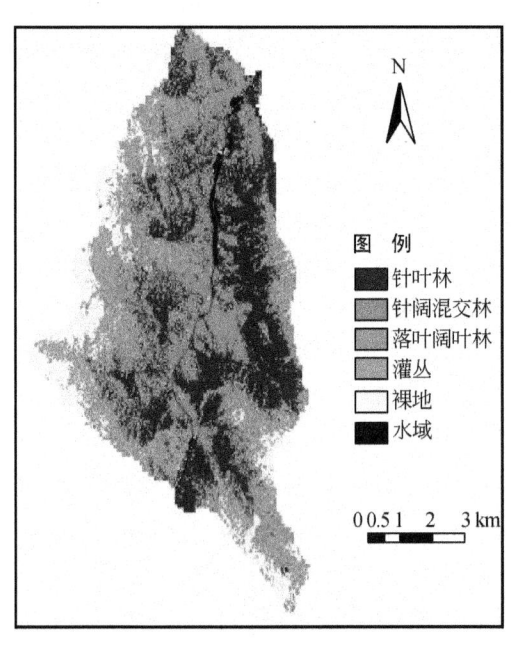

图 5-25 熊猫海集水区植物类型图

(3) 长海集水区与熊猫海集水区土壤、植被比较

从植被类型来看，长海集水区灌丛和裸地所占的比例较大，熊猫海集水区以针叶林和落叶阔叶林占主体；在土壤类型上，长海集水区以高山草甸土为主，包括一部分棕壤和暗棕壤，而熊猫海集水区以棕壤、暗棕壤和褐色土为主。

5.2.4.3 长海和熊猫海集水区平均降水量、平均温度对比

从两个集水区的平均降水来看，在雨季（5~10月）熊猫海集水区的平均降水比长海集水区的平均降水丰沛（图5-26）；从两个集水区的平均温度来看，除7月和10月以外，熊猫海集水区的各月均温均高于长海集水区的各月均温（图5-27）。

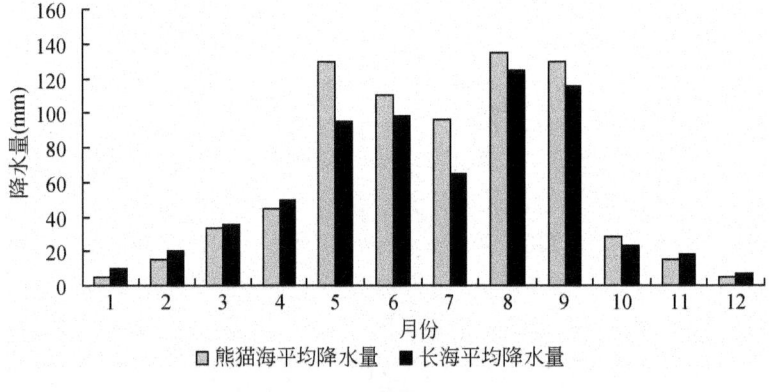

图 5-26 长海、熊猫海平均降水量对比

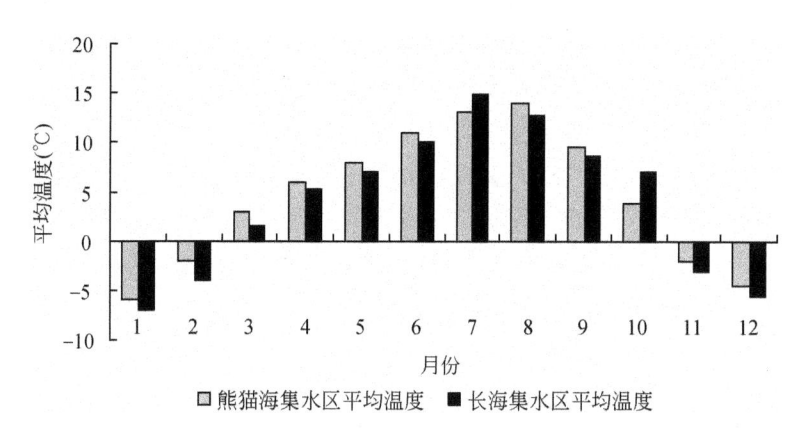

图 5-27 长海、熊猫海集水区平均温度对比

5.2.4.4 长海和熊猫海水位变化差异影响因子分析

湖泊水位的影响因子，主要包括降水（降雨和降雪）情况，集水区的蒸散发状况，植被、土壤类型的差异等。湖泊水位的高低与这些因子有着很大的相关性。

从长海和熊猫海月平均水位过程（基本水尺水位）来看，长海集水区水位比熊猫海集水区水位平均高出 24 m 左右。而从月平均降水量来看，熊猫海集水区比长海集水区平均多 7 mm 左右。熊猫海的降水较长海集水区丰沛，但湖泊平均水位较低，分析其原因主要包括以下几个方面。

1）熊猫海的月平均温度比长海高，最高高出 1.2℃左右，平均高出 0.7℃左右，从而在集水区的蒸发耗水方面，熊猫海集水区要比长海集水区大。

2）熊猫海的针叶林、混交林、落叶阔叶林所占比例为整个集水区的近 66%，而长海集水区三者之和仅占 25%，所以在植物的蒸散作用方面，熊猫海集水区要比长海集水区大，这也成为降水损耗的一部分。

3）对于长海集水区而言，裸地和灌丛的比例高，使得降水不受阻碍，能比较快速地进入河道，从而增加长海的水位，而熊猫海集水区的森林比例高，对降水有很大的缓冲和积蓄作用，使得相当一部分水分滞留在坡地和森林凋落物层，不进入湖泊，或是进入湖泊有相当长的滞后期。

5.3 九寨—黄龙景区森林生态系统水源涵养效益评价

按照科学性、可操作性及灵敏性原则，应用系统科学上的结构功能理论构建九寨—黄龙核心景区森林水源涵养功能的评价指标体系，使用指标区间化方法进行九寨—黄龙核心景区森林生态系统水源涵养效益评价。这对于九寨—黄龙景区管理、森林植被恢复和景区可持续发展有重要的指导意义。

5.3.1 森林植被类型的分类

按照《中国植被》和《四川植被》的植被分类原则和系统（中国植被编辑委员会，1995；四川植被协作组，1980），配合野外调查数据，整理出170多个样地资料，参照《四川九寨沟国家级自然保护区综合科学考察报告》和《四川黄龙自然保护区综合科学考察报告》，对九寨沟和黄龙区域的森林植被进行划分。

5.3.1.1 九寨沟保护区植被类型

九寨沟的植被类型主要包括针叶林（寒温性针叶林、温性针叶林）、温性针阔混交林、落叶阔叶林、灌丛（常绿针叶灌丛、常绿革叶灌丛、落叶阔叶灌丛）、草甸、沼泽植被、竹林和高山流石滩稀疏植被。

5.3.1.2 黄龙保护区植被类型

黄龙保护区的植被类型主要包括针叶林、落叶阔叶林、灌丛、草甸和高山流石滩植被。

5.3.2 森林水源涵养评价指标体系

5.3.2.1 指标体系构建原则、思路和方法

在构建森林水源涵养功能评价指标体系时需要考虑科学性、可操作性及灵敏性原则。应用系统科学的结构功能理论来构建森林水源涵养功能的评价指标体系。以森林生态学和系统论为基础，采用复合结构功能指标法，整合国内外森林健康和水源涵养林研究新成果，结合九寨—黄龙地区自然条件和森林植被的具体情况，选取了以云杉、冷杉为主的暗针叶林，以云杉、冷杉和桦木为主的针阔叶混交林，以白桦、辽东栎为主的落叶阔叶林以及灌丛等为研究对象，进行实例评价分析。

5.3.2.2 指标体系的构建

根据上述指标体系的构建原则、思路和方法，在系统分析和整合国内外现有研究成果的基础上，用复合结构功能指标法，采用层次分析法，对影响森林水源涵养功能的5个指标，即单位面积蒸腾量、林冠截留率、生物蓄水量、地被物有效拦蓄量、土壤最大持水量（图5-28），根据其重要程度进行层次分析，并赋以相应的权重（邢韶华等，2009）。

$$水源涵养指标 = \begin{cases} 单位面积蒸腾量 \\ 林冠截留率 \\ 生物蓄水量 \\ 地被物有效拦蓄量 \\ 土壤最大持水量 \end{cases}$$

图5-28 水源涵养指标

5.3.3 森林水源涵养效益评价

5.3.3.1 森林生态系统水分分配特征

(1) 不同植被类型的降水量

通过 SWAT2000 模拟的降水量空间分布来看（图 5-29），不同森林类型的逐月降水量基本无差异，全年降水量也在 540 mm 左右，说明地区降水的空间分布主要受地形、风向等地理因素的影响，而与森林的组成结构无关联。

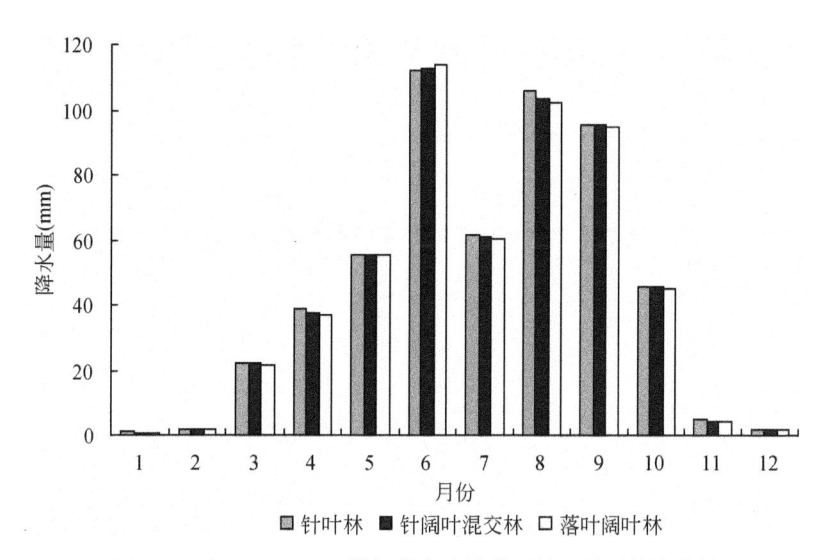

图 5-29 经 SWAT2000 模拟的各森林类型的逐月平均降水量

(2) 不同植被类型的蒸散量

树木长期适应环境变化，在蒸散等生理上形成了对环境的适应机制。在整个生长季，植物蒸腾速率既有日变化，又有季变化。一天中树木蒸腾率变化曲线呈单峰形或双峰形，即早晨和傍晚低，中午前后达到高峰；季节变化也是呈单峰形或双峰形，树种间平均蒸腾速率不同，一般是阔叶树种大于针叶树种。利用热脉冲技术（TDP）测定树木边材液流速率，结合被测部位边材液流能量，即单木整株耗水速率，忽略树木自身同化作用固定的水分及其他非树冠蒸腾作用消耗的水分（通常不足 5%），由此计算的单木耗水速率即为整株树冠的蒸腾耗水速率。这一方法从根本上消除了叶室法和离体称重法在非真态测定环境条件下测定结果与真值的偏差，以及取样误差和尺度扩展过程中所造成的严重偏差。

从各植被类型的蒸散量来看（表 5-17），针叶林和针阔叶混交林的蒸散量最大，分别为 88.5 mm/a 和 78.8 mm/a，各植被类型年蒸散量的大小顺序是：针叶林＞针阔叶混交林＞落叶阔叶林。结合面积因素，九寨—黄龙地区针叶林年蒸散量为 5565.759 万 t，针阔叶混交林年蒸散量为 3214.023 万 t，落叶阔叶林年蒸散量为 5938.747 万 t。逐月蒸发在 5 月和 7 月出现两个高峰。

表 5-17　不同森林类型的蒸散量

样地	平均降水量（mm）	蒸散总量（mm）	蒸散量占降水量（%）	单位面积蒸散量 [t/（hm²·a）]	蒸散量（万t）
针叶林	545.44	88.5	16.23	885	5565.759
针阔叶混交林	541.24	78.8	14.56	788	3214.023
落叶阔叶林	538.96	61.3	11.37	613	5938.747

（3）不同植被类型的截留量

通过测定各植被类型的冬季林冠降雪截留量，发现针叶林林冠截留量平均为35.17%、针阔叶混交林为33.09%，落叶阔叶林为21.28%。在夏季落叶阔叶林具有全盛叶面积时，其林冠截留量与针叶林大致相当，但由于九寨—黄龙区域生长季短，落叶树种展叶迟而落叶早，因此，总体截留量很低。而针叶林则不受季节的影响，都具有较好的林冠截留能力，因此，其林冠截留量位居首位，针阔叶混交林截留量居中（表5-18）。

表 5-18　不同森林类型的林冠截留量

植被类型	降水形态	降水量（mm）	林冠截留量 mm	林冠截留量 %	林冠截留量 万m³	穿透水量 mm	穿透水量 %	穿透水量 万m³
针叶林	雨	659.6	233.22	35.36	1466.72	426.38	64.64	2681.5
针叶林	雪	92.99*	31.46	33.83	197.85	61.53	66.17	386.96
针叶林	合计	752.59	264.68	35.17	1664.57	487.91	64.83	3068.46
针阔叶混交林	雨	541.24	186.2	34.40	759.45	355.1	65.60	1448.35
针阔叶混交林	雪	90.23*	22.78	25.25	92.91	67.45	74.75	275.11
针阔叶混交林	合计	631.47	208.98	33.09	852.36	422.55	66.92	1723.46
落叶阔叶林	雨	547.76	122.52	22.37	1186.97	425.24	77.63	4119.73
落叶阔叶林	雪	85.63*	12.24	14.29	118.58	73.39	85.71	711.0
落叶阔叶林	合计	633.39	134.76	21.28	1305.55	498.63	78.72	4830.73

*降雪量已换算成水的体积

雪密度（g/cm³）变化范围很大。新降雪的密度可小至0.004g/cm³左右。但雪中夹雹时密度可达0.91，一般新雪的密度为0.07~0.15g/cm³，平均为0.10g/cm³。所以为了将雪深正确折算成降水量，测雪深的雨量站可按下列方法寻求雪深折算为降水量的关系。自然积雪的密度为0.2~0.5 g/cm³，下雪时的温度在-2℃内，10 cm深的雪对应1 cm的水深（10 mm雨），即它与雨水的密度比例大约是10:1。

由表5-18可知，针叶林在雨季林冠截留量为1466.72万t，冬季林冠截留量为197.85万t（已换算成水的体积）；全年针叶林林冠截留量为1664.57万t，穿透水量为3068.46万t。针阔叶混交林雨季林冠截留量为759.45万t，冬季林冠截留量为92.91万t；全年林冠截留量为852.36万t，全年穿透水量为1723.46万t。落叶阔叶林雨季林冠截留量为1186.97万t，冬季林冠截留量为118.58万t；全年林冠截留量为1305.55万t，全年穿透水量为 4830.73 万 t。

（4）不同植被类型的含水量

A. 植被的生物储水量

据统计，保护区内针阔叶混交林单位面积上的生物量最大，达 376.9 t/hm²（表 5-19），而针叶林略低于前者。根据实地调查发现，区域内针叶林主要分为两种类型，一种是原生性针叶林，它们林龄很大，多在 300 年以上，生物量蓄积量也很高，往往达到 1000 t/hm²；另一种则为人工针叶林，由于大多是近十几年新造，林龄普遍很小，生物量也很低，多为 50 t/hm² 左右。但这类林分也占有相当比例，因而针叶林的平均生物量并非最大。

表 5-19 不同植被的生物量与生物储水量

植被类型	平均生物量（t/hm²）	最大生物量（t/hm²）	最低生物量（t/hm²）	总生物量（万 t）	平均含水量（%）	蓄水率（t/hm²）	蓄水量（万 t）
针叶林	356.67	1088.01	38.43	2243.095	31.23	111.388	700.519
针阔叶混交林	376.9	978.66	39.79	1537.266	35.29	133.008	542.501
落叶阔叶林	90.43	206.45	27.02	876.086	37.34	33.767	327.131

从平均含水量来看，其大小顺序是：落叶阔叶林＞针阔叶混交林＞针叶林，其结果与其他研究结果大致吻合。各植被类型单位面积生物量乘以各自的平均含水量得其蓄水率，蓄水率的大小顺序为针阔叶混交林＞针叶林＞落叶阔叶林，落叶阔叶林虽含水量高，但其林分生物量低，因此蓄水率较低。各植被类型的蓄水率再乘以各自的面积则得到总的蓄水量，大小顺序为针叶林＞针阔叶混交林＞落叶阔叶林。

B. 地被物含水量

苔藓层和枯落物层有着十分重要的蓄水功能。研究表明，森林中苔藓层的自然含水率约为自身重量的 3 倍，最大持水率为 5~8 倍。灌丛苔藓自然含水率约为自身重量的 1.5 倍，最大持水率为 3 倍左右。

枯落物层的自然含水率在各种森林中大致相当，约为自身重量的 70%；最大持水率在针阔叶混交林和落叶阔叶林中约为 200%，而在针叶林中则为 148%，这主要是针叶凋落物吸收水能力往往较阔叶凋落物差的缘故。

经测定（见地被物层的水文效应），九寨沟原始林林下苔藓层的有效拦蓄量为 8.31 t/hm²，枯落物层有效拦蓄量为 23.82 t/hm²，地被物层有效拦蓄量合计为 32.13 t/hm²；而黄龙的暗针叶林苔藓层和枯落物层有效拦蓄量分别为 7.05 t/hm² 和 22.64 t/hm²，合计为 29.69 t/hm²。由此推算，九寨沟和黄龙地区针叶林地被物的有效拦蓄量合计为 188.67 万 t。针阔叶混交林苔藓层有效拦蓄量为 6.22 t/hm²，枯落物层有效拦蓄量为 20.01 t/hm²，地被物层合计有效拦蓄量为 106.985 万 t。以白桦和辽东栎为主的落叶阔叶林林下苔藓层有效拦蓄量为 2.02 t/hm²，枯落物层有效拦蓄量为 15.65 t/hm²，地被物层有效拦蓄量合计为 17.67 t/hm²。由此推算九寨—黄龙地区落叶阔叶林地被物有效拦蓄量为 171.187 万 t。

C. 土壤含水量

从不同类型植被的土壤含水量来看，各类型土壤的自然含水率多为 20%~35%，而最大持水率则可达到自身重量的 2~3 倍。各类型土壤层平均以 0.4 m 计算，针叶林、针阔叶混交林和落叶阔叶林土壤单位面积含水量都在 1000 t/hm² 以上；针叶林和针阔叶混交林的最大持水量都在 2 万 t/hm² 以上，落叶阔叶林土壤的最大持水量也都在 1.2 万 t/hm² 以上。

计算面积后，保护区内落叶阔叶林的自然蓄水量位居各植被类型蓄水量之首，这主要是由于区内落叶阔叶林的面积远远大于针叶林和针阔叶混交林的面积。

针叶林土壤 0~20 cm 层最大蓄水量为 1119.8 t/hm²，20~40 cm 层最大蓄水量为 888.6 t/hm²，由此计算九寨—黄龙地区针叶林林下土壤最大蓄水量为 12 630.81 万 t（按土壤厚度 40 cm 计算，下同）。

针阔叶混交林土壤 0~20 cm 层最大蓄水量为 1325.6 t/hm²，20~40 cm 层最大蓄水量为 1202 t/hm²，针阔叶混交林土壤层合计最大蓄水量为 10 309.35 万 t。

落叶阔叶林土壤层最大蓄水量为 21 674.01 万 t。

D. 森林生态系统水分分配

将各类型森林的水分蒸腾量、截留量、生物含水量、地被物含水量和土壤含水量逐项累加，得出针叶林累计水分消耗量为 23 768.416 万 t，针阔叶混交林为 17 377.819 万 t，落叶阔叶林为 36 681.66 万 t（表 5-20），这与各类型森林当年所获降水量分别有 10 534.264 万 t、4697.79 万 t 和 15 532.81 万 t 的差距，表明这一部分水量是通过地下渗流的方式出流。

表 5-20　各植被类型的水量分配表　　　　　　　　　　　　（单位：m³）

植被类型	降水量	蒸腾量	截留量	生物含水量	地被物含水量	土壤含水量
针叶林	34 302.68	8 583.847	1 664.57	700.519	188.67	12 630.81
针阔混交林	22 075.61	5 566.623	852.36	542.501	106.985	10 309.35
落叶阔叶林	52 214.47	13 203.782	1 305.55	327.131	171.187	21 674.01

5.3.3.2　森林水源涵养功能评价

灰色系统理论是以分析和确定因素间的相互影响程度或因子对主行为的贡献程度而进行评估的一种分析方法，根据因素之间的相似或相异程度来衡量因素间接近的程度。本研究采用指标区间化方法对这 5 个不同量纲的水源涵养指标数据（表 5-21）进行处理，得到的指标在 0~1 变化（表 5-22），并用灰色关联系数法求得各对应点的关联系数和关联度。

表 5-21　不同森林类型水源涵养指标

指标	单位面积蒸腾量 [t/（hm²·a）]	林冠截留率 （%）	生物蓄水量 （t/hm²）	地被物有效拦蓄量 （t/hm²）	土壤最大持水量 （t/hm²）
针叶林	885	35.17	111.388	32.13	2 008.4
针阔叶混交林	788	33.09	133.008	26.23	2 527.6
落叶阔叶林	613	21.28	33.767	17.67	2 237.2

表 5-22　不同森林类型水源涵养功能指标区间化结果

指标	单位面积蒸腾量	林冠截留率	生物蓄水量	地被物有效拦蓄量	土壤最大持水量
针叶林	1.000	1.000	0.782	1.000	0.000
针阔叶混交林	0.643	0.850	1.000	0.592	1.000
落叶阔叶林	0.000	0.000	0.000	0.000	0.441

如前所述，通过层次分析法得到各指标的权重，即单位面积蒸腾量 0.07，林冠截留率 0.30，生物蓄水量 0.05，地被物有效拦蓄量 0.35，土壤最大持水量 0.23。用各自权重乘以各项指标灰色关联系数并累加，便得出不同森林类型水源涵养功能的灰色关联度评价值（表 5-23）。

表 5-23　不同森林类型水源涵养功能指标的灰色关联系数与关联度

指标	单位面积蒸腾量	林冠截留率	生物蓄水量	地被物有效拦蓄量	土壤最大持水量	关联度
针叶林	1.000	1.000	0.697	1.000	0.333	0.831
针阔混交林	0.583	0.770	1.000	0.551	1.000	0.744
落叶阔叶林	0.333	0.333	0.333	0.333	0.472	0.365

由此得出各森林水源涵养功能的总体评价，地带性植被针叶林的水源涵养效益为最佳，其次为针阔叶混交林和落叶阔叶林。这与群落顺向演替的方向一致，说明随着植被演替的前进，其林分的水源涵养效益在不断增加。

第6章 九寨—黄龙核心景区旅游的环境容量研究

生态环境是人类赖以生存和发展的基础,也是旅游业发展与兴衰的关键。由于世界遗产地(无论是自然遗产还是文化遗产)往往与旅游业的发展关系密切,因此,保护好遗产地的生态环境就成为人们关注的一个普遍话题。印开蒲和鄢和琳(2003)认为,作为旅游环境的重要组成部分——生态环境,主要是针对生态旅游这一中心事物而提出的,是生态旅游发展的基础。其着眼点在于保护资源与环境,以求可持续发展。另外,旅游的环境容量又具有有限性的特征,这是指在某一时期、某种状态或条件下,某一生态旅游地环境的现存状态和结构组合不发生对当代人(包括旅游者和当地居民)及未来人有害变化(如环境美学价值的损减、生态系统的破坏等过程)的前提下,在一定时期内旅游地所能承受的旅游者数量是有限的,如果超出了极限值即视为"超载",长此以往就会导致生态旅游环境系统的破坏(印开蒲和鄢和琳,2003)。在实际规划和管理中,人们往往是追求一个"最佳容量",即能够保障旅游目的地生态系统的正常运行,也能够获得满意的经济效益和社会效益。因此,旅游环境是指包含社会、经济和自然环境在内的复合系统,对其容量的评估也不能仅仅采取单一的经济指标或者生态指标。本章从九寨—黄龙景区旅游业发展现状的诊断入手,以磷在人为干扰条件下的动态变化特征为切入点,将环境容量和服务容量结合,综合分析九寨—黄龙景区的旅游承载力,以期为遗产地的保护和管理提供必要的理论依据。

6.1 九寨—黄龙核心景区现状诊断

6.1.1 旅游经济与环境保护现状

6.1.1.1 生态旅游规模

从1984年黄龙和九寨沟正式对外接待游客到现在,随着知名度的提升,游客数量从最初的每年几万人次到现在的超过100万人次,特别是从1996年起游客数量的增长极为迅速。由于黄龙景区的钙华池景观具有季节性,从11月至翌年4月几近干枯,旅游天数较九寨沟短,游客人次大约是九寨沟的70%。2007年九寨沟和黄龙两地当年接待游客达到416.56万人次(表6-1),门票收入接近8亿元。

表 6-1　九寨沟和黄龙近年旅游人数统计表

地点	2001 年	2002 年	2003 年	2004 年	2005 年	2006 年	2007 年
九寨沟人数（人次/a）	1 190 000	1 220 000	1 070 000	1 870 687	2 010 500	2 187 000	2 521 800
黄龙人数（人次/a）	827 500	873 100	754 306	1 367 151	1 391 200	1 498 600	1 643 800

6.1.1.2　旅游设施

旅游经济的发展带动了基础设施和环保设施的建设。在交通方面，过去 10 年中完成了川主寺—九寨沟的公路升级改造，在全国率先建成了第一条生态环保型示范路。九黄公路环线加宽改造工程已顺利完工。九寨沟黄龙机场的建成通航，打通了阿坝旅游的空中走廊。投资 32 亿元的都汶路，投资 17 亿元的郎川路等 20 多个基础设施项目相继启动。虽然这些道路在汶川大地震期间有所毁坏，但灾后重建之后，基础设施的条件和标准都得到了更大提高。在电力通信方面，伴随牧区电网二期工程、城网改造工程、移动通信工程的顺利扩容，改变了沿线城镇、集镇、旅游景区的缺电历史，实现了都江堰至川主寺交通干线 95% 的移动通信覆盖，川主寺至九寨沟交通干线 100% 的移动通信覆盖。环保设施方面，在九寨—黄龙景区以及旅游集镇实施了清洁能源工程，日处理能力 38 000 t 的九寨沟彭丰火地坝和黄龙景区污水处理厂，日处理能力 400 t 的九寨沟县和松潘县垃圾处理厂，以及日供水 30 600 t 的九寨沟县城永乐自来水厂和日供水 37 700 t 的九寨沟县漳扎镇自来水厂、黄龙景区自来水厂都已建成投产。

在景区建设方面，九寨沟风景名胜区已经完成了诺日朗旅游服务中心建设，实施了景区内 38 km 公路的整治工程和景区综合整治工程，在景区内经营性建筑拆迁面积达 10 万 m^2；完成了景区、沟口和粪便处理场的绿化工程，绿化面积达 5.1 万 m^2。景区可进入性、旅游容纳能力得到进一步提升。在黄龙景区通过完善旅游服务设施，实现了景区接待档次的升级。同时，通过改善川主寺至黄龙道路，解决了景区进入的交通瓶颈问题；建立了移动通信机站，安装了程控电话，接入了宽带网，景区通信实现无缝覆盖；架设了川主寺至黄龙的高架电线，实现电网并网；对景区栈道进行了改扩建，修建了杜鹃林休息站，建立了免费氧吧 5 个；修建了集餐饮、商贸、休闲、科普、娱乐于一体的游客服务中心，建设了黄龙电子门票门禁系统。据统计，阿坝州于 2001~2004 年共引进外资 27.6 亿元，参与景区开发和旅游接待设施建设，旅游资源稳步向资本转变。喜来登、金陵等一批国际水准的知名酒店管理公司相继进入，带来了一流的管理经验。

6.1.1.3　环境保护现状

九寨沟和黄龙景区在旅游开发活动中注重保护生态环境。自 2000 年后，九寨沟逐步实行的环境保护措施包括：景区景点周围修建观光栈道，栈道以少量桩基接触土壤，避免游客对森林土壤的践踏，同时也方便了游客观光；在需要汽车运输的景区，采用尾气排放达到欧标Ⅲ的康明斯汽车，以减少空气污染的可能性；将景区内村寨迁出，实施退耕还林，采取买断牲畜，停止了所有农业和畜牧业生产活动；取消了景区内的餐饮、宾馆等服务设施，游客不在景区内住宿；对游客的行为进行严格的规范，如禁止吸烟、不乱扔垃圾、不触摸湖水等；装配活动厕所，将排泄物运出景区处理；职工食堂和游客食堂集中，每日将餐饮废水运出景区处理；针对地质灾害如泥石流和滑坡等实施工程治理。

自 2001 年以来，黄龙管理局对景区环境保护的投入约 3000 万元，购置了消防车、消防设备、景区全程监控设备、垃圾车等设施，兴建了垃圾处理场、污水处理厂，改扩建了景区栈道，完善了标志标牌，架设了排污管道，引进了生态环保型厕所。开展景区固体垃圾废弃物处置工程，先后两次对风景区的燃料结构进行调整。先由烧柴烧煤改为烧炭，继而改为烧油、烧气和用电。燃料结构的改变，减少了生活垃圾产生量，大大减轻了对环境的污染，对风景的环境保护产生了深远影响。目前，景区餐饮企业全部使用清洁能源，并完成了油烟、烟尘治理任务，排放达标。在核心景区外建设了污水、垃圾处理厂，对景区污水和垃圾进行无害化处理。景区污水通过排污管道运出景区进行无害化处理，避免景区水源遭到污染。景区全面引进生态环保厕所，并实行专人保洁，进行清理、消毒、除臭。景区环卫实行流动保洁，分段包干，旺季时每 100 m 一名环卫人员，淡季时 300 m 一名环卫人员。坚持垃圾日产日清制度，设置垃圾分类回收箱，避免了垃圾的交叉污染，达到垃圾回收再利用的目的。粪便打包运出景区，统一运到垃圾处理场进行集中和无害化处理，使景区游览环境保持干净、整洁、清爽、舒适。加大景区外停车场、广场、游人中心等游人集中地方的流动保洁力度，增加人员，努力做到游人丢一个垃圾，工作人员就清理一个垃圾，切实为游客创造洁净、优美的旅游环境。景区餐饮企业污水排放通过管道运送到景区外 6 km 处进行无害化处理，垃圾每日由垃圾车运到垃圾场进行无害化处理，使整个餐饮、购物环境整洁。开展植被恢复和泥石流治理工程，恢复公路沿线植被，治理山洪灾害和山体滑坡，使游览环境更加优化。建立工程建设环境监测管理制度，把工程对自然环境的影响和损失降到最低。

6.1.2 生态环境问题的诊断

6.1.2.1 核心景区的生态位置

九寨沟核心景区与九寨沟自然保护区的边缘区是重合的。一方面，边缘区从面积比率上仅占保护区很小一部分，人类活动对九寨沟自然保护区生态系统的干扰是十分有限的。另一方面，尽管边缘区范围面积狭小，但地理位置上处于流域或子集水区的汇水区部位，集中了自然保护区绝大部分水体，位置上具有作为生态水循环环节上的主要物质构成部分和特定空间分布的双重属性，它极大地影响或支配着自然保护区各类生境的空间分布、动物栖息地和活动范围，是九寨沟自然保护区生态系统的命脉所在。

对于旅游活动的开展，一种意见是鉴于这一地带在生态功能上的重要性，应该采取保守的方法，即避开这一地域，只在缓冲区范围内开展旅游活动。另一种意见则是，考虑到生态系统的调节能力和本地居民可能对环境造成干扰的现状，提出兼顾经济发展和环境保护的思路，主张在严格执行环境保护措施条件下开发边缘区极具价值的旅游资源，采取以发展促进环保的策略。

以上分析说明，在边缘区内开展的旅游活动对整个自然保护区生态系统的干扰或损害不可能以快速和大幅度的方式发生；但是，在人类活动和生态系统的其他组成部分长时期共存的局面下,若处理不当,边缘区这一生态敏感地带的环境有可能被破坏,并由此引发整个自然保护区生态系统的损伤。

6.1.2.2 生态环境问题

旅游活动对生态系统的干扰或破坏问题,可从生态系统的生物组分和非生物组分两个方面入手进行诊断。生物组分有陆生动植物、水生动植物和微生物,九寨沟和黄龙涉及的问题还是生物多样性保护这一主题,可能的方向包括以下几方面。

1)人类活动对动物活动通道、迁徙、取食以及栖息地的影响;为满足旅游服务的需要和增加旅游收入,增加旅游设施建设,使生物生存空间减少并使生境条件改变。

2)外来物种入侵问题。

3)稀有或特有物种丧失问题;野生动物遭人的捕猎或捕捉。

4)植被破坏问题;不合理的开发行为危及植物生存;旅游路线两侧的林、灌、草植被遭游人践踏、折损、采摘、摇曳、刻画损伤甚至砍伐。

通过对生物组分本底、生态立地条件、历史变迁、干扰现状、累积效应以及与人类活动关系的调查与分析,可以诊断出旅游活动对生物组分的干扰,评估影响的程度和范围,达到调整旅游活动范围和密度,达到有效保护和管理景区生态系统的目的。

非生物组分包括土壤、水体、大气等方面。特定的环境问题包括以下几方面。

1)森林土壤遭践踏压实并导致壤中流径流路径改变,从而减少入湖水量。

2)废物排放到水体,加速水体的富营养化,破坏水质。

3)面源污染物,即由坡面降雨径流和由雨、雪和气溶胶等带来的大气沉降携带的营养物质成为九寨沟水体生态系统营养物的重要来源。旅游活动设施也可能成为高强度的营养物排放源。水体的富营养化,不但会降低水体的透明度,还会导致水体生物群落的变化,使少数种类的生物量剧增,破坏整个水体生态系统的平衡,从而最终损害生态系统的健康。

九寨—黄龙景区的生态资源和旅游资源均以水为核心,水量和水质扮演着"生态水"和"旅游水"的重要角色。但景区内的水体流量不大,流速总体平缓,自净能力有限,目标功能区级别很高,旅游活动对其干扰较为直接。从近十几年发生的生态变化来看,水环境的变异度居于当首,是景区生态环境中最为脆弱的部分。水资源的变化既与旅游发展及其相关产业引起的下垫面变化导致的水文循环改变有关,又与旅游活动造成的水污染状况有关。因此,依据最低量定律,九寨—黄龙景区的生态系统非生物组分中,水环境容量是其限制因子,也是旅游经济可持续发展的瓶颈。

由于在过去的十年中九寨沟和黄龙景区十分注重生态环境的保护,核心景区内已基本无人为点源排放,目前存在的潜在污染源主要包括以下几类。

1)经由降雨径流从坡面进入湖泊的污染物。

2)经由雨水降落湖面直接带进湖泊的污染物。

3)经由降雨径流从公路和栈道进入湖泊的污染物。

6.2 九寨—黄龙核心景区生态环境容量研究

6.2.1 生态环境容量测算的基本思路

奥伦威德（Vollenweider）总结OECD（联合国经济合作与发展组织）的研究成果指出，80%的水库和湖泊的富营养化是受磷元素制约。因此，可以选择总磷（TP）作为评价因子，从旅游活动和自然状态下污染物排放的识别（污染物排放方式）开始，通过模型建立，分别估计各类面源TP年均排放负荷和总负荷，并建立输入强度与环境（湖泊）响应（湖泊的TP平衡浓度）的关系；在此基础上确定环境目标下湖泊水体可容纳的污染负荷，进一步建立湖泊水体的容许纳污量与游客人数的关系，对旅游区基于TP的生态环境容量给出估计，达到为旅游规划提供管理信息的目的。以各环节顺序连接，构成体系，并以GIS作为空间数据管理、生成和操纵的平台。

6.2.1.1 水陆对应关系的确立

进入湖泊的TP负荷来自环绕水体的陆地范围和垂直空间。因此，首要的工作是划分出包含湖泊的子集水区，同时从水文学角度对湖泊水体进行概化，建立起明确的水陆对应关系。在子集水区内，按照所采用模型的需要，进一步细分出自然属性较一致的基本计算单元。这部分工作借助GIS技术来完成。

6.2.1.2 坡面非点源总磷的入湖负荷

在划定的单个子集水区中，将由坡面输入湖泊中的总磷（TP）分为两大类：一是随泥沙一起输送到湖泊中的吸附态总磷；二是溶解态总磷，这是随坡面径流输送到湖泊中的部分。通常的做法是对这两部分排放负荷分别进行估计，然后再汇总统计。坡面非点源TP负荷预测模型包括以下几类。

1) 采用SCS曲线数方程模拟坡面降雨径流量，在此基础上再采用营养物迁移模型模拟出由径流带出的TP负荷。

2) 采用USLE（通用土壤流失方程）模拟坡面泥沙排放负荷，在此基础上再采用营养物迁移模型模拟出吸附于泥沙中带出的TP负荷。

3) 旅游设施（公路和栈道）TP入湖负荷：在一定密度下的旅游活动会在公路（运输汽车）和栈道（游人行走）上留下污染物，通过降雨冲刷，可由径流带入湖泊。通过降雨径流场试验获取TP单位排放系数，建立估算模型，对这部分污染负荷作出估计。

4) 雨水直接带入的TP负荷。

5) 水道带入湖泊的TP负荷。

6) 水体TP平衡浓度及容许负荷。采用OECD推荐的磷负荷模型预测该种输入强度下湖泊水体的稳态平衡浓度，并以环境目标浓度推算允许进入湖泊的TP负荷。通过污染源解析，确定现状条件下可分配给公路和栈道的排放负荷。

7）基于 TP 控制的旅游活动容量。通过对旅游设施建设规模和游客人数之间相关关系的研究，建立旅游设施规模和游客人数的相关关系经验方程，由可增加的旅游设施确定可增加的游客人数。由旅游设施单位面积排放负荷与可分配给旅游设施的总排放负荷可以知道能够增加的旅游设施面积，从而能够粗略推知旅游景区可容纳游客的最大值，并以此作为景区对游客人数的生态环境容量。

6.2.2 生态环境容量测算的方法

6.2.2.1 基于 GIS 的基础数据库构建

(1) GIS 的软硬件环境

九寨沟和黄龙流域基础数据库及数字高程模型，在自备 ARC/INFO 工作平台上完成。ARC/INFO 由美国环境系统研究所（Environment System Research Institute，ESRI）提供，包含 ARC、INFO、AML、ADS、ARCEDIT、ARCPLOT、TABLES、TIN、GIRD、COGO、LIBARIAN 和 NETWORK 等主要模块，能与 25 种不同系统的数据格式相互交换，如 IGES、GFF/DIME、DXF 以及 GRID 等。

(2) 基础数据库的建立

A. 基础数据的收集和整理

基础数据包括图形资料，各类统计资料和实验数据。使用的图形资料包括：①1∶50 000 流域地图，共 12 张，分别为九寨沟和黄龙沟。分层提取出地形等高线（按 10 m 等高距）和流域边界。②1∶50 000 核心景区水体和旅游设施实测图，从中提取湖泊水面面积、栈道和公路长度数据。③1∶50 000 流域土壤图，包括九寨沟和黄龙沟的土壤种类和图斑分布，由四川省地质矿产勘查开发局提供，成图时间为 1999 年。④1∶50 000 流域植被图，包括九寨沟和黄龙沟的植被种类和图斑分布，由四川省地矿局提供，成图时间为 1999 年。

统计资料包括：①松潘县气象站代表年（1982 年）逐日降水数据记录，由松潘县气象局提供。②九寨沟扎如寺气象站 2003～2005 年逐日降水数据记录，由九寨沟管理局提供。实验数据包括：①流域各类土地利用类型降雨径流 TP 浓度，为实测数据。②流域坡面径流泥沙吸附 TP 浓度，为实测数据。

B. 数值高程模型

用 TIN 模块分别对九寨沟和黄龙沟流域建立数字地面模型。TIN 是一组软件程序，在 ARC/INFO 中用来管理和分析三维表面。TIN 代表不规则三角网（triangulated irregular network），它是一组相邻的不相交三角形，用来描述表面的小面积。TIN 的结构是由一组不规则的空间点建立，这些点具有 X、Y 坐标和 Z 值，如高程或地下深度。由于 TIN 的数据结构包括了点和与其最相邻点的拓扑关系，它可以高效率地产生各种各样的表面模型。

TIN 与 ARC/INFO 的其他部分相结合，为地形或其他地表类型提供数据转换、模型化和显示能力。本研究以九寨沟和黄龙沟 1∶50 000 地形图的高程值为 Z 值，应用 TIN 模块建立 DEM（数字高程模型）。DEM 建成后，可以方便地计算坡度、坡向、体积、表面长和剖面，并生成河网和山脊线以及泰森多边形。建立的九寨沟和黄龙沟流域的基础空间数据库包括流域边界、子集水区边界、水系、土壤和土地利用类型等空间信息。

6.2.2.2 湖泊水体水文学概化

(1) 子集水区和水文响应单元

A. 流域划分

基于栅格数字高程模型 DEM，实现对山脊线和河网的提取，自动划分出流域边界和子集水区。子集水区与重点研究的湖泊和河道建立水陆对应关系。考虑研究重点，依据水体的水文特征对九寨沟主要海子进行概化，共划分出 6 个工作子集水区（表6-2）。黄龙沟自五彩池以下至沟口段概化为水道，其属于季节性流水，不存在富营养化问题；五彩池终年集水，单独划分出来作为湖泊考虑（表6-3）。

表6-2　九寨沟流域子集水区划分

水文学概化	长海子区	天鹅海子区	箭竹海子区	五花海子区	镜海子区	老虎海子区
描述	长海	天鹅海	箭竹海、熊猫海	五花海	镜海	犀牛海、老虎海
编号	I	II	III	IV	V	VI
子区面积（hm²）	3297.75	30.31	1275.16	519.50	421.70	318.13
湖泊面积（hm²）	96.95	1.37	26.50	9.56	26.95	19.59

表6-3　黄龙沟流域子集水区划分

水文学概化	五彩池子区	中寺小区
描述	长海	所有水体
编号	I	II
子区面积（hm²）	1346.92	508.37
湖泊面积（hm²）	1.36	无

B. 水文响应单元

在等高线图上叠置了土壤类型图、植被类型图和土地利用类型图后，按地形、土壤、植被和土地利用方式单一的原则划分出基本计算单元。在 1∶50 000 尺度上，旅游设施和土地利用类型不便表达，只有坡度、植被和土壤三种类型。由于坡度变化是影响降雨径流的主要因素之一，氮磷污染物负荷与土地利用类型之间也存在较为密切的相互关系。因此，在非点源污染负荷模型中以坡度作为主控因子来划分次级单元小区，即在子流域中划分出不同的坡度分区，再划分出林地、灌木地、草甸、流石滩，再依据土壤类型作进一步划分。

C. 栅格单元

划分后的小区在 GIS 中以栅格单元 100 m × 100 m 进行网格化细分，将每个网格视为一个非点源污染源，按每个栅格单元赋以相应的模型参数并进行求算。划分顺序如下：流域范围——子集水区——水文响应单元——栅格单元。

(2) 数据编码

空间数据的地理编码是地理信息系统设计的重要技术步骤。空间编码代表现实世界与信息世界的界面。编码采用统一格式，从非点源模型参数要求出发，建立了分类编码（表6-4）。在各子集水区内，按照土地利用类型（植被类型）和土壤类型单一的原则，划分出HRU（水文响应单元），以此作为所有计算的基本单元。各子集水区HRU数目统计编码为子集水区编码+土地利用类型和土壤类型组合及编码+数目编码（阿拉伯数字）。例如，Ⅱ2B1表示草海子区第一个水文响应单元，其中土地利用为针叶林，土壤为亚高山草甸土。

表6-4 九寨沟土地利用类型和土壤类型组合及编码

土壤及编码	土地利用及编码				
	灌木1	针叶林2	阔叶林3	高山草甸4	裸岩5
山地暗棕壤土A	1A	2A	3A	4A	5A
亚高山草甸土B	1B	2B	3B	4B	5B
高山草甸土C	1C	2C	3C	4C	5C
高山寒漠土D	1D	2D	3D	4D	5D
山地褐色土E	1E	2E	3E	4E	5E
山地棕壤土F	1F	2F	3F	4F	5F

结合统计资料和实验数据，生成了各子集水区的水文响应单元、土壤类型图层、植被类型图层、坡度和坡向图层，为进行坡面径流和泥沙携带污染物负荷的模拟奠定基础。

6.2.2.3 坡面径流场

径流小区是子集水区的物理模型。理论上讲，可以通过在径流小区内同步监测降雨径流的水量和水质，以小区的污染物单位负荷量估算整个子集水区的污染物负荷量。但是，非点源污染是一种间歇发生的、随机性和不确定性很强的复杂过程，其产流和产沙过程受到雨型和下垫面不同状况的影响，仅以小区研究代替大区域，污染负荷的计算精度不高，也不利于了解污染的地域差异。显然，采用模型模拟预测才是正确的方式。USLE（通用土壤流失方程）模型和SCS（美国农业部水土保持局）曲线数法能够模拟多年平均水平意义上的产流产沙结果，但是这毕竟是一种统计模型，由原产地确定的作用参数值在应用于异地时不一定适合。在采用坡面USLE模型和SCS曲线数法对工作区泥沙携带污染物和坡面径流溶解态污染物进行确定时，有两种方式可循：一是利用径流小区试验重新确定参数值；二是利用径流小区验证模型预测出泥沙产量和径流深度是否在可允许的波动范围内。采取第二种方法设计径流小区，同时获取泥沙和径流中的污染物浓度，并通过污染物负荷模型计算得出排放负荷。

为反映不同土地利用对非点源污染贡献的大小，提高估算精度，径流小区按源类型布设，即在地形、土地利用类型、土壤类型分布的基础上布设径流小区（表6-5）。

表 6-5　九寨沟径流小区设置一览表

编号	地点	植被	土壤	面积（m²）	用途
1	五花海西坡	阔叶林	山地棕壤土	10	实测土壤侵蚀量，径流深
2	草海西坡	针叶林	山地暗棕壤土	10	径流 TP 浓度，土壤样品
3	箭竹海南坡	灌木	亚高山草甸土	10	径流 TP 浓度，土壤样品
4	老虎海北坡	草甸	高山草甸土	10	径流 TP 浓度，土壤样品
5	镜海东坡	针叶林	山地褐色土	10	径流 TP 浓度，土壤样品
6	长海西坡顶	裸岩	高山寒漠土	10	径流 TP 浓度，土壤样品

在景区设置径流小区的方法是：将 2 mm 厚度的铁皮剪裁成 10～12 cm 宽度的铁皮条带，用铁皮在所选定的坡地围成 8～10 m² 的矩形区域，铁皮埋入土壤下 4～5 cm，用胶泥在铁皮周围夯实遮严，防止坡面降雨径流漏失。在矩形区域下方设置汇水口，使降雨径流被收集到容量筒中。1 号径流场采取了严格的水量水质同步监测，以便用于对泥沙、径流和营养物负荷模拟数据的验证，其余径流场仅在降雨后收集径流样本，用于不同土地利用类型径流和泥沙中 TP 浓度的确定。在各径流试验场范围采集土壤样品，送检测定土壤中 TP 含量，以便与径流中泥沙 TP 含量对比，确定 TP 富集系数。

6.2.2.4　公路和栈道人工降雨径流场

(1) 采用人工降雨的目的

为对九寨沟和黄龙核心景区旅游设施（主要为公路和栈道）年 TP 排放负荷作出估算，需要对公路和栈道上降雨径流的水质水量进行同步监测，以获取必要的基础数据。由于降雨的时间随机性很强，很难获得及时的现场数据，在实测时采用了人工降雨的方法进行研究。人工降雨具有操作灵活和易于控制的优点，可用较少的次数获得所需的大量野外数据。同时，通过对降雨径流过程、径流浓度过程和累计负荷过程的研究，可确定出公路和栈道的单位排污系数。监测的数据包括人工降雨的降雨量、各时段径流量以及各时段径流中的 TP 浓度。

(2) 人工降雨的设计

A. 人工降雨雨强设计

根据美国学者 Schuler 的观点，污染物的平均浓度可由当地的暴雨资料获取。在对九寨沟长系列逐日降雨资料的频率分析基础上，选取在九寨沟三年一遇的暴雨雨强 6.75 mm/h 作为人工降雨设计依据。

B. 人工降雨器

采用洒水壶人工洒水，在空间分布上保证洒水均匀，最大限度接近实际降雨的状况，并保证洒水过程在规定的时间内是连续的。对洒水的总水量进行量测和统计，以便计算径流系数。

C. 径流试验场

由于人工洒水能够控制的面积较小，同时在人流不息和车辆繁忙的旅游区也不具备进行大面积径流试验的条件，监测中选择使用了较小的径流试验场面积。在九寨沟景区内共设 6 个监测点，其中栈道选择长海、五花海和老虎海；公路选择树正寨、镜海和长海，各监测点的面积均为 40 m²。对于栈道，选择适当地点，在木质栈道下底面铺设防水油布，使径流小区的所有径流能够汇入油布形成的"池子"中，并在油布悬垂低点开孔，通过密封垫圈安置引流橡胶软管，橡胶软管接入小塑料盆之中。自径流开始产生起，每隔设计的时间间隔（3 min），用干净的小塑料盆替换已引流进水的小塑料盆一次，将小塑料盆中的水用量筒称量，混匀后取 TP 测试水样。对于公路，选择靠近公路排水沟并有微坡度的公路边缘带，采用高强力密封剂和高耐磨磁带圈出试验小区范围，在靠排水沟一面铺设防水油布，防水油布下端聚拢，构成小区汇水出流通道，用安放在排水沟中的广口大塑料瓶承接引流出的径流水。自径流开始产生起，每隔设计的时间间隔（3 min），用干净的广口大塑料瓶替换已引流进水的广口大塑料瓶一次，将广口大塑料瓶中的水用量筒称量，混匀后取 TP 测试水样。在各小区监测结束时，得到一套包括时间段、径流量、TP 浓度值、雨强和径流小区面积的资料。各栈道和公路人工降雨试验场均按 6.75 mm/h 雨强，进行 0~30 min 连续降雨。

6.2.3 坡面总磷排放负荷

由坡面面源排入湖泊中的总磷分为两大类。一类是由泥沙携带输送到湖泊的吸附态总磷；另一类是随地表径流输送到湖泊中的溶解态总磷。坡面非点源污染预测模型包括三部分：①降雨径流模型和泥沙流失模型，模拟降雨径流量和泥沙污染物排放量；②泥沙迁移模型，模拟泥沙迁移量；③营养物迁移模型，模拟营养物迁移量。

6.2.3.1 坡面降雨径流计算

(1) SCS 曲线数方程

曲线数方程是美国水土保持局通过对全美小流域降雨-径流关系 20 多年来研究资料积累的总结，属于经验方程，在 20 世纪 50 年代问世后就已广泛应用。SCS 曲线数方程为

$$Q_{\text{surf}} = \frac{(P_{\text{day}} - I_a)^2}{(P_{\text{day}} - I_a + S)} \tag{6-1}$$

式中，Q_{surf} 为降雨径流量或净雨量（mm）；P_{day} 为日降雨量（雨深）（mm）；I_a 为流域初损量，包括因填洼、截留、下渗和蒸发等降雨量的减少（mm）；S 为流域滞留参数（mm）。

$$S = 25.4 \left(\frac{1000}{\text{CN}} - 10 \right) \tag{6-2}$$

式中，CN 为日曲线数。流域初损量 I_a 与土地利用、管理和土壤湿度临时改变等因素有关，与流域滞留参数 S 呈正比例关系，美国水土保持局提出的最适合比例系数为 $0.2S$，由此，式 (6-1) 变成：

$$Q_{\text{surf}} = \frac{(P - 0.2S)^2}{(P + 0.8S)} \quad P \geq 0.2S \tag{6-3}$$

式中，P 为单场降雨的降雨量（雨深）（mm）。

(2) 产流参数 CN 的确定

在 SCS 产流计算方法［式 (6-2) 和式 (6-3)］中，曲线数 CN 是唯一待定参数，它是水文分组（根据各种土壤下渗和蓄水能力大小分为 4 个组）、土地利用类型和前期影响雨量的函数。美国水土保持局已按前期土壤平均湿度状况，针对不同的渗透性、植被类型

和土壤类型，按5%坡度条件总结出了 CN_2 值。依据九寨沟土壤水文学特性和植被特征的相关资料分析，相关的 CN_2 值列于表6-6。

表6-6 适用于九寨—黄龙一般森林、草甸覆盖情况的 CN_2 值表

植被类型	水文条件	水文学土壤分类			
		A	B	C	D
森林	枯枝落叶层、林下植被完全毁坏	45	66	77	83
	枯枝落叶层、林下植被少量毁坏	36	60	73	79
	枯枝落叶层、林下植被完好，覆盖土壤充分	30	55	70	77
灌木为主混生野草	地面覆盖 <50%	48	67	77	83
	地面覆盖 50%~75%	35	56	70	77
	地面覆盖 >75%	30	48	65	73
草甸	未放牧草地，冬季枯萎	30	58	71	78
流石滩	地面覆盖 <50%	68	79	86	89
	地面覆盖 50%~75%	49	69	79	84
	地面覆盖 >75%	39	61	74	80

水文学土壤分类是基于土壤的渗透性划分的，它说明在类似暴雨和覆盖条件下，类似的土壤具有类似的径流潜力。A型的渗透系数为 7.6~11.4 cm/h，土壤主要由深厚的、易于大量排水的砂和砾石组成，在完全湿润时有很高的下渗率，地表径流形成能力很低。B型的渗透系数为 3.8~7.6 cm/h，土壤质地是由中等细到中等粗粒，沙粒含量少于A型，这类土壤在完全湿润时的产流能力属于中等。C型的渗透系数为 1.3~3.8 cm/h，土层较浅，存在有阻碍水向下运动的土层。土壤质地细到中粒，含有相当数量的黏土和胶粒。在完全湿润时产流能力较强。D型的渗透系数为 0~1.3 cm/h，主要为含有高膨胀性的黏性土壤，在靠近表面有黏土盘或黏土层，以及其他在几乎不透水物质上的浅层土壤。在完全湿润时产流能力最强。

根据九寨沟和黄龙土壤样品粒度检测数据，沙粒含量较高，这与灰岩、泥灰岩分布区寒冻风化条件有关。两个区域的土壤水文组可以近似为B组类型，小面积分布的高山寒漠土则属于A组类型。

一块土地的径流曲线数取决于水文学土壤分类和土壤前期湿度类型。土壤前期湿度类型依据一场降雨前5天降水总量统计数据查表获得（表6-7）。

表6-7 前期湿度类型确定表

前期湿度类型（AMC）	前5天降水总量（cm）	
	冬眠期12月至翌年3月	生长期4~11月
CN_1	<1.3	<3.6
CN_2	1.3~2.8	3.6~5.3
CN_3	>2.8	>5.3

SCS 定义的前期水分状况 AMC 为 Ⅰ——干（枯萎点）；Ⅱ——一般湿度；Ⅲ——很湿。在由美国农业部土壤保持局提出的 CN 表中查找并确定适用所研究流域的 CN 值，若 AMC Ⅱ 的 CN 已知，条件 AMC Ⅰ 和 AMC Ⅲ 相应的曲线数可以根据以下的公式计算而得

$$CN_1 = \frac{CN_2}{2.334 - 0.01334 CN_2} \quad (6-4)$$

$$CN_3 = \frac{CN_2}{0.4036 + 0.0059 CN_2} \quad (6-5)$$

依据一年的逐场降雨观测资料，按时间顺序排序，按照前 5 天是否有降水及降水量大小，迭次计算前五天降水总量。九寨沟和黄龙各场降雨土壤前期湿润程度大部分为 AMC Ⅲ，经计算出的 CN_3 值为 69～77。为进行 CN 值的校验，进行了 1 场降雨的径流小区观察，该场降雨从 2005 年 7 月 1 日延续到 7 月 6 日，降雨量 30 mm。该场降雨之前 5 日累计降水量有 18 mm，试验发现计算的 CN 值比实际的 CN 值偏大（表 6-8）。

表 6-8　九寨沟径流小区径流量验证表

编号	地点	植被	土壤	降雨时间（日/月/年）	实测值（L）	计算值（L）	误差
1	五花海西坡	阔叶林	山地棕壤土	01/07/2005	5.37	17.47	12.1
3	箭竹海南坡	灌木	亚高山草甸土	01/07/2005	2.65	4.24	1.59
4	老虎海北坡	草甸	高山草甸土	01/07/2005	1.13	2.42	1.29

当雨量大、雨强小、历时长时，计算的径流量会大于实际径流量，此时的 CN 值应该取值小一些。参照实际径流量在 Excel 中人工调整 CN 值直到计算径流量和实际径流量相符合为止。所调整的 CN 值大约是计算的 CN 值的 86%。

（3）子集水区径流总量计算

在研究中，应用 GIS 将土壤类型及分布、流域的子流域边界及土地利用类型等图层叠加，生成若干个子集水区的水文响应单元，每个水文单元只有一种土壤类型和土地利用类型，由程序控制自动检索出每一个水文响应单元在给定土壤类型和土地利用类型下的 CN_2 值。同时，根据前 5 天累计降水量的大小，确定 AMC 类型，对查算的 CN_2 进行修整。修正后的 CN 值再按照实测检验的数据进行校正。子集水区径流总量的计算是基于各子集水区内划分出的具有相对一致的土壤和植被的水文响应单元。在 CN 值确定后，由式（6-2）计算逐次降雨的相应 S 值，再由式（6-3）计算各场降雨的径流深。以一年内逐次求算的单场暴雨净雨量 Q_{surf} 逐次相加，乘上各水文响应单元面积，得到各水文响应单元的年径流量，把各水文响应单元年径流量相加，得到子集水区年总径流量。

$$V = 100 \sum_{i=1}^{n} A_i Q_i \quad (6-6)$$

式中，V 为子集水区年径流量（m³）；A_i 为第 i 水文响应单元的面积（hm²）；Q_i 为第 i 水文响应单元的年净雨量（cm）；n 为水文响应单元的数目。

选取九寨沟气象站 2003 年和松潘气象站 1982 年作为代表年，对逐日降雨资料进行 CN 值计算。在九寨沟全年的 59 场降雨中，只有 14 场降雨可能产生径流，产生径流的降

雨总量占全年降雨量的59%；在黄龙全年的58场降雨中，有23场可产生径流，产生径流的降雨总量占全年降雨量的80%。并由式（6-2）、式（6-3）、式（6-6）获得各子集水区年径流量数据（表6-9和表6-10）。

表6-9 九寨沟各子集水区年径流量模拟成果

项目	子区					
	长海子区	天鹅海子区	箭竹海子区	五花海子区	镜海子区	老虎海子区
水文响应单元总面积（hm²）	3 297.75	30.31	1 275.16	519.50	421.70	318.13
年径流量（m³/a）	837 428	3 657	236 571	87 657	78 542	89 285

表6-10 黄龙沟各子集水区年径流量模拟成果

项目	子区	
	五彩池子区	中寺子区
水文响应单元总面积（hm²）	1 346.92	508.37
计算的年径流量（m³/a）	243 420	未作
实际入湖的年径流量（m³/a）	24 342	

由实地观察（图6-1），五彩池因钙华堤阻挡，坡面地表径流大部分沿主沟从右侧水道流走，汇入五彩池的地表径流微乎其微。经一次降雨地表径流流量的实测数据估计，进入五彩池的地表径流约为总量的10%。

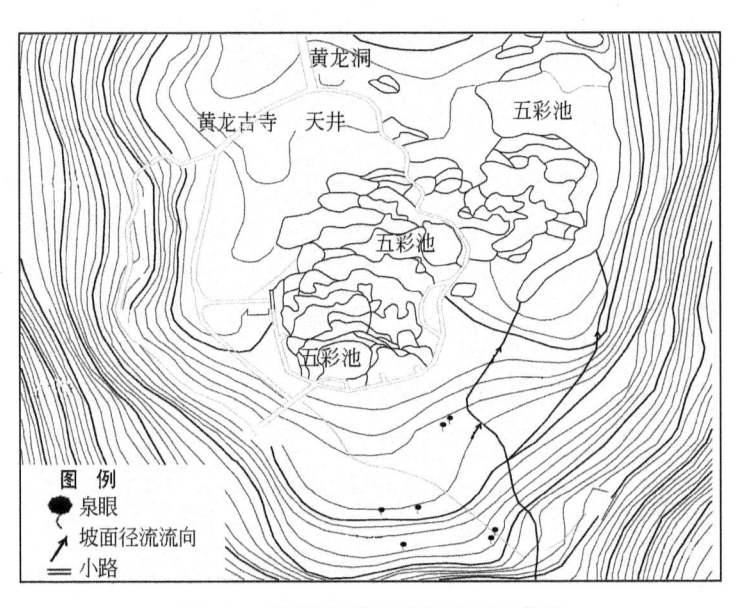

图6-1 五彩池钙华堤实地观测示意图

6.2.3.2 溶解态总磷迁移负荷

以子集水区为单位按式（6-7）计算：

$$Ld = 0.001 \sum_{j=1}^{m} C_{dj} \sum_{i=1}^{n} V_{ji} \tag{6-7}$$

式中，Ld 为子流域降雨径流中的溶解态污染物负荷（kg）；C_{dj} 为第 j 类土地利用类型中降雨径流污染物浓度（mg/L）；V_{ji} 为第 j 类土地利用类型的第 i 单元小区降雨径流量（m³）；m 为土地利用类型数目；n 为水文响应单元数目。径流中 TP 的浓度与土地利用类型有关。对流域内不同土地利用类型样区坡面径流进行水质采样，进行了 3 次以上的采样分析，得出不同样区溶解态 TP 平均浓度值（表 6-11），依据检测到的 TP 浓度乘以各子区径流量得到溶解态 TP 排放负荷（表 6-12 和表 6-13）。

表 6-11 径流中溶解态 TP 浓度实测平均值

单元小区类型	灌木	针叶林	阔叶林	高山草甸	裸岩
TP 平均浓度（mg/L）	0.032	0.034	0.031	0.05	0.045

表 6-12 九寨沟各子区溶解态 TP 排放负荷

水文学概化	长海子区	天鹅海子区	箭竹海子区	五花海子区	镜海子区	老虎海子区
径流 TP 入湖量（kg/a）	29.31	0.128	8.28	3.067	2.749	3.125

表 6-13 黄龙沟各子区溶解态 TP 排放负荷

水文学概化	五彩池子区	中寺子区
径流 TP 入湖量（kg/a）	0.608	无

6.2.3.3 土壤流失量计算

土壤侵蚀与非点源污染是一对密不可分的共生现象。不但土壤侵蚀所带来的泥沙本身就是一种非点源污染物，可以使湖泊底泥增加，降低湖泊的观赏价值；而且泥沙（尤其是 <0.001 mm 的黏粒）是氮、磷等营养物的携带者，给受纳水体水质带来富营养化的不良影响。本次计算采用《湖泊富营养化调查规范》（金相灿，1990）上所给出的 USLE 表达式：

$$X = 1.29E \times K \times \mathrm{LS} \times P \times C \tag{6-8}$$

式中，X 为土壤流失量 [t/(hm²·a)]；E 为降雨径流侵蚀指数；K 为土壤侵蚀因子（t/hm²）；LS 为地形因子；P 为侵蚀控制因子；C 为植被覆盖因子。

土壤侵蚀量的估计是以集水小区中划分出的水文响应单元为基础进行的。在 GIS 平台上，各水文响应单元又被划分成若干栅格单元，并对因子图层分别赋值。每个栅格单元上的 USLE 表达为

$$X_i = 1.29 E_i \times K_i \times \mathrm{LS}_i C_i \times P_i \tag{6-9}$$

式中，i 为栅格单元小区数目指数。

集水小区泥沙的总侵蚀量 W 计算式为

$$W = \sum_{i=1}^{m} X_i A_i \tag{6-10}$$

式中，X_i 为各栅格单元潜在侵蚀量；A_i 为各栅格单元面积；m 为各栅格单元数目。

（1）降雨径流侵蚀指数 E

$$E = \sum_{i=1}^{12} E_i \tag{6-11}$$

$$E_i = 1.735 \times 10^{\left(1.5 \times \lg \frac{P_i^2}{P} - 0.8188\right)} \tag{6-12}$$

式中，E_i 为第 i 月降雨径流侵蚀指数值；E 为全年降雨径流侵蚀指数值；i 为月份数指数；P_i 为第 i 月降雨量（mm）；P 为年降雨量（mm）。

由于九寨沟和黄龙流域面积相对较小，在确定多年平均意义上的各月和年均降雨量数据时，九寨沟各子集水区内降雨量以扎如寺气象站多年逐月降雨资料的平均值为准；黄龙参照代表年 1983 年逐月降雨资料。表 6-14 和表 6-15 给出了九寨沟和黄龙的降雨径流侵蚀指数计算结果。

表 6-14　九寨沟降雨径流侵蚀指数

项目	月份												
	1	2	3	4	5	6	7	8	9	10	11	12
月平均	15	24	36	43	87	96	104	82	76	53.2	26	18
年平均	660.2										
E_i	0.05	0.21	0.72	1.23	10.21	13.71	17.35	8.55	6.81	2.33	0.27	0.09
E	61.53										

表 6-15　黄龙降雨径流侵蚀指数

项目	月份												
	1	2	3	4	5	6	7	8	9	10	11	12
2000 年	10.3	7.9	39.9	95.0	56.6	132	83.8	132	93.4	62.9	19.5	0.7
2001 年	10.6	8.2	43.7	73.8	89.8	85.1	72.1	88.6	143	69.3	11.6	4.3
2002 年	13.6	4.6	40.9	66.0	67.7	107	87.6	43.3	47.3	64.7	14.9	3.3
2003 年	5.1	25	35.2	66.5	109	76.1	92.2	159	64.0	63.3	11.9	7.8
月平均	9.9	11.4	39.9	75.32	80.77	100	83.9	105	86.9	65.0	14.47	4.02
年平均	677.75										
E_i	0.01	0.022	0.952	6.383	7.852	14.9	8.68	17.26	9.784	4.17	0.005	0
E	70.0525										

（2）土壤侵蚀因子 K

$$K = 7.594\left\{0.0034 + 0.0405\exp\left[-\frac{1}{2}\left(\frac{\lg(\mathrm{Dg}) + 1.659}{0.7101}\right)^2\right]\right\} \tag{6-13}$$

$$\mathrm{Dg} = \exp\left(0.01\sum_{i=1}^{n} f_i \ln m_i\right) \tag{6-14}$$

式中，Dg 为几何平均粒径（mm）；f_i 为主要粒径的百分数；m_i 为该类粒径上下限值的算术平均值。通过对九寨沟和黄龙各土壤类型的粒度组成实测，获得各土壤类型的 K 值（表

6-16 和表 6-17）。

表 6-16 九寨沟土壤侵蚀因子计算成果表

土壤	2~0.05 mm（%）	0.05~0.002 mm（%）	<0.002 mm（%）	几何平均粒径 Dg（mm）	几何平均粒径对数值 lg（Dg）	K $\frac{t}{acre} \cdot \frac{acre-hr}{tf-inch}$
山地褐色土	48.75	22.50	28.75	0.0611	-1.301	0.2785
黄土	43.75	25.00	31.25	0.0468	-1.329	0.3020
山地棕壤土	47.25	25.00	27.75	0.0598	-1.223	0.2807
山地暗棕壤土	53.75	25.00	21.25	0.0938	-1.027	0.2331
亚高山草甸土	61.25	20.00	18.75	0.1339	-0.870	0.1925
高山草甸土	63.25	25.00	11.75	0.1811	-0.801	0.1594
高山寒漠土	72.50	17.50	10.00	0.2693	-0.570	0.1206

表 6-17 黄龙沟土壤侵蚀因子计算成果表

土壤	2~0.05 mm（%）	0.05~0.002 mm（%）	<0.002 mm（%）	几何平均粒径 Dg（mm）	几何平均粒径对数值 lg（Dg）	K $\frac{t}{acre} \cdot \frac{acre-hr}{tf-inch}$
山地褐色土	43.75	27.00	29.25	0.0500	-1.300	0.2966
山地棕壤土	47.25	25.00	27.75	0.0597	-1.223	0.2806
山地暗棕壤土	56.75	25.00	18.25	0.1154	-0.937	0.2094
亚高山草甸土	61.25	22.00	16.75	0.1430	-0.844	0.1851
高山草甸土	61.50	25.00	13.50	0.1604	-0.794	0.1724
高山寒漠土	73.75	11.25	15.0	0.2396	-0.620	0.1313

（3）地形因子 LS

计算公式为

$$\mathrm{LS} = (0.045L)^m (65.41\sin^2\theta + 4.56\sin\theta + 0.065) \tag{6-15}$$

式中，L 为坡长（m）；θ 为坡度角；m 为坡度指数。m 的现行推荐值如下：

$$m = \begin{cases} 0.5 & S \geqslant 5\% \\ 0.4 & 3\% < S < 5\% \\ 0.3 & 1\% < S < 3\% \\ 0.2 & S < 1\% \end{cases}$$

式中，

$$S = 65.41\sin^2\theta + 4.56\sin\theta + 0.065 \tag{6-16}$$

在 GIS 平台，LS 是通过 IDRISI 的空间分析模块来完成。首先，打开地形图数据库，读取小流域地面高程等值线图；然后，将等高线图转换为栅格图像；再借助空间分析功能，用表面内标原理计算等值线之间的栅格单元高程值。栅格单元高程值形成的方法是对每个未知高度值的栅格单元，依次对各个方向（沿该栅格单元所在列，所在行及对角线方向）穿越该栅格单元制作断面,选取断面坡度最大方向作为内插计算高程的方向,并将计算的高程作为该栅格单元的记录值。这一最大坡度作为栅格单元的坡度记录值。将最大坡度的朝向,以标准方位角表示作为描述栅格单元坡向记录值。运用式（6-16）计算栅格单元的坡度因子 S 值。采用 $L = (0.045l_i/\cos\theta)^m$ 计算坡长（l_i 为栅格单元中最大坡度断面线长；θ 为栅格单元坡度；m 为坡度指数）。将因子值 S 与 L 相乘得各栅格单元 LS 值及相应的 LS 图。

（4）植被覆盖因子 C

C 值是在相同条件下的一定时间内,生长植被的小区与连续休耕小区的土壤流失量之比,反映植被对侵蚀的影响。C 值为 0~1,植被预防侵蚀的效果越好,C 值越小。国内趋向于采用植被覆盖率来确定 C 值,即不同的植被类型和不同的植被覆盖率下 C 值不同。同时,同一类型植被冠层覆盖率不同,即使在相同的植被总覆盖率情况下,C 值也不同。九寨—黄龙地区由于森林保护,植被覆盖率逐年增加,各类植被覆盖率年内变化不大；但是,草甸在冬季枯萎,初春萌发；林木在冬季进入生长消停期,其冠层覆盖度变化很大,特别是落叶阔叶林。因此,影响 C 值的因子包括各类植被冠层覆盖率。参照烟台市拟定的 C 值表和 USLE 的 C 值表（表 6-18 和表 6-19）,各栅格单元的 C 值取值范围为 0.01~0.015。

表 6-18　参照 C 值表

冠层类型	冠层覆盖率（%）	地表覆盖率（%）					
		0	20	40	60	80	100
没有明显冠层	0	0.45	0.20	0.10	0.042	0.013	0.003
较高的草丛或低灌丛（低于 50 cm）	25	0.36	0.17	0.09	0.038	0.013	0.003
	50	0.26	0.13	0.07	0.035	0.012	0.003
	75	0.17	0.10	0.06	0.032	0.011	0.003
灌木（约 200 cm）	25	0.36	0.17	0.09	0.038	0.013	0.003
	50	0.26	0.13	0.07	0.035	0.012	0.003
	75	0.28	0.14	0.08	0.036	0.012	0.003
树木（平均高度 400 cm）	25	0.42	0.19	0.10	0.041	0.013	0.003
	50	0.39	0.18	0.09	0.040	0.013	0.003
	75	0.36	0.17	0.09	0.039	0.012	0.003

表 6-19　USLE 中的 C 值表

植被类型	植被覆盖度（%）					
	0	20	40	60	80	100
草地	0.45	0.24	0.15	0.09	0.043	0.011
灌木	0.40	0.22	0.14	0.085	0.04	0.011
乔灌木	0.39	0.020	0.11	0.06	0.027	0.007
森林	0.10	0.08	0.06	0.02	0.004	0.001
裸岩	1.0					

(5) 水土保持因子 P

目前，九寨—黄龙景区已无耕地存在，一切均为自然状态，故 P 值均取为 1。

6.2.3.4 泥沙入湖量计算

使用 USLE 计算的侵蚀量并不等于在一个子集水区出口处测得的泥沙量，它只是一个潜在的高地侵蚀量。高地侵蚀的泥沙要进入湖泊，还需要通过搬运过程。在这个过程中可发生填洼等再沉积而使实际进入湖泊的量减少。搬运到湖泊水体中的沉积物量等于单位面积土壤侵蚀量乘以侵蚀物搬运因子 R_i，对于每一子集水区或栅格地块单元，R_i 是由流域的特征因子决定的，表示为

$$R_i = \exp(-KS_{fi}L_{fi}) \tag{6-17}$$

式中，K 为土地覆盖系数；S_{fi} 为坡度函数；L_{fi} 为地块单元 i 到受纳水体的侵蚀物流经长度。于是，工作区土壤侵蚀物迁移进入受纳水体的年泥沙悬浮固体量为

$$Y = \sum_{i=1}^{n} X_i R_i \tag{6-18}$$

由于流域特征因子获取的困难性，采用以下两种方法之一来估计流入湖泊的泥沙量。

(1) 类比法

Owens 等（1997）应用 [137]Cs 法研究英国 Start 河流域时，假设流域总侵蚀量等于湖泊沉积量、田间沉积量及河漫滩储存量之和，认为农耕地上仅有 25% 的侵蚀量被输送出去，得到该研究流域的沙账为：土壤总侵蚀量为 80 t/(km²·a)，其中田间沉积量占总量的 26%、河漫滩沉积量占 38%、湖泊泥沙沉积量为 36%。史德明（1987）对三峡库区 48 711 km² 典型地区的研究得出其平均输沙率为 0.28。全流域泥沙流失量方程为

$$Y = \mathrm{Sd} \sum_{i=1}^{m} X_i A_i = \mathrm{Sd} \sum_{i=1}^{m} W_i \tag{6-19}$$

式中，Y 为流域年泥沙流失量（t/a）；Sd 为输沙率；X_i 为各栅格单元侵蚀系数 [t/(hm²·a)]；A_i 为各栅格单元面积（hm²）；W_i 为各栅格单元总侵蚀量（t/a）。

(2) 利用流域面积与输沙率的关系图获取泥沙流失率

在缺乏流域数据时，估计迁移率最简单的方法是根据 Sd-流域面积图（图 6-2）得出。

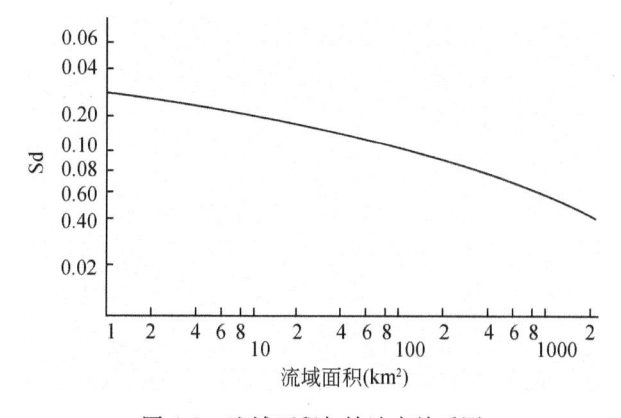

图 6-2 流域面积与输沙率关系图

为简易计算坡面泥沙之递移率,假设坡面泥沙主要是由坡面地表水带动,运移至渠道(长流水)而流失,所以集水区坡面上任一栅格点之泥沙递移率假设为流入该栅格点上游之地表水流长度和(Lu;Lu = $\sum L_i$,L_i 为上游地表水系流经第 i 个栅格的长度)与流经该格点之总地表水流长度(Lt)的比值(SDR = Lu/Lt;Lt = Lu + Ld;Ld 为格点至常流渠道之地表水流长度);即滨水区越靠近渠道之格点,其坡面冲蚀之泥沙越容易进入渠道,而增加河道泥沙产量,泥沙递移率越高。集水区坡面泥沙产量(Ys)可由集水区坡面土壤流失量(Am)与坡面泥沙递移率(SDR)之乘积(Ys = Am × SDR)来推算。有了迁移率就可以计算每个小区流失的输沙量。

$$Y = Sd \sum_{j=1}^{m} A_j X_j \tag{6-20}$$

式中,A_j 为 j 类源面积(hm²);X_j 为 j 类源的产生量[t/(hm²·a)];Sd 为泥沙流失率。各子流域泥沙释放率 Sd 值,本次计算利用上述流域面积与输沙率的关系图进行估计,由各子集水区面积数值查阅 Sd-流域面积图获得对 Sd 值的估计。

6.2.3.5 吸附态总磷负荷

以子集水区为单位按下式计算:

$$Ls = 0.001 \sum_{j=1}^{m} Cs_j \sum_{i=1}^{n} X_{ji} \tag{6-21}$$

式中,Ls 为子集水区吸附态污染物负荷[kg/(hm²·a)];Cs_j 为子集水区中第 j 类土地利用类型泥沙中污染物浓度(mg/kg);X_{ji} 为子流域中第 j 类土地利用类型的第 i 个单元泥沙入湖量[t/(hm²·a)];m 为土地利用类型数目;n 为某一土地利用类型中水文响应单元的数目。Cs_j 根据土壤中污染物含量用下式计算:

$$Cs_j = \eta C_i$$

式中,η 为污染物富集率;C_i 为土壤中污染物浓度。若 η 取 1,则 Cs = C_i。

根据九寨沟和黄龙流域内 12 个土壤采样点的土壤 TP 检测数据与相应径流泥沙中 TP 污染物的浓度比较,径流泥沙中 TP 浓度与土样测定浓度基本相同,故富积率 η = 1。各土壤类型 TP 含量值列于表 6-20。相应地,九寨沟和黄龙沟吸附态 TP 入湖量计算结果见表 6-21 和表 6-22。

表 6-20 各土壤类型 TP 含量值

土壤类型	山地褐色土	山地棕壤土	山地暗棕壤土	亚高山草甸土	高山草甸土	高山寒漠土
TP 平均浓度(mg/kg)	933	715	567	645	567	524

表 6-21 九寨沟各子集水区坡面泥沙携带 TP 负荷模拟结果

水文学概化	长海子区	天鹅海子区	箭竹海子区	五花海子区	镜海子区	老虎海子区
子区面积(hm²)	3 297.75	30.31	1 275.16	519.50	421.70	318.13
泥沙侵蚀量(kg/a)	828 394	8 253	346 843	177 722	161 089	98 619
泥沙入湖量(kg/a)	149 111	2 063	69 368	39 098	39 377	25 641
TP 入湖量(kg/a)	134.199	1.857	62.43	35.188	35.44	23.07

表 6-22　黄龙沟各子集水区坡面泥沙携带 TP 负荷模拟结果

水文学概化	五彩池子区	中寺子区
子区面积（hm²）	1 346.92	508.37
泥沙侵蚀量（kg/a）	365 284	
泥沙入湖量（kg/a）	54 792	
实际泥沙入湖量（kg/a）	5 479	
实际 TP 入湖量（kg/a）	※1.665	52.23

注：※为实际观察结果，大部分泥沙已由右侧水道冲走，进入池群的约占 10%。

6.2.4　雨水和支流总磷排放负荷

6.2.4.1　降雨直接带入湖泊的总磷负荷估计

经收集多场降雨雨水样本进行 TP 测定，获得 TP 浓度平均值为 1.2 mg/m³。采用下列公式估计由降雨带入湖泊的年 TP 负荷：

$$L_{雨} = 10^{-5} \times A \times P \times C \tag{6-22}$$

式中，$L_{雨}$ 为带入湖泊的 TP 负荷（kg/a）；A 为湖泊水面面积（m²）；P 为年降水总量（mm/a）；C 为雨水 TP 平均浓度（mg/m³）。计算结果列于表 6-23。

表 6-23　九寨沟和黄龙各子集水区雨水总磷负荷

水文学概化（子集水区）	长海	天鹅海	箭竹海	五花海	镜海	老虎海	黄龙五彩池
描述（位置）	仅长海	天鹅海	箭竹海、熊猫海	五花海	仅镜海	犀牛海、老虎海	仅五彩池
湖泊面积（hm²）	96.95	1.36	26.50	9.56	26.95	19.58	1.36
年降水量（mm/a）	660						690
雨水 TP 浓度（mg/m³）	1.2						
各子区 TP 负荷（kg/a）	0.767	0.010 7	0.209	0.075	0.213	0.155	0.011
TP 总负荷（kg/a）	1.429 7						0.011

6.2.4.2　支流带入湖泊的总磷负荷估计

由于各子集水区之间有水道连接，在考虑各子集水区湖泊水体年负荷总量时，还要纳入支流带入负荷。支流带入的 TP 负荷由支流年流入水量乘以 TP 平均浓度进行估计。经对各支流采取水样，分析获得 TP 的浓度较低，大部分由于超过检测下限而不能检出。综合拟定 0.005 mg/L 作为各支流 TP 平均浓度通用值。由实测获得的各支流流入湖泊的流率见表 6-24；各支流带入湖泊的总磷负荷计算数据列于表 6-25。

表 6-24　各子集水区支流流率实测表　　　　　　　单位：(m³/s)

位置	\multicolumn{12}{c}{月份}
	1	2	3	4	5	6	7	8	9	10	11	12
流入长海								2.78	2.78			
流入天鹅海	2.277	2.277	2.071	2.139	3.340					4.989	4.989	2.889
流入箭竹海	1.827	1.827	1.311	1.319	3.424			3.441	3.441	3.366	3.366	1.984
流入五花海	0.000	0.000	0.000	0.000	0.000			0.496	0.496	1.248	1.248	0.003
流入镜海	4.410	4.108	4.108	3.117	5.040			6.735	6.735	6.728	6.728	5.099
流入犀牛海	2.650	2.533	2.401	2.238	4.177			7.364	7.364	6.749	6.749	4.077
流入五彩池	0.034	0.032	0.029	0.034	0.057	0.087	0.98	0.1	0.89	0.79	0.61	0.47

表 6-25　各子集水区支流入湖总磷负荷

水文学概化（子集水区）	长海	天鹅海	箭竹海	五花海	镜海	老虎海	五彩池
流入水量（m³/a）	86 469 120	98 731 872	83 343 168	9 056 447	163 005 696	141 668 352	※303 948
平均浓度（mg/L）	\multicolumn{7}{c}{0.005}
支流负荷（t/a）	0.432	0.493 6	0.416	0.045	0.815	0.708	0.001 5

注：※ 为坡面泉眼流出总量的 15%

6.2.5　旅游设施总磷排放负荷及入湖总负荷

6.2.5.1　负荷排放过程分析

（1）径流过程

由各时间段测量的径流量除以时间间隔，得到径流率（表6-26）。以径流率为纵轴坐标，时间段为横轴坐标，分别绘制公路和栈道人工降雨径流过程图（图6-3和图6-4）。两幅图上共6个人工降雨径流场的径流过程线十分类似。

表 6-26　九寨沟公路和栈道降雨模拟实测径流数据

\multicolumn{2}{c	}{项目}	\multicolumn{11}{c}{时间（min）}
		3	6	9	12	15	18	21	24	27	30	33
树正寨公路	分组径流量（L）	0	0	0	9	17.3	17.8	18.0	17.8	18.1	17.6	2.4
	径流率（L/s）	0	0	0	0.05	0.096	0.099	0.1	0.099	0.1	0.098	0.013
镜海公路	分组径流量（L）	0	0	0	8.5	17.5	18.5	18	17.5	18.5	18.53	3
	径流率（L/s）	0	0	0	0.047	0.097	0.105	0.1	0.097	0.105	0.105	0.017
长海公路	分组径流量（L）	0	0	0	8.5	16.5	17.3	17.5	17.5	17.5	17	3.2
	径流率（L/s）	0	0	0	0.047	0.092	0.096	0.097	0.097	0.097	0.094	0.018
五花海栈道	分组径流量（L）	0	5	15	15	15	16	15	15	15	15	1
	径流率（L/s）	0	0.027	0.083	0.083	0.083	0.088	0.083	0.083	0.083	0.083	0.005

续表

项目		时间（min）									
		3	6	9	12	15	18	21	24	27	30	33
老虎海栈道	分组径流量（L）	0	5	14	15	15	15	15	14	15	14	1
	径流率（L/s）	0	0.027	0.077	0.083	0.083	0.083	0.083	0.077	0.083	0.077	0.005
长海栈道	分组径流量（L）	0	6	14	14	14	14	14.5	14.5	15	14.5	2
	径流率（L/s）	0	0.033	0.077	0.077	0.077	0.077	0.08	0.08	0.083	0.081	0.011

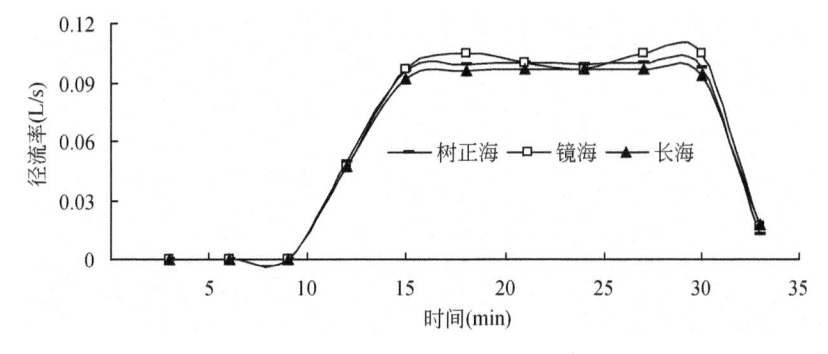

图 6-3　九寨沟公路人工降雨径流过程图

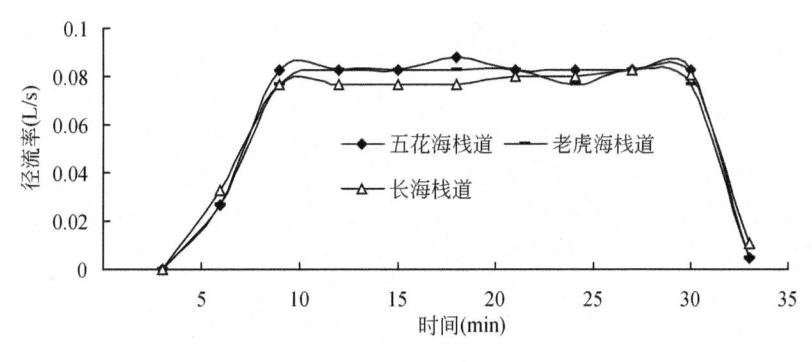

图 6-4　九寨沟栈道人工降雨径流过程图

1）初始损失。公路和栈道的径流除了具体的数据有所不同外，两者所体现的规律是一致的：在降雨的初期有一段时间没有形成径流。人工降雨的水由公路路面和栈道木板浸润吸收至饱和后方才有径流产生。公路是在 10 min 左右开始形成径流的，而栈道由于木板之间的空隙，有部分水漏出，所以形成径流的时间要短一些，在 5 min 左右。按 6.75 mm/h 计算，公路径流的初始损失有 1.125 mm 左右，栈道径流的初始损失有 0.54 mm 左右。

2）攀升期。从产生径流开始到径流率上升到最大，持续 5 min 左右。这个时期与初始冲刷浓度阶段相对应。

3）稳定期。径流率上升到最高以后，不再增加，保持在一个稳定的水平上，延续时间在 15 min（公路）或 20 min（栈道）。这个稳定的流率与不变的降雨强度和不变的集雨区面积是相匹配的。

4）衰减期。30 min 时停止了人工降雨，这时路面上的积水还会继续流向出水口，在 3 min 内，径流率逐渐降低至最大值的 10% 左右。

（2）浓度过程

在降雨径流过程的 30 min 内，分别在各个径流场按 3 min 间隔采集水质样品。室内采用钼酸铵分光光度法测定了 TP 浓度（表6-27）。以这些资料给出的各时间段浓度值为纵轴，时间为横轴作出浓度过程曲线（图6-5 和图6-6）。这些曲线表明浓度过程的几点特征。

表6-27　九寨沟公路和栈道实测 TP 浓度数据

项目		时间（min）									
		3	6	9	12	15	18	21	24	27	30	33
公路 TP 浓度（mg/L）	树正寨	0	0	0	0.4	0.15	0.11	0.12	0.12	0.13	0.10	0.12
	镜海	0	0	0	0.37	0.14	0.14	0.13	0.126	0.121	0.06	0.13
	长海	0	0	0	0.40	0.15	0.14	0.12	0.15	0.12	0.12	0.12
栈道 TP 浓度（mg/L）	五花海	0	0.67	0.28	0.19	0.17	0.15	0.16	0.16	0.15	0.15	0.14
	老虎海	0	0.46	0.23	0.18	0.18	0.17	0.16	0.16	0.16	0.15	0.15
	长海	0	0.55	0.24	0.18	0.16	0.16	0.16	0.15	0.15	0.15	0.14

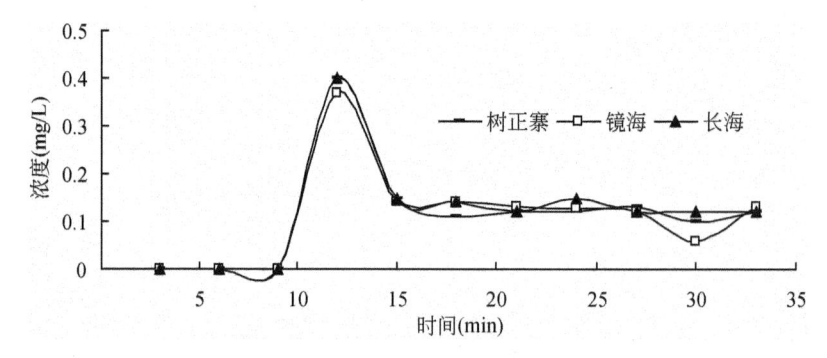

图6-5　九寨沟公路人工降雨 TP 浓度过程图

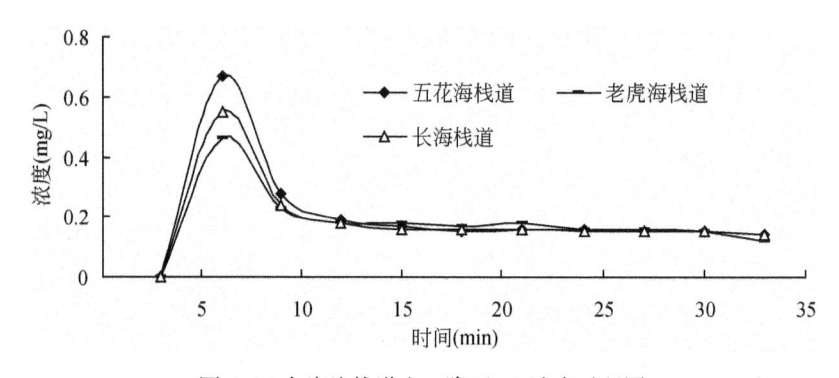

图6-6　九寨沟栈道人工降雨 TP 浓度过程图

1）初始冲刷浓度。各曲线均表明了一个显著而持续的"初始冲刷浓度"效应，即按照时间顺序在采集开始的几个水样 TP 浓度相对于后续的水样 TP 浓度具有抬升的现象。开始水样的 TP 浓度是后续水样 TP 浓度的 3~4 倍。这种初始浓度现象可能是吸附着高负荷污染物的自由尘泥移动的结果。这与一般文献上提出的污染物主要由尘泥吸附和搬运的观点是一致的。

2）衰减期。在 4~5 min 的时间段内，所有浓度过程曲线都表现出 TP 浓度逐渐地降低。这种减少可能是经 4 月一遇雨强初始冲击后，自由尘泥已经逐步移出路面的结果。此后，浓度过程曲线达到了一个均衡状态。

3）平台期。在 15~18 min 的时间段内，输出浓度是相对一致的。这意味着在这个阶段，相对自由的尘泥已绝大部分移出了路面。平台期表明特定雨强的冲刷力和污染物迁移阻力之间处于一种平衡，即被 4 月一遇的大雨能够冲刷移除的最大泥屑颗粒是限定的。浓度过程曲线表明，在人工降雨提供的初始 30 min 降雨事件中，污染物释放的多少不仅仅取决于污染源的源强，而且与能移动多少污染物的雨强有关。如果污染物的释放仅受控于源强，那么在 4 月一遇雨强的 30 min 降水条件下，看到的浓度过程曲线就是一条稳定的倾斜直线，这种倾斜与模拟期间污染物的逐步耗尽是一致的。但是没有观察到这种直线，观察到的是公路和栈道径流中污染物浓度随着时间的增长呈明显的平直趋势。

（3）累计负荷过程

根据径流过程和浓度过程的测量结果可以建立实验小区的累积负荷过程。对于第 i 种污染物，时刻 t（$t \geq 2$ min）的累计负荷计算公式如下：

$$L_{i,t} = L_{i,t-1} + C_t \times \Delta t \tag{6-23}$$

式中，$L_{i,t}$ 为 t 分钟时的累计负荷值（mg）；$L_{i,t-1}$ 为 $t-1$ 分钟时的累计负荷值（mg）；C_t 为第 t 时刻的实测浓度值（mg）；Δt 为时间间隔（min）。

表 6-28 给出了公路和栈道各试验场分时段负荷和累计负荷计算值，其中扣除了停止人工降雨后的时段。径流累计负荷过程曲线见图 6-7 和图 6-8。

表 6-28　九寨沟公路和栈道 TP 时段负荷和累计负荷数据

		负荷（mg）	时间（min）								
			3	6	9	12	15	18	21	24	27	30
公路	树正寨	负荷	0	0	0	3.6	2.6	1.96	2.16	2.14	2.35	1.76
		累积负荷	0	0	0	3.6	6.2	8.16	10.32	12.46	14.81	16.57
	镜海	负荷	0	0	0	3.14	2.45	2.59	2.34	2.2	2.24	1.1
		累积负荷	0	0	0	3.14	5.59	8.18	10.52	12.72	14.96	16.06
	长海	负荷	0	0	0	3.4	2.14	2.42	2.16	2.62	2.1	2.04
		累积负荷	0	0	0	3.4	5.54	7.96	10.12	12.74	14.84	16.88
栈道	五花海	负荷	0	3.35	4.2	2.85	2.55	2.4	2.4	2.4	2.25	2.25
		累积负荷	0	3.35	7.55	10.4	12.95	15.35	17.75	20.15	22.4	24.65
	老虎海	负荷	0	2.3	3.22	2.7	2.7	2.55	2.7	2.24	2.4	2.1
		累积负荷	0	2.3	5.52	8.22	10.92	13.47	16.17	18.41	20.81	22.91
	长海	负荷	0	3.3	3.36	2.52	2.24	2.24	2.32	2.2	2.25	2.17
		累积负荷	0	3.3	6.66	9.18	11.42	13.66	15.98	18.18	20.43	22.6

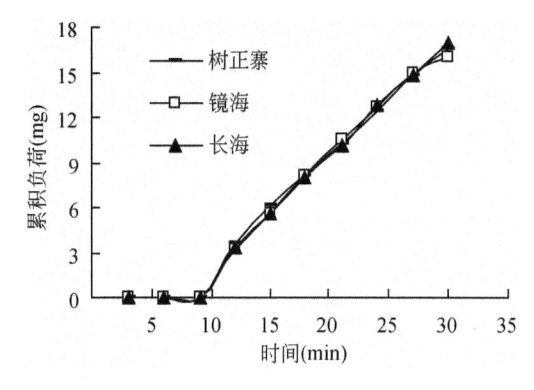

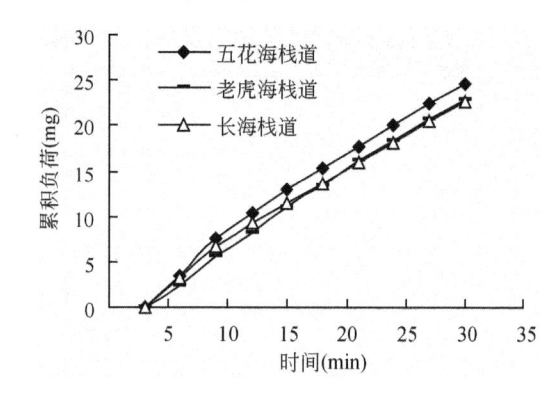

图 6-7　九寨沟公路人工降雨 TP 累积负荷曲线　　图 6-8　九寨沟栈道人工降雨 TP 累积负荷曲线

由雨强不变的各场人工降雨实验的累计负荷图有如下几点认识。

1) 负荷率。各负荷图均显示了一个接近常量的增加率。它揭示了各等时段上污染物负荷基本上是相同的。至少，在雨强不变的条件下，任何等时段上的任何污染物的质量负荷不会出现显著的峰值。浓度变化过程中的初始浓度很高，并不等于初始时段的负荷就很高，因为在初始浓度出现时段径流率尚低；反之，当进入浓度过程的衰减期和平台期，污染物浓度很低，但并不意味着污染物负荷就低，因为这两个时期较大的流率有效地补偿了较低的污染物输出浓度。

2) 相对负荷。栈道的累积负荷水平比公路稍微高些，这是因为栈道铺设有防滑铁丝栅格网，游客遗留的果皮、点心渣、口痰等不易清扫，而公路虽有汽车机油、汽油泄漏，轮胎摩擦碎屑脱落及携带物撒落，但路面平坦，便于清扫。在栈道之间或公路之间比较，累计负荷又有高低之分。3 个公路试验场中树正寨公路 TP 累计负荷偏高一点，3 个栈道试验场中，五花海栈道的累积负荷稍微偏高。依据实地观察，树正寨公路试验小区设在运输中转站，这里车辆停靠和游客较集中；五花海栈道游客较多，栈道又布设在较低凹的地形，明显地比老虎海和长海的栈道更脏。由此可以得到污染物负荷受到源强控制的明确结论。结合浓度过程曲线分析得出的雨强控制作用结论，可以认为，与一般的人工点源排放不同，人工点源（如工厂排放生产废水）排放污染物负荷仅受源强的控制，公路和栈道这类面源污染物排放过程中，驱动力是自然因素（降水），它的强度对污染物负荷的形成具有较大影响。公路和栈道污染物排放负荷受雨强和源强的共同制约。

6.2.5.2　旅游设施总磷排放负荷模型

(1) 传统的地表径流污染负荷模型

地表径流污染负荷是指由一场降雨或一年中的多场降雨引起的地表径流排放的污染物总量。按照流行的 EMC（事件平均浓度）概念，某种污染物的径流污染负荷采用地表径流量与该污染物浓度的乘积来表示，一年中多场降雨的污染物负荷之和即为年污染负荷：

$$L_y = \sum_{i=1}^{m}\sum_{j=1}^{n} C_{ij} V_{ij} \tag{6-24}$$

式中，L_y 为年污染负荷（g）；m 为全年的降雨次数；C_{ij} 为第 i 场降雨第 j 时间段的污染物的浓度（mg/L）；V_{ij} 为第 i 场降雨第 j 时间段中的径流体积（m³）；n 为第 i 场降雨时间分段数。

实际计算中常常采用基于年平均降雨量的径流量和多场降雨径流的加权平均浓度来计算年污染负荷量。最具代表性的是美国学者 Schueler 在 1987 年提出了一种计算模型：

$$L_t = [\text{CF} \times \psi \times A \times P \times C] \times 0.01 \tag{6-25}$$

式中，L_t 为计算时段（t）内径流排放的污染负荷（kg）；CF 为对不产生地表径流的降雨进行校正的因子（产生径流的降雨事件占总降雨事件的比例），一般为 0.9；ψ 为径流区平均径流系数，径流量/有效降雨量；A 为径流集雨面积（hm²）；P 为计算时段（t）内的降雨量（mm）；C 为污染物加权平均浓度（mg/L）。

（2）研制的地表径流负荷模型

实测浓度过程曲线表明，地面冲刷时存在初始高浓度，并且初始浓度与平台期浓度之间可相差 3~5 倍。由于数据的剩余平方和较大，要真正获得污染物的加权平均浓度，统计的数据量要非常之大才行。采用 Schueler 模型的困难是污染物的加权平均浓度估计需要对很多场（如 15~30 场）降雨径流的水量和水质进行同步监测和统计分析，一般工作条件下很难做到，而监测次数越少，误差越大。把各时段浓度与各时段负荷相比较，各时段负荷数据的剩余平方和要小得多，其向平均负荷期望收敛的速度更快。因此，只需要有限场水量和水质同步监测数据就可获得污染物的平均负荷值。利用这一规律，以平均负荷值（这里定义为 "event mean load"）代替加权平均浓度（EMC），借用基于 EMC 负荷模型的框架，构建基于单位负荷的年地表径流负荷模型。

A. 单位负荷系数

单位雨强、单位集雨区面积和单位降雨时间的污染物负荷率。计算过程：①把降雨径流过程划分为若干时段，分别对各时段径流量和浓度进行同步监测，并求算出各时段污染物负荷；②在此基础上，求算出各时段的单位雨强、单位集雨区面积和单位降雨时间的负荷，即对各微分区求算单位污染物负荷系数；③对各时段的单位负荷值求取平均值，即某地某污染物单位负荷系数。为此，对于单场降雨 i（$i=1, 2, \cdots, n$），单位负荷系数可表达为

$$\alpha_i = \frac{1}{n}\sum_{j=1}^{n} \frac{L_{ij}}{I_{ij}\Delta t_{ij}A_{ij}} = \frac{1}{n}\sum_{j=1}^{n} \frac{L_{ij}}{P_{ij}A_{ij}} \tag{6-26}$$

式中，α_i 为第 i 场降雨单位雨量、单位面积污染物负荷系数 [mg/(mm·hm²)]；L_{ij} 为第 i 场雨第 j 时段的污染负荷值（mg）；I_{ij} 为第 i 场降雨第 j 时间段雨强（mm/s）；Δt_{ij} 为第 i 场降雨第 j 时间段；A_{ij} 为第 i 场降雨第 j 时间段集雨区面积（hm²）；P_{ij} 为第 i 场降雨第 j 时间段降雨量（mm），$P_{ij} = I_{ij}\Delta t_{ij}$。

B. 平均单位负荷系数

由于单位负荷系数 α_i 的收敛性较佳，只需对有限场降雨径流污染负荷的监测值进行平均就可获得该区域的平均单位负荷系数 α：

$$\alpha = \frac{1}{m}\sum_{i=1}^{m}\alpha_i \tag{6-27}$$

式中，m 为降雨次数。

采用 6 个径流小区，由径流开始产生到人工降雨洒水停止时间内各时段水量和水质同

步监测数据（表6-29），由式（6-16）和式（6-27），计算得到公路总磷平均单位负荷系数为 1.747 g/(mm·hm²)；栈道总磷平均单位负荷系数为 1.924 g/(mm·hm²)。

表6-29 九寨沟地区次降雨划分推荐值

下垫面	降雨类型	
	不能产生径流的	符合次降雨要求的
栈道	单场降雨总降雨量 ≤ 0.54 mm	单场降雨总降雨量 ≥ 0.54 mm
公路	单场降雨总降雨量 ≤ 1.125 mm	单场降雨总降雨量 ≥ 1.125 mm

C. 年地表径流负荷模型

在平均单位负荷系数 α 基础上，乘以集雨区总面积和全年有效降雨量，并考虑单位换算系数，年污染物负荷模型可表达为

$$L_y = 0.001 \times P \times R \times S \times \alpha \quad (6-28)$$

式中，L_y 为年污染物负荷（kg/a）；S 为纳入计算的集雨区面积（hm²）；P 为年降雨量（mm/a）；R 为有效降雨系数，R = 产生径流的年降雨量/年降雨总量。

按照 USGS（美国地质勘探局）对次降雨事件的定义，在公路路面能产生径流的最小降雨为总降雨量 ≥ 1.27 mm 的降雨。在九寨沟分别对公路和栈道所做的人工降雨模拟的实际观测表明，在野外试验期间，所有3个公路试验场按照雨强 6.75 mm/h 开始人工降雨的大致 600 s 内都没有径流产生，相当于初始雨量损失为 6.75 mm/3600 s × 600 s = 1.125 mm；另外，所有3个栈道试验场按照 6.75 mm/h 开始人工降雨的大致 288 s 内都没有径流产生，相当于初始雨量损失为 6.75 mm/3600 s × 288 s = 0.54 mm。据此，确定九寨沟地区不能产生径流降雨的划分标准，见表6-29。

对代表年逐日降雨资料整理，分别统计大于 1.125 mm 和 0.54 mm 的单场降雨的雨量，加和以后获得可产生径流的年降雨量数据。

（3）公路和栈道 TP 排放负荷估计

对各子集水区范围内公路和栈道的面积进行统计，由式（6-28）计算九寨沟和黄龙公路和栈道年 TP 排放负荷（表6-30～表6-32）。

表6-30 九寨沟各子集水区公路总磷排放负荷

编号	I	II	III	IV	V	VI
描述	只有长海	天鹅海	箭竹海、熊猫海	仅五花海	只有镜海	犀牛海、老虎海
子区面积（hm²）	3297.75	30.31	1275.16	519.50	421.70	318.13
湖泊面积（hm²）	96.95	1.36	26.50	9.56	26.95	19.58
公路面积（hm²）	0	1.475	1.998	0.838	1.659	1.513
年降雨量（mm）	660					
降雨有效系数	0.90					
负荷系数[g/(mm·hm²)]	1.747					
公路子区 TP 负荷（kg/a）	0	1.53	2.07	0.87	1.72	1.57
公路 TP 总负何（kg/a）	7.76					

表 6-31 九寨沟各子集水区栈道总磷排放负荷

编号	Ⅰ	Ⅱ	Ⅲ	Ⅳ	Ⅴ	Ⅵ
描述	只有长海	天鹅海	箭竹海、熊猫海	仅五花海	只有镜海	犀牛海、老虎海
子区面积（hm²）	3297.75	30.31	1275.16	519.50	421.70	318.13
湖泊面积（hm²）	96.95	1.36	26.50	9.56	26.95	19.58
栈道面积（hm²）	0	0.2314	1.037	0.3266	0.445	0.4786
降雨有效系数	\multicolumn{6}{c}{0.93}
年降雨量（mm）	\multicolumn{6}{c}{660}
负荷系数[g/(mm·hm²)]	\multicolumn{6}{c}{1.924}
栈道子区 TP 负荷（kg/a）	0	0.273	1.221	0.385	0.525	0.565
栈道 TP 总负荷（kg/a）	\multicolumn{6}{c}{2.969}

表 6-32 黄龙栈道总磷排放负荷

编号	Ⅰ	Ⅱ
描述	五彩池子区	中寺子区
子区面积（hm²）	1346.92	508.37
湖泊面积（hm²）	1.36	4.62
栈道面积（hm²）	0.2327	1.834
公路面积（hm²）	无	无
降雨有效系数	0.93	
年降雨量（mm）	690	
负荷系数[g/(mm·hm²)]	1.924	
栈道子区 TP 负荷（kg/a）	0.2872	2.2643
栈道 TP 总负荷（kg/a）	2.5515	

6.2.6 生态环境现状评价

6.2.6.1 湖泊富营养化评价

（1）灰色局势决策法

湖泊富营养化评价等级指数之间存在的数值间隔，使水质指标的一些监测值漏失，造成湖泊富营养化等级评价结果的不确定性。实际上，这是人为划分的评价等级对客观世界仿真过程中的一种模糊现象。从信息论的观点看，富营养化评价体系是一个部分信息确定，部分信息不确定的灰色系统。该理论自创立以来，在很多领域得到了广泛的应用，而且近年来，灰色局势决策法在环境质量评价中取得很大的进展。

灰色局势决策是指对含有灰元的系统所作出的决策，对于湖泊水环境系统的富营养化评价来说，把评价等级或评价的因子视为灰元，把评价对象作为事件，不同的富营养化等

级作为对策,通过决策分析来确定最优局势,它对应的湖泊富营养化等级便是评价结果。灰色局势决策法的步骤如下:

1) 按事件 a_i 与对策 b_j 构造局势,建立局势矩阵 D;
2) 求不同目标下各局势的效果测度;
3) 按不同目标 p 构造不同的效果测度矩阵,$p = 1, 2, \cdots, q$

$$D^{(p)} = \begin{bmatrix} \dfrac{r^p_{11}}{S^p_{11}} & \dfrac{r^p_{12}}{S^p_{12}} & \cdots & \dfrac{r^p_{1m}}{S^p_{1m}} \\ \dfrac{r^p_{21}}{S^p_{21}} & \dfrac{r^p_{22}}{S^p_{22}} & \cdots & \dfrac{r^p_{2m}}{S^p_{2m}} \\ \vdots & \vdots & & \vdots \\ \dfrac{r^p_{n1}}{S^p_{n1}} & \dfrac{r^p_{n2}}{S^p_{n2}} & \cdots & \dfrac{r^p_{nm}}{S^p_{nm}} \end{bmatrix}$$

4) 求效果测度矩阵,

$$D^{(\Sigma)} = \begin{bmatrix} \dfrac{r^\Sigma_{11}}{S_{11}} & \dfrac{r^\Sigma_{12}}{S_{12}} & \cdots & \dfrac{r^\Sigma_{1m}}{S_{1m}} \\ \dfrac{r^\Sigma_{21}}{S_{21}} & \dfrac{r^\Sigma_{22}}{S_{22}} & \cdots & \dfrac{r^\Sigma_{2m}}{S_{2m}} \\ \vdots & \vdots & & \vdots \\ \dfrac{r^\Sigma_{n1}}{S_{n1}} & \dfrac{r^\Sigma_{n2}}{S_{n2}} & \cdots & \dfrac{r^\Sigma_{nm}}{S_{nm}} \end{bmatrix}$$

5) 决策过程即根据各目标的效果,选出最大测度元,并根据最大测度来确定最优局势。

(2) 九寨沟和黄龙富营养化评价

对九寨沟和黄龙长海子区、天鹅海子区、箭竹海子区、五花海子区、镜海子区、老虎海子区和五彩池子区 7 个子集水区湖泊群进行了一年的水质监测。评价指标选取有机污染指标 COD_{Mn}、TN、TP 和叶绿素 a。各湖泊的监测资料见表 6-33;评价标准参照《湖泊富营养化调查规范》(第二版)(金相灿,1990)中的评分法标准,见表 6-34。

表 6-33 九寨沟各监测断面实测污染物监测资料表

站点	参数			
	COD_{Mn} (mg/L)	TP (mg/L)	TN (mg/L)	叶绿素 a (mg/m³)
长海	0.82	0.007	0.56	0.58
天鹅海	0.88	0.009	0.78	0.65
箭竹海	0.93	0.008	0.75	0.64
五花海	0.80	0.012	0.83	0.52
镜海	1.01	0.009	0.69	0.61
老虎海	1.03	0.009	0.67	0.68
五彩池	0.85	0.010	0.80	0.44

表 6-34 富营养化评价标准表

参数	等级				
	贫营养化	贫-中营养化	中营养化	中-富营养化	富营养化
COD$_{Mn}$	1.0	2.0	8.0	25.0	60.0
TP	0.010	0.025	0.100	0.600	1.300
TN	0.100	0.300	1.000	6.000	16.000
叶绿素 a	2.0	4.0	26.0	160.0	1000.0

用灰色模型对九寨沟湖泊水体进行综合评价，则

事件集 A = {长海,天鹅海,箭竹海,五花海,镜海,老虎海,五彩池}
= {$a_1, a_2, a_3, a_4, a_5, a_6, a_7$}

地表水富营养化评价分为五类，参照《湖泊富营养化调查规范》（第二版），便构成了对策集 B：

B = {贫营养化,贫-中营养化,中营养化,中-富营养化,富营养}
= {b_1, b_2, b_3, b_4, b_5}

四个污染因子（评价因子）构成目标集 P，即

P = {COD$_{Mn}$,TP,TN,叶绿素 a} = {P_1, P_2, P_3, P_4}

针对对策集之间的模糊性，通过构造隶属函数作为目标效果测度的计算公式，即可以根据富营养化分级标准而建立各对策 b_j 的白化函数，记 X 为目标即各污染物因子的标准化值。以下以高锰酸盐指数（目标1）对5个富营养化等级的白化函数为例。

高锰酸盐指数——灰类1

$$d_{11} = \begin{cases} 1 & (0 < X \leq 1) \\ 2 - X & (1 < X < 2) \\ 0 & (X \geq 2) \end{cases}$$

高锰酸盐指数——灰类2

$$d_{12} = \begin{cases} 1 & (X = 2) \\ X - 1 & (1 < X < 2) \\ \frac{1}{6}(8 - X) & (2 < X < 8) \\ 0 & (X \leq 1 \text{ 或 } X \geq 8) \end{cases}$$

高锰酸盐指数——灰类3

$$d_{13} = \begin{cases} 1 & (X = 8) \\ \frac{1}{6}(X - 2) & (2 < X < 8) \\ \frac{1}{17}(25 - X) & (8 < X < 25) \\ 0 & (X \leq 2 \text{ 或 } X \geq 25) \end{cases}$$

高锰酸盐指数——灰类4

$$d_{14} = \begin{cases} 1 & (X = 25) \\ \dfrac{1}{17}(X-8) & (8 < X < 25) \\ \dfrac{1}{35}(60-X) & (25 < X < 60) \\ 0 & (X \leqslant 8 \text{ 或 } X \geqslant 60) \end{cases}$$

高锰酸盐指数——灰类 5

$$d_{15} = \begin{cases} 1 & (X \geqslant 60) \\ \dfrac{1}{35}(X-25) & (25 < X < 60) \\ 0 & (X \leqslant 25) \end{cases}$$

通过此方法可以建立 TP（目标2）、TN（目标3）、叶绿素 a（目标4）分别对5个灰类的白化函数。对各子目标 P_1，P_2，P_3，P_4 分别可用隶属函数公式求得效果测度决策矩阵，即

$$D^{(1)} = \begin{bmatrix} \dfrac{1}{S_{11}} & \dfrac{0}{S_{12}} & \dfrac{0}{S_{13}} & \dfrac{0}{S_{14}} & \dfrac{0}{S_{15}} \\ \dfrac{1}{S_{21}} & \dfrac{0}{S_{22}} & \dfrac{0}{S_{23}} & \dfrac{0}{S_{24}} & \dfrac{0}{S_{25}} \\ \dfrac{1}{S_{31}} & \dfrac{0}{S_{32}} & \dfrac{0}{S_{33}} & \dfrac{0}{S_{34}} & \dfrac{0}{S_{35}} \\ \dfrac{1}{S_{41}} & \dfrac{0}{S_{42}} & \dfrac{0}{S_{43}} & \dfrac{0}{S_{44}} & \dfrac{0}{S_{45}} \\ \dfrac{0.99}{S_{51}} & \dfrac{0.01}{S_{52}} & \dfrac{0}{S_{53}} & \dfrac{0}{S_{54}} & \dfrac{0}{S_{55}} \\ \dfrac{0.97}{S_{61}} & \dfrac{0.03}{S_{62}} & \dfrac{0}{S_{63}} & \dfrac{0}{S_{64}} & \dfrac{0}{S_{65}} \\ \dfrac{1}{S_{71}} & \dfrac{0}{S_{72}} & \dfrac{0}{S_{73}} & \dfrac{0}{S_{74}} & \dfrac{0}{S_{75}} \end{bmatrix} \quad D^{(2)} = \begin{bmatrix} \dfrac{1}{S_{11}} & \dfrac{0}{S_{12}} & \dfrac{0}{S_{13}} & \dfrac{0}{S_{14}} & \dfrac{0}{S_{15}} \\ \dfrac{1}{S_{21}} & \dfrac{0}{S_{22}} & \dfrac{0}{S_{23}} & \dfrac{0}{S_{24}} & \dfrac{0}{S_{25}} \\ \dfrac{1}{S_{31}} & \dfrac{0}{S_{32}} & \dfrac{0}{S_{33}} & \dfrac{0}{S_{34}} & \dfrac{0}{S_{35}} \\ \dfrac{0.87}{S_{41}} & \dfrac{0.13}{S_{42}} & \dfrac{0}{S_{43}} & \dfrac{0}{S_{44}} & \dfrac{0}{S_{45}} \\ \dfrac{1}{S_{51}} & \dfrac{0}{S_{52}} & \dfrac{0}{S_{53}} & \dfrac{0}{S_{54}} & \dfrac{0}{S_{55}} \\ \dfrac{1}{S_{61}} & \dfrac{0}{S_{62}} & \dfrac{0}{S_{63}} & \dfrac{0}{S_{64}} & \dfrac{0}{S_{65}} \\ \dfrac{1}{S_{71}} & \dfrac{0}{S_{72}} & \dfrac{0}{S_{73}} & \dfrac{0}{S_{74}} & \dfrac{0}{S_{75}} \end{bmatrix}$$

$$D^{(3)} = \begin{bmatrix} \dfrac{0}{S_{11}} & \dfrac{0.63}{S_{12}} & \dfrac{0.37}{S_{13}} & \dfrac{0}{S_{14}} & \dfrac{0}{S_{15}} \\ \dfrac{0}{S_{21}} & \dfrac{0.31}{S_{22}} & \dfrac{0.69}{S_{23}} & \dfrac{0}{S_{24}} & \dfrac{0}{S_{25}} \\ \dfrac{0}{S_{31}} & \dfrac{0.36}{S_{32}} & \dfrac{0.64}{S_{33}} & \dfrac{0}{S_{34}} & \dfrac{0}{S_{35}} \\ \dfrac{0}{S_{41}} & \dfrac{0.24}{S_{42}} & \dfrac{0.76}{S_{43}} & \dfrac{0}{S_{44}} & \dfrac{0}{S_{45}} \\ \dfrac{0}{S_{51}} & \dfrac{0.44}{S_{52}} & \dfrac{0.56}{S_{53}} & \dfrac{0}{S_{54}} & \dfrac{0}{S_{55}} \\ \dfrac{0}{S_{61}} & \dfrac{0.47}{S_{62}} & \dfrac{0.53}{S_{63}} & \dfrac{0}{S_{64}} & \dfrac{0}{S_{65}} \\ \dfrac{0}{S_{71}} & \dfrac{0.29}{S_{72}} & \dfrac{0.71}{S_{73}} & \dfrac{0}{S_{74}} & \dfrac{0}{S_{75}} \end{bmatrix} \quad D^{(4)} = \begin{bmatrix} \dfrac{1}{S_{11}} & \dfrac{0}{S_{12}} & \dfrac{0}{S_{13}} & \dfrac{0}{S_{14}} & \dfrac{0}{S_{15}} \\ \dfrac{1}{S_{21}} & \dfrac{0}{S_{22}} & \dfrac{0}{S_{23}} & \dfrac{0}{S_{24}} & \dfrac{0}{S_{25}} \\ \dfrac{1}{S_{31}} & \dfrac{0}{S_{32}} & \dfrac{0}{S_{33}} & \dfrac{0}{S_{34}} & \dfrac{0}{S_{35}} \\ \dfrac{1}{S_{41}} & \dfrac{0}{S_{42}} & \dfrac{0}{S_{43}} & \dfrac{0}{S_{44}} & \dfrac{0}{S_{45}} \\ \dfrac{1}{S_{51}} & \dfrac{0}{S_{52}} & \dfrac{0}{S_{53}} & \dfrac{0}{S_{54}} & \dfrac{0}{S_{55}} \\ \dfrac{1}{S_{61}} & \dfrac{0}{S_{62}} & \dfrac{0}{S_{63}} & \dfrac{0}{S_{64}} & \dfrac{0}{S_{65}} \\ \dfrac{1}{S_{71}} & \dfrac{0}{S_{72}} & \dfrac{0}{S_{73}} & \dfrac{0}{S_{74}} & \dfrac{0}{S_{75}} \end{bmatrix}$$

故综合决策矩阵为

$$D^{(\Sigma)} = \begin{bmatrix} \frac{0.75}{S_{11}} & \frac{0.1575}{S_{12}} & \frac{0.0925}{S_{13}} & \frac{0}{S_{14}} & \frac{0}{S_{15}} \\ \frac{0.75}{S_{21}} & \frac{0.08}{S_{22}} & \frac{0.17}{S_{23}} & \frac{0}{S_{24}} & \frac{0}{S_{25}} \\ \frac{0.75}{S_{31}} & \frac{0.09}{S_{32}} & \frac{0.16}{S_{33}} & \frac{0}{S_{34}} & \frac{0}{S_{35}} \\ \frac{0.7175}{S_{41}} & \frac{0.0925}{S_{42}} & \frac{0.19}{S_{43}} & \frac{0}{S_{44}} & \frac{0}{S_{45}} \\ \frac{0.7475}{S_{51}} & \frac{0.1125}{S_{52}} & \frac{0.14}{S_{53}} & \frac{0}{S_{54}} & \frac{0}{S_{55}} \\ \frac{0.7425}{S_{61}} & \frac{0.125}{S_{62}} & \frac{0.1325}{S_{63}} & \frac{0}{S_{64}} & \frac{0}{S_{65}} \\ \frac{0.75}{S_{71}} & \frac{0.0725}{S_{72}} & \frac{0.1775}{S_{73}} & \frac{0}{S_{74}} & \frac{0}{S_{75}} \end{bmatrix}$$

由上述综合决策矩阵可以得出如下结论。

$D^{(\Sigma)}$第一行：最大测度元为0.75，对应长海最佳局势为S_{11}，即贫营养化；

$D^{(\Sigma)}$第二行：最大测度元为0.75，对应天鹅海最佳局势为S_{21}，即贫营养化；

$D^{(\Sigma)}$第三行：最大测度元为0.75，对应箭竹海最佳局势为S_{31}，即贫营养化；

$D^{(\Sigma)}$第四行：最大测度元为0.7175，对应五花海最佳局势为S_{41}，即贫营养化；

$D^{(\Sigma)}$第五行：最大测度元为0.7475，对应镜海最佳局势为S_{51}，即贫营养化；

$D^{(\Sigma)}$第六行：最大测度元为0.7425，对应老虎海最佳局势为S_{61}，即贫营养化；

$D^{(\Sigma)}$第七行：最大测度元为0.75，对应五彩池海最佳局势为S_{71}，即贫营养化。

另外，通过对各湖泊局势效果测度的对策加权，可获得相应的综合质量系数W_i：

$$W_i = \sum_{j=1}^{i} (d_{ij}^p \cdot j)$$

即有，$W_1 = 1.34$，$W_2 = 1.42$，$W_3 = 1.41$，$W_4 = 1.47$，$W_5 = 1.39$，$W_6 = 1.39$，$W_7 = 1.43$。

以上结果表明在贫营养化等级水平内，按水质状况从优到劣依次为长海＞天鹅海＞箭竹海＞镜海＞老虎海＞五彩池＞五花海。

综合决策矩阵第二列和第三列均出现不为0的综合效果测度值，表明各湖泊有向贫－中营养化和中营养化发展的趋势。

在湖泊富营养化评价中采用灰色局势决策方法能定量反映水质的综合状况和发展趋势，消除评价体系固有的模糊性，从而使评价结果能更好地为水资源保护提供可靠的依据。

6.2.6.2 外源总磷负荷

(1) 侵蚀模数

由各子区土壤潜在侵蚀量与子区面积比率，得到各子区的侵蚀模数（表6-35），用于衡量水土流失强度。值域为 25.12~38.2 t/(km²·a)，而实际能够进入湖泊水体的泥沙比率为侵蚀模数的 15%~25%。由于各湖泊水深较大，一年几千克至一百几十千克的泥沙入湖对水体几乎没有什么影响。九寨沟和黄龙具有全国罕见的较低侵蚀模数的原因归结如下。

表 6-35　九寨沟和黄龙各子集水区侵蚀模数估计

项目	长海	天鹅海	箭竹海	五花海	镜海	老虎海	五彩池
水文响应单元总面积（km²）	32.98	0.30	12.75	5.19	4.21	3.18	13.46
泥沙侵蚀量（t/a）	828.39	8.253	346.84	177.72	161.09	98.619	365.28
泥沙入湖量（t/a）	149	2.06	69.37	39.1	39.37	25.64	※5.47
侵蚀模数 [t/(km²·a)]	25.12	27.23	27.2	34.21	38.2	31.00	27.12

注：※ 五彩池实际进入的泥沙为 54.7 t，由于大部分已从其右侧水道流走，进入池子的约占 10%

A. 得益于环境保护的力度

近 20 多年来，大片的次生林已开始发挥作用。近年由于禁牧，草甸和林下植被层得到保护。由于退耕还林和泥石流治理，植被保育得到了加强。目前，九寨沟和黄龙在水土流失控制问题上处于历史上最佳状况，证明采取的环境保护工作措施得当，旅游经济活动并没有对环境造成明显的损伤。

B. 得益于自然条件的优势

九寨沟和黄龙多年平均降雨量为 620~720 mm，其中黄龙的年均降雨量比九寨沟稍微高一些。降雨特征是历时长、雨强小，单场降雨最大雨量为 20 mm 左右，降雨侵蚀指数为 61~70。这样的雨水对地表的冲击力较小，有利于渗入地下。

C. 得益于水文条件的优点

黄龙水量小，池水浅，按理说水体环境容量比九寨沟的湖泊群小得多。但是，从水文学上来看，黄龙自五彩池以下基本上属于水道，每年产生的泥沙都被冲出沟外，减少了泥沙淤积。黄龙管理局可在每年枯水的几个月，对五彩池及五彩池以下池群池底残留的泥沙进行清除。这种残留的泥沙是一种小生境，在不受到冲击和湿润的条件下，生物可借助于其中的营养盐生长，结果发生第二年池底变黑的现象。

归结起来，九寨沟和黄龙抵抗水土流失的基础较好，只要防止人为破坏活动，在相当长的时间段内，不会出现水土流失形势恶化的现象。水土保持的成果为两地旅游经济活动的开展提供了扎实的基础。

（2）外源总磷负荷的分担率

将九寨沟和黄龙各子集水区各入湖总磷负荷分项相加，汇入表 6-36，可以得出以下基本结论。

表6-36 九寨沟和黄龙各子集水区湖泊接受的外源总磷分项统计表

项目			集水区						
			长海	天鹅海	箭竹海	五花海	镜海	老虎海	五彩池
自然因素	支流	负荷（t/a）	0.432	0.4936	0.416	0.045	0.815	0.708	0.0015
		分担率（%）	72.48	99.33	87.21	58.29	96.1	96.77	37.5
	雨水	负荷（kg/a）	0.767	0.0107	0.209	0.075	0.213	0.155	0.011
		分担率（%）	0.012	0.002	0.043	0.015	0.025	0.02	0.275
	泥沙	负荷（kg/a）	134.2	1.47	49.59	27.95	28.15	18.33	1.66
		分担率（%）	22.48	0.29	10.39	36.21	3.32	2.5	41.5
	径流	负荷（kg/a）	29.31	0.128	8.28	3.067	2.749	3.125	0.608
		分担率（%）	4.86	0.025	1.73	0.617	0.32	0.42	15.2
分担率合计（%）			99.83	99.65	97.66	95.13	99.76	99.71	94.2
人为因素	公路	负荷（kg/a）	0	1.53	2.07	0.87	1.72	1.57	0
		分担率（%）	0	0.3	0.43	0.17	0.2	0.21	0
	栈道	负荷（kg/a）	0	0.273	1.221	0.385	0.525	0.565	0.287
		分担率（%）	0	0.041	0.19	0.058	0.044	0.057	7.17
分担率合计（%）			0	0.341	0.62	0.348	0.245	0.47	7.17
入湖总负荷（t/a）			0.596	0.497	0.477	0.0773	0.848	0.7316	0.004

1）支流带入湖泊的总磷负荷最大，而支流负荷本质上也是坡面总磷负荷，是在子集水区外的坡面区域形成后，再由水道输送进入到子集水区的量。在现有环境保护和旅游活动强度水平下，进入湖泊的外源 TP 负荷主要由坡面带入。

2）旅游活动带入的外源负荷极小，除五彩池外，其余的子区不到1%。目前，旅游活动强度在两个区域造成的与湖泊水体富营养化直接相关的总磷营养物排放量是微不足道的。考虑旅游活动对两个区域湖泊水体影响时，不是因为旅游活动造成了污染物的排放，而是按照一定的环境目标，在自然因素的外源排放下，湖泊水体还剩余了多少营养物容量可供旅游活动排放。

6.2.7 湖泊总磷平衡浓度及允许负荷研究

6.2.7.1 总磷平衡浓度模型

湖泊富营养盐负荷与湖中营养状态响应关系模型中应用最广的，是世界著名湖泊专家奥伦维德根据湖泊质量平衡原理所建立的磷浓度预测模型，以及后来进一步修正的磷负荷模型（Dongil and Raymond，1996）。这些模型在模拟入湖磷浓度或磷负荷与湖中总磷浓度之间的作用-响应关系中引入了湖泊深度、水力滞留时间和水力负荷等参数，但并不完全依据湖泊富营养化的机理设计过多的细节，属于典型的灰-黑箱模型。模型以年为尺度来研究湖泊营养负荷输入量与湖中营养盐浓度的响应关系，即根据年平均负荷来求目标值，表现为一种统计模型的特征，因此其应用范围有一定的局限。按原产地的条件，最大的限制就是只能适用于水力滞留时间大于 14 天的湖泊。由于负荷响应关系表达了湖泊水体稳定态下的最终响应，而采用磷浓度表达磷负荷的改变在很大程度上取决于检测取样时水质是否达到稳态条件，也受取样方式和频度的影响。因此，当已知水体磷负荷的作用时，用负荷响应关系比浓度响应关系更适合。奥伦维德的磷负荷模型近年又被 OECD（经济合作与发展组织）在国际合作研究中进一步修改完善。正如 Ryding 和 Rast（1992）所证明的那样，OECD 推荐的磷负荷模型对于大范围的湖泊水体都是适用的：

$$[P_\lambda] = 1.02 \left[\frac{\frac{L_p}{q_s}}{1+\sqrt{t_w}} \right]^{0.88} \tag{6-29}$$

式中，$[P_\lambda]$ 为湖中 TP 的年平均浓度（mg/L）；q_s 为湖泊单位面积水量负荷，$q_s = Q/A$，Q 为湖泊年流入水量（m³），A 为湖泊表面积（m²）；t_w 为水力滞留时间（年），$t_w = V/Q$，V 为库容（m³）；L_p 为输入湖泊磷的年面积负荷 [t/(km²·a)]，$L_p = L/A$，L 为湖泊磷负荷总量（t/a）。

6.2.7.2 参数计算和平衡浓度预测

采用 OECD 磷负荷模型的计算参数及预测的总磷平衡浓度，可以计算出相应的结果（表 6-37 和表 6-38）。

表 6-37 九寨沟各湖泊计算参数和总磷平衡浓度表

水文学概化	长 海	天鹅海	箭竹海	五花海	镜海	老虎海	五彩池
湖泊表面积（m²）	969 545	13 671	265 021	95 610	269 520	195 859	13 600
支流水量（m³/a）	86 469 120	98 731 872	83 343 168	9 056 447	163 005 696	141 668 352	303 948
坡面水量（m³/a）	837 428	3 657	236 571	87 657	78 542	89 285	24 342
总流入量（m³/a）	87 306 848	98 735 529	83 579 743	9 144 104	163 084 238	141 757 637	328 290
库容（m³）	96 954 500	410 130	3 736 796	553 056	6 468 480	3 329 603	16 320
平均水深（m）	100	30	14	8	24	17	1.2
入湖总负荷（t/a）	0.596	0.497	0.477	0.077 3	0.848	0.731 6	0.004
水力滞留（年）	1.11	0.004 15	0.044	0.060	0.039	0.023	0.049 7
水量负荷（m/a）	90.05	7 222.26	315.37	95.64	605.09	723.77	24.13
总磷面积负荷（km²/a）	0.634 3	36.35	1.80	0.808	3.147	3.735	0.294
平衡浓度（mg/L）	0.007	0.009 2	0.008 6	0.012 6	0.008 5	0.008 7	0.017

表6-38 九寨沟和黄龙在Ⅰ类水体标准下可容纳的总磷负荷量

水文学概化（子区）	长海	天鹅海	箭竹海	五花海	镜海	老虎海	五彩池
描述	仅长海	天鹅海	箭竹海、熊猫海	仅五花海	仅镜海	犀牛老虎海	五彩池
编号	Ⅰ	Ⅱ	Ⅲ	Ⅳ	Ⅴ	Ⅵ	黄龙Ⅰ
总磷控制标准（mg/L）	0.01	0.01	0.01	0.01	0.01	0.01	0.01
每年可输入总磷负荷量（kg/a）	935.77	548.73	527.88	59.43	1050.72	852.39	2.09
湖泊中总磷现状负荷总量（kg/a）	596	497	477	77.3	848	731	4
每年还可输入的总磷负荷（kg）	339.77	51.73	50.88	-17.86	202.72	121.39	-1.91

6.2.7.3 总磷允许负荷量

根据《地表水环境质量标准》（GB3838—2002），九寨沟景区应执行国家Ⅰ类水体标准。由 TP≤0.01 mg/L 代入总磷平衡浓度模型，反求得各子集水区每年可容纳的外源磷负荷总量（表6-38）。

6.2.8 基于湖泊总磷控制的旅游容量研究

6.2.8.1 容许总磷负荷值的分析

按各分项列出各子集水区外源总磷负荷值（表6-39），与允许的总磷负荷值进行比较，确定总磷负荷利用和削减的策略。对于总磷负荷尚有剩余的长海、天鹅海、箭竹海、镜海和老虎海5个子区，考虑总磷负荷利用的方向是增大旅游容量，为旅游经济服务。对于总磷负荷超过环境标准核算数的五花海和五彩池，由负荷构成分析，应从削减坡面负荷方面考虑。

表6-39 各子集水区外源总磷负荷值利用和削减规划表 （单位：kg/a）

项目			集水区						
			长海	天鹅海	箭竹海	五花海	镜海	老虎海	五彩池
允许负荷			935.77	548.73	527.88	59.43	1050.72	852.39	2.09
现状负荷	自然因素	负荷	596	495.19	473.7	76	845.7	729.4	3.71
		策略				削减			削减
	人为因素	负荷	0	1.803	3.291	1.255	2.245	2.135	0.287
		策略	利用	利用	利用		利用	利用	
	现状负荷总量		596	497	477	77.3	848	731.6	4
可利用或削减的总磷负荷			339.77	51.73	50.88	-17.86	202.72	121.39	-1.91

6.2.8.2 单位面积负荷系数和游客承载系数

为把剩余总磷环境容量换算为可增加或减少的栈道和公路面积数，只需把年剩余负荷除以年单位面积负荷系数。年单位面积负荷系数由平均单位负荷系数乘以年有效降水量获得。

公路和栈道年单位面积负荷系数求算结果如下。

九寨沟公路年单位面积负荷系数 = 1.747g/(mm·hm^2) × 0.90 × 660 mm/a = 1.038 kg/(hm^2·a)

九寨沟栈道年单位面积负荷系数 = 1.924 g/(mm·hm^2) × 0.93 × 660 mm/a = 1.18 kg/(hm^2·a)

黄龙栈道年单位面积负荷系数 = 1.924 g/(mm·hm^2) × 0.93 × 720 mm/a = 1.288 kg/(hm^2·a)

黄龙公路年单位面积负荷系数 = 1.747 g/(mm·hm^2) × 0.90 × 720 mm/a = 1.132 kg/(hm^2·a)

把各子集水区剩余总磷环境容量换算为可增加或减少的栈道和公路面积数后，再乘以单位栈道和公路面积游客承载系数，就可估计出增加的旅游设施面积能多容纳多少游客。由于总磷年单位面积负荷系数是基于现状游客平均密度求算出来的，故由九寨沟平均游客人数5000人（次）/d除以各子集水区内公路和栈道的总面积100 016 m^2，得到单位旅游设施面积游客负荷系数为500人（次）/（hm^2·d）。在九寨沟旅游区，公路和栈道的修建面积比例大致为2∶1，按此比例折算，相当于每平方百米栈道面积承载1500人。

6.2.8.3 可容纳游客人数计算

从数值计算上，给出各子集水区可增加的游客人数和总人数，以期更好地为旅游规划提供信息，计算了万人浓度系数（表6-40）。

表6-40 可增加的游客人数和总人数估计表

项目	子区						
	长海	天鹅海	箭竹海	镜海	老虎海	五花海	五彩池
现状平衡浓度（mg/L）	0.007	0.0092	0.0086	0.0085	0.0087	0.0126	0.017
与0.01mg/L差值（mg/L）	0.003	0.0008	0.0014	0.0015	0.0013	-0.0026	-0.007
差值可容负荷（kg/a）	339.77	51.73	50.88	202.72	121.39	-17.86	-1.91
单独可增公路面积（hm^2）	327	49	49	195	117	-18.52	-1.98
单独可增栈道面积（hm^2）	287	43	43	171	102	-15.13	-1.48
占总面积1/3的栈道（hm^2）	95.66	14.31	14.31	57	33.96	-5.043	-0.493
可增加的游客人数（万人次/d）	14.34	2.12	2.12	8.55	5.09	-0.75	-0.74
现状游客人数（万人次/d）	0.5	0.5	0.5	0.5	0.5	0.5	0.3
游客总人数（万人次/d）	14.84	2.62	2.62	9.05	5.59	-0.25	-0.44
浓度[mg/(L·万人次)]	2.09×10^{-4}	3.77×10^{-4}	6.6×10^{-4}	1.75×10^{-4}	2.55×10^{-4}	3.4×10^{-3}	9.45×10^{-3}

由计算可知，可增加的旅游设施面积和可增加的游客人数大大超出了各子集水区空间环境的许可性。显然基于总磷的水体生态环境容量远远大于空间环境容量。五花海和五彩池总磷环境容量为负数，但通过负荷构成分析，削减的外源负荷应是坡面总磷负荷，而不

是旅游设施面积和游客人数。

6.3 九寨—黄龙核心景区服务管理容量研究

6.3.1 研究意义与范围

服务管理容量的计算结论体现了在现有服务人员和服务设施条件下，一个旅游景区的最大游客容量。它包括两个方面：客观服务管理容量和主观服务管理容量。同时，结合游客问卷调查可把握游客的主观感受，从而可得到最佳服务管理容量。服务管理容量将用于指导景区服务人员管理的科学化，并对景区服务设施建设的调整提出客观依据。服务管理容量与生态环境容量、空间环境容量互相制约，从而构成景区的综合最佳容量。此外，服务管理容量也是景区游客空间分流体系建设的一个重要参考指标。根据对九寨—黄龙核心景区服务管理容量的研究，对研究范围进行了界定。

6.3.1.1 九寨沟核心景区服务管理容量研究范围

九寨沟核心景区面积720 km^2，现游览区面积50 km^2。九寨沟景观分布在"Y"字形的树正沟（13.8 km）、日则沟（17.6 km）和则查洼沟（17.6 km）3条主沟内，公路总长49 km。主要包括：①树正景区，由盆景滩、树正群海、树正瀑布、双龙海、火花海、卧龙海等景点组成；②日则沟景区，拥有诺日朗、珍珠滩、熊猫海三大瀑布及镜海、熊猫海、芳草海、天鹅海、剑岩、原始森林、悬泉、五花海等景点；③则查洼沟景区，有长海和五彩池等景点；④扎如景区，有魔鬼岩、扎如寺等景点。本研究范围涉及九寨沟核心景区，从地理位置而言，是指从九寨沟风景区沟口至树正沟、则查洼沟、日则沟三条狭长的沟谷，游览区面积50 km^2。从提供景区服务的主体上而言，涵盖九寨沟管理局、九寨沟联合经营有限公司、九寨沟绿色旅游观光有限公司三个部门所提供的旅游服务。此外，研究范围还涉及核心景区以外的九寨沟口、九寨沟县、黄龙核心景区外、松潘县、川主寺和茂县等地的住宿设施。

九寨沟核心景区服务管理环境容量中主观服务管理容量的问卷调查和问卷样本选取只限国内游客（包括港、澳、台），不涉及外国游客。

6.3.1.2 黄龙核心景区服务管理容量研究范围

黄龙核心景区包括景区内的两条游览路线，一条上山道，一条下山道。其中，上山道长约4.5 km，下山道长约4.0 km，共计8.5 km。从提供景区服务的主体而言，是指黄龙管理局所提供的旅游服务。在核心景区以外的研究范围包括九寨沟口、九寨沟县、黄龙核心景区外、松潘县、川主寺和茂县的住宿设施。

黄龙核心景区服务管理环境容量中主观服务管理容量的问卷调查和问卷样本选取只限国内游客（包括港、澳、台），不涉及外国游客。

6.3.2 研究模型

6.3.2.1 景区服务管理容量的内容

(1) 客观服务管理容量

是指为旅游活动提供服务的人员和服务设施能够接待的游客数量。分为客观服务人员容量和客观服务设施容量两个部分。客观服务人员容量指的是景区内为游客提供游览服务的人员能够接待的游客数量。客观服务设施容量指的是景区内与旅游活动相关的服务设施能够接待的游客数量。

(2) 主观服务管理容量

是指通过游客对核心景区内服务人员的服务水平满意度和对服务设施使用的拥挤程度的主观评价而得出的游客数量。分为主观服务人员容量和主观服务设施容量两个部分。主观服务人员容量指的是依据游客对景区内服务人员服务水平的满意度进行主观评价而得出的游客数量。主观服务设施容量指的是依据游客对景区内服务设施使用的拥挤程度进行主观评价而得出的游客数量。

6.3.2.2 限制性因子分析

限制性因子分析主要是在对客观服务管理容量的研究中提出的。通过分析和实际调研，将形成各客观服务管理容量的因子，划分为限制性因子和辅助性因子。限制性因子分析就是指通过对客观服务人员容量和客观服务设施容量各个影响因素的分析，找出各个因素中对客观服务容量造成直接限制或约束的最强因素，即为限制性因子；而其他对客观服务容量不造成直接限制或约束的因素，即为辅助性因子。

客观服务人员容量的影响因素有环卫工人容量和其他服务人员容量。客观服务设施容量的影响因素有服务设施容量和基础设施容量。其中，服务设施容量的影响因素有餐厅容量、观光车容量、购物场所容量、垃圾桶容量、卫生间容量和住宿服务设施容量。基础设施容量的影响因素有供电设施容量、供水设施容量、垃圾处理容量和粪便处理容量。

以上各影响因素中对限制性因子和辅助性因子的分析是一个动态的过程，要在研究的过程中不断完善。在逐步明确服务管理容量的限制性因子和辅助性因子的分析过程中应该考虑以下问题。

(1) 首先要明确客观服务管理容量的内涵

客观服务管理容量指的是在现有的条件下，各个限制性因子可以容纳的最大游客数量，是通过对现有人员和设施所能接待的最大游客量的评估来测算的。

客观服务管理容量是一个理想的数据。它不一定和现在的运作模式（在目前运作情况下，景区实际上容纳的游客数量）有关。例如，观光车的最大载客数量和现有的载客数量存在相当大的差距。计算客观服务管理容量一定是从考察的对象本身着手，做最大的服务管理容量计算，而不是从现有的运作模式出发，因为现有的运作模式未必是最大的。

(2) 对客观服务管理容量影响因素的分析

在对客观服务管理容量影响因素的分析中发现，一部分影响因素的容量没有计算的必要,因为计算的结果会远远大于现有的日最大游客数量,也会远远大于强约束的限制性因子容量,也就是说目前一些服务设施的实际利用率没有达到最大负荷状态。例如,垃圾桶的容量,如果垃圾桶满负荷工作,那么它的容量就会远远大于现有游客的垃圾产生能力、环卫工人收集能力和垃圾处理设施的容量。而实际上对垃圾桶的容量而言,目前并没有出现任何的扔垃圾排队现象,也没有出现垃圾桶爆满的现象,所以可以只作为辅助性因子考虑。

(3) 客观服务管理容量的取值问题

从现有的情况看,客观服务管理容量中各影响因素有的容量大,有的要小得多,应该说这是正常的现象。现在运转的九寨沟和黄龙旅游,其所有的服务人员和设施都不可能是在科学规划后又同时按比例投资建设。因此,对服务管理容量的研究主要是找出那些强约束的限制性因子容量,将之作为现有客观服务管理容量,而没有必要将所有影响因素的容量都考虑在内。

(4) 客观服务管理容量的易变性

对于客观服务管理容量而言,有一个很明显的特点就是容易改变。它完全不同于生态容量与空间容量。也就是说,客观服务管理容量中各影响因素都不是永远对景区游客容量造成限制的因素,有的是在短期内可以改变的,有的是在较长时间内可以改变的,没有不改变的因素。因此,对客观服务管理容量的研究工作,多侧重于现状的研究,考察现状和强约束限制性因子以及其他各组因素容量之间的相互关系。

6.3.2.3 理论模型

经过实地调研、考察和分析,将服务管理容量的研究分为客观服务管理容量和主观服务管理容量。其中各容量包含多个影响因素。各个指标之间的关系,如图6-9所示,对各个影响因素中限制性因子和辅助性因子的分析如下。

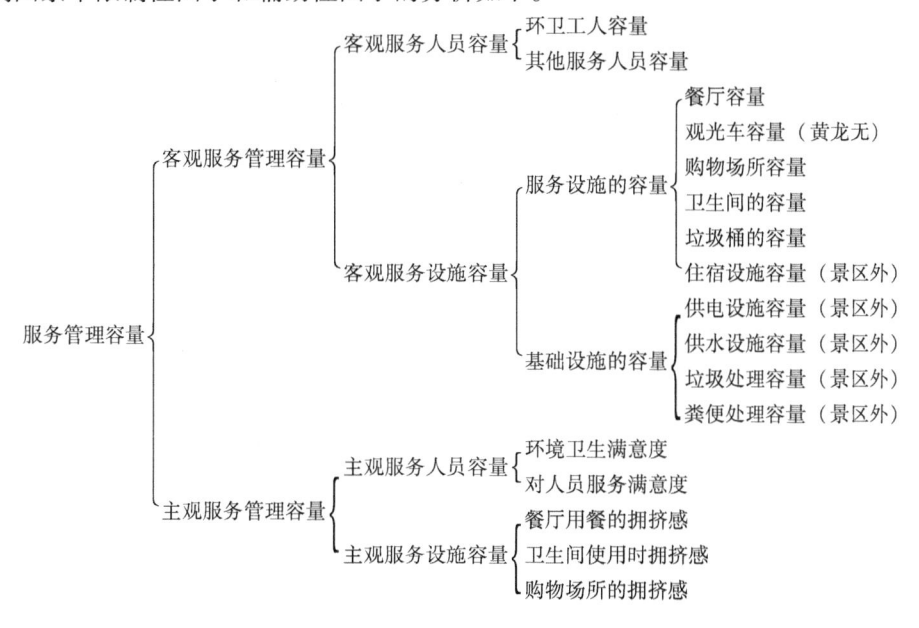

图6-9 服务管理容量分类及影响因素结构图

(1) 客观服务管理容量

对客观服务管理容量测算采用的方法是通过对现有的服务人员和服务设施的最大接待量进行调查，从而计算容量。客观服务管理容量可以分为两个部分：客观服务人员容量和客观服务设施容量。

客观服务人员容量的相关因素有两个，包括环卫工人容量和其他服务人员容量。考虑到工作成果体现的量化程度，选择环卫工人容量作为限制性因子。

服务设施容量的相关因素有6个，分别为餐厅容量、观光车容量（黄龙无）、购物场所容量、卫生间容量、垃圾桶容量和住宿设施容量。其中，垃圾桶容量远远大于现有游客的垃圾产生能力、环卫工人收集能力和垃圾处理设施的容量，所以作为辅助性因子。住宿设施容量是核心景区外考虑的影响因素，目的是考察景区外住宿接待能力，应作为限制性因子。核心景区外还有一个影响因素就是交通运输能力，因为它能通过增加发车数量和发车次数在短时间内改变，且通常被交通运营承包者灵活调整，因此研究中不作考虑。其他的影响因素还有餐厅容量、观光车容量（黄龙无）、购物场所容量和卫生间容量，这些均作为限制性因子。

基础设施容量的相关因素有4个，分别为供电设施容量、供水设施容量、垃圾处理容量和粪便处理容量。根据实地调查了解到，九寨沟供电量和供水量均十分充足，因此作为辅助性因子。垃圾处理容量和粪便处理容量与垃圾桶容量和卫生间容量密切相关，而且根据景区的现状，垃圾处理容量和粪便处理容量的限制性要明显大于后者，所以选择垃圾处理容量和粪便处理容量作为限制性因子。

(2) 主观服务管理容量

对主观服务管理容量的测算主要依靠对游客进行问卷调查。影响游客评价的因素很多，因此分类逐一进行问卷调查。主观服务管理容量的影响因素包括主观服务人员容量和主观服务设施容量两方面。

主观服务人员容量的相关因素有两个，分别为游客对景区环境卫生满意度评价和对人员服务满意度的评价。通过对这两个因素的问卷调查来找出现有服务人员的接待能力，在不同时间、不同入沟游客量的情况下，游客评价满意度较高的游客容量是多少。

主观服务设施容量的相关因素有4个，分别为游客对餐厅用餐的拥挤感、对乘坐观光车的拥挤感、对购物场所的拥挤感和对卫生间使用时拥挤感的评价。通过对这四个因素的问卷调查找出现有服务设施的接待能力，在不同时间、不同入沟游客量的情况下，游客对容量满意度评价较高的游客容量是多少。主观服务设施容量没有对客观服务设施容量中的垃圾桶容量和住宿设施容量进行调查，主要由于一方面垃圾桶容量远远大于现有游客的垃圾产生能力，另一方面住宿设施容量的游客评价是属于住宿设施经营单位的权责范围。

6.3.2.4 九寨—黄龙服务管理容量测度模型

(1) 客观服务管理容量测度模型

A. 客观服务人员容量

在客观服务人员容量的评价中主要对环卫工人容量进行计算，其模型可用下式表示：

$$D = \sum N_i \times n_i \times \alpha_i$$

式中，D 为环卫工人的容量；N_i 为不同区域环卫工人的数量；n_i 为不同区域平均每个环卫工人负责的清洁面积；α_i 为不同区域的平均游人密度（此处指：以黄金周日平均游人密度的现状为度量标准）；i 指的是不同区域。此处景区内的不同区域按线路划分为两大类，一是公路区，二是栈道区（含景点面）。

这里的两个变量 N_i 和 n_i 要分别通过访谈、调查获得；α_i 要通过对历史数据的分析获得，是一个经验数据。之所以采用分区域的做法是考虑到环卫工作的实际情况。对于游览景点而言，游客的数量多，要保持环境的无破坏，约束性的因素是游客的数量；而在景点之间的公路和栈道上，游客数量少，所以约束性的因素就是路程的长短。

B. 客观服务设施容量

客观服务设施容量的相关因素分为两类，服务设施容量和基础设施容量。

1）服务设施容量：对于与服务设施容量相关的六个因素，即餐厅容量、观光车容量（黄龙无）、购物场所容量、卫生间容量和垃圾桶容量以及住宿设施容量，其计算模型分述如下。

餐厅容量的计算模型可用下式表示：

$$R_p = \sum H_i \times I_i$$

式中，R_p 为餐厅容量（餐厅每日能接待的游客数量）；H_i 为每个餐厅瞬时最大可接待人数；I_i 为翻台率；i 指的是不同的餐厅。景区外的餐饮服务设施不列入研究范围。

观光车容量的计算模型，可用下式表示：

$$B_p = \sum (M_i \times m_i) \times (T \div t)$$

式中，B_p 为观光车的容量；M_i 为不同型号的观光车数量；m_i 为不同型号的观光车座位数；i 指的是不同型号的观光车；T 为景区的开放时间；t 为观光车往返一次平均所需时间。

购物场所容量的计算模型，可用下式表示：

$$P_p = \sum C_i \times (T \div t)$$

式中，P_p 是购物场所容量；C_i 为每个购物场所瞬时最大可接待人数；T 为购物场所的开放时间；t 为一个游客在每个购物场所平均逗留时间；i 指的是不同的购物场所。

卫生间容量和垃圾桶容量的计算模型，可以用下式表示：

$$T_p = \sum S_i(N_i \times R_i) \div [(t \div T) \times B]$$

式中，T_p 为卫生间容量或垃圾桶容量；S_i 为不同型号卫生间或垃圾桶每日粪便或垃圾收集次数；N_i 为不同型号卫生间或垃圾桶的数量；R_i 为不同型号卫生间或垃圾桶的容量；t 为游客平均游览时间；T 为景区的开放时间；B 为一个游客每日粪便或垃圾排放标准；i 指的是不同型号的卫生间或垃圾桶。

住宿设施容量的计算模型通过下式计算：

$$H_p = \sum C_j + I_j$$

式中，H_p 为住宿设施容量；C_j 为第 j 个住宿设施的床位数量；I_j 为住宿设施在高峰期可以突击增加的床位数量；j 指的是不同的住宿设施。

2）基础设施容量：针对景区基础设施的实际状况，选择垃圾处理容量和粪便处理容量作为限制性因子。其计算模型可用下式表示：

$$E_1 = M_1/m_1$$

式中，E_1 为垃圾或粪便处理容量；M_1 为垃圾或粪便处理设施的处理能力；m_1 为游客的垃圾或粪便排放标准。一般来说，设施容量的变化是由 M_1 变化造成的，只有通过提高 M_1 的值，才可以提高 E_1 的值。

(2) 主观服务管理容量测度模型

A. 需要数据

游客对景区环境卫生满意度评价和对人员服务满意度的评价主要通过实际问卷调查。调查内容包括：游客对餐厅用餐拥挤度的感觉、对乘坐观光车时的拥挤感、对在购物场所购物时的拥挤感和对如厕时使用卫生间的拥挤感。同时，通过景区管理局查阅不同时间进入景区的游客容量。

B. 测度模型

随着游客人数增加，满意度将呈倒 U 形趋势（图 6-10）。现行的研究通常使用描述性方法，通过调查问卷的分析，对比 10 个样本的每日游客数与满意程度均值、众数及各选项所占的比例，分析各个限制因子所能接收的大致最高游客量。这里的关键是要对游客满意度进行赋值。

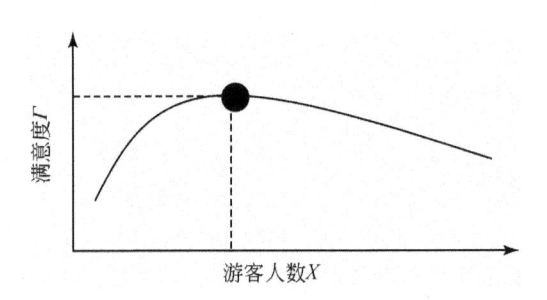

图 6-10 满意度与游客人数的关系

在问卷的调查中，有关满意度的问题调查项由 1~5 表示为从"很满意"到"很不满意"，而有关拥挤度的问题调查项由 1~5 代表"很宽松"到"很拥挤"。

6.3.3 实地调查

6.3.3.1 九寨沟核心景区实地调查

(1) 客观服务管理容量测度模型的数据调查

A. 客观服务人员容量的数据调查

客观服务人员容量的相关因素有两个，分别为环卫工人的容量和其他服务人员容量。对环卫工人的调查数量为 256 人，其分布为，长海保护站 3 个管理员，38 名员工；查如保护站 1 个管理员，9 名员工；树正保护站 4 个管理员，53 名员工；沟口保护站（生活区、蓝天停车场）6 个管理员，24 名员工；荷叶保护站 2 个管理员，20 名员工；日则保护站 1 个管理员，20 名员工；诺日朗保护站 3 个管理员，72 名员工。在 256 名被调查的人员中，工作范围包括环卫、厕所、护林、电台等不同工作岗位。大约有 153 名负责环卫工作，其中负责公路清洁的有 46 名，负责栈道清洁的有 107 人。

  景区内的清洁区按线路划分为两大类，一是公路区，二是栈道区（含景点面），其中沟口至诺日朗中心站公路长度 13.8 km；诺日朗中心站至长海公路长度 17.6 km；诺日朗中心站至原始森林公路长度 17.6 km，即公路总长度为 49 km。公路宽约 9 m，则公路总面积大约为 441 000 m²。核心景区内的栈道总长度为 60 km，栈道宽约 2 m，则栈道总面积大约为 120 000 m²。平均每个环卫工人负责的清洁面积与景点分布有关，有景点的地方平均每位环卫工人负责约 400 m 长的公路，无景点的地方可负责 4000 m 左右的公路卫生。同时，大约一个环卫工人要负责 400 m 的栈道清洁（这些数字具有很大的随机性，不同的景区环卫工人负责的道路长度是不同的）。通过抽样方法调查了 3 个保护站：①诺日朗保护站，主要负责珍珠滩至箭竹海的环保和护林工作，共有 74 名工作人员。其中，公路清洁人员 13 名，负责的公路长约 9000 m，宽约 9 m，公路面积大约为 81 000 m²，每个环卫工人负责清洁公路的平均长度约为 692 m，负责清洁公路面积为 6231 m²；栈道和景点面的环卫工人 34 人，负责的栈道长约 15 000 m，宽约 2 m，栈道面积大约为 30 000 m²，每个环卫工人负责清洁栈道的平均长度为 441 m，负责清洁栈道的平均面积约为 882 m²。②日则保护站，主要负责箭竹海到原始森林的环保和护林工作，共有 25 名工作人员。其中，公路清洁人员 5 名，同时担任护林工作，负责的公路长约 9000 m，宽 9 m，公路面积大约为 81 000 m²，每个环卫工人负责清洁公路的平均长度约为 1800 m，负责清洁公路的平均面积约为 16 200 m²。通过估算此路段的游人密度，即可算出每位环卫工人大致可负责的游客数量。该保护站的栈道和景点区清洁人员有 10 名，负责的栈道长约 8000 m，宽为 2 m，栈道面积大约为 16 000 m²，每个环卫工人负责清洁栈道的平均长度约为 800 m，负责清洁栈道的平均面积约为 1600 m²。③长海保护站，主要负责诺日朗中心站到长海的环保和护林工作，共有 38 名工作人员。公路清洁人员 8 名，负责的公路长约 18 000 m，宽约 9 m，公路面积大约为 162 000 m²，每个环卫工人负责清洁公路的平均长度约为 2250 m，负责清洁公路的平均面积约为 20 250 m²。该保护站负责的栈道约长 15 000 m，但是只有五彩池—长海的栈道游客较多，其余栈道几乎没有游人，所以其他栈道没有安排环卫工人。五彩池—长海的栈道由 3 名环卫工人负责，长约 2000 m，宽约 2 m，面积大约 4000 m²。据此估算出每个环卫工人负责清洁栈道的平均长度约为 667 m，负责清洁栈道的平均面积约为 1334 m²。由此调查结果可知，不同区域环卫工人负责清洁公路的平均面积从 6231~20 250 m² 不等，不同区域环卫工人负责清洁栈道的平均面积为 882~1600 m²。平均每个环卫工人负责清洁公路的平均面积为 14 227 m²；负责清洁栈道的平均面积为 1272 m²。

  以黄金周的游人密度为标准，根据实际情况对各个区域的平均游人密度进行调查。①公路一般为观光车、巡逻车等使用，公路上游人较少。因为在管理中不允许游人在马路上行走，除了景点处的公路上聚集一些游客等车外，一般不会有游客在公路上行走。②栈道上（含景点）游人密度差异较大，黄金周在景点处的游人密度可达到 0.5 人/m²；在离主要景点较近的栈道（如诺日朗瀑布）和在主要景点之间的栈道（如从五花海到珍珠滩瀑布），游人密度可达到 1 人/2 m²；在非主要景点之间的栈道（如从老虎海到犀牛海），游人密度为 1 人/3 m² 甚至更稀疏；在游人较少景点（如从上季节海到下季节海）游人密度约为 1 人/20 m²。我们根据国家有关旅游的人均密度标准取 1 人/2 m²，即 0.5 人/m²。

通过对九寨沟管理局及其在景区内从事交通运输、餐饮服务、后勤保障等其他服务人员的数量进行调查统计，得出除了环卫工人以外的其他服务人员容量实际为 2226 人。

B. 客观服务设施容量的数据调查

1）餐厅的调查。诺日朗餐厅翻台率旺季 2 或 3 次/d，淡季 1 或 2 次/d，取最大值 3 次/d 计算；座位数：3000 个（共 4 个厅），即餐厅瞬时最大可接待人数 3000 人。根据问卷调查的分析结果，在诺日朗餐厅就餐的游客占到 38%。

2）观光车的调查。不同型号观光车的数量 280 辆，其中，大巴 180 辆，中巴 100 辆（其中 2 台是接待车，因此不计入容量计算中）。根据不同型号观光车的座位数，计算出各型号观光车的实际座位数。在调查观光车容量过程中，不考虑游客无座位站立的情况，此情况属于超载，只以各型号观光车的实际座位数进行计算。沟内观光车的行驶速度不超过 40 km/h。由于计算的是在现有设施下的最大容量，因此时速都以 40 km/h 计算。观光车从沟口—诺日朗中心站—原始森林—诺日朗中心站—沟口往返一次平均所需时间也约为 2 h。以黄金周景区开放时间 12 h（6：30～18：30）为容量计算的标准来取值。

3）购物场所的调查。诺日朗购物厅共有 196 个摊位，面积大约为 1914 m²（含铺面面积），实地估测诺日朗购物厅瞬时最大可接待人数为 300 人次。树正寨民俗文化村中购物场所，实地估测瞬时最大可接待人数为 250 人次。假设黄金周诺日朗购物厅和树正寨民俗文化村开放时间与景区开放时间一致。但游客的实际游玩路线和时间安排显示：游客在诺日朗购物厅游玩、购物的时间是集中在 11：00～15：00，共计 4 h（240 min）；游客在树正寨民俗文化村游玩、购物的时间是集中在 15：00～18：00，共计 3 h（180 min）。此处以诺日朗购物厅 240 min 和树正寨民俗文化村 180 min 实际购物时间段为标准进行容量计算。通过实地观测，游客在每个购物场所或休息厅平均逗留时间为 10～40 min 不等，此处取均值 25 min 进行容量计算。通过实地游客记数，得知在诺日朗购物厅游玩、购物的游客占到 12%，而在树正寨民俗文化村游玩、购物的游客占到 7%。而且通常游客只会有时间安排去其中一处游玩和购物，两个购物场所都去的游客很少，在购物场所容量计算中忽略不计。

4）卫生间和垃圾桶的调查。固定卫生间分布于 34 个地点，共 630 个蹲位；此外还有 8 辆流动厕所车。九寨沟卫生间共有蹲位为 681 个，粪便收集计算标准为 2 次/d。实地调查，粪便袋容量为 15 kg，每次收集粪便时每个粪便袋内约有粪便 10 kg。根据《旅游与环境》的标准，游客一天的排污标准为粪便 0.4 kg/（人·d），但是该标准指的是全天旅游的排放量。根据实地调研的结果，游客平均的游览时间为 7.7 h，一天 24 h，所以折算率为 7.7/24 = 0.32。垃圾桶的调查：公路上 3 个/100 m，分别为不可回收物、可回收物、危险固体物。栈道上 1 个/200 m。每个景点有 10～15 个垃圾桶，每一个景点的垃圾桶有一个负责人。共有垃圾桶约 650 个。以 3 次/d 清理为计算标准，经实地调查，每次收集垃圾时每个垃圾桶平均垃圾量为 7 kg。根据《旅游与环境》一书的标准游客一天产生的垃圾为 0.5 kg/（人·d），但是该标准指的是全天旅游的垃圾产生量。根据实地调研的结果，游客平均的游览时间为 7.7 h，一天 24 h，所以折算率为 7.7/24 = 0.32。

5）住宿设施的调查。住宿设施容量的调查范围涉及核心景区外的九寨沟口、九寨沟县、黄龙核心景区外、松潘县、川主寺和茂县的住宿设施。其中，九寨沟口和九寨沟县住宿设施分两档，40 个床位以上的宾馆有 89 家（九寨沟口 82 家），有床位 19 194 个（其中九寨沟县 1300 个），旅游高峰能再增加 3000 个床位。40 个床位以下的家庭旅馆，有床位 1600 个（表 6-41）。黄龙核心景区外有瑟尔磋宾馆、贵宾楼饭店和黄龙国际饭店 3 处住宿设施，共计 747 个床位。松潘县有 100 个床位以上的宾馆有 10 家，有床位 1599 个；100 个床位以下的宾馆有 13 家，有床位 311 个。川主寺住宿设施分两档，100 个床位以上的宾馆有 39 家，有床位 6755 张；100 个床位以下的宾馆有 33 家，有床位 1257 个。茂县住宿设施以是否在省旅游局上网为标准分两档，大宾馆有 15 家，有床位 5300 个；小宾馆有 12 家，有床位 1800 个。

表 6-41 九寨沟口、九寨县城旅馆统计表

序号	宾馆等级	数量（家）	床位总数（个）
1	五星级	2	2 240
2	四星级	4	2 098
3	三星级	16	3 624
4	二星级	9	1 757
5	旅游定点普通旅馆	36	4 893
6	非定点普通旅馆	136	4 582
7	家庭旅馆	51	1 600
	合计	254	20 794

C. 基础设施的数据调查

1）供电设施的调查。电力分配由九寨沟内和沟外来提供（沟外包括：贵宾楼、九寨管理局、票务处、展区、门卫、一号楼、二号楼、三号楼、购物中心）。沟外 800 kV·A（2×400 kV·A），由九寨沟管理局建设处负责自主发电，电力充分。沟内 2800 kV·A（1×1600 kV·A，1×1200 kV·A），由电力公司提供，电力充分。

2）供水设施的调查。在沟外（包括从九寨沟管理局上行 2.5 km，下行 3 km），九寨沟管理局自主安装了一套供水系统，采用引水的方式，水量充足。在沟内每个村寨可自供水，采用引水的方式，水量充足。

3）垃圾处理的调查。景区有 3 辆垃圾车，垃圾运往九寨沟县垃圾处理厂，1 次/d（压缩式垃圾车，载重 1 t）。旺季：8~12 车/d，淡季：6~8 车/d。垃圾处理厂目前最少日处理能力为 30 t/d，最多日处理能力为 80 t/d。垃圾处理厂处理九寨沟景区及九寨沟县所有垃圾，以其中旺季处理的 12 t/d 垃圾为九寨沟景区运出的垃圾量为标准计算。由于垃圾处理设备老化，当地政府已经立项对此厂进行更新改造。还投资 1000 多万元建立了一个垃圾填埋厂，使用期限为 12 年左右。根据《旅游与环境》的标准，游客一天产生垃圾的标准为 0.5 kg/（人·d），但是该标准指的是全天的垃圾产生量。根据实地调研的结果，游客平均的游览时间为 7.7h，一天 24h，所以折算率为 7.7/24 = 0.32。

4) 粪便处理的调查。景区有两辆粪便车，粪便运往县粪便处理厂，1次/d（小东风；载重3 t），但如有某厕所堆放满了，可以随时打电话给管理部门，由管理部门通知粪便车清运。粪便处理厂最大处理量80 t/d。根据《旅游与环境》一书的标准，游客一天的排污标准为粪便0.4kg/（人·d），但是该标准指的是全天旅游的排放量。根据实地调研的结果，游客平均的游览时间为7.7 h，一天24 h，所以折算率为7.7/24=0.32。

(2) 主观服务管理容量测度模型的数据调查

对主观服务管理容量的测算主要依靠对游客进行问卷调查，包括对主观服务人员容量和主观服务设施容量两方面。

6.3.3.2 黄龙核心景区实地调查

黄龙景区内有两条游览路线——上山道和下山道。

(1) 客观服务管理容量测度模型的数据调查

A. 客观服务人员容量的数据调查

黄龙景区栈道宽约2.7 m，上山道栈道4.5 km，下山道4.0 km，共计8.5 km，栈道总面积为22 950 m²。工人总数为196人，其中负责栈道清洁的有66人。上山道每个环卫工人负责清洁栈道的平均面积为1620 m²；下山道每个环卫工人负责清洁栈道的平均面积为3780 m²；实地观测的上山道和下山道的游人密度都比较大，考虑到游客对拥挤度的主观感受并结合实地观测，此处取值与九寨沟一致为0.5人/m²。另有滑竿队等其他服务人员60~70人。

B. 客观服务设施容量的数据调查

服务设施容量的相关因素有5个，分别为餐厅容量、购物场所容量、卫生间容量、垃圾桶容量、住宿设施容量。①杜鹃林游客休息中心用餐的瞬时最大可接待人数为154人，根据问卷调查的分析结果，在杜鹃林游客休息中心就餐的游客占到6%。②购物场所的调查：根据黄龙实地调查知，黄龙核心景区内无专门的购物场所。在旅游旺季上山道中有3个文明示范岗，外面有简易搭建的柜台出售少量饮料、电池、胶卷，但这不属于专门的购物场所，因此不能作为购物场所加以考虑。而景区外的私人售卖店不在本次研究范围内。③卫生间和垃圾桶的调查：沟内共有卫生间14个，蹲位共计95个。粪便以每天收集3次为容量计算的标准，实地调查，粪便袋容量为20 kg，每次收集粪便时每粪便袋内约有粪便14 kg。根据《旅游与环境》的标准，游客一天的排污标准为粪便0.4 kg/（人·d），但是该标准指的是全天旅游的排放量。根据第一次调研的结果，游客平均的游览时间为4 h，一天24 h，所以折算率为4/24=0.17。垃圾桶共296个，垃圾有专人负责收集，淡季：2次/d；旺季：3~5次/d，以每天收集3次为容量计算的标准。经实地调查，每次收集垃圾时每3个垃圾桶内平均各有垃圾7 kg。根据《旅游与环境》的标准，游客一天产生垃圾的标准为0.5 kg/（人·d），但是该标准指的是全天旅游的垃圾产生量。根据实地调研的结果，游客平均的游览时间为4 h，一天24 h，所以折算率为4/24=0.17。④住宿设施的调查：黄龙住宿设施容量的调查与九寨住宿设施容量的调查一齐进行，详见前述。

C. 基础设施的数据调查

基础设施容量的相关因素有4个，分别为供电设施容量、供水设施容量、垃圾处理容量和粪便处理容量。根据实地调查知，①黄龙电力容量充分，供电设施完好。②黄龙管理局自主安装了一套供水系统，采用引水的方式，水量充足。③垃圾处理厂距离沟口12 km，垃圾处理能力为30 t/次，5~7 d集中处理一次垃圾（此处取6天进行计算）。游客一天产生的垃圾为0.17 kg/（人·d）。④实地调查显示，黄龙核心景区产生的粪便是与垃圾一起运到垃圾处理厂处理。游客一天的排污为0.17 kg/（人·d）。

（2）主观服务管理容量测度模型的数据调查

对主观服务管理容量的测算主要依靠对游客进行问卷调查。在九寨沟、黄龙景区门口发放问卷。共选择10天调查，总计在九寨沟发放问卷1076份，在黄龙发放问卷681份。在问卷的调查中有关满意度的问题调查项由1~5为从"很满意"到"很不满意"，而有关拥挤度的问题调查项由1~5为从"很宽松"到"很拥挤"。对游客满意度赋值，对比10个样本的每日游客数与满意程度的均值、众数及各选项所占的比例。

6.3.4 容量测度

6.3.4.1 九寨沟核心景区服务管理容量测度

（1）客观服务管理容量测度模型

A. 客观服务人员容量

根据实地调研数据，大约有153名负责环卫工作，其中负责公路清洁的有46名，负责栈道清洁的有107人；每个环卫工人负责清洁公路的平均面积为14 227 m²；负责清洁栈道的平均面积为1272 m²；各个区域的平均游人密度（以黄金周的游人密度为标准），栈道平均游人密度取值为0.5 人/m²，公路上无人行走。代入环卫工人容量计算公式求得，环卫工人容量 = 107×1272×0.5 = 68 052 人。

B. 客观服务设施容量

1）餐厅容量。根据实地调研数据，诺日朗餐厅容量自2000年后，取消了相关的餐饮住宿服务。诺日朗餐厅的翻台率旺季为2或3次/d，淡季1或2次/d，取最大值3次/d计算；座位数：3000个（共4个厅），即餐厅瞬时最大可接待人数3000人。代入餐厅容量计算模型，其餐厅容量 = 3000×3 = 9000 人。

根据问卷调查的分析结果，在诺日朗餐厅就餐的游客占到38%。即若有9000游客在诺日朗餐厅就餐，则当天的游客量可达23 684人。根据2003年、2004年、2005年九寨沟游客人数统计表发现，这3年间日游客最多的一天是2004年10月3日为22 631人次。因此，诺日朗餐厅容量可以满足现有游客规模。

2）观光车容量。根据实地调查，观光车从沟口—诺日朗中心站—长海—诺日朗中心站—沟口往返一次，或从沟口—诺日朗中心站—原始森林—诺日朗中心站—沟口往返一次平均所需时间为2 h。以黄金周景区开放时间12 h（6：30~18：30）为容量计算的标准来取值，游客往返都坐观光车因此容量应除以2。则根据观光车容量计算公式计算，观光车容量为29 808人。

3）购物场所容量。根据实地调查，实地估测诺日朗购物厅瞬时最大可接待人数为300人次，树正寨民俗文化村为250人次。以诺日朗购物厅240 min和树正寨民俗文化村

180 min 实际购物时间段为标准进行容量计算。通过实地观测,游客在每个购物场所或休息厅平均逗留时间为 10～40 min 不等。此处取均值 25min 进行容量计算。根据购物场所容量计算公式计算,购物场所容量为 4680 人。即若有 4680 个游客在诺日朗购物厅或树正寨民俗文化村游玩、购物,则当天的游客量可达 24 631 人。

4) 卫生间容量和垃圾桶容量。根据实地调查,九寨沟卫生间蹲位数 681 个,粪便收集 2 次/d 为计算标准,粪便袋容量为 15 kg,每次收集粪便时每粪便袋内约有粪便 10 kg。游客一天的排污标准以 0.32 kg/(人·d)计算。据此,根据公式可以计算出九寨沟卫生间容量为 106 406 人。

垃圾桶约 650 个,垃圾收集以 3 次/d 为计算标准,每次收集垃圾时每个垃圾桶内平均有垃圾 7 kg。游客一天产生的垃圾以 0.32 kg/(人·d)计算。据此,可以计算出九寨沟垃圾桶容量 85 312 人。

5) 住宿设施容量。根据实地调查,九寨沟口、九寨沟县住宿设施容量为 22 194 人;黄龙核心景区外住宿设施容量 747 人;松潘县住宿设施容量为 1910 人;川主寺住宿设施容量为 8282 人;茂县住宿设施容量为 7100 人。据此,可以计算出涉及九寨—黄龙旅游的住宿设施容量为 40 233 人。

6) 电力设施容量。根据实地调查,九寨沟供电设施容量在沟外 800 kV·A (2×400 kV·A),由九寨沟管理局建设处负责自主发电,电力充分;沟内 2800 kV·A (1×1600 kV·A,1×1200 kV·A),由电力公司提供,电力充分。因此,九寨沟供电设施容量不作为限制性因子来研究。

7) 供水设施容量。在沟外九寨沟管理局自主安装了一套供水系统,采用引水的方式,水量充足。沟内的每个村寨自供水,采用引水的方式,水量充足。因此,九寨沟供水设施容量不作为限制性因子来研究。

8) 垃圾处理容量。垃圾处理厂现在最少日处理能力为 30 t/d,最多日处理能力为 80 t/d。垃圾处理厂处理九寨沟景区及九寨沟县所有垃圾,以其中旺季处理的 12 t 垃圾为九寨沟景区运出的为标准计算。游客一天产生的垃圾以 0.32 kg/(人·d)计算。据此,可以计算出九寨沟的垃圾处理容量为 75 000 人。

9) 粪便处理容量。根据实地调查,九寨沟所属的粪便处理厂最大处理量为 80 t/d。游客一天的排污以 0.32 kg/(人·d)计算,可以计算出九寨沟粪便处理容量为 625 000 人。

(2) 主观服务管理容量测度模型

在九寨沟选择 10 天调查,总计在九寨沟发放问卷 1076 份。主观服务人员容量的相关因素有两个,分别为游客对景区环境卫生满意度评价和对人员服务满意度的评价。主观服务设施容量的相关因素有 4 个,分别为游客对餐厅用餐拥挤度的感觉、对乘坐观光车时的拥挤感、对在购物场所购物时的拥挤感和对如厕时使用卫生间的拥挤感的评价。

从表 6-42 中可以看出无论景区内游客量是多是少,游人对九寨沟景区内的环境卫生的满意度都很好。满意度的最高均值是 1.8,众数有 7 天是 1、3 天是 2,且满意程度在 3 即满意以上的游客人数至少都占当天游客总人数的 96.3%。因此,可以说九寨沟景区的环境卫生总体而言是足以让游人满意的,而没有因游客量的增加而下降。故景区内环境卫生在调查中没有找到游客量的上限值,也就不足以成为限制因子。

表 6-42 九寨沟环境卫生满意度的评价表

日期 （年.月.日）	2004. 10.1	2004. 10.2	2004. 10.3	2004. 12.15	2004. 12.16	2005. 5.2	2005. 5.3	2005. 5.4	2005. 11.7	2005. 11.8
均值	1.8	1.69	1.62	1.53	1.65	1.63	1.56	1.67	1.78	1.70
众数	2	2	1	1	1	1	1	1	2	1
≤2 比例（%）	89.3	89.1	88.1	90.6	88.4	89.3	90.1	87.9	90.7	85.1
≤3 比例（%）	96.4	98.6	98.9	96.9	100	98.1	99.4	98.4	96.3	100
游人数	7 520	17 054	22 631	266	393	15 523	19 516	14 045	5 157	4 279

从表 6-43 中可以看出无论景区内游客量是多是少，游人对九寨沟景区内的服务人员的服务质量的满意度都很好，也就是景区内服务人员的服务质量很高。满意度的最高均值为 2.16，且对景区服务人员服务质量满意程度在 3 即满意以上的游客人数至少都占当天游客总人数的 93.5%，最高占当天游客总人数的 99%，也就是说游客没有随着人数的增加而感觉服务质量有什么变化。从实际踏勘情况看也是如此，在旅游黄金周为了维持游客秩序还有专门的武警部队，因此给人感觉秩序井然。故景区内服务人员的服务质量在调查中没有找到游客量的上限值，也就不足以成为限制因子。

表 6-43 九寨沟服务人员服务质量的评价表

日期 （年.月.日）	2004. 10.1	2004. 10.2	2004. 10.3	2004. 12.15	2004. 12.16	2005. 5.2	2005. 5.3	2005. 5.4	2005. 11.7	2005. 11.8
均值	2.16	2.03	1.96	2.09	2.05	1.95	2.03	1.92	2.17	2.11
众数	2	2	2	1	2	2	2	2	2	2
≤2 比例（%）	73.2	76.2	80	62.5	74.4	76.7	74.4	80.6	72.2	72.3
≤3 比例（%）	96.4	96.6	98.4	93.8	97.7	99	97.1	98.4	96.3	97.9
游人数	7 520	17 054	22 631	266	393	15 523	19 516	14 045	5 157	4 279

从表 6-44 中可以看出随着日游客量的增长，当游客人数超过 1500 人时，有近 50% 的游客会感觉乘坐观光车有点拥挤。从表中的数据中可以看出在 2004 年 10 月 3 日和 2005 年 5 月 3 日，游客人数为 22 631 人和 19 516 人时众数为 4，也就是有较大部分的游客都感觉有点拥挤。从实际调查看也是如此，当人数增多时游客排队等待观光车的时间稍微有点长。因此，九寨沟景区内观光车的数量随着游客人数的增长将会是一个限制性因子，从 10 次调查问卷的结果看，当游客人数超过 1500 人时，要考虑增加观光车的数量以增加游客的满意度。

表 6-44　九寨沟观光车拥挤度的评价表

日期 （年．月．日）	2004. 10.1	2004. 10.2	2004. 10.3	2004. 12.15	2004. 12.16	2005. 5.2	2005. 5.3	2005. 5.4	2005. 11.7	2005. 11.8
均值	2.57	3.07	3.39	1.84	2.19	3.13	3.38	3.02	2.8	2.38
众数	2	3	4	2	2	3	4	3	3	2
≤2 比例（%）	51.8	31.3	21.1	84.4	62.8	32.0	22.1	29.0	38.9	57.4
≤3 比例（%）	80.4	61.2	50.3	100	97.7	63.1	48.8	71.0	72.2	89.4
游人数	7 520	17 054	22 631	266	393	15 523	19 516	14 045	5 157	4 279

从表 6-45 中可以看出随着日游客量的增长，对诺日朗餐厅用餐的拥挤感有所变化，但是尽管人数达到 22 631 时仍然有 50% 以上的游客都还是感觉较为轻松。这主要是因为每日游客总数中 62% 的游客都是自带午餐，没有进餐厅用餐，并且诺日朗餐厅的容量本身也较大。九寨沟景区内餐厅的拥挤度随着游客人数的增长将会是一个限制性因子，但由于景区内为了保护环境，增加餐厅用餐容量的举措也就存在难度，只有通过游客自带食品来解决这样的问题。

表 6-45　九寨沟诺日朗餐厅拥挤度的评价表

日期 （年．月．日）	2004. 10.1	2004. 10.2	2004. 10.3	2004. 12.15	2004. 12.16	2005. 5.2	2005. 5.3	2005. 5.4	2005. 11.7	2005. 11.8
均值	2.8	2.67	3.31	1.84	1.81	3.25	3.40	3.14	2.81	2.43
众数	3	3	4	2	2	4	4	3	3	2
≤2 比例（%）	41.1	44.2	23.8	81.3	83.7	26.2	19.8	27.4	40.7	61.7
≤3 比例（%）	73.2	82.3	53.0	96.9	97.7	54.4	61.7	66.1	72.2	91.5
游人数	7 520	17 054	22 631	266	393	15 523	19 516	14 045	5 157	4 279

从表 6-46 中可以看出随着日游客量的增长，游客如厕时对卫生间使用较拥挤感觉也会有所提高。从表中的数据中可以看出当游客人数超过 15 000 人时众数都为 4，也就是有较大部分的游客都感觉有点拥挤；且在 2004 年 10 月 3 日和 2005 年 5 月 3 日，游客人数为 22 631 人和 19 516 人时，游客对卫生间使用的拥挤感很强，感觉拥挤以上的比例为 69.2% 和 62.8%，感觉一般以上的比例为 89.2% 和 89.5%。因此，九寨沟景区内厕所的数量随着游客人数的增长将会是一个限制性因子。从 10 次调查问卷的结果看，当游客人数超过 20 000 人时，要考虑增加临时移动厕所以增加游客的满意度。

表 6-46　九寨沟卫生间拥挤度的评价表

日期 （年．月．日）	2004. 10.1	2004. 10.2	2004. 10.3	2004. 12.15	2004. 12.16	2005. 5.2	2005. 5.3	2005. 5.4	2005. 11.7	2005. 11.8
均值	2.9	3.33	3.8	1.94	1.95	3.38	3.69	3.20	2.89	2.77
众数	3	4	4	2	2	4	4	3	3	2
≤2 比例（%）	32.1	21.2	10.8	78.1	76.7	20.4	10.5	22.6	33.3	42.6
≤3 比例（%）	69.6	53.1	30.8	96.9	97.7	61.5	37.2	63.7	68.5	72.3
游人数	7 520	17 054	22 631	266	393	15 523	19 516	14 045	5 157	4 279

从表6-47中可以看出随着日游客量的增长,当游客人数超过1500人时,有近50%的游客会感觉购物场所有点拥挤,但大部分的游客还是感觉不拥挤,主要是因为很多喜欢购物的人都喜欢热闹,这样才有购物的氛围,而不喜欢购物的游客只要有点人就会觉得很拥挤。从十次调查问卷的结果看,当人数达到22 631时,仍然有50%以上的顾客感觉购物环境不拥挤,因此,购物场所的容量也就不足以成为一个限制因子。

表6-47 九寨沟购物场所拥挤度的评价表

日期 (年.月.日)	2004. 10.1	2004. 10.2	2004. 10.3	2004. 12.15	2004. 12.16	2005. 5.2	2005. 5.3	2005. 5.4	2005. 11.7	2005. 11.8
均值	2.1	1.97	3.23	1.81	1.79	3.23	3.22	3.1	2.02	1.85
众数	2	2	4	2	2	3	4	3	2	2
≤2 比例(%)	76.8	79.6	30.8	87.5	83.7	21.4	30.2	29.8	79.6	85.1
≤3 比例(%)	92.9	94.6	52.4	93.8	97.7	58.3	58.7	65.3	94.4	95.7
游人数	7 520	17 054	22 631	266	393	15 523	19 516	14 045	5 157	4 279

6.3.4.2 黄龙核心景区服务管理容量测度

(1) 客观服务管理容量测度模型

A. 环卫工人容量

根据前面实地调查资料,负责栈道清洁的有66人,其中,上行道的环卫工人数量48人,人均负责清洁栈道面积1620 m²;下行道18人,人均负责清洁栈道的平均面积3780 m²;栈道平均游人密度为0.5人/m²,代入计算公式求得环卫工人容量为72 900人。

B. 客观服务设施容量

1) 餐厅容量。根据实地调查可知道,杜鹃林游客休息中心林瞬时最大可接待人数为154人,最大翻台率8次,代入计算公式求得杜鹃林游客休息中心容量为1232人。

根据问卷调查的分析结果,在杜鹃林游客休息中心就餐的游客占到6%。即若有1232名游客在杜鹃林游客休息中心就餐,则当天的游客量可达20 533人。根据2004年和2005年黄龙游客人数统计表发现,这两年间日游客最多的一天是2004年10月4日,为16 869人次。因此,杜鹃林游客休息中心容量可以满足现有游客规模。

2) 购物场所容量。根据实地调查,黄龙核心景区内无专门的购物场所,因此无购物场所容量的计算。

3) 卫生间容量和垃圾桶容量。根据实地调查,黄龙景区内卫生间共14个,蹲位共计95个,粪便以每天收集3次为容量计算的标准,每次收集粪便时每个粪便袋内约有粪便14 kg。游客一天的排污量以0.17 kg/人计算,可得出黄龙景区卫生间容量为60 454人。

黄龙景区垃圾桶共296个,以每天收集3次,每次收集垃圾7 kg为容量计算的标准。游客一天产生的垃圾量以0.17 kg/人计算,可以计算出黄龙景区的垃圾桶容量为75 344人。

4）黄龙住宿设施容量与九寨住宿设施容量一齐考虑，详见前述。

5）供电设施容量。黄龙电力充分，因此黄龙供电设施容量不作为限制性因子来研究。

6）供水设施容量。黄龙管理局自主安装了一套供水系统，采用引水的方式，水量充足，因此黄龙供水设施容量不作为限制性因子来研究。

7）垃圾处理容量。黄龙地区垃圾处理厂的处理能力为 30 t/次，5~7 天集中垃圾处理一次（此处取 6 天进行计算），则每日垃圾处理厂可处理量为 5000 kg。游客一天产生的垃圾量以 0.17 kg/（人·d）计算，可得出黄龙景区的垃圾处理容量为 60 606 人。鉴于垃圾处理厂并不是满负荷工作，将黄龙的垃圾、粪便一齐处理时，处理能力也是充分的。

（2）主观服务管理容量测度模型

由于黄龙核心景区内没有专门的大型购物场所，在游览的过程中也没有观光车，因此在做问卷调查的时候客观服务设施的主观感受限制因子只有用餐时对用餐场所的拥挤度感觉与如厕时对卫生间使用拥挤度的感觉。

从表 6-48 中可以看出无论景区内游客量是多是少，游人对黄龙景区内的环境卫生的满意度都很好。满意度的最高均值时 2.3121，且对景区环境卫生满意程度在 3 即满意以上的游客人数至少都占当天游客总人数的 80.3%。虽然相对于九寨沟而言数字好像相对较小，主要是因为黄龙的景区内道路与九寨沟的道路建设不一样，给游客的感观有所不同。因此还是可以说黄龙景区的环境卫生总体而言是足以让游人满意的，而没有因游客量的增加而下降。故景区内环境卫生在调查中没有找到游客量的上限值，也就不足以成为限制因子。

表 6-48 黄龙景区环境卫生满意度的评价表

日期(年.月.日)	2004.10.1	2004.10.2	2004.10.3	2005.5.2	2005.5.3	2005.5.4	2005.11.7	2005.11.8
均值	1.860 5	2.179 2	2.312 1	1.826 1	2.119 4	1.814 8	1.760 0	1.969 7
众数	2.00	2.00	2.00	2.00	2.00	2.00	2.00	2.00
≤2 比例（%）	83.7	74.5	69.4	87.0	76.9	85.8	88.0	78.4
≤3 比例（%）	100	87.7	80.3	95.7	87.3	96.3	100	90.9
游人数	6 331	8 640	15 066	5 720	11 971	12 408	3 039	3 275

从表 6-49 可以看出无论景区内游客量是多是少，游人对黄龙景区内的服务人员的服务质量的满意度都很好，也就是景区内服务人员的管理是相当到位的。满意度的最高均值为 2.4906，且对景区服务人员服务质量满意程度在 3 即满意以上的游客人数至少都占当天游客总人数的 84.0%，最高占当天游客总人数的 90.9%，因此可以说黄龙景区的服务人员的服务质量是很让顾客满意，没有随着人数的增加有明显的变化。故景区内服务人员的服务质量在调查中没有找到游客量的上限值，也就不足以成为限制因子。

表 6-49　黄龙景区服务人员服务质量的满意度评价表

日期(年.月.日)	2004.10.1	2004.10.2	2004.10.3	2005.5.2	2005.5.3	2005.5.4	2005.11.7	2005.11.8
均值	2.1163	2.4906	2.4204	2.3913	2.4776	2.4691	2.0800	2.0606
众数	1.00	3.00	2.00	2.00	2.00	2.00	1.00	1.00
≤2 比例（%）	65.1	50.0	56.1	58.7	53.7	51.9	68.0	66.7
≤3 比例（%）	90.7	88.7	89.2	91.3	89.6	90.1	84.0	90.9
游人数	6 331	8 640	15 066	5 720	11 971	12 408	3 039	3 275

从表 6-50 中可以看出游客对杜鹃林餐厅用餐的拥挤度感觉随着人数的增加有着较为明显的变化，且总体而言游客都感觉用餐较为拥挤，特别是当游客人数超过 10 000 时，感觉不拥挤的人数只占总人数的百分之四十几。从实际踏勘的感受也是如此，杜鹃林餐厅共有用餐座位 153 个，从座位数与供餐速度看都还不足以满足游客的需求。因此，为了让大多数游客都能用餐满意的话，黄龙景区的日游客接待量不能超过 1000 人。

表 6-50　黄龙景区杜鹃林餐厅拥挤度的评价表

日期(年.月.日)	2004.10.1	2004.10.2	2004.10.3	2005.5.2	2005.5.3	2005.5.4	2005.11.7	2005.11.8
均值	3.2093	2.6981	2.7197	2.7391	2.7318	2.7716	2.9600	2.8788
众数	3.00	3.00	4.00	2.00	4.00	4.00	3.00	3.00
≤2 比例（%）	27.9	37.7	18.7	25.9	21.6	20.7	24.0	36.4
≤3 比例（%）	58.1	53.4	40.3	59.4	43.5	44.1	59.0	69.7
游人数	6 331	8 640	15 066	5 720	11 971	12 408	3 039	3 275

从表 6-51 中可以看出游客对如厕时卫生间使用的拥挤度感觉，随着人数的增加有着较为明显的变化，且当游客人数在 10 000 以上时，感觉不拥挤的人数只占总人数的百分之二十几。因此，景区内如厕问题也是游客无法满意的因子，厕所的数量还有待扩大。

表 6-51　黄龙景区卫生间拥挤度的评价表

日期(年.月.日)	2004.10.1	2004.10.2	2004.10.3	2005.5.2	2005.5.3	2005.5.4	2005.11.7	2005.11.8
均值	2.0930	2.9434	3.5096	3.0109	3.0224	3.3272	1.9200	2.0606
众数	2.00	3.00	4.00	2.00	4.00	4.00	1.00	1.00
≤2 比例（%）	46.7	29.9	14	47.0	18.2	17.1	52.7	53.0
≤3 比例（%）	62.0	45.2	25.6	64.9	32.6	28.9	81.4	81.0
游人数	6 331	8 640	15 066	5 720	11 971	12 408	3 039	3 275

6.3.5　评价指标体系

6.3.5.1　九寨沟核心景区服务管理容量评价指标体系

九寨沟核心景区客观服务管理容量各个因子的容量值见表 6-52。我们用木桶原理对各限制因子进行取值，得出九寨沟核心景区的客观服务管理容量为 23 684 人次/d。结合主观服务管理容量的分析结果，在客观服务管理容量为每天 20 000 人次时，游客对乘坐观光车感觉还是较为拥挤。造成这一结果主要是车辆调度上还存在一些不协调性,致使顾客等待的时间较长,因此应该加强车辆的调度管理。主观感觉上的拥挤是可以通过管理水平的提高来改变,故在九寨沟核心景区服务管理容量为 23 684 人次/d。

表 6-52 九寨沟服务管理容量评价

九寨沟核心景区服务管理容量	客观服务管理容量	客观服务人员容量	环卫工人容量	68 052 人次
			其他服务人员容量	只作一般性调研,不作为限制性因子
		客观服务设施容量	服务设施容量	餐厅容量	9 000 人次(在诺日朗餐厅就餐的游客占 38%。即若有 9 000 游客在诺日朗餐厅就餐则当天的游客量可达 23 684 人)
			观光车容量	29 808 人次
			购物场所容量	4 680 人次(在诺日朗购物厅或树正寨民俗文化村游玩、购物的游客占 19%,则当天的游客量可达 24 631 人)
			卫生间容量	106 406 人次
			垃圾桶容量	85 312 人次
			住宿设施容量	40 233 人(涉及核心景区外九寨沟口、九寨沟县、黄龙核心景区外、松潘县、川主寺和茂县的住宿设施)
		基础设施容量	供电设施容量	电力充分,不作为限制性因子
			供水设施容量	水量充足,不作为限制性因子
			垃圾处理容量	75 000 人次
			粪便处理容量	625 000 人次
	主观服务管理容量	主观服务人员容量	对环境卫生的满意度	满意程度在 3 即"满意"以上的游客人数至少都占当天游客总人数的 96.3%
			对人员服务的满意度	满意程度在 3 即"满意"以上的游客人数至少都占当天游客总人数的 93.5%
		主观服务设施容量	餐厅用餐的拥挤感	九寨沟景区内餐厅的拥挤度随着游客人数的增长将成为一个限制性因子,但为了保护环境,增加餐厅用餐容量的举措也就存在难度,只有通过游客自带食品来解决这样的问题
			乘坐观光车的拥挤感	九寨沟景区内观光车的数量随着游客人数的增长将会是一个限制性因子,从 10 次调查问卷的结果看,当游客人数超过 15 000 人时,要考虑增加观光车的数量以增加游客的满意度
			购物场所的满意度	当人数达到 22 631 时,仍然有 50% 以上的顾客感觉购物环境不拥挤,因此,购物场所的容量也就不足以成为限制因子
			卫生间使用时拥挤感	游客人数为 22 631 人和 19 516 人时,游客对卫生间使用的拥挤感很强,感觉拥挤以上的比例为 69.2% 和 62.8%,感觉一般以上的比例为 89.2% 和 89.5%。因此,九寨沟景区内厕所的数量随着游客人数的增长将会是一个限制性因子,从 10 次调查问卷的结果看,当游客人数超过 20 000 人时,要考虑增加临时移动厕所以增加游客的满意度

6.3.5.2 黄龙核心景区服务管理容量评价指标体系

黄龙核心景区客观服务管理容量各个因子的容量值见表6-53。运用木桶原理对各限制因子进行取值，得出黄龙核心景区的客观服务管理容量为20 533人次/d。结合主观服务管理容量在这一容量水平上要改善游客的满意度，还应该增加厕所的数量。

表6-53 黄龙服务管理容量评价

黄龙核心景区服务管理容量	客观服务管理容量	客观服务人员容量	环卫工人容量	72 900人次
			其他服务人员容量	只作一般性调研，不作为限制性因子
		客观服务设施容量	服务设施容量 - 餐厅容量	1 232人次（在杜鹃林游客休息中心就餐的游客占6%。即若有1 232名游客在杜鹃林游客休息中心就餐则当天的游客量可达20 533人）
			服务设施容量 - 购物场所容量	黄龙核心景区内无专门购物场所，故无容量计算
			服务设施容量 - 卫生间容量	60 454人次
			服务设施容量 - 垃圾桶容量	75 344人次
			服务设施容量 - 住宿设施容量	与九寨住宿设施容量一齐考虑，详见前表
			基础设施容量 - 供电设施容量	电力充分，不作为限制性因子
			基础设施容量 - 供水设施容量	水量充足，不作为限制性因子
			基础设施容量 - 垃圾处理容量	60 606人次
			基础设施容量 - 粪便处理容量	粪便是与垃圾一起运到垃圾处理厂处理，鉴于垃圾处理厂并不是满负荷工作，将黄龙的垃圾、粪便一齐处理时，处理能力也是充分的
	主观服务管理容量	主观服务人员容量	对环境卫生的满意度	对景区环境卫生满意程度在3即"满意"以上的游客人数至少都占当天游客总人数的80.3%
			对人员服务的满意度	对景区服务人员服务质量满意程度在3即"满意"以上的游客人数至少都占当天游客总人数的84.0%，最高占当天游客总人数的90.9%
		主观服务设施容量	餐厅用餐的拥挤感	游客对杜鹃林餐厅用餐的拥挤度感觉随人数增加有着较为明显的变化，且总体而言游客都感觉用餐较为拥挤
			购物场所的满意度	黄龙核心景区内无专门购物场所，故无容量计算
			卫生间使用时拥挤感	游客对如厕时卫生间使用的拥挤度感觉随着人数的增加有着较为明显的变化，且当游客人数在10 000人以上时，感觉不拥挤的人数只占总人数的20%左右

6.4 九寨—黄龙核心景区空间环境容量研究

6.4.1 九寨—黄龙核心景区旅游空间容量研究范围界定

九寨—黄龙核心景区的空间环境容量主要是研究景区游客人数多寡在空间环境中的配置与格局，及其可能产生的环境影响和旅游舒适度影响。因此，景区空间环境容量可以界定为在景区环境的现存资源设施状态不发生明显有害变化的前提下，在相关管理规定的范围内，游客为达到游览目的可以到达的路径或区域所容纳的游客数量。这包括两个方面的含义，一是景区本身的物理空间容量，即景区自然形态意义上的容量，旅游活动必须限制在自然环境不遭破坏、对旅游景点污染极小的范围之内，可以称之为景区客观空间环境容量。二是从游客主观感受的角度衡量，即游客的数量应限制在不破坏游客游兴的景区主观空间环境容量。

6.4.1.1 九寨沟核心景区空间环境容量的范围界定

九寨沟核心景区面积 720 km^2，现游览区面积 50 km^2。九寨沟景观分布在"Y"字形的树正沟（14.5 km）、日则沟（18km）和则查洼沟（18 km）3 条主沟内（图 6-11），公路总长 50.5 km。根据九寨沟景点分布状况及游客游览特点，按照景区空间环境容量的定义将研究范围设定为①景区内栈道：目前查阅到的景区内栈道长度数据不统一，因此，只能按照实地拍摄的图片资料为栈道长度数据依据。栈道宽度根据资料记录和实地测量可以确定其数据为 2 m。②景区内观景台：观景台数量和实际面积主要是通过资料收集和实地测量以获得准确数据。

6.4.1.2 黄龙核心景区空间环境容量的范围界定

黄龙沟是一条由南向北，逐渐隆起的钙华体山脊，整个"龙身"长 3.6 km，落差约 400 m，涪源桥是龙尾，五彩池是龙首。根据黄龙景点分布状况及游客游览特点，按照景区空间环境容量的定义将研究范围设定为：景区内栈道，根据访谈得到景区内栈道总长为 8.5 km，其中，上山道长 4.5 km，下山道长 4 km，栈道宽度为 2.4 m。景区内观景台，其数量和实际面积项目通过资料收集和实地测量以获得准确数据。

6.4.2 九寨—黄龙核心景区空间环境容量计算模型设计

6.4.2.1 模型设计原则

(1) 等级性原理

景区旅游空间环境容量与旅游景点的吸引程度有着密切的内在联系。因此，面对不同等级的标准和内容，会体现出不同的旅游空间环境容量值。同时，风景区内非均质状态的客观存在，是测定旅游空间环境容量时不可忽略的重要因素。

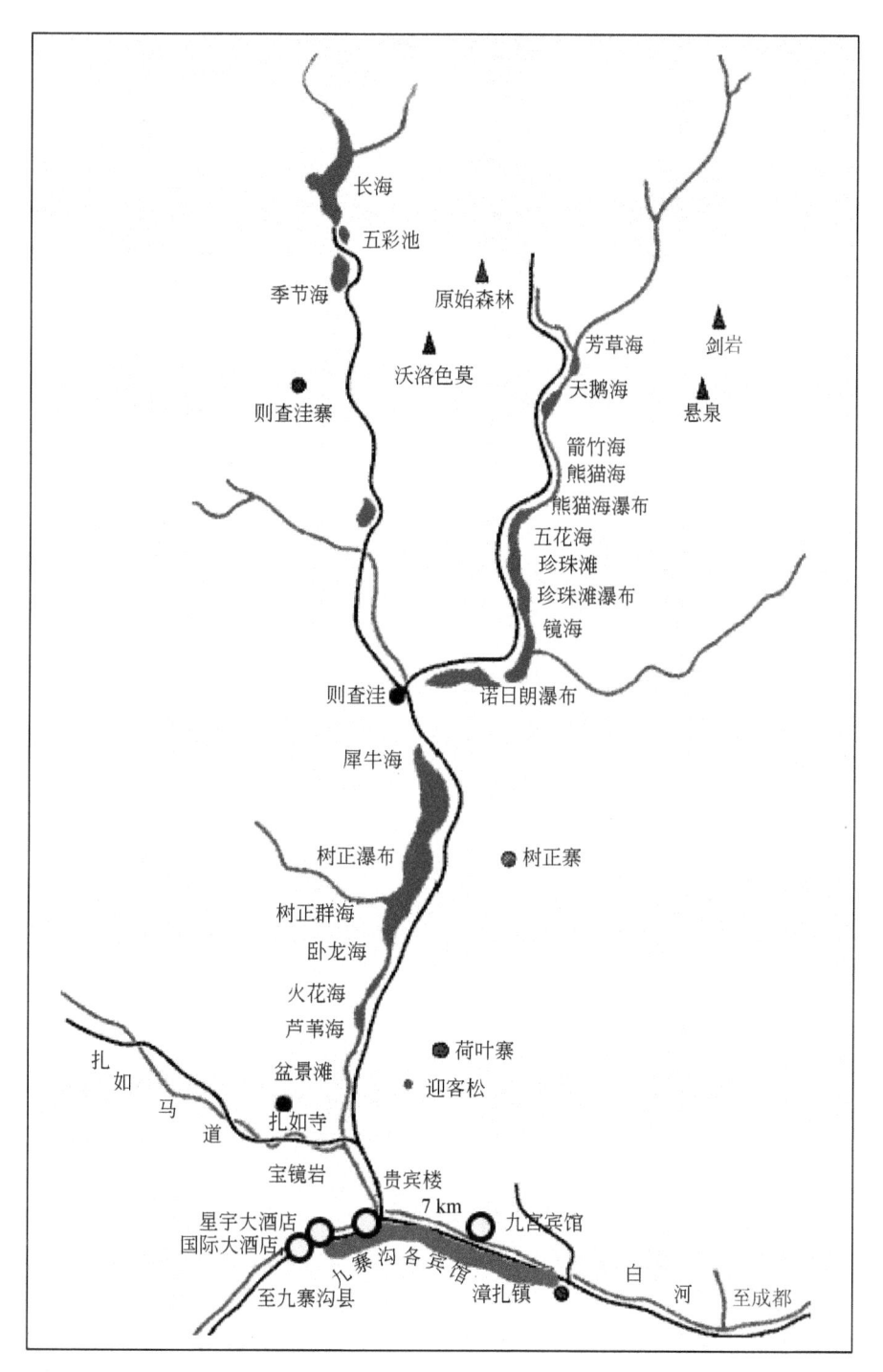

图 6-11 九寨沟景点分布示意图

（2）可控性原理

旅游空间环境容量是保护旅游风景区的环境质量，促进其可持续发展的重要指标。对于其中的瓶颈因子，是可以进行人为调控的。特别是在一些区域面积比较大的旅游区内，通过一定的管理手段,将某些景点的旅游者人数进行空间和时间上的调控,可以有效地增大核心景区的空间环境容量。

(3) 可持续发展原理

旅游空间环境容量的研究初衷是促进旅游业的可持续发展。因此,可持续发展原理就成为旅游空间环境容量理论基础的重要基石。通过科学的方法对景区空间环境容量进行确定,能够积极地从各个方面、各个角度对旅游业的发展规模和程度进行指导,从而促进景区旅游业的可持续发展。

6.4.2.2 基本理论模型

景区的空间环境容量包括景点的容量和道路的容量。景点是指旅游者从事旅游活动时直接占用的最基本空间单元,其范围包括旅游活动的具体场所以及围绕着这一场所的短暂休息和即时服务空间。景区是比景点的空间范围更广一些的地域单元,它包括有若干个景点、连接各景点间的道路,以及那些构成旅游活动的环境但又不为旅游活动直接占用的空间。资源空间容量的测定公式如下:

$$T = \sum_{i=1}^{n} D_i + \sum_{j=1}^{p} R_j + \sum_{l=1}^{r} E_l$$

式中,T 为核心景区空间环境容量;D_i 为第 i 个旅游景点容量;R_j 为第 j 条栈道容量;E_l 为旅游地中的非活动区接纳游人量;n、p、r 分别为景点处数、栈道条数、非活动区个数。

而对于其中每一个分量都需要计算其主观和客观容量。

6.4.2.3 空间环境客观容量现状计算及其时空分异

就客观容量而言,主要是针对现有物理状况下的可容游客量,因此假定处于一个均质空间的旅游区,景点均匀分布,游览线路有多条,游客在旅游区内随机运动,无规则行走。公式为

$$D_m = L/d$$
$$D_a = D_m \times (T/t)$$

式中,D_m 为旅游区瞬时客流容量(人);D_a 为日客流容量;L 为旅游区游览线路长度(m);d 为游人游览活动最佳密度(m/人);t 为游人每游览一次平均所需时间(min);T 为每天有效游览时间(min)。

(1) 空间环境客观容量现状计算及其时空分异

A. 游览线路概况与空间划分

根据调研可知,由于九寨沟的地理结构特点,目前九寨沟有两条主要游览线路。通常,所有游客在沟口乘坐观光车,之后分为,①沟口—长海—诺日朗中心站—原始森林—诺日朗中心站—沟口;②沟口—原始森林—诺日朗中心站—长海—诺日朗中心站—沟口。在游览过程中,游客可采用的游览方式主要是乘坐观光车和在栈道步行。由于需要计算九寨沟的物理空间容量,因此主要考虑游客到达各景点后在栈道形成的游览方式,暂时不涉及观光车的调度问题。

九寨沟景区内的游览区域及主要景点有:①日则沟,原始森林、箭竹海、五花海、熊

猫海、珍珠滩、镜海；②则查洼沟、长海、五彩池；③树正沟、犀牛海、老虎海、树正群海、树正寨。诺日朗中心站的主要功能是用餐和集散，因此按照以下游览线路测算空间容量：①长海—诺日朗中心站；②原始森林—诺日朗中心站；③诺日朗中心站—沟口。

根据现有资料查找到对景区游客最佳密度的控制，主要是陆地 2 m²/人，湖泊 8 m²/人。而九寨—黄龙核心景区主要以在栈道行走为游览途径，景区内栈道的宽度都为 2 m，因此，在对游客密度的设计时采用前后间距为 2 m 的标准进行计算。

B. 分线路空间容量测算

九寨沟核心景区空间容量如表 6-54 所示。

表 6-54　九寨沟核心景区空间容量计算表

分区景点		参数值	容量值
"长海—诺日朗中心站"游览线		游览线路总长度 L_1 = 860 m 游客平均游览时间 t_1 = 20 min	瞬时容量 = 862 人 最大日容量 = 7 758 人/d
"原始森林—诺日朗中心站"游览线	原始森林	游览线路总长度 L_2 = 960 m 游客平均游览时间 t_2 = 30 min	瞬时容量 = 962 人 最大日容量 = 7 696 人/d
	箭竹海	游览线路总长度 L_2 = 827 m 游客平均游览时间 t_2 = 20 min	瞬时容量 = 829 人 最大日容量 = 9 948 人/d
	熊猫海	游览线路总长度 L_2 = 1 000.8 m 游客平均游览时间 t_2 = 20 min	瞬时容量 = 1 002.8 人 最大日容量 = 12 033.6 人/d
	五花海	游览线路总长度 L_2 = 1 487 m 游客平均游览时间 t_2 = 30 min	瞬时容量 = 1 489 人 最大日容量 = 11 912 人/d
	珍珠滩	游览线路总长度 L_2 = 1 935 m 游客平均游览时间 t_2 = 40 min	瞬时容量 = 1 937 人 最大日容量 = 11 622 人/d
		瞬时容量 = 962 人；最大日容量 = 7 696 人/d	
"诺日朗中心站—沟口"游览线	老虎海	游览线路总长度 L_2 = 1 248 m 游客平均游览时间 t_2 = 30 min	瞬时容量 = 1 250 人 最大日容量 = 7 500 人/d
树正寨容量		不影响景区的游览容量	
诺日朗餐厅容量		可同时容纳 3 000 人用餐，翻台率旺季 2 或 3 次/d，淡季 1 或 2 次/d，取最大值 3 次/d 计算	日容量为 9 000 人/d
九寨沟核心景区空间容量为 31 954 人/d			

a. "长海—诺日朗中心站"游览线

则查洼沟段位于诺日朗宾馆至长海子，长约 17 km，景点集中在沟的尽头，这里有季节海、五彩池和长海。长海南北长 7.5 km，宽 500 m，水深 80m 余，是九寨沟内最大的海。它汇集南面雪峰的雪山和四水的流泉，没有出水口，排水靠蒸发和地下渗透。夏秋纵遇暴雨，海水也不溢堤，冬春长时无雨，海水也不干涸。长海沿岸山峦叠彩，绿树幽深。隆冬季节，冰冻雪封，一片银白；五彩池水上半部呈碧蓝色，下半部则呈橙红色；季节海的水则随干旱季节而时盈时涸。

游客乘坐观光车到达长海后,在栈道步行游览完长海和五彩池然后回到车站乘车,因此将以长海和五彩池两个景点的栈道长度总和来计算游览线路的长度。游客在这条线路上的游览时间上限值为3 h,下限值为2 h。则有:

游览线路总长度 L_1 = 860 m,游客平均游览时间 t_1 = 20 min;瞬时容量862人;最大日容量7758 人/d。

b. "原始森林—诺日朗中心站"游览线

该游览线路主要游览日则沟,从诺日朗瀑布向西南方行进,主要景点有珍珠滩、金铃海、孔雀海、五花海、熊猫海、箭竹海,全长9000 m。由于线路景点较多,主要计算游客下车游览的原始森林、箭竹海、熊猫海、五花海和珍珠滩。该线路游览时间上限值为4 h,下限值为3 h。

原始森林游览线路:总长度 L_2 = 960 m,游客平均游览时间 t_2 = 30 min,瞬时容量962人,最大日容量7696 人/d。箭竹海游览线路:总长度 L_2 = 827 m,游客平均游览时间 t_2 = 20 min,瞬时容量829人,最大日容量9948 人/d。熊猫海游览线路:总长度 L_2 = 1000.8 m,游客平均游览时间 t_2 = 20 min,瞬时容量1002.8人,最大日容量12 033.6 人/d。五花海游览线路:总长度 L_2 = 1487 m,游客平均游览时间 t_2 = 30 min,瞬时容量1489人,最大日容量11 912 人/d。珍珠滩游览线路:总长度 L_2 = 1935 m,游客平均游览时间 t_2 = 40 min,瞬时容量1937人,最大日容量11 622 人/d。

由于游客可以通过乘坐观光车和栈道步行两种方式到达游览景点,游客将在线路上均匀分布,线路上各景点的游览人数互相无影响。所以该条线路的最大日容量应该取所有景点所能容纳游客数的最大值,因而"原始森林—诺日朗中心站"游览线空间容量是瞬时容量962人,最大日容量7696 人/d。

c. "诺日朗中心站—沟口"游览线

游客到达树正沟游览时通常已经是下午时分,因此这条线路的游览主要是通过乘坐观光车,下车步行游览的主要景点是老虎海和树正寨,游览时间为2～3 h。因此计算如下:老虎海游览线路总长度 L_2 = 1248 m,游客平均游览时间 t_2 = 30 min,瞬时容量1250人,最大日容量7500 人/d。树正寨为游客出沟前的一个景点,主要以购物为主,所以实际上并不属于游览范围,是一个购物场所,因此其容量并不影响景区的游览容量。

d. 诺日朗餐厅容量

根据实地调查,诺日朗餐厅可同时容纳3000人用餐,诺日朗餐厅翻台率:旺季2或3次/d,淡季1或2次/d,取最大值3次/d计算,则诺日朗餐厅的日容量为9000 人/d。

e. 九寨沟核心景区空间最大日容量测算

游客在景区一天开放时间内游完所有景点(三条沟),需要将时间合理分配到每条沟上,而这种分配主要受到车辆调度的控制,在观光车的引导下无论时间充足还是紧张,游客总能实现全程游览,并且三条沟的游览是在管理部门的调度下交叉进行的,任何游客进沟后其游览线路并不固定。因此,九寨沟核心景区的空间最大日容量为各条线路空间容量之和,即九寨沟核心景区空间容量 = 7758 + 7696 + 7500 + 9000 = 31 954 人/d。

(2) 黄龙核心景区空间环境客观容量现状计算及其时空分异

A. 游览线路概况与空间划分

黄龙景区内有两条游览路线：上山道和下山道，实地调研中发现游客并非严格按照上、下山道的标志行走，仍有不少游客是从下山道上山的，因此在计算的时候主要是分为两条游览线路：景区门口沿上山道至五彩池和景区门口沿下山道至五彩池。因此，这里将从上山道游览和从下山道游览两条线路合并计算黄龙景区每日的游客量，并取最小值。

B. 分线路空间容量测算

黄龙核心景区环境容量如表 6-55 所示。

表 6-55 黄龙核心景区环境容量计算表

分区景点	参数值	容量值
上山道的空间容量	线路总长度 L_1 = 4 500 m，游客平均游览时间 h = 2.5 h	瞬时容量 = 4 502 人，最大日容量 = 22 510 人/d
下山道的空间容量	线路总长度 L_1 = 4 000 m，游客平均游览时间 h = 1.5 h	瞬时容量 = 4 002 人，最大日容量 = 33 350 人/d
杜鹃林餐厅容量	可同时容量 154 人用餐，其翻台率为 8 次	杜鹃林餐厅容量为 1 232 人/d
黄龙核心景区空间容量为 23 742 人/d		

景区开放时间为 12.5 h。

1）上山道的空间容量：线路总长度 L_1 = 4500 m，游客平均游览时间 h = 2.5 h，瞬时容量 4502 人，最大日容量 22 510 人/d。

2）下山道的空间容量：线路总长度 L_1 = 4000 m，游客平均游览时间 h = 1.5 h，瞬时容量 4002 人，最大日容量 33 350 人/d。

3）杜鹃林餐厅容量：杜鹃林餐厅可同时容量 154 人用餐，其翻台率为 8 次，则杜鹃林餐厅的容量为 1232 人/d。

4）黄龙核心景区空间最大日容量测算：黄龙的游览方式与九寨沟不同，游客的游览线路只有一条，其游览方向是固定不变的，因此，其空间容量取两条线路的最小值再与杜鹃林餐厅容量相加，即黄龙核心景区空间容量 = 22 510 + 1232 = 23 742 人/d。

6.4.2.4 九寨—黄龙核心景区空间环境容量研究

(1) 等级理论

等级理论是景观生态学的重要理论之一，它是 20 世纪 60 年代以来逐渐发展形成的，关于复杂系统结构、功能和动态的理论。从广义上讲，等级是一个由若干个单元组成的有序系统。根据等级理论，复杂系统可以看做是具有离散性等级层次组成的等级系统。强调等级系统的这种离散性反映了自然界中各种生物和非生物学过程往往有其特定的时空尺度，也是简化对复杂系统的描述和研究的有效手段。一般而言，处于这一等级中高层次的行为或过程常表现出大尺度、低频率、慢速度的特征；而低层次行为或过程，则表现出小尺度、高频率、快速度的特征。不同等级层次之间具有相互作用的关系，即高层次对低层次有制约作用。由于其低频率、慢速度的特点，在模型中这些制约往往可以表达为常数。

低层次为高层次提供机制和功能,由于其快速度、高频率的特点,低层次的信息则常常可以平均值的形式表达。

对于旅游风景区而言,按照不同的划分依据,可以划分为不同类型的单元。就环境保护区划来说,它一般可划分为特级区、一级区、二级区等。毫无疑问,这些景观单元之间是存在等级结构关系的,即所谓的"非巢式"结构模式。将景观生态学等级理论具体运用到资源空间容量的研究领域中来,具有很好的创新性和实用性。它使得原来均质的一个基底范围,转变成一个具有不同等级的斑块系统。这就进一步为科学测算旅游环境容量提供了准确的前提条件。

(2) 核心景区景点的等级特征

根据调研资料分析结果,九寨—黄龙核心景区游客空间分布具有明显的非均匀特点。游客主要集中在少数景区,如九寨沟的珍珠滩、五彩池、长海、老虎海、树正寨等;黄龙的五彩池等。一些景区游客聚集较少,有的景点游客只是下车拍完照片就离开了(最明显的是在九寨沟的树正沟景点)。于是出现少数景点游客滞留时间在整个游览时间中的比例较大的情况。例如,以景点最多的日则沟为例,通过踏勘调查得知,其景点的游览时间分布见图6-12,游客在珍珠滩滞留时间占据日则沟游览时间的22.22%,其次是原始森林和五花海、箭竹海和熊猫海、诺日朗瀑布,这6个景点的游览时间共占据日则沟游览时间的82.22%。

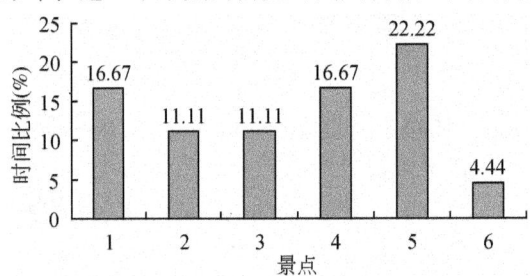

图 6-12 日则沟景点游览时间比例
1. 原始森林;2. 箭竹海;3. 熊猫海;4. 五花海;5. 珍珠滩;6. 诺日朗瀑布

通过上述调查发现,由于景点的资源吸引度不同,不论怎样在时空层次进行人流调配,各个景区、景点的人流负荷是不可能等同的。在以往的景区空间环境容量研究中,通常采用的"面积法"、"线路法"等,都忽略了对这样的一个现实情况的有效考虑,结果计算出来的容量值普遍偏大。针对这样一个情况,应该根据各个景点的风景吸引度不同,建立等级制度。于是有如下公式:

$$A_1 : A_2 : A_3 = m_1 : m_2 : 1$$
$$D'_1 = D_1 \times m_1, D'_2 = D_2 \times m_2, D'_3 = D_3$$

式中,A 为各景点风景吸引度;m 为风景吸引度比值;D' 为资源空间容量。

通过上述模型,核心景区空间环境容量就被统一到一个水平上。关键在于引用的 m 值的确定,从本质上说,它相当于一个权重的概念。具体的确定方法,是根据单位时间游客数量的对比来确定。这样算出的环境容量值,具有较强的实际意义。通过对九寨沟和黄龙共3次问卷调查得出的游客所能接受的观景台拥挤度、栈道纵排拥挤度和栈道横排拥挤度如图6-13~图6-15所示。

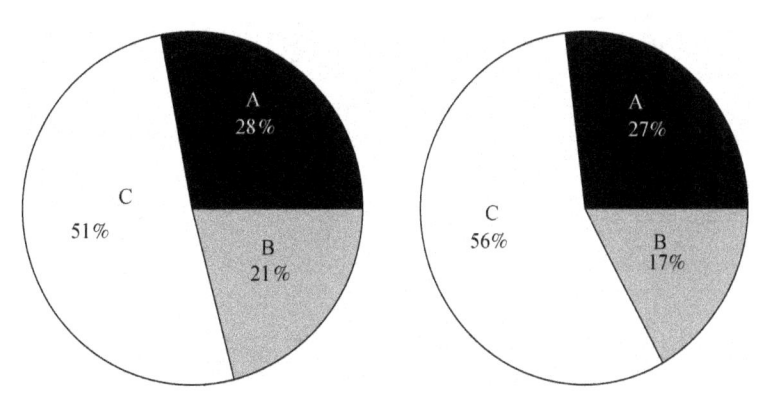

图 6-13　游客所能接受的观景台的拥挤度
A. 0.5 m²；B. 1 m²；C. 1.5 m²；左边为九寨沟，右边为黄龙，下同

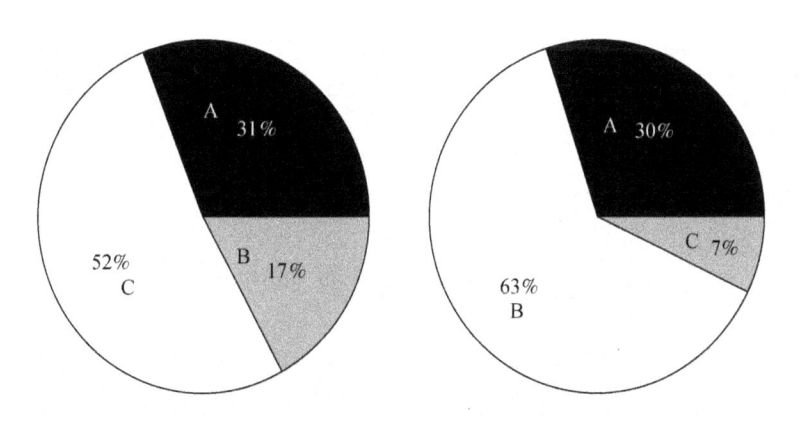

图 6-14　游客所能接受的栈道纵排拥挤度
A. 1.5 m；B. 1 m；C. 0.5 m

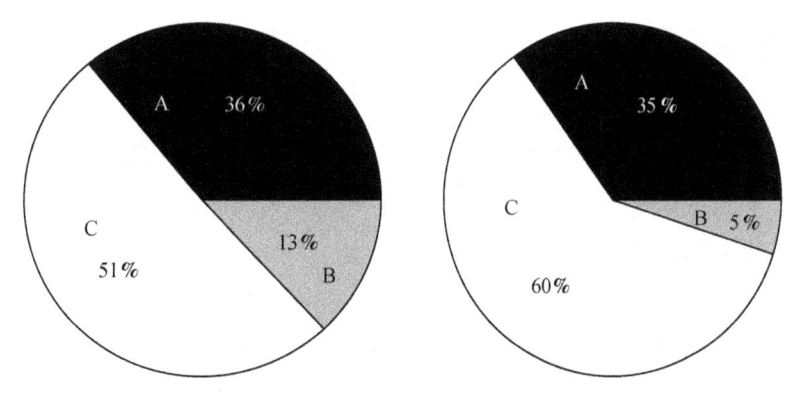

图 6-15　游客所能接受的栈道横排拥挤度
A. 3 人/排；B. 2 人/排；C. 1 人/排

（3）九寨沟核心景区主观环境容量计算

根据上述公式和对游客密度的调查，计算结果见表6-56。

表6-56 九寨沟景区主观空间容量表（游客密度 $d=1$ 人$/m^2$）

计算单元	栈道长度（m）	瞬时容量（人）	权重	空间容量（人/d）
长海—诺日朗	860	862	1.05	905.1
原始森林	960	962	1.16	1 115.92
箭竹海	827	829	1	829
熊猫海	1 000.8	1 002.8	1.21	1 213.39
五花海	1 487	1 489	1.8	2 680.2
珍珠滩	967.5	969.5	14.02	13 592.39
老虎海	1 248	1 250	1.51	1 887.5
合计		22 224 人/d		
诺日朗餐厅		9 000 人/d		
九寨沟核心景区主观空间容量为 31 224 人/d				

（4）黄龙核心景区主观环境容量计算

前文已经论述到黄龙的游览方式与九寨沟不同，其游览线路是唯一的，属于边走边看的方式，不同景点之间的停留时间差异不大。因此，对黄龙核心景区主观容量的计算方法与主观容量一致，但是游客密度采用调查问卷的数据，即 1 m^2/人，而游客实际游览时间为 10 h，因此黄龙核心景区主观环境容量如下。

1）上山道的空间容量：线路总长度 $L_1=4500$ m，游客平均游览时间 $h=2.5$ h，瞬时容量 4502 人，最大日容量 18 008 人/d。

2）下山道的空间容量：线路总长度 $L_1=4000$ m，游客平均游览时间 $h=1.5$ h，瞬时容量 4002 人，最大日容量 26 680 人/d。

3）杜鹃林餐厅容量：杜鹃林餐厅容量为 1232 人/d。

4）黄龙核心景区空间最大日容量测算：黄龙核心景区主观空间容量 = 18 008 + 1232 = 19 240 人/d。

6.5 九寨—黄龙核心景区环境容量模型

6.5.1 测算原则

测算过程中需要坚持以下三个原则。首先是可持续发展原则，旅游景区环境容量的测算除了必须保证景区的旅游资源免受超负荷的人为破坏，保持优美的自然景观特色和良好的游览环境，还特别要保护好景区内的水资源和各种生物资源。不仅当前要取得最佳的经济效益，而且也要使良好的旅游资源长期被子孙后代持续有效地利用。其次是舒适原则，旅游景区必须考虑满足游客的游览兴趣、舒适程度与需求期望，以取得游览、度假、休闲的最佳效果。最后，还要坚持安全卫生原则，旅游景区必须考虑保证游客的人身安全，为游客提供安全、卫生、方便的旅游环境。

6.5.2 旅游最大容量

旅游极限容量是指最大的旅游承受能力，也是最终旅游接待容量。旅游景区接待的容量达到极限容量即饱和了，因此极限容量值也称为饱和点。饱和又分为季节性饱和和非季节性饱和两种情况。前者主要是旅游需求在时间上分布不均匀引起的，后者则是旅游供给长期不足而产生的。极限容量是影响旅游地功能分区、设施的等级和保护措施的关键因素，但常常以其他旅游地获得的经验（合理容量）作为规划的基本指标，因为极限容量值很难确切地界定。

在一个旅游地，接待能力的大小是旅游地的生态环境承载容量、空间环境容量和服务管理环境容量中的单个或多个因素影响决定的。对于九寨—黄龙这样以水为灵魂、生态脆弱的旅游地而言，生态环境承载容量起着决定性的作用。九寨—黄龙景区主要存在季节性饱和问题，下面从静态和动态两个角度来考虑该景区的环境最大容量。

6.5.2.1 静态模型

从静态的角度而言，对于任何一个系统，其系统的容量是由系统的各要素中容量最小的一个要素所决定的。旅游环境容量是一个复合体系，它由许多的分量组成，如生态环境承载容量、空间环境容量、服务管理环境容量等。在这一系统当中，任何一个容量最小的分量都会成为制约旅游风景区环境容量的限制性因子（图6-16）。所谓静态模型，是指在现有物理条件不变的情况下进行综合考虑。

$$最大容量 = \begin{cases} 空间或服务容量的最小者 & 当生态容量最大时 \\ 生态容量 & 当生态容量最小时 \end{cases}$$

图 6-16 环境容量限制因子

根据前期研究资料，旅游活动带入的外源负荷极小，目前旅游活动强度在九寨沟和黄龙两个区域造成的与湖泊水体富营养化直接相关的总磷营养物的排放量是微不足道的。

而九寨沟的五花海和黄龙的五彩池子区总磷环境容量为负数，由负荷构成分析，削减的外源负荷应是坡面总磷负荷，而不是旅游设施面积和游客人数，因此不考虑这两个子区的生态容量。游客的主观愿望是希望能游览景区的每一个景点，因此在计算时也假设游客去过每一个景点。由表6-57依据木桶原理可知，九寨沟景区的生态容量为26 200人/d，其空间容量为31 954人/d，服务管理容量为23 684人/d。根据生态容量、空间容量和服务管理容量的结果可知，在现有物理条件不变的情况下，九寨沟的最大容量为23 684人/d。

表 6-57 九寨沟5个子区的生态容量

子区	长海	天鹅海	箭竹海	镜海	老虎海
生态容量（万人）	14.84	2.62	2.62	9.05	5.59

黄龙的空间容量为 23 742 人/d，服务管理容量为 20 533 人/d。因此黄龙的最大容量为 20 533 人/d。也就是说，从静态的角度，九寨沟和黄龙核心景区旅游容量都是由服务管理容量决定的。

6.5.2.2 动态模型

环境容量不是一个绝对的界限，它只是为了预示事物发生质变的关键点，目的是引起人们的重视，以排除危害生态环境的因素或消除管理中的障碍。对于环境容量中的瓶颈因素，可以进行人为调控，特别是在一些区域面积比较大的旅游区内，通过一定的管理手段，将某些景点的旅游者人数，进行空间和时间上的调控，便可以有效增大旅游区的空间环境容量。所以，通过科学的规划工作和管理措施，确定的环境容量在不同时期可以是不同的或者说可以提高的。对量化的环境容量只能是作为参考，并不是一个定数。

（1）模型构建

有学者曾经用模糊线性规划方法对旅游环境承载容量进行过测算与分析（杨林泉和郭山，2003），其思路是：在旅游地各种资源（包括软资源与硬资源）的当期水平约束下，使得目标函数值（经营者收益）最大。模糊线性规划方法实质上是单目标规划，它寻求"在资源约束条件下的最优解"。而本研究将要用到的多目标规划模型方法寻求的是"在资源约束条件下的最满意解"，目标分等级（只有优先级目标被满足之后，才能寻求满足次级目标），而且可以根据实际情况的需要进行目标的变换；目标之间可以是相互冲突的（如旅游经济规模和效益可能与旅游景区生态环境相冲突）。用多目标规划方法，可以寻求"在资源约束下满足尽可能多的目标"。可以看出，多目标规划方法可以很好地执行旅游环境承载容量的动态规划。

多目标规划中要使用偏差变量（偏离目标值的大小）：d^- 表示小于目标值的部分，d^+ 表示超出目标值的部分。这样目标函数可能有以下三种情况。

1) $\min\{f(d^+ + d^-)\}$ 表示恰好达到目标值；
2) $\min\{f(d^+)\}$ 表示不大于目标值；
3) $\min\{f(d^-)\}$ 表示不小于目标值。

把一个旅游景区可持续发展最核心的条件——生态环境标准及经济规模效益作为目标，把各资源要素的限制因素作为约束条件，因此多目标规划模型就是要在各资源限制条件下实现经济目标与生态环境目标。

生态环境目标就是要使生态环境质量综合指数达到国家标准值，在九寨—黄龙核心景区就是要使地表水达到国家Ⅰ类水体标准，使旅游资源能够被持续有效地利用。而经济目标就是要使旅游景区的日收入达到预期值 Z（元/d）。

同时，考虑到可持续发展的思想，认为保护景区的生态环境要比经济发展更加重要，因此，设定生态环境为第一优先级，经济发展为第二优先级，并分别赋予它们优先因子 P_1 和 P_2 的值：0.6 和 0.4。

模型具体形式如下：

$$\min f = P_1 d_1^+ + P_2 d_2^-$$

$$\text{s.t.} \begin{cases} a_{it} \cdot x \leqslant \left\{ (B_{it} + \Delta B_{it}) \left[\dfrac{b_{it}}{B_{it}} + \theta \left(1 - \dfrac{b_{it}}{B_{it}}\right) \right] \right\} \cdot \omega_{it} \quad (i = 1,2,3) \\ 1.02 \left[\dfrac{\dfrac{L_p}{q_s}}{1 + \sqrt{t_w}} \right]^{0.88} + d_1^- - d_1^+ = 0.01 \\ cx + d_2^- - d_2^+ = Z \\ x \geqslant 0, d_i^-, d_i^+ \geqslant 0 \quad (i = 1,2) \end{cases}$$

式中，x 为游客的日接待量（人/d）；a_{it} 为游客对第 i 类资源中第 t 种资源的平均使用量；B_{it} 为旅游景区第 i 类资源中已有的第 t 种资源量；ΔB_{it} 为旅游景区第 i 类资源中第 t 种资源的未来规划可能增加量；$\dfrac{b_{it}}{B_{it}}$ 为旅游景区对第 i 类资源中第 t 种资源的实际平均提供率；b_{it} 为旅游景区对第 i 类资源中第 t 种资源的实际平均提供量；θ 为 $[0,1]$ 表示旅游景区对潜在资源的潜在提供程度；$\omega_{it} = \dfrac{\text{第 } i \text{ 类资源中第 } t \text{ 种资源的日开放时间}}{\text{游客对第 } i \text{ 类资源中第 } t \text{ 种资源的日平均使用时间}}$；$c$ 为游客在旅游景区的平均花费（元/人）。

（2）旅游极限容量的指标要素体系

旅游极限容量的指标要素体系如图 6-17 所示。

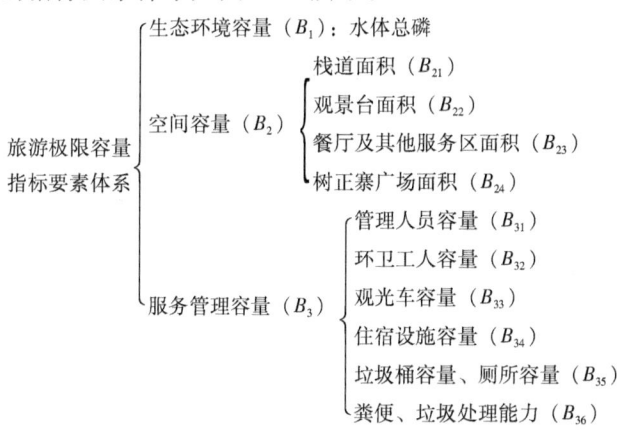

```
                    ┌ 生态环境容量（B₁）：水体总磷
                    │                    ┌ 栈道面积（B₂₁）
                    │                    │ 观景台面积（B₂₂）
                    │ 空间容量（B₂）     │ 餐厅及其他服务区面积（B₂₃）
旅游极限容量        │                    └ 树正寨广场面积（B₂₄）
指标要素体系        │                    ┌ 管理人员容量（B₃₁）
                    │                    │ 环卫工人容量（B₃₂）
                    │                    │ 观光车容量（B₃₃）
                    └ 服务管理容量（B₃）│ 住宿设施容量（B₃₄）
                                         │ 垃圾桶容量、厕所容量（B₃₅）
                                         └ 粪便、垃圾处理能力（B₃₆）
```

图 6-17 旅游极限容量指标要素体系

（3）模型参数的选取方法及技术实现

在无法预知九寨沟和黄龙的具体收入时，暂时以两个景区 2004 年的日平均收入作为日预期收入。据四川省统计局公布的数据，2004 年九寨沟景区的门票收入为 45 467.0 万元，黄龙景区的门票收入为 31 359.4 万元。因此，九寨沟日平均收入为 657 534 元，黄龙的日平均收入为 383 561 元。

在本研究里游客在旅游景区的平均花费 c 采用门票价格（在九寨沟再加上乘坐观光车的费用）。旅游极限容量必然是在旅游旺季的某一天出现，因此，门票采用旺季时的价格。资源约束方程为

$$a_{it} \cdot x \leq \left\{ (B_{it} + \Delta B_{it}) \left[\frac{b_{it}}{B_{it}} + \theta \left(1 - \frac{b_{it}}{B_{it}} \right) \right] \right\} \cdot \omega_{it} \quad (i = 1, 2, 3)$$

式中，ω_{it} 表示在开放时间（一天）内游客流轮换的次数；$\left\{ (B_{it} + \Delta B_{it}) \left[\frac{b_{it}}{B_{it}} + \theta \left(1 - \frac{b_{it}}{B_{it}} \right) \right] \right\}$ 表示旅游景区对某种资源供给量的基数，乘以 ω_{it} 就为一天内旅游景区对该种资源的总供给量；根据前几年对每日游客人数的记录，九寨—黄龙会在黄金周的某一天达到一年中游客数量的日最高峰，在这一天，会为游客提供最大限度的各种资源，此时可以把资源实际提供率看为 1，即 $\frac{b_{it}}{B_{it}} = 1$；$\Delta B_{it}$ 表示的是旅游景区第 i 类资源中第 t 种资源的未来规划可能增加量，就目前而言，$\Delta B_{it} = 0$；旅游景区对潜在资源的潜在提供程度 $\theta = 0$（这个值可以根据景区的未来规划进行调整）。

九寨沟、黄龙已于 2005 年 7 月 1 日调整了门票价格，在九寨沟旺季，门票价格为 220 元/人，观光车的票价为 90 元/人；黄龙的门票价格为 200 元/人（在调整价格以前，九寨沟的旺季门票价格为 145 元/人，观光车的票价为 90 元/人，黄龙的门票价格为 110 元/人）。每单位游客引起的浓度为 p，把生态目标使地表水达到国家 I 类水体标准，即 $1.02 \left(\frac{\frac{L_p}{q_s}}{1 + \sqrt{t_w}} \right)^{0.88} \leq 0.01$ 转换为与游客人数相关的等价形式：$px \leq 0.01$。在不同的子景区，每单位游客引起的浓度是不相同的。

A. 九寨沟的容量计算

表 6-58 中的相关数据是基于以下理由。

1) 8318 m 是游客常走的栈道长度，不考虑已修且鲜有游客的栈道，这些栈道实际上不能起到分流游客的作用，栈道的宽度以 2 m 计算。

表 6-58　九寨沟客观服务管理容量相关数据表

资源种类			游客的平均使用量 a_{it}	已有资源量
空间容量		栈道	2 m²/人	8 318 m[1]
服务与管理容量	服务人员容量	管理人员		
		环卫工人	0.001 57 人/游客[2]	107 人
	服务设施容量	餐厅	1 座/人	3 000 座
		观光车	1 座/人	9 936 座[3]
		卫生间容量	0.128 kg/人游览时间[4]	13 620 kg[5]
		垃圾桶容量	0.16 kg/人游览时间[6]	9 100 kg[7]
		住宿设施	1 床/人	40 233 床[8]
	基础设施容量	垃圾处理能力	0.16 kg/人游览时间	12 000 kg[9]
		粪便处理能力	0.128 kg/人游览时间	80 000 kg[10]

2) 九寨沟共有 153 名环卫工人，其中 107 人负责清洁栈道。在九寨沟不允许游客走上公路，因此只考虑负责清洁栈道的 107 名环卫工人的容量。根据实地调研，每个环卫工

人负责清洁栈道的平均面积为 1272 m²，而栈道游客平均使用量为 2 m²/人，等价于 0.5 人/m²，因此每位游客所拥有的环卫工人数为 0.001 57 人 [1/（1272×0.5）]。

3）在九寨沟大巴共有 180 辆，其中，宇通 30 辆；金龙 40 辆；豪华金龙 20 辆；亚星 10 辆；安凯 80 辆；中巴共计 100 辆（其中 2 台是接待车，因此不计入容量计算中）。

不同型号观光车的座位数分别是：大巴座位数包括宇通 44 座、金龙 43 座、豪华金龙 45 座、亚星 40 座、安凯 43 座；中巴座位数：22 座。因此，总的座位数为 9936 个。

观光车往返一次平均所需时间为 2 h（与服务组有区别，该组考虑了等候调度的时间 1 h，观光车往返一次平均所需时间为 3 h），以黄金周景区开放时间 12 h（6：30 ~ 18：30）为容量计算的标准来取值，周转率为 6。因为游客进出景区都需乘车，因此实际计算的周转率为 3。

4）根据《旅游与环境》的标准，游客一天的排污标准为粪便 0.4 kg/（人·d）。根据实地调研的结果，游客平均的游览时间为 7.7 h，全天的游览时间按照 24 h 计算，所以折算率为 7.7/24 = 0.32。即 0.32×0.4 = 0.128 kg/人。

5）九寨沟卫生间共有蹲位 681 个，粪便收集 2 次/d 为计算标准。经实地调查，粪便袋容量为 15 kg，每次收集粪便时每个粪便袋内约有粪便 10 kg。即 2×（681×10）= 13 620 kg。

6）根据《旅游与环境》的标准，游客一天产生垃圾的标准为 0.5 kg/（人·d）。根据实地调研的结果，游客平均的游览时间为 7.7 h，全天的游览时间按照 24 h 计算，所以折算率为 7.7/24 = 0.32。即 0.32×0.5 = 0.16 kg/人。

7）共有垃圾桶约 650 个，垃圾收集以 2 次/d 为计算标准。经实地调查，每次收集垃圾时每个垃圾桶内平均有垃圾 7 kg。即 2×（650×7）= 9100 kg。

8）九寨沟口、九寨沟县住宿设施容量 22 194 人。黄龙核心景区外住宿设施容量 747 人；松潘县住宿设施容量 1910 人；川主寺住宿设施容量 8282 人；茂县住宿设施容量 7100 人。涉及九寨—黄龙旅游的住宿设施容量 40 233 人。

9）垃圾处理厂现在最少日处理能力为 30 t/d，最多日处理能力为 80 t/d。垃圾处理厂处理九寨沟景区及九寨沟县所有垃圾，以其中旺季处理的 12 t 垃圾为九寨沟景区运出的为标准计算。

10）粪便处理厂最大处理量 80 t/d。在旅游旺季景区开放时间为 12 h，游客的平均游览时间为 7.7 h，因此周转率为 1.56（12/7.7）。

具体模型为

$$\min f = P_1(d_{11}^+ + d_{12}^+ + d_{13}^+ + d_{14}^+ + d_{15}^+) + P_2 d_2^-$$

$$\text{s.t.} \begin{cases} x \leqslant 22\ 954 & [1] \\ 0.001\ 57x \leqslant 107 \times 1 & [2] \\ 1 \times 0.38x \leqslant 3000 \times 3 & [3] \\ x \leqslant 9936 \times 1 \times 3 & [4] \\ 0.128x \leqslant 13\ 620 \times 1 & [5] \\ 0.16x \leqslant 9100 \times 1 & [6] \end{cases}$$

$$\text{s.t.} \begin{cases} x \leq 40\ 233 & [7] \\ 0.16x \leq 12\ 000 \times 1 & [8] \\ 0.128x \leq 80\ 000 \times 1 & [9] \\ 2.09 \times 10^{-4}x + d_{11}^- - d_{11}^+ = 10\ 000 \times 0.01 & [10] \\ 3.77 \times 10^{-4}x + d_{12}^- - d_{12}^+ = 10\ 000 \times 0.01 & [11] \\ 6.6 \times 10^{-4}x + d_{13}^- - d_{13}^+ = 10\ 000 \times 0.01 & [12] \\ 1.75 \times 10^{-4}x + d_{14}^- - d_{14}^+ = 10\ 000 \times 0.01 & [13] \\ 2.55 \times 10^{-4}x + d_{15}^- - d_{15}^+ = 10\ 000 \times 0.01 & [14] \\ 310x + d_2^- - d_2^+ = 657\ 534 & [15] \\ x \geq 0, d_i^-, d_i^+ \geq 0 (i = 1, 2) \end{cases}$$

说明：式[1]为栈道的约束；式[2]为环卫工人的约束；式[3]为餐厅的约束，根据问卷调查的分析结果，在诺日朗餐厅就餐的游客占游客总数的38%，因此在游客数前乘以0.38，不等式右边的3是餐厅的最大翻台率；式[4]为观光车的约束；式[5]为卫生间的约束；式[6]为垃圾桶的约束；式[7]为住宿条件的约束；式[8]为垃圾处理能力的约束；式[9]为粪便处理能力的约束；式[10]～式[14]分别为长海、天鹅海、箭竹海、镜海和老虎海5个子区的生态目标约束（在五花海即使一个游客都不去，总磷浓度仍旧是超标的，这是由自然环境的影响造成的，因此不考虑这个子区）；式[15]为经济目标约束。

运用 Lingo 软件，求解的结果为，P_1、P_2 的值由景区管理部门根据生态目标和经济目标的重要性程度来设定，设 $P_1 = 0.6$，$P_2 = 0.4$，此时的满意解为 $x = 22\ 954$，$f = 0$。

所以，九寨沟的最大容量为 22 954 人/d。

B. 黄龙的容量计算

表 6-59 的相关数据是基于以下理由：

1）上山栈道长度为 4500 m，下山栈道长度为 4000 m，合计为 8500 m，这些栈道是游客游览黄龙必经的道路（栈道的宽度以 2.7 m 计算）。

表 6-59 黄龙客观服务管理容量相关数据表

资源种类		游客的平均使用量 a_{it}	已有资源量
空间容量	栈道	2 m²/人	8 500 m[1]
服务与管理容量	服务人员容量 — 管理人员		
	服务人员容量 — 环卫工人	0.000 74 人/游客[2]	66 人
	服务设施容量 — 餐厅	1 座/人	154 座
	服务设施容量 — 卫生间容量	0.068 kg/人游览时间[3]	3 990 kg[4]
	服务设施容量 — 垃圾桶容量	0.085 kg/人游览时间[5]	6 216 kg[6]
	服务设施容量 — 住宿设施	1 床/人	40 233 床[7]
	基础设施容量 — 垃圾处理能力[8]	0.085 kg/人游览时间	5 000 kg[9]

2）上山道每个环卫工人负责清洁栈道的平均面积为 600 m × 2.7 m = 1620 m²；下山道

每个环卫工人负责清洁栈道的平均面积为 1400 m × 2.7 m = 3780 m²;因此,平均每个环卫工人负责清洁的栈道面积为 (1620 + 3780) / 2 = 2700 m²;每位游客所拥有的环卫工人数为 1/ (2700 × 0.5) = 0.000 74 人。

3)根据《旅游与环境》的标准,游客一天的排污标准为粪便 0.4 kg/ (人·d)。游客平均的游览时间为 4 h,全天的游览时间按照 24 h 计算,折算率为 4/24 = 0.17。则: 0.17 × 0.4 = 0.068 kg/人。

4)黄龙卫生间共有蹲位 95 个,粪便收集 3 次/d 为计算标准。实地调查,粪便袋容量为 20 kg,每次收集粪便时每个粪便袋内约有粪便 14 kg。则 3 × (95 × 14) = 3990 kg。

5)根据《旅游与环境》一书的标准,游客一天产生垃圾的标准为 0.5 kg/ (人·d)。根据实地调研的结果,游客平均的游览时间为 4 h,全天的游览时间按照 24 h 计算,折算率为 4/24 = 0.17。则 0.17 × 0.5 = 0.085 kg/人。

6)共有垃圾桶约 296 个,垃圾收集以 3 次/d 为计算标准。经实地调查,每次收集垃圾时每个垃圾桶内平均有垃圾 7 kg。则 3 × (296 × 7) = 6216 kg。

7)黄龙住宿设施容量与九寨住宿设施容量一起考虑。

8)粪便是与垃圾一起运到垃圾处理厂处理。

9)垃圾处理能力为 5 t/d。

在旅游旺季景区开放时间为 12 h,游客的平均游览时间为 4 h,因此周转率为 3 (12/4)。与九寨沟的五花海子区类似,五彩池的总磷浓度超标是由自然环境的影响造成的,因此这个子区的生态也不作为考虑的因素。具体模型为

$$\begin{cases} x \leq 22\ 510 & [1] \\ 0.000\ 74x \leq 66 \times 1 \times 3 & [2] \\ 1 \times 0.06x \leq 154 \times 8 & [3] \\ 0.068x \leq 3990 \times 1 & [4] \\ 0.085x \leq 6216 \times 1 & [5] \\ x \leq 40\ 233 & [6] \\ 0.085x \leq 5000 \times 1 & [7] \\ 200x \geq 383\ 561 & [8] \end{cases}$$

说明:式 [1] 为栈道的约束;式 [2] 为环卫工人的约束;式 [3] 为餐厅的约束,根据问卷调查的分析结果,在杜鹃林餐厅就餐的游客占游客总数的 6%,因此在游客数前乘以 0.06,计算大批量游客在餐厅就餐的时间从上午 11:00 到下午 3:00 共 4 h,每位游客就餐的时间为 0.5 h,不等式右边的 8 是餐厅的最大翻台率;式 [4] 为卫生间的约束;式 [5] 为垃圾桶的约束;式 [6] 为住宿条件的约束;式 [7] 为垃圾处理能力的约束;式 [8] 为经济目标约束。

虽然求解的结果为 $x \leq 20\ 533$,这是餐厅的限制。但是,餐厅的限制可以通过鼓励更多的游客自带午餐来解决,因此,$x \leq 22\ 510$;即黄龙的最大容量为 22 510 人/d。

6.5.3 旅游最佳容量

旅游最佳容量也称为旅游最适容量、旅游合理容量,是旅游规划中的基本工具。当前

的诸多旅游规划基本都在使用这一概念范畴。由于当前的理论研究发展达不到一定的研究深度，目前旅游最佳容量值常常来自于已开发的旅游地接待旅游活动量的经验归纳。但由于每一个旅游景区都有自己的生态特点，像九寨—黄龙这样的生态脆弱景区并不适合采用其他景区的经验。旅游最佳容量是在景区客观容量的基础上，从游客的心理感受出发来计算景区的旅游容量，并不考虑景区的经济目标。本研究用空间和服务管理的心理容量并结合三种资源的客观容量来表示旅游最佳容量。模型形式如下：

$$1.02\left[\frac{\frac{L_p}{q_s}}{1+\sqrt{t_w}}\right]^{0.88} \leqslant 0.01$$

$$\text{s.t. } a_{it} \times x \leqslant \lambda_{it} \times \left\{(B_{it}+\Delta B_{it})\left[\frac{b_{it}}{B_{it}}+\theta\left(1-\frac{b_{it}}{B_{it}}\right)\right]\right\} \times \omega_{it} \quad (i=1,2,3)$$

式中各字母的含义同前，λ_{it}表示游客对第i类资源中第t种资源的心理满意度。

（1）九寨沟的旅游最佳容量

表6-60的相关数据是基于以下理由。

表6-60　九寨沟主观服务管理容量相关数据表

资源种类			游客的平均使用量 a_{it}	已有资源量	心理评价[1]	满意度[2]
空间容量		栈道	—	8 318 m	—	—
服务与管理容量	服务人员容量	管理人员	—	—	2.05	0.79
		环卫工人	0.001 57 人/游客	107 人	1.66	0.87
	服务设施容量	餐厅	1 座/人	3 000 座	2.75	0.65
		观光车	1 座/人	9 936 座	2.78	0.64
		卫生间容量	0.128 kg/人游览时间	13 620 kg	2.99	0.60
		垃圾桶容量	0.16 kg/人游览时间	9 100 kg	—	—
		住宿设施	1 床/人	40 233 床	—	—
	基础设施容量	垃圾处理能力	0.16 kg/人游览时间	12 000 kg	—	—
		粪便处理能力	0.128 kg/人游览时间	80 000 kg	—	—

1) 在调查问卷中的主观评价中有5个选项，1为很满意，2为满意，3为一般，4为不满意，5为很不满意。根据问卷调查的结果，得到心理评价这一列的平均分值。

2) 设分值为1的心理满意度是100%，分值为5的心理满意度是20%，根据插值法计算得到相应心理评价分值的满意度。因此，具体的模型如下：

$$\text{s.t.}\begin{cases}2.09\times10^{-4}x \leqslant 10\,000\times0.01 & [1]\\ 3.77\times10^{-4}x \leqslant 10\,000\times0.01 & [2]\\ 6.6\times10^{-4}x \leqslant 10\,000\times0.01 & [3]\\ 1.75\times10^{-4}x \leqslant 10\,000\times0.01 & [4]\\ 2.55\times10^{-4}x \leqslant 10\,000\times0.01 & [5]\end{cases}$$

$$\text{s. t.} \begin{cases} x \leqslant 22\,224 & [6] \\ 0.001\,57x \leqslant 107 \times 1 \times 0.87 & [7] \\ 1 \times 0.38x \leqslant 3000 \times 3 \times 0.65 & [8] \\ x \leqslant 9936 \times 1 \times 3 \times 0.64 & [9] \\ 0.128x \leqslant 13\,620 \times 1 \times 0.6 & [10] \\ 0.16x \leqslant 9100 \times 1 & [11] \\ x \leqslant 40\,233 & [12] \\ 0.16x \leqslant 12\,000 \times 1 & [13] \\ 0.128x \leqslant 80\,000 \times 1 & [14] \end{cases}$$

说明：式 [1] ~式 [5] 分别是长海、天鹅海、箭竹海、镜海和老虎海 5 个子区的生态目标；式 [6] 为栈道的约束；式 [7] 为环卫工人的约束；式 [8] 为餐厅的约束，根据问卷调查的分析结果，在诺日朗餐厅就餐的游客占游客总数的 38%，因此在游客数前乘以 0.38，不等式右边的 3 是餐厅的最大翻台率；式 [9] 为观光车的约束；式 [10] 为卫生间的约束；式 [11] 为垃圾桶的约束；式 [12] 为住宿条件的约束；式 [13] 为垃圾处理能力的约束；式 [14] 为粪便处理能力的约束。解得

$$\begin{cases} x \leqslant 478\,468 \\ x \leqslant 265\,251 \\ x \leqslant 151\,515 \\ x \leqslant 571\,428 \\ x \leqslant 392\,156 \\ x \leqslant 22\,224 \\ x \leqslant 59\,292 \\ x \leqslant 15\,394 \\ x \leqslant 19\,077 \\ x \leqslant 63\,843 \\ x \leqslant 56\,875 \\ x \leqslant 40\,233 \\ x \leqslant 75\,000 \\ x \leqslant 625\,000 \end{cases}$$

所以，$x \leqslant 15\,394$。

从数学的角度，考虑游客的心理评价后，九寨沟的最佳容量为 15 394 人/d，这是由餐厅容量所限制的。但是在实际操作中，如果鼓励更多的游客自带午餐，便可解决这个瓶颈问题。这时的问题焦点转变为观光车的约束，因此，在现有观光车数量不变的情况下，九寨沟的最佳容量应该为 19 077 人/d。

(2) 黄龙的旅游最佳容量

表 6-61 表示黄龙主观服务管理容量相关数据。

表 6-61　黄龙主观服务管理容量相关数据表

资源种类		游客的平均使用量 a_{ii}	已有资源量	心理评价	满意度
空间容量	栈道	—	8 500m	—	—
服务与管理容量	服务人员容量 管理人员	—	—	2.31	0.74
	服务人员容量 环卫工人	0.000 74 人/游客	66 人	1.98	0.80
	服务设施容量 餐厅	1 座/人	154 座	2.81	0.64
	服务设施容量 卫生间容量	0.068 kg/人游览时间	3 990 kg	2.74	0.65
	服务设施容量 垃圾桶容量	0.085 kg/人游览时间	6 216 kg	—	—
	服务设施容量 住宿设施	1 床/人	40 233 床	—	—
	基础设施容量 垃圾处理能力	0.085 kg/人游览时间	5 000 kg	—	—

心理评价和满意度的数据来源类似九寨沟。具体模型如下：

$$\begin{cases} x \leq 18\ 008 & [1] \\ 0.000\ 74x \leq 66 \times 1 \times 0.80 & [2] \\ 1 \times 0.06x \leq 154 \times 8 \times 0.64 & [3] \\ 0.068x \leq 3990 \times 1 \times 0.65 & [4] \\ 0.085x \leq 6216 \times 1 & [5] \\ x \leq 40\ 233 & [6] \\ 0.085x \leq 5000 \times 1 & [7] \end{cases}$$

说明：式［1］为栈道的约束；式［2］为环卫工人的约束；式［3］为餐厅的约束，根据问卷调查的分析结果，在杜鹃林餐厅就餐的游客占游客总数的 6%，因此在游客数前乘以 0.06，不等式右边的 8 是餐厅的最大翻台率；式［4］为卫生间的约束；式［5］为垃圾桶的约束；式［6］为住宿条件的约束；式［7］为垃圾处理能力的约束。

解得

$$\begin{cases} x \leq 18\ 008 \\ x \leq 71\ 351 \\ x \leq 13\ 141 \\ x \leq 38\ 139 \\ x \leq 73\ 129 \\ x \leq 40\ 233 \\ x \leq 58\ 823 \end{cases}$$

所以，$x \leq 13\ 141$。

与九寨沟类似，从数学的角度，考虑游客的心理评价后，黄龙的最佳容量为 13 141 人/d，由餐厅容量所限制。但是只要鼓励更多的游客自带午餐，餐厅容量便不会构成制约条件。因此，黄龙的最佳容量为 18 008 人/d。

6.5.4　结论

综合以上计算，可以得出在动态环境条件下九寨沟与黄龙两个景区的最大容量和最佳容量（表6-62）。

表6-62　九寨—黄龙最大容量和最佳容量　　　　　　　　　　（单位：人/d）

项目	九寨沟	黄龙
最大容量	22 954	22 510
最佳容量	19 077	18 008

　　九寨沟的最大容量由栈道限制，最佳容量由观光车条件决定。黄龙的最大容量和最佳容量都是由栈道决定。在计算的过程中，对九寨沟的栈道长度只考虑了8318 m。原因在于，虽然九寨沟修建了60 km的栈道，但是其中只有8318 m是游客常走的，其余栈道只有极少数的游客会行走，这些游客极少利用的栈道不能真正起到分流游客的作用。而且，由于绝大多数游客在九寨沟内游览的时间只有1天，而沟内本身面积广大，时间的限制导致许多游客连这8318 m的栈道也不能都走完。所以，在计算栈道长度时只考虑8318 m。

　　由于九寨沟和黄龙的常用栈道长度基本相当，因此计算得出两个旅游地的最大容量很接近。在不考虑游客乘坐观光车行走在公路上的情况下，游客在九寨沟栈道游览的平均周转率高于在黄龙栈道游览的周转率，进而导致九寨沟的最大容量稍大于黄龙的最大容量。以上这些结论都是基于目前已有的各种条件不变的情况下得出的，当景区管理部门对景区的发展有了新的规划时，这些计算都可以根据规划做相应的调整，得出相应的结论。

6.6　九寨—黄龙核心景区分流体系设计

　　为保护环境、推行可持续发展战略，九寨—黄龙核心景区已实施了日最高接待人次的限制，特别是在黄金周期间。这样虽然可以起到一定的环境保护作用，但有可能将远道而来的大量游客拒之门外，既对不起游客，也会造成门票收入的潜在损失。而且游客常常在被拒之后，会逐渐形成不敢来九寨沟的心理。此种心理一旦形成，对当地的旅游经济都会产生不利的影响。因此，有必要设计一个分流体系，既保证九寨—黄龙核心景区的持续发展，又尽可能地保证客源、保障游客的利益。因此，分流体系设计的基本思想是在旅游容量许可的条件下，提高游客的旅游效用，支持地方经济的发展。具体的分流体系可从景区内和景区外两个方面分别考虑。

　　四川在旅游资源开发上，虽然因主客观种种原因的制约比有些省市慢。但随着全省经济的迅速发展，特别是西部民族山区的基础设施建设不断完善，四川的旅游是完全可以后来居上的。这种判断来自于三大条件的支持。第一，"江山有巴蜀"。四川的自然景观资源极其丰厚，已发掘的自然景观不到可开发资源的1%。第二，巴蜀人文资源深厚。四川省拥有大批世界级、国家级的历史文化胜迹和遗存，以及众多独具特点的省级、地县级人文景观。只要与自然景观互相结合配套，形成"点面网络"线路，就能爆发出巨大的发展潜力。第三，四川经济现在已初具规模。能在"吃饭"以外抽出力量扶持旅游资源的开发，借西部开发的东风展开基础性建设。特别是对于旅游资源最为丰富的西部山区，在"5·12"汶川地震之后，在全国的帮助下，基础设施建设迅速发展，一批新的公路、铁路和机场已开工建设，景区的通达性将极大提高。

6.6.1　核心景区外的替代旅游产品开发

　　阿坝州内岷山以北发育的河流，西边的白河、黑河等一般注入黄河第一弯，东边的巴西河、包座河、白水江等都在邻省甘肃境内分别注入嘉陵江支流白龙江。白水江上源支流热摩河、小黑河、小白河河谷及两岸都是风景绝佳区。九寨沟本是与小白河长度、状况相似的一条小支流。小白河峡谷，景观与九寨沟不相上下，地势紧临。小白河峡谷景观分两段，南段为弓杠岭九道拐到九寨沟口，长约 30 km。对这"二九"段的自然风光，《阿坝藏族羌族自治州志》作了如此描绘："谷壑险隘，树木繁茂，流水清澈，怪石嶙峋。春夏翁郁苍翠。顺沟而下，经针叶林带，株株大树撑天，苔藓铺地。再下行到针阔叶混交林带，野花点点，鸟鸣泉喧。再下行，阔叶林拂而牵衣，灌木丛生。"小白河峡谷北段，右纳九寨沟水，自羊峒桥以下 18 km，形成 "U" 形沟槽。这一段地形渐失险势，"水色清美"。从塔藏乡到白河乡约 20 km，小白河相对高差 622 m，有九寨沟水汇入。其水 "纯净无污染，清冽无比。因落差大，奔腾跌宕，白浪滔滔，如倦雪泻玉。沿岸灌木野花比集，俏丽人成"，可以说小白河的景观价值是第二个九寨沟。

　　岷山以南岷江支流同样风光妙丽。岷江发源并流经阿坝州境内长约 341 km，正流与其他支流呈极不对称的树枝状水系。这棵"树枝"的枝干枝丫处处藏妙景。例如，沿岷江峡谷上行，可到叠溪海子。到目前为止叠溪海子只被当做去九寨沟的过路景点，所以具有很大的分流潜力。叠溪海子在鱼儿寨沟附近有决口处，此处 "水势陡激，溅玉飞珠，奔需掣电，震慑心魄，遇太阳照射，幻为彩虹"。过叠溪海子后，岷江地势整体抬高，地势平缓，江中再无怪石暗礁。民间传说是经过了 "周仓扫江" 之后方才如此，夏日江清水缓，可行小舟，两岸果园片片，杂花古树，十分悦目，使人恍然有身居南国幽谷之感。再沿岷江上行到镇江关。此处距上游安宏关 28 km。左拐即进牟尼沟。沟内有扎嘎瀑布、一道海、温泉、垂直冰窟，还有明代所建烽火台。再上行抵松潘县城。松潘至漳腊这一段峡谷江面开阔，两岸红柳簇簇，沙棘片片，"时有磨坊、牧场、沼池、粘耙石"，可赏可玩。

　　岷江左侧支流黑水、杂谷脑河也具不俗风光。例如，理县境内的杂谷脑河段就有 "不减九寨" 的妙景。据《阿坝藏族羌族自治州志》述，杂谷脑河支流来苏河峡谷上段，从 313 公路处至山脚坝乡约 8.38 km 的路程内，"植被丰茂、林木森森、水流时急时缓、山巅积雪、谷涧流泉、空山寂寂、时闻车声"。若逢暮春四月，野桃花遍布树丛。就果实而言，家桃比野桃好吃，就赏花而论，野桃花之美非人工育出之家桃花可比。来苏河峡谷下段，理县至望乡台乡（米亚罗乡以下）"红叶秋林不减九寨"。

　　此外，大渡河右侧支流大小金川两河亦藏妙景。目前，四姑娘山在四川旅游中的地位已经逐步提升。其实何止四姑娘山，邛崃山脉中段伸入阿坝州小金县境内。这里地处川西高原与四川盆地周围山区的交接带上，孕育了特殊的气候与景观。在小金县东部日隆镇长坪沟与汉川县之间有四座高度不同的山峰，被人们爱称为"姑娘山"。姑娘山高依次为，大姑娘山 5355 m；二姑娘山 5454 m；三姑娘山 5664 m；四姑娘山 6250 m。

　　这四座姑娘山过去藏语称为 "斯各拉柔达"，意为 "保将山神"。山顶终年积雪。西坡呈高山峡谷地貌，垂直高度 2700 m，发育有现代冰川与古代冰川遗迹。《阿坝藏族羌族自治州志》记写其物候说，从低矮河谷到巍峨山顶，囊括了从热带常绿阔叶林到高山永久冰雪带的 7 种典型气候及生物群落。其垂直自然分布带保存大熊猫、珙桐等多种第三纪残留下来的珍稀动植物与孑遗种属。小金县与甘孜州丹巴县有小金川河谷相连，更有 317 国道贯通，是阿坝和甘孜两州旅游资源共同开发、互补互利的天然联系。小金县东部的四姑娘山景区又与汉川县西北部岷江支流渔子溪上源的卧龙大熊猫保护区相接。

综上所述，到九寨沟的游客，应引导他们从茂县开始作第一次分流。或小金线，或汶川－理县线，或茂县叠溪线。上行抵松潘后应引导作第二次分流，或黄河第一弯——白河草原，或松潘白草河林区，或小白河峡谷。分流后，时间即可错落先后，九寨沟客流压力可减而客源不受损失。

6.6.2 核心景区内的结构性分流

九寨—黄龙核心景区内淡旺季和同一季节内存在游客分布不均匀的现象。其实，这种问题并不是九寨—黄龙独有的，针对这一问题，可以通过结构分流来达到缓解游客压力的问题。首先是加强对游客的引导，这一工作目前在九寨沟已经开始开展，但是在"黄金周"等高峰期仍存在着景点和观光车的拥挤现象。从调查的情况看，目前九寨沟景区内观光车调度基本处于被动状况，能动性不高。大多数情况下，哪里游客多、需要疏通，就临时将车辆派往何处。因此，有必要建设合理的观光车调度系统，有针对性地将游客引到人员相对较少的景点，实现有效分流。而黄龙由于游览线路的限制，应该开放新的游览通道，或者增加新的游览工具，以缓解栈道压力。其次是调整游览时间，九寨沟目前游览时间主要控制在一天（最长开放时间 10 h），而黄龙游览时间最长为 4 h。游览完九寨—黄龙需要花 3~4 天时间，其中一半以上时间消耗在交通工具上。因此，游客多有些遗憾，主要表现为对加长九寨沟游览时间的需求。因此，若可以将九寨沟的旅游时间增加为 2 天，那么不仅可以缓解游客压力，也可以开发新的游览项目增加旅游收入。

6.7 九寨—黄龙核心景区生态保护及旅游发展的对策建议

6.7.1 "建设大景区，突出闪亮点"，实现游客分流与旅游增收

在观念上向欧洲一些旅游区学习。例如，瑞士的日内瓦，它是风景区，但更是人们的生活区。只有人居大环境中的景点才能可持续发展。只抓几个孤独的景点，吸引力是不能持久的。只有大片景区才能保持特别闪亮的景点。"以片衬点，以点带面"，"建设大景区，突出闪亮点"，这种思路才是长远之计。在政策上要打破行政区划，按旅游资源分布合理配置，联合规划，联手分工负责。这样才能优势互补，安危与共，利益共享。借西部

开发东风,对旅游资源开发作战略性(而不是只停留在战术性层面)的人财物投入,加大通向新景区片的道路、桥梁、舟车和食宿点网的建设。要考虑远客(省外、国外游客)、近客(本省本地游客)各种不同层次人群的需要,还要考虑不同层次人群的经济能力。既要满足高端豪客的需求,更要使中低收入游客游得愉快。无论何种人群,旅游安全都是应该考虑的第一要素。因此,"安全建设"应纳入基础建设考虑。

6.7.2 加大景区内旅游资源的开发、利用和管理水平

加大新景点的开发力度。九寨—黄龙景区内还有许多尚未开发的旅游资源,具有丰富的开发潜能。因此,有关部门应以青山秀水为主题,建设休闲观光旅游景区。连通九寨—黄龙风景区主要游览景点的游步道,新建一些休闲设施,充分发挥连绵山峦和泉水溪流的生态旅游优势,既拓展风景游览空间,又为游客分流创造条件。

增加环长海栈道、黄龙上下行索道等基础设施。九寨—黄龙核心景区虽然已出现人满为患的现象,但游客的分布非常不均匀,大多集中在几个热门景点。而部分景点并未完全开发,基础设施不配套,因此造成了热门景点爆满,游客满意度不高。例如,长海景点本身就是一个相对独立的景点,旅客们辛辛苦苦乘车到达该景点,因为实在没有太多的地方可游玩,所以只能站在平台上望一望海,照几张相就算了。而事实上,环长海的风景非常美丽,其间也有不少的民间传说,旅游资源极其丰富。因此,在不影响生态环境的情况下,可以考虑修建环长海栈道,这样一方面可以延长游客在此处的游玩时间,增加游客的旅游效用,另一方面也可以有效地分流客源,缓解其他景点的游客拥挤现象。目前,黄龙景区的上山索道已经建成,这对分流栈道的人流起到了很大的帮助作用。但应该注意的是,乘坐索道不应该成为勉强之事,而应该成为游客的自由选择,因为这会影响游客的满意度,进而影响景区的主观服务容量。

6.7.3 做好景区外的资源整合与协调工作

加大新增景点的宣传力度,引导旅游消费。应以政府牵头,从整体谋划的角度,在保持原有景点的前提下,从生态、人文等方面加大对新开发景点的宣传力度,从而有目的地引导旅客分流。加强景区与旅行社间的信息共享。游客们大多根据旅行社的安排,按照传统的先九寨沟后黄龙的路线游玩,因此可能会在短期内造成某个景区的拥挤,而另一景区不饱和。为此,景区间与旅行社之间要做好信息的实时沟通,以景区游客数量为指示,以旅行社为单位,实时调整旅客的游玩路线,以达到合理分流。开发九寨—黄龙沿线的旅游资源。该沿线有黄河第一弯、大草原等景点,同样具有丰富的开发潜能,因此应加大这些景点的开发力度,使这些景点尽早成熟起来,既能有效地缓解九寨—黄龙景区的承载压力,又能延长游客在当地驻留的时间,增加其游玩效用。总之,在景区外要做好分流工作,使旅游时间即可错落先后,减缓客流压力,又能保证客源不受损失。

6.7.4　提高九寨—黄龙核心景区服务管理水平

6.7.4.1　九寨沟核心景区服务管理的对策建议

(1) 尽量让游客自带中餐

首先，虽然说在38%的游客就餐情况下九寨沟最多可以容纳23 684人就餐，但用餐的时间比较集中，游客仍然会感觉到用餐拥挤。其次，现在诺日朗餐厅实行的零污染管理，但是产生的油烟不会给景区的生态带来负面影响的认知还尚未经过论证，因此应该尽量减少因解决游客用餐问题而带来的环境影响。

具体措施方面，一是可以在景区内增设方便熟食的销售，且在熟食的选择上应该是产生垃圾尽量少的食品，这样既可以解决未带午餐的游客用餐问题，又可以缓解诺日朗餐厅的拥挤度，在减少由餐厅可能对生态带来影响的同时，也为景区服务管理弥补了因减少诺日朗餐厅营业量带来的损失。二是旅游观光公司告知游客在进沟之前先带好自己的食品，这样可以减少游客进沟购买熟食的比例，从而减少沟内餐厅在为游客提供食品中带来的一些管理问题。

(2) 科学合理调度沟内观光车

虽然从客观上来说九寨沟观光车一天可以承载的游客数量是39 744人，远远超过了近两年来的最高游客数量22 361人，因此不足以成为一个限制性因子。但从游客的主观感受上来说，当游客数量在15 000人以上时，游客会感觉乘坐观光车有些拥挤，等待的队伍排成长龙。这主要是由于调度的问题，从实际踏勘中了解到，现在的观光车调度没有科学的方法，而只是凭调度人员的主观感觉来安排三条线路上的观光车数量，通过对讲机进行实时调整。可以建立一个电子监控调度室，分布在各个主要地点的工作人员通过对话将所在地点的情况报告给监控人员，监控人员将具体情况汇总，并将信息实时发送给工作人员进行车辆调度。

(3) 分不同的消费水平设置景区内的购物场所

目前景区内的购物场所有两处：一处是诺日朗购物厅，一处是树正寨民俗文化村。这两处的购物场所有着共同的特点，就是基本上都是低档消费品，就算有些高价品也是在低档品当中没有被单独分离开设专柜。这样有些高档消费者不愿意在拥挤的购物环境下和商家讨价还价，有些消费者无心过问这些低档消费品，因此许多游客感觉购物环境差，过于拥挤。可以考虑在两个购物场所单独开设一些高档纪念品专卖店，这样可以将购物的游客分流，减少游客的拥挤感，增加高档消费游客的购物满意度，同时也为沟内的购物经营商带来更多的商业利润。

(4) 在旅游高峰期增加移动的卫生间

虽然从客观上来说卫生间的最大日容量为53 203人次，这只是一个简单的数学计算结果。而游客的实际排放不会是按照一天旅游7 h或是8 h来平均分配他们的排放，这是主观无法控制的。据实际踏勘来看，午餐前后的时间是大量游客排放的集中时间，因此形成这一时间段如厕特别拥挤。问卷调查的结果表明，在20 000人左右游客就感觉如厕特别拥挤。由于景区内的厕所数量已经能够满足游客的需求，只是在拥挤时段不能给游客以满意感,因此只需在一年中几个高峰的时段临时增加一些移动厕所即可。这样既解决了高峰期的如厕问题,又可以减少日常的维护费用。

(5) 努力提高景区粪便处理能力

从调研分析的结果来看,正是九寨沟的粪便处理能力严重束缚了九寨沟的游客接待量。从实际游客数量与粪便处理能力上看,景区的粪便处理在一年中总有几天是超负荷运行的,因此必须尽快提高九寨沟景区的粪便处理能力。

6.7.4.2 黄龙核心景区服务管理的对策建议

(1) 增设方便熟食售卖点,鼓励游客自带食品

首先,在12%的游客就餐的情况下,黄龙核心景区最多可以容纳28 233人就餐。但由于用餐的时间比较集中,游客仍然感到用餐拥挤。其次,杜鹃林餐厅本身的容量太小,共有座位153个,因此在用餐时间相对集中的情况下,无法解决大部分游客的进餐问题,而扩建餐厅规模无疑会增加生态负担,对生态环境造成不良的影响。一是建议在景区内增设方便熟食的销售,在熟食的选择上应该是产生垃圾尽量少的食品种类,这样既可以解决未带午餐的游客用餐问题,又可以缓解杜鹃林餐厅的拥挤度,同时也为景区带来一项新的收入来源。二是旅游观光公司告知游客在进沟之前先带好自己的食品。这样可以减少游客进沟购买熟食的比例,从而减少景区为游客提供食品所带来的一些管理问题。

(2) 适当增设卫生间,高峰期加设临时可移动卫生间

虽然从客观上来说卫生间的最大日容量为30 227人次,超过了最大游客日容量24 786人,但这只是一个简单的数学计算结果。据实际踏勘来看,午餐前后是大量游客排放的集中时间,因此形成这一时间段如厕特别拥挤。问卷调查的结果显示,游客总数在10 000名左右时,人们就会有如厕特别拥挤的感觉。这一数量与黄龙景区的最大日容量有较大的差距,如果今后客源增加则现有的卫生间设施将会显得更加拥挤。因此,可以增设一些固定的卫生间。从黄龙近两年的最大游客数量和卫生间的可容纳数量比来看,黄龙是2.01 (30 227/15 066),九寨是2.35 (53 203/22 631),黄龙比九寨沟还要低,且黄龙的游客量还未开发到最大。二是黄金周期间增设移动厕所。

6.7.5 九寨—黄龙核心景区空间设施改进建议

随着我国人民大众生活水平的不断提高,以及景区交通条件的不断完善,九寨—黄龙的旅游热趋势将持续下去。通过对其空间环境容量的研究,可以实施以下调控措施。首先,扩大游览线路的范围。在调查中,我们发现游客主要集中的景点可供游客停留的空间面积较小。所以,可扩大瓶颈景点游览线路的范围。例如,扩建长海环湖栈道。如果游客可以在长海步行游览,则可以大幅度增加核心景区的空间容量。其次,引导游客分线路游览。根据不同年龄层次的游客进行划分,引导年轻力壮的游客沿栈道游览,而年老的和儿童可以乘坐观光车。由此,可以分散游客到达各个景点的时间,从而分散游客密度。第三,开发新的游览项目也是可以考虑的调控措施。目前,九寨沟中有许多栈道无人行走,主要是缺乏相应的旅游景点。可以在这些路线上开发一些徒步游览的特色项目,充分利用闲置的栈道，增大景区空间容量。第四，有必要适当限制游客的数量。在不能够改变现有设施的情况下，最快捷有效的方法莫过于控制游客进沟的数量，尽可能让单日游客容量不超过最高值。目前，我国各个旅游景区采取的方法不同，主要包括：①提高门票价格。这样一些消费者由于消费的提高而放弃旅游计划，从而减少了游客量；②景区之间合理分流。现在的旅游路线一般都是先九寨沟后黄龙，这样造成了九寨沟和黄龙都处于瞬间过度拥挤的状态。可以通过旅游观光公司安排一些游客先九寨沟后黄龙，一些游客先黄龙后九寨沟，以达到控制进入景区游客数量的目的。

参 考 文 献

包少康，谭明初，钟肇新.1986.四川九寨沟自然保护区藻类植物调查.西南师范大学学报，7：56-71.
包维楷，陈庆恒，刘照光.1995.退化山地生态系统中生物多样性恢复和重建研究//中国科学院生物多样性委员会，林业部野生动物和森林植物保护司.生物多样性研究进展.北京：中国科学技术出版社.
包维楷，陈庆恒，刘照光.2000.退化植物群落结构及其物种组成在人为干扰梯度上的响应.云南植物研究，22（3）：307-316.
陈立新，赵雨森，张岩等.1999.造林整地对栗钙土钙积层化学性质干扰的研究.应用生态学报，10（2）：159-162.
程国栋，张志强，李锐.2000.西部地区生态环境建设的若干问题与政策建议.地理科学，20（6）：503-510.
崔鹏，柳素清，唐邦兴等.2003.风景名胜区泥石流治理模式：以世界自然遗产九寨沟为例.中国科学 E 辑 技术科学，33（增刊）：1-9.
党承林，王崇云，王宝荣等.2002.植物群落的演替与稳定性.生态学杂志，21（2）：30-35.
段代祥，陈贻竹，越南先等.2005.西藏巴结湿地自然保护区种子植物区系的研究.华南农业大学学报，26（2）：81-85.
范晓.1987.九寨沟风光地貌成因探讨：旅游地学研究与旅游资源开发.成都：四川科学技术出版社.
方秀琴，张万昌，刘三超.2004.黑河流域叶面积指数的遥感估算.国土资源遥感，59（1）：27-31.
冯学刚，包浩生.1999.旅游活动对风景区地被植物土壤环境影响的初步研究.自然资源学报，14（1）：75-78.
傅伯杰，刘世梁.2002.长期生态研究中的若干重要问题及趋势.应用生态学报，13（4）：476-480.
葛小东，李文军，朱忠福.2002.网络有效性：评价旅游活动对环境影响的一个新指标.自然资源学报，17（3）：381-386.
龚道溢，王绍武.2002.全球气候变暖研究中的不确定性.地学前缘，9（2）：371-376.
管东生，林卫强，陈玉娟.1999.旅游干扰对白云山土壤和准备的影响.环境科学，20（6）：6-9.
郭建强，杨俊义.2001.九寨沟旅游地质资源特征及可持续发展.中国区域地质，20（3）：322-327.
胡鸿钧，李尧英，魏印心.1980.中国淡水藻类.上海：上海科学技术出版社.
胡灰，屈植彪.2000.黄龙大熊猫种群数量及年龄结构的调查.动物学研究，21（4）：287-290.
胡杰，胡锦矗.2000.黄龙大熊猫对华西箭竹的选择与利用研究.动物学研究，21（1）：48-51.
胡小贞，金相灿，杜宝汉.2005.云南洱海沉水植被现状及其动态变化.环境科学研究，18（1）：1-18.
金相灿.1990.湖泊富营养化调查规范（第二版）.北京：中国环境科学出版社.
康乐.1990.生态系统的恢复与重建//马世骏.现代生态学透视.北京：科学出版社.
况琪军，胡征宇，周广杰等.2004.香溪河流域浮游植物调查与水质评价.武汉植物学研究，22（6）：507-513.
李成，孙治宇，蔡永寿等.2004.九寨沟自然保护区的两栖爬行动物调查.动物学杂志，39（2）：74-77.
李家英，郑锦平，魏乐军.2005.西藏台错古湖沉积物中的硅藻及其古环境.地质学报，79（3）：295-302.
李鹏，唐思远，董立.2005.四川黄龙沟兰科植物的多样性及其保护.生物多样性，13（3）：255-261.
李文华，闵庆文，孙业红.2006.自然与文化遗产保护中的几个问题的探讨.地理研究，25（4）：561-569.
李玉武，包维楷，庞学勇等.2006.人为干扰对九寨沟核心景区土壤生态功能的影响与对土壤物理性质的影响. 中国人口资源与环境, 16（2）: 319-322.
李跃清. 2002. 近40年青藏高原东侧地区云、日照、温度及日较差的分析. 高原气象, 21（3）: 327-332.
李振新, 欧阳志云, 郑华等. 2006. 岷江上游两种生态系统降雨分配的比较. 植物生态学报, 30（5）: 723-731.
林致远, 尹平. 1994. 九寨沟土壤发生及地理分布规律研究. 西南师范大学学报（自然科学版）, 19（1）: 90-99.
刘春艳, 李文军, 叶文虎. 2001. 自然保护区旅游的非污染生态影响评价. 中国环境科学, 21（5）: 399-403.
刘鸿雁, 张金海. 1997. 旅游干扰对香山黄栌林的影响研究. 植物生态学报, 21（2）: 191-196.
刘巧玲, 管东生. 2005. 旅游活动对自然景区的非污染生态影响. 生态学杂志, 24（4）: 443-447.
刘少英, 孙治宇, 冉江洪等. 2005. 四川九寨沟自然保护区兽类调查. 兽类学报, 25（3）: 273-281.
刘少英, 章小平, 曾宗永. 2007. 九寨沟自然保护区的生物多样性. 成都: 四川出版集团, 四川科学技术出版社.
刘玉成, 方任吉, 周保桐. 1991. 九寨沟自然保护区种子植物区系组成分析. 西南师范大学学报, 16（4）: 471-478.
刘再华, 李强, 汪进良等. 2004. 桂林岩溶试验场钻孔水化学暴雨动态和垂向变化解译. 中国岩溶, 23（3）: 169-176.
刘再华, 袁道先, 何师意等. 2003. 四川黄龙沟景区钙华的起源和形成机理研究. 地球化学, 32（1）: 1-10.
庞学勇, 胡泓, 乔永康等. 2002. 人为干扰对川西亚高山针叶林土壤物理性质的影响. 应用与环境生物学报, 8（6）: 583-587.
庞学勇, 包维楷, 张咏梅等. 2004a. 岷江柏林土壤物理性质及地理空间差异. 应用与环境生物学报, 10（5）: 596-601.
庞学勇, 刘庆, 刘世全等. 2004b. 川西亚高山云杉人工林土壤质量形状演变. 生态学报, 24（2）: 261-267.
庞学勇, 包维楷, 张咏梅. 2005a. 岷江上游中山区低效林改造对枯落物水文作用的影响. 水土保持学报, 19（4）: 119-122.
庞学勇, 包维楷, 张咏梅等. 2005b. 岷江上游中山区低效林改造对土壤物理性质的影响. 水土保持通报, 25（5）: 12-16.
庞学勇, 包维楷, 江元明等. 2009. 九寨沟和黄龙自然保护区原始林与次生林土壤物理性质比较. 应用与环境生物学报, 15（6）: 768-773.
彭少麟. 1996. 恢复生态学与植被恢复. 生态科学, 15（2）: 26-31.
彭玉兰, 涂卫国, 包维楷等. 2008. 九寨沟自然保护区4种水深梯度下芦苇分株地上生物量的分配与生长. 应用与环境生物学报, 14（2）: 153-157.
齐代华, 王力, 钟章成. 2006. 九寨沟水生植物群落β多样性特征研究. 水生生物学报, 30（4）: 446-452.
齐雨藻, 吕颂辉. 1995. 南海大鹏湾浮游植物的生态学特征. 暨南大学学报, 16（1）: 111-117.
冉江洪, 刘少英, 孙治宇等. 2004. 四川九寨沟自然保护区的鸟类资源及区系. 动物学杂志, 39（5）: 51-59.
石强, 雷相东, 谢红政. 2002. 旅游干扰对张家界国家森林公园土壤的影响研究. 四川林业科技, 23（3）: 28-33.

石强, 钟林生, 汪晓菲. 2004. 旅游活动对张家界国家森林公园植物的影响. 植物生态学报, 28 (1): 107-113.

史德明. 1987. 三峡库周围地区土壤侵蚀对库区泥沙来源的影响及其对策. 北京: 科学出版社.

四川省林业科学研究院, 西南师范大学生命科学学院, 四川大学生命科学学院等. 2004. 四川九寨沟国家级自然保护区综合科学考察报告.

谭耀匡. 1985. 中国的特产鸟类. 野生动物, (1): 18-21.

谭周进, 肖启明, 何可佳等. 2006. 旅游对张家界国家森林公园土壤酶及微生物作用强度的影响. 自然资源学报, 21 (1): 133-138.

田应兵, 熊明标, 宋光煜. 2005. 若尔盖高原湿地土壤的恢复演替及其水分与养分变化. 生态学杂志, 24 (1): 21-25.

王嘉学, 彭秀芬, 杨世瑜. 2005. 三江并流世界自然遗产地旅游资源及其环境脆弱性分析. 云南师范大学学报 (自然科学版), 25 (2): 59-64.

王晶, 包维楷, 丁德蓉. 2005. 九寨沟林下地表径流及其与地表和土壤状况的关系. 水土保持学报, 19 (3): 93-96.

王资荣, 赫小波. 1988. 张家界国家森林公园环境质量变化及对策研究. 中国环境科学, 8 (4): 36-39.

魏斌, 张霞, 吴热风. 1996. 生态学的干扰理论分析和应用. 生态学杂志, 15 (6): 1-8.

吴征镒. 1991. 中国繁缕属的一些分类问题. 云南植物研究, 13 (4): 351-368.

吴征镒. 2003. 《世界种子植物科的分布区类型系统》的修订. 云南植物研究, 5: 24-27.

夏军, 郑冬燕, 刘青娥. 2002. 西北地区生态环境需水估算的几个问题研讨. 水文, 5 (22): 12-17.

邢韶华, 姬文元, 郭宁等. 2009. 森林生态系统健康研究进展. 生态学杂志, 28 (10): 2102-2106.

徐治国, 闫百兴, 何岩等. 2007. 三江平原湿地植物的土壤环境因子分析. 中国环境科学, 27 (1): 93-96.

许秋瑾, 金相灿, 颜昌宙. 2006. 中国湖泊水生植被退化现状与对策. 生态环境, 15 (5): 1126-1130.

鄢和琳. 2000. 川西生态旅游业山地灾害防治对策刍议. 四川环境, 19 (4): 49-51.

鄢和琳. 2002. 生态旅游区环境容量确定的基本原理及其应用探讨——以九寨沟、黄龙为例. 生态学杂志, 1 (3): 73-75.

阳泽仁布秋. 2001. 九寨沟藏族文化散论. 成都: 四川民族出版社.

杨林泉, 郭山. 2003. 基于模糊线性规划测度模型的旅游环境承载力实证分析. 云南地理环境研究, 15 (3): 23-27.

杨永兴, 王世岩. 2001. 人类活动干扰对若尔盖高原沼泽土、泥炭土资源影响的研究. 资源科学, 23 (2): 37-41.

印开蒲, 鄢和琳. 2003. 生态旅游与可持续发展. 成都: 四川大学出版社.

于贵瑞. 2001. 生态系统管理学的概念框架及其生态学基础. 应用生态学报, 12 (5): 787-794.

于澎涛, 刘鸿雁, 陈杉. 2002. 人为干扰对松山自然保护区植被的影响. 林业科学, 38 (4): 162-165.

张荣祖. 1999. 中国动物地理. 北京: 科学出版社.

张茹春, 牛玉璐, 赵建成等. 2006. 北京怀沙河、怀九河自然保护区藻类组成及时空分布动态研究. 西北植物学报, 26 (8): 1663-1670.

张瑞英, 何政伟. 2007. 四川九寨沟景观形成演化趋势分析及评价. 中国地质灾害与防治学报, 18 (1): 54-58.

张峥, 刘爽, 朱琳等. 2002. 湿地生物多样性评价研究——以天津古海岸与湿地自然保护区为例. 中国生态农业学报, 10 (1): 76-78.

赵尔宓. 1998. 西藏自治区岩蜥属一新种: 蜥蜴亚目: 鬣蜥科. 动物分类学报, 23 (4): 440-444.

赵汀，赵逊. 2005. 世界地质遗迹保护和地质公园建设的现状和展望. 地质论评, 51（3）: 301-308.

郑光美. 2002. 世界鸟类分类与分布名录. 北京: 科学出版社.

郑郁善，陈卓梅，邱尔发等. 2003. 不同经营措施笋用麻竹人工林的地表径流研究. 生态学报, 23（11）: 2387-2395.

中国植被编辑委员会. 1995. 中国植被. 北京: 科学出版社.

中国自然保护纲要编写委员会. 1987. 中国自然保护纲要. 北京: 中国环境科学出版社.

周长艳，李跃清，李薇等. 2005. 青藏高原东部及邻近地区水汽输送的气候特征. 高原气象, 24（6）: 880-888.

周长艳，李跃清，彭俊. 2006. 九寨沟、黄龙风景区的降水特征及其变化. 资源科学, 28（1）: 113-119.

周长艳，彭俊，李跃清. 2007. 九寨沟、黄龙地区水资源的变化特征及成因分析. 资源科学, 29（2）: 60-67.

周国逸. 1997. 几种常用造林树种冠层对降水动能分配及其生态效应分析. 植物生态学报, 21（3）: 250-259.

周鸿，赵德光，吕汇慧等. 2002. 神山森林文化传统的生态伦理学意义. 生态学杂志, 21（4）: 60-64.

周蕾芝，周淑红，钱新标等. 2002. 森林公园旅游设施建设中生态气候的变化. 浙江林学院学报, 19（1）: 48-52.

周晓. 2008. 九寨沟核心景区湖泊水体硅藻的组成及其密度与环境因子的关系. 成都: 中国科学院成都生物研究所.

周绪伦. 1998. 地质环境恶化对九寨沟景观的影响. 中国岩溶, 17（3）: 301-310.

朱成科. 2007. 九寨沟核心景区湖泊水环境与藻类相关性研究. 重庆: 西南大学.

朱红艳，曾涛，刘洋等. 2010. 四川黄龙自然保护区兽类资源调查. 四川林业科技, 31（5）: 72, 83-87.

朱珠，包维楷，庞学勇等. 2006. 旅游干扰对九寨沟冷杉林下植物种类组成及多样性的影响. 生物多样性, 14（4）: 284-291.

Ryding S O, Rast W. 1992. 湖泊与水库富营养化控制. 朱萱等译. 北京: 中国环境科学出版社.

Alban D H. 1982. Effects of nutrient accumulation by aspen, spruce, and pine on soil properties. Soil Sci Soc Am J, 46: 853-861.

Arshad M A, Lowery B, Grossman B. 1996. Physical tests for monitoring soil quality//Doran J W, Jones A J. Methods for Assessing Soil Quality. SSSA Special Publications, vol. 49. USA: Soil Science Society of America.

Berger T W, Hager H. 2000. Physical top soil properties in pure stands of Norway spruce (Picea abies) and mixed species stands in Austria. For Ecol Manage, 136: 159-172.

Blindow I. 1992. Decline of charophytes during eutrophication: comparison with angiosperms. Freshwater Biology, 28（1）: 9-14.

Boix-Fayos C, Calvo-Cases A, Imeson A C, et al. 2001. Influence of soil properties on the aggregation of some Mediterranean soils and the use of aggregate size and stability as land degradation indicators. Catena, 44: 47-67.

Brooks R R, Holzbecher J, Ryan D E. 1981. Horsetails (Equisetum) as indirect indicators of gold mineralization. Journal of Geochemical Exploration, 16（1）: 21-26.

Burger J. 2000. Landscapes, tourism and conservation. The Science of the Total Environment, 249: 39-49.

Buultjens J, Ratnayake I, Gnanapala A, et al. 2005. Tourism and its implications for management in Ruhuna National Park (Yala), Sri Lanka. Tourism Management, 26: 733-742.

Carvalheiro K D, Nepstad D C. 1996. Deep soil heterogeneity and fine root distribution in forests and pastures of eastern Amazonia. Plant Soil, 182: 279-285.

Chambers P A. 1987. Light and nutrients in the control of aquatic plant community structure II: in situ observations. The Journal of Ecology, 75: 621-628.

Chen J M, Cihlar J. 1996. Retrieving leaf area index of boreal conifer forests using landsat TM images. Remote Sensing of Environment, 55: 153-162.

Chen X W, Li B L. 2003. Change in soil carbon and nutrient storage after human disturbance of a primary Korean pine forest in Northeast China. Forest Ecology and Management, 186: 197-206.

Cole C A. 2002. The assessment of herbaceous plant cover in wetlands as an indicator of function. Ecol Indic, 2 (3): 287-293.

Cole D N, Trull S J. 1992. Quantifying vegetation response to recreational disturbance in the north Cascades. Northwest-Science, 66: 229-236.

Corns I G W. 1988. Compaction by forest equipment and effects on coniferous seedling growth on four soils in the Alberta foothills. Can J For Res, 18: 75-84.

Craft C, Krull K, Graham S. 2007. Ecological indicators of nutrient enrichment, freshwater wetlands, Midwestern United States (US) . Ecol Indic, 7: 733-750.

Cuevas E, Brown S, Lugo A F. 1991. Above-and belowground organic matter storage and production in a tropical pine plantation and a paired broadleaf secondary forest. Plant Soil, 135: 257-268.

Curnutt J L. 2000. Host-area specific climatic-matching: similarity breeds exotics. Biological Conservation, 94: 341-351.

Davis S M. 1991. Growth, decomposition and nutrient retention of *Cladium jamaicense* Grantz and *Typha domingensis* Pers. in the Florida Everglades. Aquatic Botany, 40: 203-224.

Dexter A R. 1997. Physical properties of tilled soils. Soil and Till Research, 43 (1-2): 41-63.

Dias A C C P, Northcliff S. 1985. Effects of two land clearing methods on the physical properties of an Oxisol in the Brazilian Amazon. Tropi Agricul, 62: 207-212.

Dong-il S, Raymond P C. 1996. Performance reliability and uncertainty of total phosphorus models for lakes. Water Research, 30 (1): 83-94

Evans R D, Rimer R, Speny L, et al. 2001. Exotic plant invasion alters nitrogen dynamics in an arid grassland. Ecological Applications, 11: 1301-1310.

Ewel J. 2006. Species and rotation frequency influence soil nitrogen in simplified tropical plant communities. Ecol Appl, 16: 490-502.

Gossling S. 1999. Ecotourism: a means to safeguard biodiversity and ecosystem functions? Ecological Economics, 29: 303-320.

Hargiss C L M, DeKeyser E S, Kirby D R, et al. 2008. Regional assessment of wetland plant communities using the index of plant community integrity. Ecology Indicator, 8: 303-307.

Hobbie S E, Reich P B, Oleksyn J, et al. 2006. Tree species effects on decomposition and forest floor dynamics in a common garden. Ecology, 87: 2288-2297.

Hulme M J, Mitcheu J, Ingram W, et al. 1999. Climate change scenarios for global impacts studies. Global Environmental Change, 9 (1): S3-S19.

Jakes P J. 2002. Heritage management in the U. S. forest service: a mount hood national forest case study. Society & Natural Resources, 15: 359-369.

Jones P D, Moberg A. 2003. Hemispheric and large-scale surface air temperature variations: an extensive revision and an update to 2001. J Climate, 16: 206-223.

Karlen D L, Stott D. 1994. A framework for evaluating physical and chemical indicators of soil quality//Doran J W, Coleman D, Bezdicek D F, et al. Methods for Assessing Soil Quality. SSSA Special Publications, vol. 35. USA: Soil Science Society of America.

Kelly C L, Pickering C M, Buckley R C. 2003. Impacts of tourism on threatened plant taxa and communities in Australia. Ecological Management & Restoration, 4 (1): 37-44.

Kraus B. 1981. The Barbara Kraus 1981 calorie guide to brand names and basic foods. New York: New American Library.

Krause W. 1981. Characean als bioindikatoren für Gewässerzustand. Limnologica, 13: 399-418.

Kutiel P, Zhevelev H, Harrison R. 1992. The effect of recreational impacts on soil and vegetation of stabilized Coastal Dunes in the Sharon Park, Israel. Ocean & Coastal Management, 42: 1041-1060.

Lankford V S. 2001. A comment concerning 'developing and testing a tourism impact scale'. Journal of Travel Reserch, 39: 315-316.

Li W J, Ge X D, Liu C Y. 2005. Hikings and tourism impact assessment in protected area: Jiuzhaigou Biosphere Reserve, China. Environmental Monitoring and Assessment, 108: 279-293.

Mack M C D, Antonio C M, Ley R E. 2001. Alteration of ecosystem nitrogen dynamics by exotic plants: a case study of C4 grasses in Hawaii. Ecological Applications, 11: 1323-1335.

Miao S L, Newman S, Sklar F H. 2000. Effects of habitat nutrients and seed sources on growth and expansion of *Typha domingensis*. Aquatic Botany, 68 (4): 297-311.

Montagnini F, Ramstad K, Sancho F. 1993. Litterfall, litter decomposition and the use of mulch of four indigenous tree species in the Atlantic lowlands of Costa Rica. Agrofor Syst, 23: 39-61.

Mullner A, Linsenmair K E, Wikelski M. 2004. Exposure to ecotourism reduces survival and affects stress response in hoatzin chicks (Opisthocomus hoazin). Biological Conservation, 118: 549-558.

OECD (Organisation for Economic Co-operation and Development). 1982. Eutrophication of Waters, Monitoring Assessment and Control. Paris: OECD.

Owens P N, Walling D E, He Q P, et al. 1997. The use of caesium-137 measurements to establish a sediment budget for the Start catchment. Devon, UK. Hydrological Science Journal des Sciences Hydrologiques, 42 (3): 405-423.

Pang X Y, Bao W K, Zhong Y M, et al. 2004a. Geographical comparison of soil physical properties under cupressus chengiana forests. Chin J Appl Environ Biol, 10 (5): 596-601.

Pang X Y, Liu Q, Liu S Q, et al. 2004b. Changes of soil fertility quality properties under subalpine spruce plantation in Western Sichuan. Acta Ecologica Sinica, 24 (2): 261-267.

Patrick R, Cairns J Jr, Roback S S, et al. 1967. An ecosystematic study of the fauna and flora of the Savannah River. Proc Acad Nat Sci Philadelphia, 118 (5): 109-407.

Peng Y L, Gao X F, Wu N, et al. 2009. Dynamic growth of *Equisetum fluviatile* communities at lakeshore swamps in the Jiuzhaigou National Nature Reserve, China. Journal of Freshwater Ecology, 24 (1): 45-51.

Peng Y L, Tu W G, Bao W K, et al. 2008. Aboveground biomass allocation and growth of *Phragmites australis* ramets in four habitats in Jiuzhaigou Nature Reserve, China. The Chinese Journal of Applied and Environmental Biology, 14 (2): 153-157.

Peterson A T, Ortega-Huerta M A, Bartley J, et al. 2002. Future projections for Mexican faunas under global climate change scenarios. Nature, 416: 626-629.

Roggy J C, Prevost M F, Gourbiere F, et al. 1999. Leaf natural 15N abundance and total N concentration as potential indicators of plant N nutrition in legumes and pioneer species in a rain forest of French

Guiana. Oecologia, 120: 171-182.

Russell A E, Raich J W, Valverde-Barrantes O J, et al. 2007. Tree species effects on soil properties in experimental plantations in tropical moist forest. Soil Sci Soc Am J, 71: 1389-1397.

Somodi I, Botta-Dukat Z. 2004. Determinants of floating island vegetation and succession in a recently flooded shallowlake, Kis-Balaton. Aquatic Botany, 79: 357-366.

Sun D, Walsh D. 1998. Review of studies on environmental impacts of recreation and tourism in Australia. Journal of Environmental Management, 53: 323-338.

Thibodeau F R. 1985. Changes in a wetland plant association induced by impoundment and draining. Biol Conserv, 33 (3): 269-279.

Tzung C, Huan J, Beaman L S. 2004. No-escape natural disaster-mitigating impacts on tourism. Annals of Tourism Research, 31 (2): 255-273.

van der Duim R, Caalders J. 2002. Biodiversity and tourism: imports and interventions. Annals of Tourism Research, 29 (3): 743-761.

van Wyk E, Cilliers S S, Bredenkamp G J. 2000. Vegetation analysis of wetlands in the Klerksdorp Municipal Area, North-west Province, South Africa. South African Journal of Botany, 66: 52-62.

Wake D B. 1990. Declining amphibian populations. Science, 253: 860.

Wang C Y, Paul M S. 1997. Environmental impacts of tourism on U. S. National Parks. Journal of Travel Research, 35: 35-36.

Warren M W, Zou X. 2002. Soil macrofauna and litter nutrients in three tropical tree plantations on a disturbed site in Puerto Rico. For Ecol Manage, 170: 161-171.

Whitehead P J, Wilson B A, Bowman D M J S. 1990. Conservation of coastal wetlands of the northern territory of Australia: The Mary River floodplain. Biol Conserv, 52 (2): 85-111.